高等院校通识教育"十二五"规划教材

大学物理

杨国平 李敏　主编

孟庆波 陈会云　副主编

人民邮电出版社

北　京

图书在版编目（CIP）数据

大学物理 / 杨国平，李敏主编. -- 北京：人民邮
电出版社，2015.2（2019.8重印）
高等院校通识教育"十二五"规划教材
ISBN 978-7-115-35550-8

Ⅰ．①大… Ⅱ．①杨… ②李… Ⅲ．①物理学－高等
学校－教材 Ⅳ．①O4

中国版本图书馆CIP数据核字（2014）第125570号

内 容 提 要

本书根据高等院校非物理类专业大学物理课程教学的基本要求，结合作者历年来的教学经验编写而成。

全书内容包括力学、热学、电磁学、机械振动和机械波、波动光学及近代物理，共 19 章。作为非物理专业的大学物理教材，本书一方面注重了基础性，另一方面又在此基础上联系实际，针对不同专业学生强化了内容的层次性。

本书可作为普通高校非物理专业和医学院校本科生学习大学物理的教材，也可作为物理学爱好者阅读的参考资料。

♦ 主　　编　杨国平　李　敏

　　副 主 编　孟庆波　陈会云

　　责任编辑　吴宏伟

　　责任印制　张佳莹　焦志炜

♦ 人民邮电出版社出版发行　　北京市丰台区成寿寺路 11 号

　　邮编　100164　电子邮件　315@ptpress.com.cn

　　网址　http://www.ptpress.com.cn

　　固安县铭成印刷有限公司印刷

♦ 开本：787×1092　1/16

　　印张：21.5　　　　　　　　　　2015 年 2 月第 1 版

　　字数：561 千字　　　　　　　　2019 年 8 月河北第 8 次印刷

定价：45.00 元

读者服务热线：(010)81055256　印装质量热线：(010)81055316

反盗版热线：(010)81055315

物理学（φυσικη）一词最早源于希腊文（υσιξ），意为自然，其现代内涵是指研究物质运动最一般规律及物质基本结构的科学。

从古代的"四大发明"到近代的工业革命，再到现在的信息时代，无一不闪烁着物理学的璀璨光芒。

"大学物理"是非物理类专业的一门主要基础理论课，主要任务是研究物质运动最基本、最普遍的规律。通过对本课程的学习，学生能够掌握物理学的基本理论和基本知识，深刻理解物理规律的意义，并能训练其逻辑思维能力、理解能力、运算能力、分析问题和解决问题的能力以及独立钻研的能力。

本教材是根据国家教育部《高等学校非物理专业物理课程教学基本要求》，结合编者对大学物理的讲授经验，并充分考虑了现代大学非物理专业学生的实际情况编写而成的。本书可作为普通高校非物理专业和医学院校大学物理课程的教材，也可作为物理学爱好者自学的指导用书。本书特点如下。

（1）注重基础性。针对大学非物理专业学生在物理学习中"内容多而课时量少"的特点，对物理概念进行了重新审视和提炼，并精选了内容。对基本现象、基本概念和基本原理的阐述做到了深入浅出，增加了典型例题，力争使学生对所学内容一目了然。

（2）注重结合实际。编者针对以往大学物理只注重讲授理论而忽视和生活相结合而导致学生学习积极性不高的缺点，在本书中加入了一系列实例，并配以插图，力争生动形象、理论结合实际，体现理论的基础作用，并提高学生学习物理的积极性。

（3）注重层次性。为贯彻"因材施教"的原则，针对不同专业学生学习物理的基础及水平，本书收集了不同难度的内容和习题，其中难度较大的标以"*"号，作为选讲和自学内容。

本教材共分为力学、热学、电磁学、机械振动和机械波、波动光学和近代物理 6 个模块，适合 51～70 时数的教学。

由于编者水平有限，书中难免存在疏漏之处，敬请读者批评指正。

编 者
2014 年 3 月

目　　录

模块 1　力　　学

模块2 热 学

模块3 电磁学

模块4　机械振动和机械波

模块 5　波动光学

模块 6　近代物理

模块 1

力　学

学习物理学应当遵守一定的规律，找出各物体内在的共同特征，然后由简到繁，推广到千差万别的物质世界中。因此，我们先从最简单的质点学起。

1.1　质点　参考系　运动方程

自然界一切物体都处于永恒运动中，绝对静止不动的物体是不存在的。机械运动是最简单的一种运动，是描述**物体相对位置或自身各部分的相对位置发生变化的运动**。为了方便研究物体的机械运动，我们需要将自然界中千差万别的运动进行合理的简化，抓住主要特征加以研究。

1.1.1　质点

一切物体都是具有大小、形状、质量和内部结构的物质形态。这些物质形态对于研究物体的运动状态影响很大。简单起见，我们引进质点这一概念。所谓质点，是指具有一定质量没有大小或形状的理想物体。质点是一种理想模型。

并不是所有物体都可以当作质点，质点是相对的，有条件的。只有当物体的大小和形状对运动没有影响或影响可以忽略时，物体才可以当作质点来处理。例如，当研究地球围绕太阳公转时，由于日地之间的距离（$1.5 \times 10^8 \text{ km}$）要比地球的平均半径（$6.4 \times 10^3 \text{ km}$）大得多，此时地球上各点的公转速度相差很小，忽略自身尺寸的影响，地球可以作为质点处理，如图 1-1 所示。

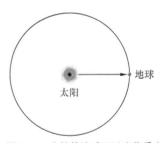

图 1-1　公转的地球可以当作质点

但是，当研究地球自转时，由于地球上各点的速度相差很大，因此，地球自身的大小和形状不能忽略，此时，地球不能作为质点处理，如图 1-2 所示。但可把地球无限分割为极小的质元，每个质元都可视为质点，地球的自转就成为无限个质点（即质点系）运动的总和。做平动的物体，不论大小、形状如何，其体内任一点的位移、速度和加速度都相同，可以用其质心这个点的运动来概括，即物体的平动可视为质点的运动。所以，物体是否被视为质点，完全取决于所研究问题的性质。

图 1-2　自转的地球不可以当作质点

1.1.2 参考系和坐标系

自然界中绝对静止的物体是不存在的，大到星系，小到原子、电子，都处在永恒运动之中。因此，要描述一个物体的机械运动，必须选择另外一个物体或者物体系作为参考，被选作参考的物体称为**参考系**。参考系的选取是任意的。如果物体相对于参考系的位置在变化，则表明物体相对于该参考系运动；如果物体相对于参考系的位置不变，则表明物体相对于该参考系是静止的。同一物体相对于不同的参考系，运动状态可以不同。研究和描述物体运动，只有在选定参考系后才能进行。在运动学中，参考系的选择可以是任意的。但如何选择参考系，必须从具体情况来考虑，主要看问题的性质及研究是否方便而定。例如，一个星际火箭在刚发射时，主要研究它相对于地面的运动，所以把地球选作参照物。但是，当火箭进入绕太阳运行的轨道时，为研究方便，便将太阳选作参考系。研究物体在地面上的运动，选地球作参考系最方便。例如，观察坐在飞机里的乘客，若以飞机为参考系来看，乘客是静止的；以地面为参考系来看，乘客是在运动。因此，选择参考系是研究问题的关键之一。

建立参考系后，为了定量地描述运动物体相对于参考系的位置，我们还需要运用数学手段，在参考系上建立合适的坐标系。直角坐标和极坐标是最常用的两种坐标形式。

应当指出，**对物体运动的描述决定于参考系而不是坐标系。参考系选定后，选用不同的坐标系对运动的描述是相同的。**

1.1.3 运动方程

在一个选定的参考系中，运动质点的位置 $P(x,y,z)$ 是随着时间 t 而变化的，也就是说，质点位置是时间 t 的函数。这个函数可以表示为

$$x = x(t), \ y = y(t), \ z = z(t)$$

上式叫做质点的**运动方程**。知道了运动方程，我们就可以确定任意时刻质点的位置，从而确定质点的运动。例如，斜抛运动表示为

$$x = x_0 + v_0 t \cos\theta, \quad y = y_0 + v_0 t \sin\theta - \frac{1}{2}gt^2$$

从质点的运动方程中消去 t，便会得到质点的轨迹方程。轨迹是直线的，就叫做直线运动；轨迹是曲线的，就叫做曲线运动。

1.1.4 时间和时刻

一个过程对应的时间间隔称为**时间**；而某个时间点，即某个瞬间称为**时刻**。例如，两个时刻 t_2 和 t_1 之差 $\Delta t = t_2 - t_1$ 是时间。

1.2 位移 速度 加速度

描述机械运动，不仅要有能反映物体位置变化的物理量，也要有反映物体位置变化快慢的物理量。下面一一介绍。

1.2.1 位矢

在坐标系中，用来确定质点所在位置的矢量，叫做位置矢量，简称**位矢**。位矢为从坐标原

点指向质点所在位置的有向线段，用矢量 $\vec{r}$ 表示，以直角坐标为例，$\vec{r} = \vec{r}(x, y, z)$。设某时刻质点所在位置的坐标为$(x, y, z)$，则 x, y, z 分别为 $\vec{r}$ 沿着 3 个坐标轴的分量，如图 1-3 所示。

$$\vec{r} = x\vec{i} + y\vec{j} + z\vec{k} \tag{1-1}$$

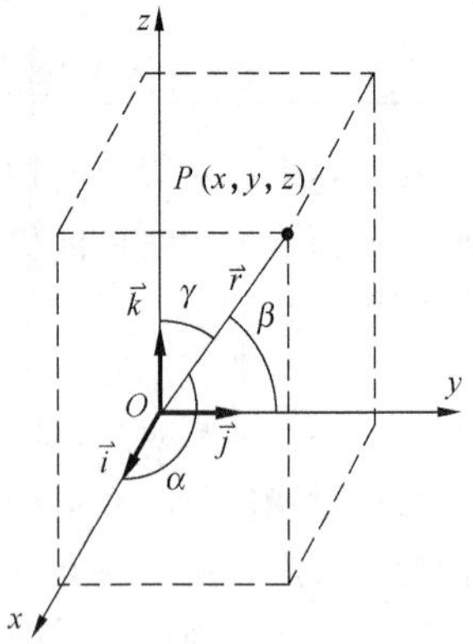

位矢的大小可由关系式 $r = |\vec{r}| = \sqrt{x^2 + y^2 + z^2}$ 得到。位矢在各坐标轴的方向余弦是

$$\cos\alpha = \frac{x}{r}, \quad \cos\beta = \frac{y}{r}, \quad \cos\gamma = \frac{z}{r}$$

图 1-3　位矢

1.2.2　位移

设在直角坐标系中，A，B 为质点运动轨迹上任意两点。t_1 时刻，质点位于 A 点，t_2 时刻，质点位于 B 点，则在时间 $\Delta t = t_2 - t_1$ 内，质点位矢的长度和方向都发生了变化，质点位置的变化可用从 A 到 B 的有向线段 $\overrightarrow{AB}$ 来表示，有向线段 $\overrightarrow{AB}$ 称为在 Δt 时间内质点的**位移矢量**，简称**位移**。由图 1-4 可以看出，$\vec{r}_B = \vec{r}_A + \overrightarrow{AB}$，即 $\overrightarrow{AB} = \vec{r}_B - \vec{r}_A$，于是

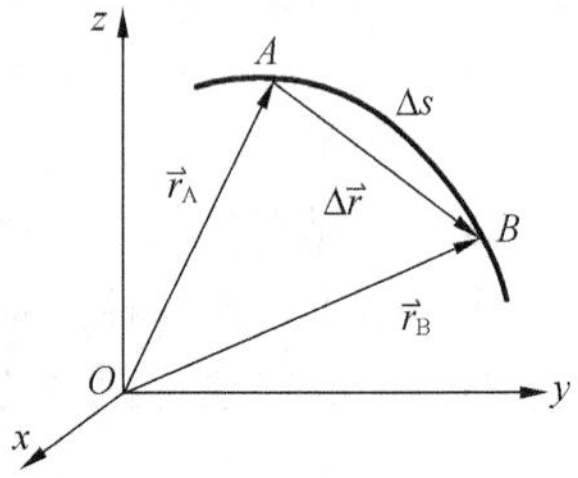

$$\Delta\vec{r} = (x_B - x_A)\vec{i} + (y_B - y_A)\vec{j} + (z_B - z_A)\vec{k} \tag{1-2}$$

图 1-4　位移

应当注意：位移是表征质点位置变化的物理量，它只表示位置变化的实际效果，并非质点经历的路程。如图 1-4 所示，位移是有向线段 $\overrightarrow{AB}$，是矢量，它的量值 $|\Delta\vec{r}|$ 是割线 AB 的长度。

$$|\Delta\vec{r}| = \sqrt{\Delta x^2 + \Delta y^2 + \Delta z^2} \tag{1-3}$$

而路程是曲线 AB 的长度 Δs，是标量。当质点经历一个闭合路径回到起点时，其位移是零，而路程不为零。只有当时间 Δt 趋近于零时，才可视作 $|\Delta\vec{r}|$ 与 Δs 相等。

1.2.3　速度

若质点在 Δt 时间内的位移为 $\Delta\vec{r}$，则定义 $\Delta\vec{r}$ 与 Δt 的比值为质点在这段时间内的**平均速度**，写为

$$\vec{v} = \frac{\Delta\vec{r}}{\Delta t} \tag{1-4}$$

其分量形式为

$$\vec{v} = \frac{\Delta\vec{r}}{\Delta t} = \frac{\Delta x}{\Delta t}\vec{i} + \frac{\Delta y}{\Delta t}\vec{j} + \frac{\Delta z}{\Delta t}\vec{k} \tag{1-5}$$

由于 $\Delta\vec{r}$ 是矢量，Δt 是标量，所以平均速度 $\vec{v}$ 也是矢量，且与 $\Delta\vec{r}$ 方向相同。此外，把路程 Δs 和 Δt 的比值称作质点在时间 Δt 内的平均速率。平均速率是标量，等于质点在单位时间内通过的路程，而不考虑其运动的方向。

如图 1-5 所示，当 $\Delta t \to 0$ 时，P_2 点将向 P_1 点无限靠拢，此

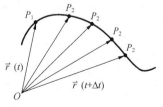

图 1-5　速度推导用图

时，平均速度的极限值叫做**瞬时速度**，简称**速度**，用符号"$\vec{v}$"表示，即

$$\vec{v} = \lim_{\Delta t \to 0} \frac{\vec{r}(t+\Delta t) - \vec{r}(t)}{\Delta t} = \lim_{\Delta t \to 0} \frac{\Delta \vec{r}}{\Delta t} = \frac{\mathrm{d}\vec{r}}{\mathrm{d}t} \tag{1-6}$$

速度是矢量，其方向为：$\Delta t \to 0$ 时位移 $\Delta \vec{r}$ 的极限方向，即，**沿着轨道上质点所在的切线并指向质点前进的方向**。考虑到位矢 $\vec{r}$ 在直角坐标轴上的分量大小分别为 x, y, z，所以速度也可写成

$$\vec{v} = \frac{\mathrm{d}x}{\mathrm{d}t}\vec{i} + \frac{\mathrm{d}y}{\mathrm{d}t}\vec{j} + \frac{\mathrm{d}z}{\mathrm{d}t}\vec{k} = v_x\vec{i} + v_y\vec{j} + v_z\vec{k}$$

即

$$v_x = \frac{\mathrm{d}x}{\mathrm{d}t}, v_y = \frac{\mathrm{d}y}{\mathrm{d}t}, v_z = \frac{\mathrm{d}z}{\mathrm{d}t} \tag{1-7}$$

速度的量值为

$$v = \left|\vec{v}\right| = \sqrt{v_x^2 + v_y^2 + v_z^2} \tag{1-8}$$

$\Delta t \to 0$ 时，$\Delta \vec{r}$ 的量值 $\left|\Delta \vec{r}\right|$ 可以看作和 Δs 相等，此时瞬时速度的大小 $v = \left|\dfrac{\mathrm{d}\vec{r}}{\mathrm{d}t}\right|$ 等于质点在 P_1 点的瞬时速率 $\dfrac{\mathrm{d}s}{\mathrm{d}t}$。

1.2.4　加速度

由于速度是矢量，因此，无论是速度的数值大小还是方向发生变化，都代表速度发生了改变。为了表征速度的变化，引进了加速度的概念。**加速度是描述质点速度的大小和方向随时间变化快慢的物理量。**

如图 1-6 所示，t 时刻，质点位于 P_1 点，其速度为 $\vec{v}(t)$；在 $t + \Delta t$ 时刻，质点位于 P_2 点，其速度为 $\vec{v}(t + \Delta t)$；则在时间 Δt 内，质点的速度增量为 $\Delta \vec{v} = \vec{v}(t + \Delta t) - \vec{v}(t)$。定义质点在这段时间内的平均加速度为

$$\vec{a} = \frac{\Delta \vec{v}}{\Delta t}$$

平均加速度也是矢量，方向与速度增量的方向相同。

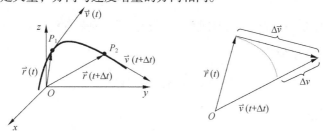

图 1-6　质点的加速度

$\Delta t \to 0$ 时，平均加速度的极限值叫做**瞬时加速度**，简称**加速度**，用符号"$\vec{a}$"表示，即

$$\vec{a} = \lim_{\Delta t \to 0} \frac{\Delta \vec{v}}{\Delta t} = \frac{\mathrm{d}\vec{v}}{\mathrm{d}t} = \frac{\mathrm{d}^2\vec{r}}{\mathrm{d}t^2} \tag{1-9}$$

在直角坐标系中，加速度在 3 个坐标轴上的分量 a_x、a_y、a_z 分别为

$$a_x = \frac{\mathrm{d}v_x}{\mathrm{d}t} = \frac{\mathrm{d}^2 x}{\mathrm{d}t^2}, \ \ a_y = \frac{\mathrm{d}v_y}{\mathrm{d}t} = \frac{\mathrm{d}^2 y}{\mathrm{d}t^2}, \ \ a_z = \frac{\mathrm{d}v_z}{\mathrm{d}t} = \frac{\mathrm{d}^2 z}{\mathrm{d}t^2} \tag{1-10}$$

加速度 $\vec{a}$ 可写为

$$\vec{a} = a_x \vec{i} + a_y \vec{j} + a_z \vec{k} \tag{1-11}$$

其数值大小为

$$a = \sqrt{a_x^2 + a_y^2 + a_z^2} \tag{1-12}$$

加速度方向为：当 Δt 趋近于零时，速度增量的极限方向。由于速度增量的方向一般不同于速度的方向，所以加速度与速度的方向一般不同。这是因为，加速度 $\vec{a}$ 不仅可以反映质点速度大小的变化，也可反映速度方向的变化。因此，在直线运动中，加速度和速度虽然在同一直线上，却可以有同向和反向两种情况。例如质点做直线运动时，速度和加速度之间的夹角可能是 0°（速率增加时），即同向；也可能是 180°（速率减小时），即反向。

从图 1-7 可以看出，当质点做曲线运动时，加速度的方向总是指向曲线的凹侧。如果速率是增加的，则 $\vec{a}$ 和 $\vec{v}$ 之间呈锐角，如图 1-7（a）所示；如果速率是减小的，则 $\vec{a}$ 和 $\vec{v}$ 之间呈钝角，如图 1-7（b）所示；如果速率不变，则 $\vec{a}$ 和 $\vec{v}$ 之间呈直角，如图 1-7（c）所示。

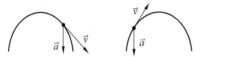

(a) $\vec{a}$ 和 $\vec{v}$ 之间呈锐角　　(b) $\vec{a}$ 和 $\vec{v}$ 之间呈钝角　　(c) $\vec{a}$ 和 $\vec{v}$ 之间呈直角

图 1-7　曲线运动中速度和加速度的方向

实际情况中，大多数质点所参与的运动并不是单一的，而是同时参与了两个或者多个运动。此时总的运动为各个独立运动的合成结果，称为**运动叠加原理**，或称运动的**独立性原理**。

运动学中通常解决的问题有以下两种。

（1）已知质点的运动方程 $\vec{r} = \vec{r}(t)$，求轨迹方程和质点的速度 $\vec{v} = \vec{v}(t)$ 以及加速度 $\vec{a} = \vec{a}(t)$。

（2）已知质点运动的加速度 $\vec{a} = \vec{a}(t)$，求其速度 $\vec{v} = \vec{v}(t)$ 和运动方程 $\vec{r} = \vec{r}(t)$。

【**例 1-1**】　已知一质点的运动方程为 $x = 2t$，$y = 18 - 2t^2$，其中，x，y 以 m 计，t 以 s 计。求：（1）质点的轨道方程并画出其轨道曲线；（2）质点的位置矢量；（3）质点的速度；（4）前 2s 内的平均速度；（5）质点的加速度。

解：（1）将质点的运动方程消去时间参数 t，得到质点轨道方程为 $y = 18 - \dfrac{x^2}{2}$。

（2）质点的位置矢量为

$$r = 2t i + (18 - 2t^2) j$$

（3）质点的速度为

$$v = r = 2i - 4t j$$

（4）前 2s 内的平均速度为

$$\bar{v} = \frac{r(2)-r(0)}{2-0} = \frac{1}{2}\{[2\times 2i + (18-2\times 2^2)j]-18j\}$$
$$= 2i - 4j \ \mathrm{m\cdot s^{-1}}$$

（5）质点的加速度为

$$a = -4j \ \mathrm{m\cdot s^{-2}}$$

【例 1-2】 一质点沿 x 轴正向运动，其加速度为 $a=kt$，若采用国际单位制（SI），则式中数 k 的单位是什么？当 $t=0$ 时，$v=v_0$，$x=x_0$，试求质点的速度和质点的运动方程。

解：因为 $a=kt$，所以 $k=\dfrac{a}{t}$。故 k 的单位为 $\dfrac{\mathrm{m\cdot s^{-2}}}{\mathrm{s}} = \mathrm{m\cdot s^{-3}}$

又因为 $a = \dfrac{\mathrm{d}v}{\mathrm{d}t} = kt$，所以有 $\mathrm{d}v = kt\mathrm{d}t$，做定积分有

$$\int_{v_0}^{v} \mathrm{d}v = \int_0^t kt\mathrm{d}t, v = v_0 + \frac{1}{2}kt^2$$

而

$$v = \frac{\mathrm{d}x}{\mathrm{d}t} = v_0 + \frac{1}{2}kt^2$$

所以

$$\mathrm{d}x = \left(v_0 + \frac{1}{2}kt^2\right)\mathrm{d}t$$

再做定积分有

$$\int_{x_0}^{x} \mathrm{d}x = \int_0^t \left(v_0 + \frac{1}{2}kt^2\right)\mathrm{d}t$$

得

$$x = x_0 + v_0 t + \frac{1}{6}kt^3$$

1.3 圆周运动

圆周运动是一种简单但具有代表性的曲线运动。在一般圆周运动中，由于质点速度的大小和方向都在发生变化，即存在加速度，因此，为简单起见，引进自然坐标系。

1.3.1 切向加速度和法向加速度

如图 1-8 所示，一质点做曲线运动，在其轨迹上任一点可建立如下正交坐标系：一坐标轴沿轨迹切线方向，正方向为运动的前进方向，该方向单位矢量用符号"$\vec{e}_t$"表示；另一坐标轴沿轨迹法线方向，正方向指向轨迹内凹的一侧，该方向单位矢量用符号"$\vec{e}_n$"表示。由于质点速度的方向一定沿着轨迹的切向，因此，自然坐标系中可将速度表示为

$$\vec{v} = v\vec{e}_t = \frac{\mathrm{d}s}{\mathrm{d}t}\vec{e}_t \tag{1-13}$$

自然坐标系的方位是不断变化的，因此 $\vec{e}_t$ 也是一个变量。由加速度的定义有

$$\vec{a} = \frac{\mathrm{d}\vec{v}}{\mathrm{d}t} = \frac{\mathrm{d}v}{\mathrm{d}t}\vec{e}_t + v\frac{\mathrm{d}\vec{e}_t}{\mathrm{d}t} \tag{1-14}$$

下面以圆周运动为例来探讨一下。可以看出，式（1-14）由两项组成，第 1 项 $\dfrac{\mathrm{d}v}{\mathrm{d}t}\vec{e}_t$ 是由速

度大小的变化引起的，其方向为 $\vec{e}_t$ 的方向，即速度 $\vec{v}$ 的方向，我们称此项为**切向加速度**，用符号"$\vec{a}_\text{T}$"来表示。有

$$\vec{a}_\text{T} = \frac{\mathrm{d}v}{\mathrm{d}t}\vec{e}_t , \quad \left|\vec{a}_\text{T}\right| = \frac{\mathrm{d}v}{\mathrm{d}t} \tag{1-15}$$

如图 1-9 所示，质点在 $\mathrm{d}t$ 时间内经历弧长 $\mathrm{d}s$，切线的方向改变 $\mathrm{d}\theta$ 角度。作出 $\mathrm{d}t$ 始末时刻的切向单位矢量，由矢量三角形法则，可知此极限情况下切向单位矢量的增量为

$$\mathrm{d}\vec{e}_t = \mathrm{d}\theta\vec{e}_n$$

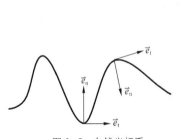

图 1-8　自然坐标系

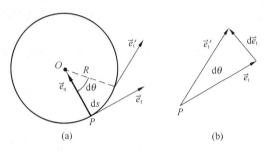

(a)　　　(b)

图 1-9　切向单位矢量随时间变化率

即 $\mathrm{d}\vec{e}_t$ 与 P 点的切向正交。因此

$$\frac{\mathrm{d}\vec{e}_t}{\mathrm{d}t} = \frac{\mathrm{d}\theta}{\mathrm{d}t}\vec{e}_n = \frac{1}{R}\frac{\mathrm{d}s}{\mathrm{d}t}\vec{e}_n = \frac{v}{R}\vec{e}_n \tag{1-16}$$

式（1-14）中第 2 项可以写成

$$v\frac{\mathrm{d}\vec{e}_t}{\mathrm{d}t} = \frac{v^2}{R}\vec{e}_n$$

这个加速度沿法线方向，定义为**法向加速度**，用符号"$\vec{a}_n$"表示。即圆周运动的加速度可分解为两个正交分量，即

$$\vec{a} = \vec{a}_\text{T} + \vec{a}_n = \frac{\mathrm{d}v}{\mathrm{d}t}\vec{e}_t + \frac{v^2}{R}\vec{e}_n \tag{1-17}$$

其中，切向加速度的大小表示质点速率变化的快慢；法向加速度的大小反映质点速度方向变化的快慢。此时，加速度的大小为

$$a = \sqrt{a_t^2 + a_n^2} = \sqrt{\left(\frac{\mathrm{d}v}{\mathrm{d}t}\right)^2 + \left(\frac{v^2}{R}\right)^2} \tag{1-18}$$

$\vec{a}$ 的方向可由它与法线的夹角给出，为

$$\alpha = \tan^{-1}\frac{a_t}{a_n}$$

如图 1-10 所示。

值得注意的是：上述加速度表达式对任何平面曲线运动都适用，但半径 R 要以相应的曲率半径 ρ 代替。

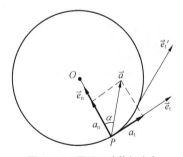

图 1-10　圆周运动的加速度

1.3.2　圆周运动的加速度

质点做匀速圆周运动时，其速度大小不变，方向时刻在变，但始终指向运动轨迹的切向方向。加速度永远沿着半径指向圆心，只改变速度的方向，称为**向心加速度**，其大小为

$$|\vec{a}| = \frac{v^2}{R}$$

如图 1-11 所示，质点做变速圆周运动时，其速度大小和方向均时刻在变，但仍指向运动轨迹的切向方向。此时，加速度并不指向圆心，其方向由 $\vec{a}_t$ 和 $\vec{a}_n$ 之间的夹角决定。

$$\vec{a} = \vec{a}_n + \vec{a}_t$$

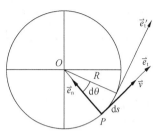

图 1-11　变速圆周运动的加速度

1.3.3　圆周运动的角量描述

质点做圆周运动时，除了线量，还可以用角量来描述其运动。角量有角位置、角位移、角速度、角加速度等。

如图 1-12 所示，设一质点在平面 Oxy 内绕原点做圆周运动。$t=0$ 时，质点位于 $(x,0)$ 处，选择 x 轴正向为参考方向。t 时刻，质点位于 A 点，圆心到 A 点的连线（即半径 OA）与 x 轴正向之间的夹角为 θ，我们定义 θ 为此时质点的**角位置**。经过时间 Δt 后，质点到达 B 点，半径 OB 与 x 轴正向之间的夹角为 $\theta+\Delta\theta$，即在 Δt 时间内，质点转过的角度为 $\Delta\theta$，定义 $\Delta\theta$ 为质点对于圆心 O 的**角位移**。角位移不但有大小而且有方向，一般规定逆时针转动方向为角位移的正方向，反之为负。

当 $\Delta\theta \to 0$ 时，$d\theta$ 可以当作一个矢量，写作 $d\vec{\theta}$，其方向与转动方向符合右手螺旋关系，如图 1-13 所示。角位置和角位移常用的单位为弧度（rad），弧度为一无量纲单位。

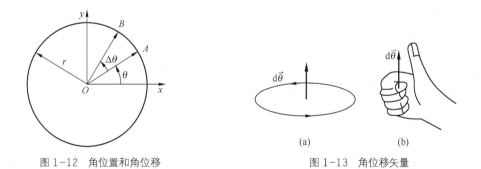

图 1-12　角位置和角位移　　　　　　　　　图 1-13　角位移矢量

角位移 $\Delta\theta$ 与时间 Δt 的比值叫做 Δt 时间内质点对圆心 O 的**平均角速度**，用符号"$\bar{\omega}$"表示。

$$\bar{\omega} = \frac{\Delta\theta}{\Delta t}$$

当 $\Delta t \to 0$ 时，上式的极限值叫做该时刻质点对圆心 O 的**瞬时角速度**，简称**角速度**，用符号"$\vec{\omega}$"表示。

$$\vec{\omega} = \frac{\mathrm{d}\vec{\theta}}{\mathrm{d}t} \tag{1-19}$$

角速度的数值为角坐标 θ 随时间的变化率。在这里，值得注意的是 $\vec{\omega}$ 是标量，但由于 $\mathrm{d}\vec{\theta}$ 为矢量，所以，$\vec{\omega}$ 为矢量，与转动方向成右手螺旋关系。由于角位置和角位移的单位为弧度（rad），所以角速度的单位为弧度每秒（rad/s）。

同理，我们可以得出角加速度的定义。角加速度 $\vec{\alpha}$ 为角速度 $\vec{\omega}$ 随时间的变化率

$$\vec{\alpha} = \frac{\mathrm{d}\vec{\omega}}{\mathrm{d}t} \tag{1-20}$$

其方向为角速度变化的方向，单位为弧度每二次方秒（rad/s²）。

从以上式子我们也可以看出，α 等于零，质点做匀速圆周运动；α 不等于零但为常数，质点做匀变速圆周运动；α 随时间变化，质点做一般的圆周运动。

质点做匀速或匀变速圆周运动时的角速度、角位移与角加速度的关系式为

$$\left.\begin{array}{l} \omega = \omega_0 + \alpha t \\ \theta - \theta_0 = \omega_0 t + \alpha t^2 / 2 \\ \omega^2 = \omega_0^2 + 2\alpha(\theta - \theta_0) \end{array}\right\} \tag{1-21}$$

与质点做匀变速直线运动的几个关系式为

$$\left.\begin{array}{l} v = v_0 + at \\ x - x_0 = v_0 t + at^2 / 2 \\ v^2 = v_0^2 + 2a(x - x_0) \end{array}\right\}$$

相比较可知：两者数学形式完全相同。说明用角量描述，可把平面圆周运动转化为一维运动形式，从而简化问题。

1.3.4 线量和角量的关系

如图 1-14 所示，一质点做圆周运动，在 Δt 时间内，质点的角位移为 $\Delta\theta$，则 A、B 间的有向线段与弧将满足下面的关系

$$\lim_{\Delta t \to 0} \left|\overrightarrow{AB}\right| = \lim_{\Delta t \to 0} \widehat{AB}$$

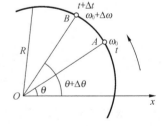

图 1-14　线量和角量的关系

两边同除以 Δt，得到速度与角速度之间的量值关系

$$v = R\omega \tag{1-22}$$

式（1-22）两端对时间求导，得到切向加速度与角加速度大小之间的关系

$$a_{\mathrm{t}} = R\alpha \tag{1-23}$$

将速度与角速度的关系代入法向加速度的定义式，得到法向加速度与角速度之间的关系

$$a_{n} = \frac{v^2}{R} = R\omega^2 \qquad (1\text{-}24)$$

1.4 相对运动 伽利略坐标变换

在低速的情况下，一辆汽车沿水平直线先后通过 A、B 两点，此时，在汽车里的人测得汽车通过此两点的时间为 Δt，在地面上的人测得汽车通过此两点的时间为 $\Delta t'$。显然，$\Delta t = \Delta t'$。即在两个做相对直线运动的参考系（汽车和地面）中，时间的测量是绝对的，与参考系无关。

同样，在汽车中的人测得 A、B 两点的距离，和在地面上的人测得 A、B 两点的距离也是完全相等的。也就是说，在两个做相对直线运动的参考系中，长度的测量也是绝对的，与参考系无关。**时间和长度的绝对性是经典力学的基础**。然而，在经典力学中，运动质点的位移、速度、运动轨迹等却与参考系的选择有关。例如，在无风的下雨天，在地面上的人看到雨滴的轨迹是竖直向下的，而在车中随车运动的人看到的雨滴的轨迹是沿斜线迎面而来。而且，车速越快，他看到的雨滴轨迹越倾斜。它们之间具有什么关系呢？本节通过伽利略坐标变换重点讨论这方面的问题。

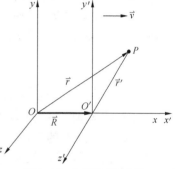

图 1-15 伽利略坐标变换

1.4.1 伽利略坐标变换式

设有两个参考系，一个为 K 系，即 $Oxyz$ 坐标系；一个为 K' 系，即 $O'x'y'z'$ 坐标系，其中 x 轴和 x' 轴重合。它们相对做低速匀速直线运动，相对速度为 $\vec{v}$。取 K 系为基本坐标系，则 $\vec{v}$ 就是 K' 系相对于 K 系的速度。$t=0$ 时，坐标原点重合。对于同一个质点 A，任意时刻在两个坐标系中对应的位置矢量分别为 $\vec{r}$ 和 $\vec{r}'$，如图 1-15 所示。此时，K' 系原点相对 K 系原点的位矢为 $\vec{R}$。显然，从图 1-15 可以得出

$$\vec{r} = \vec{r}' + \vec{R}$$

上述过程所经历的时间，在 K 系中观测为 t，在 K' 系中观测为 t'。经典力学中，时间的测量是绝对的，因此有 $t = t'$。

于是，有

$$\left.\begin{array}{l} \vec{r}' = \vec{r} - \vec{R} = \vec{r} - \vec{v}t \\ t' = t \end{array}\right\} \qquad (1\text{-}25)$$

或者写成

$$\left.\begin{array}{l} x' = x - vt \\ y' = y \\ z' = z \\ t' = t \end{array}\right\} \qquad (1\text{-}26)$$

式（1-25）和式（1-26）叫做**伽利略坐标变换式**。

1.4.2　速度变换

仍以上述低速匀速直线运动为例。一些运动可以看作：质点既参与了 K 系的运动，又参与了 K' 系的运动，设其在两个坐标系中的速度分别为 $\vec{v}_K$ 和 $\vec{v}_{K'}$，由速度的定义式可知

$$\vec{v}_{K'} = \frac{\mathrm{d}\vec{r}'}{\mathrm{d}t'} = \frac{\mathrm{d}\vec{r}'}{\mathrm{d}t} = \frac{\mathrm{d}(\vec{r} - \vec{v}t)}{\mathrm{d}t} = \vec{v}_K - \vec{v}$$

即

$$\vec{v}_{K'} = \vec{v}_K - \vec{v} \tag{1-27}$$

或者写成

$$v_{K'x} = v_{Kx} - v$$
$$v_{K'y} = v_{Ky}$$
$$v_{K'z} = v_{Kz}$$

这就是经典力学中的**速度变换公式**。通常为了方便，常把质点 A 对于 K 系的速度 $\vec{v}_K$ 写成 $\vec{v}_{AK}$，称为**绝对速度**；把质点 A 相对于 K' 系的速度 $\vec{v}_{K'}$ 写成 $\vec{v}_{AK'}$，称为**相对速度**；而把 K' 系相对于 K 系的速度 $\vec{v}_K$ 写成 $\vec{v}_{K'K}$，称为**牵连速度**。注意脚标的顺序。这样，就可以写成便于记忆的形式

$$\vec{v}_{AK} = \vec{v}_{AK'} + \vec{v}_{K'K} \tag{1-28}$$

文字表述为：**质点相对于基本参考系的绝对速度，等于质点相对于运动参考系的相对速度与运动参考系相对于基本参考系的牵连速度之和。**

例如，在无风的下雨天，地面上的人观测雨滴的速度为 $\vec{v}_{雨地}$，而在车里面的人观测雨滴的速度为 $\vec{v}_{雨车}$，车相对于地面的速度为 $\vec{v}_{车地}$，则可写成

$$\vec{v}_{雨地} = \vec{v}_{雨车} + \vec{v}_{车地}$$

如图 1-16 所示。

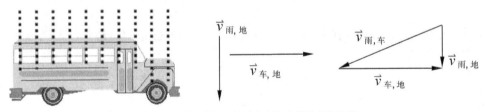

图 1-16　绝对速度、相对速度和牵连速度的关系

注意：低速运动的物体满足速度变换式，并且可通过实验证实；对于高速运动的物体，即速度接近光速的情况下，上述变换式失效。

1.4.3　加速度变换

设 K' 系相对于 K 系做匀加速直线运动，加速度 $\vec{a}_0$ 沿 x 方向。且 $t = 0$ 时，$\vec{v} = \vec{v}_0$。则 K' 系相对于 K 系的速度 $\vec{v} = \vec{v}_0 + \vec{a}_0 t$。于是，由式（1-28）对时间 t 求导，可得

$$\frac{\mathrm{d}\vec{v}_K}{\mathrm{d}t} = \frac{\mathrm{d}\vec{v}_{K'}}{\mathrm{d}t} + \frac{\mathrm{d}\vec{v}}{\mathrm{d}t}$$

即

$$\vec{a}_K = \vec{a}_{K'} + \vec{a}_0 \tag{1-29}$$

若两个参考系之间做相对直线运动，则 $\vec{a}_0 = 0$，此时 $\vec{a}_K = \vec{a}_{K'}$，它表明：质点的加速度相对于做匀速运动的各个参考系来说是个绝对量。

【例 1-3】　某人骑摩托车向东前进，其速率为 10m/s 时觉得有南风，当其速率为 15m/s 时，又觉得有东南风，试求风的速度。

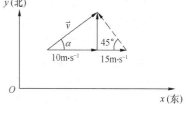

图 1-17　例 1-3

解：取风为研究对象，骑车人和地面作为两个相对运动的参考系，如图 1-17 所示。

根据速度变换公式得到

$$\vec{v} = \vec{v}_{AK} = \overset{(1)}{\vec{v}_{AK'}} + \overset{(1)}{\vec{v}_{KK'}}$$

$$\vec{v} = \vec{v}_{AK} = \overset{(2)}{\vec{v}_{AK'}} + \overset{(2)}{\vec{v}_{KK'}}$$

括弧中 1、2 分别代表第 1 次和第 2 次时的值。

由图中的几何关系，知

$$v_x = v_{K'K}^{(1)} = 10 \, \text{m/s}$$

$$v_y = (v_{K'K}^{(2)} - v_{K'K}^{(1)}) \tan 45° = 15 - 10 = 5 \, \text{m/s}$$

所以，风速的大小为

$$v = \sqrt{10^2 + 5^2} = 11.2 \, \text{m/s}$$

$$\alpha = \arctan \frac{5}{10} = 26° \, 34'$$

所以风向为东偏北 26° 34'。

1.5　习题

一、思考题

1．质点做曲线运动，$\vec{r}$ 表示位置矢量，$\vec{v}$ 表示速度，$\vec{a}$ 表示加速度，S 表示路程，a_T 表示切向加速度，判断下列表达式的正误。

（1）$\mathrm{d}v/\mathrm{d}t = a$，（2）$\mathrm{d}r/\mathrm{d}t = v$，（3）$\mathrm{d}S/\mathrm{d}t = v$，（4）$\left|\mathrm{d}\vec{v}/\mathrm{d}t\right| = a_T$

2．下列问题中：

（1）物体具有加速度而其速度为零，是否存在可能？

（2）物体具有恒定的速率但仍有变化的速度，是否存在可能？

（3）物体具有恒定的速度但仍有变化的速率，是否存在可能？

（4）物体具有沿 x 轴正方向的加速度而有沿 x 轴负方向的速度，是否存在可能？

（5）物体的加速度大小恒定而其速度的方向改变，是否存在可能？

3．关于瞬时运动的说法："瞬时速度就是很短时间内的平均速度"是否正确？该如何正确表述瞬时速度的定义？我们是否能按照瞬时速度的定义通过实验测量瞬时速度？

4．试判断下列问题说法正误。

（1）运动中物体的加速度越大，物体的速度也越大。

（2）物体在直线上运动前进时，如果物体向前的加速度减小了，物体前进的速度也就减小。

（3）物体加速度值很大，而物体速度值可以不变，是不可能的。

5．抛体运动的轨迹如图 1-18 所示，请于图中用矢量表示质点在 A、B、C、D、E 各点的速度和加速度。

6．圆周运动中质点的加速度方向是否一定和速度方向垂直？任意曲线运动的加速度方向是否一定不与速度方向垂直？

图 1-18　思考题 5

7．在以恒定速度运动的火车上竖直向上抛出一小物块，此物块能否落回人的手中？如果物块抛出后，火车以恒定加速度前进，结果又将如何？

二、复习题

1．以下 4 种运动，加速度保持不变的运动是（　　）。

（A）单摆的运动　　（B）圆周运动　　（C）抛体运动　　（D）匀速率曲线运动

2．下面表述正确的是（　　）。

（A）质点做圆周运动，加速度一定与速度垂直

（B）物体做直线运动，法向加速度必为零

（C）轨道最弯处法向加速度最大

（D）某时刻的速率为零，切向加速度必为零

3．下列情况不可能存在的是（　　）。

（A）速率增加，加速度大小减少　　（B）速率减少，加速度大小增加

（C）速率不变而有加速度　　（D）速率增加而无加速度

（E）速率增加而法向加速度大小不变

4．质点沿 Oxy 平面做曲线运动，其运动方程为：$x = 2t$，$y = 19 - 2t^2$，则质点位置矢量与速度矢量恰好垂直的时刻为（　　）。

（A）0s 和 3.16s　　（B）1.78s　　（C）1.78s 和 3s　　（D）0s 和 3s

5．质点沿半径 $R=1$m 的圆周运动，某时刻角速度 $\omega = 1$rad/s，角加速度 $\alpha = 1$rad/s^2，则质点速度和加速度的大小为（　　）。

（A）1m/s，1m/s^2　　　　　　　　（B）1m/s，2m/s^2

（C）1m/s，$\sqrt{2}$m/s^2　　　　　　　（D）2m/s，$\sqrt{2}$m/s^2

6．某质点的速度为 $v = 2i - 8tj$，已知 $t = 0$ 时它经过点（3，-7），求该质点的运动方程。

7．一质点的运动方程分别为：(1) $\vec{r} = (3 + 2t)\vec{i} + 5\vec{j}$，(2) $\vec{r}(t) = \vec{i} + 4t^2\vec{j} + t\vec{k}$，式中 r、t 分别以 m、s 为单位。试求：

（1）它的速度与加速度。

（2）它的轨迹方程。

8．一质点的运动方程为 $x=3t+5$，$y=0.5t^2+3t+4$（SI）。

（1）以 t 为变量，写出位矢的表达式；

（2）求质点在 $t=4$s 时速度的大小和方向。

9．图 1-19 中，a、b 和 c 表示质点沿直线运动 3 种不同情况下的 x-t 图，试说明 3 种运动的

特点（即速度、计时起点时质点的坐标、位于坐标原点的时刻）。

10．飞机着陆时为尽快停止采用降落伞制动。刚着陆时，$t=0$ 时飞机速度为 v_0 且坐标为 $x=0$。假设其加速度为 $a_x=-bv_x^2$，b 为常量，并将飞机看作质点，求此质点的运动学方程。

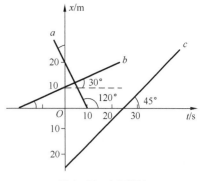

图 1-19　复习题 9

11．某质点做直线运动，其运动方程为 $x=1+4t-t^2$，其中，x 以 m 计，t 以 s 计。求：（1）第 3s 末质点的位置；（2）头 3s 内的位移大小；（3）头 3s 内经过的路程。

12．已知某质点的运动方程为 $x=2t$，$y=2-t^2$，式中 t 以 s 计，x 和 y 以 m 计。（1）计算并图示质点的运动轨迹；（2）求出 $t=1s$ 到 $t=2s$ 这段时间内质点的平均速度；（3）计算 1s 末和 2s 末质点的速度；（4）计算 1s 末和 2s 末质点的加速度。

13．某质点从静止出发沿半径为 $R=1m$ 的圆周运动，其角加速度随时间的变化规律是 $\beta=12t^2-6t$，试求质点的角速度及切向加速度的大小。

14．某质点作圆周运动的方程为 $\theta=2t-4t^2$（θ 以 rad 计，t 以 s 计），在 $t=0$ 时开始逆时针旋转。试求：（1）$t=0.5s$ 时，

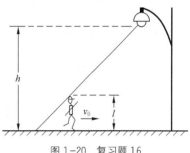

图 1-20　复习题 16

质点以什么方向转动；（2）质点转动方向改变的瞬间，它的角位置 θ 等于多大？

15．质点从静止出发沿半径为 $R=3cm$ 的圆周做匀变速运动，切向加速度 $a_t=3m\cdot s^{-2}$。试求：（1）经过多少时间后质点的总加速度恰好与半径成 45° 角？（2）在上述时间内，质点所经历的角位移和路程各为多少？

16．路灯距地面的高度为 h，一个身高为 l 的人在路上匀速运动，速度为 v_0，如图 1-20 所示。求：（1）人影中头顶的移动速度；（2）影子长度增长的速率。

17．一质点自原点开始沿抛物线 $y=bx^2$ 运动，其在 Ox 轴上的分速度为一恒量，值为 $v_x=4.0m/s$，求质点位于 $x=2.0m$ 处的速度和加速度。

18．测量光速的方法之一是旋转齿轮法。一束光线通过轮边齿间空隙到达远处的镜面上，反射回来时刚好通过相邻的齿间空隙，如图 1-21 所示。设齿轮的半径是 5.0cm，轮边共有 500 个齿。当镜与齿之间的距离为 500m 时，测得光速为 $3.0\times10^5km/s$。试求：

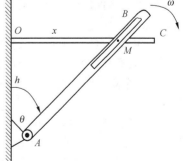

图 1-21　复习题 18

（1）齿轮的角速度为多大？

（2）在齿轮边缘上一点的线速率是多少？

19．如图 1-22 所示，杆 AB 以匀角速度 ω 绕 A 点转动，并带动水平杆 OC 上的质点 M 运动。设起始时刻杆在竖直位置，$OA=h$。

（1）列出质点 M 沿水平杆 OC 的运动方程；

（2）求质点 M 沿杆 OC 滑动的速度和加速度的大小。

图 1-22　复习题 19

第 2 章　牛顿运动定律

本章我们将探讨关于运动的话题，通过介绍牛顿三定律，研究物体的运动和运动物体间相互作用的联系，从而阐明物体运动状态发生变化的原因。

2.1　牛顿运动定律

牛顿（见图 2-1）运动定律是经典物理大厦的支柱。研究牛顿定律将有助于我们深刻地理解经典物理的思想，以便更好地解决宏观物体的运动问题。

图 2-1　艾萨克·牛顿

2.1.1　牛顿第一定律

古希腊哲学家亚里士多德（Aristotle，384B.C. ~ 322B.C.）认为：必须有力作用在物体上，物体才能运动，没有力的作用，物体就要静止下来。这种看法深信"力是产生和维持物体运动的原因"。它跟人们日常生活中的一些错误观念相符合，使得不少人认为它是对的。直到 17 世纪，意大利科学家伽利略在一系列实验后指出：运动物体之所以会停下来，恰恰是因为它受到了某种外力的作用。如果没有外力的作用，物体将会以恒定的速度一直运动下去。勒奈·笛卡儿等人又在伽利略研究的基础上进行了更深入的研究，也得出结论：如果运动的物体不受任何力的作用，不仅速度大小不变，而且运动方向也不会变，将沿原来的方向匀速运动下去。

牛顿总结了伽利略等人的研究成果，概括出一条重要的物理定律，称作牛顿第一定律：**任何物体都要保持其静止或者匀速直线运动状态，直到有外力迫使它改变运动状态为止。**

牛顿第一定律表明：一切物体都有保持其运动状态的性质，这种性质叫做**惯性**。因此，第一定律也叫**惯性定律**。惯性定律是经典物理学的基础之一。惯性定律可以对质点运动的某一分量成立。

牛顿第一定律还阐明，其他物体的作用才是改变物体运动状态的原因，这种"其他物体的作用"，我们称之为"力"。不可能有物体完全不受其他物体的力的作用，所以牛顿第一定律是理想化抽象思维的产物，不能简单地用实验加以验证。但是，从定律得出的一切推论，都经受住了实践的检验。

一切物体的运动只有相对于某个参考系才有意义，如果在某个参考系中观察，物体不受其他物体作用力时，能保持匀速直线运动或者静止状态，在此参考系中惯性定律成立，这个参考系就称之为**惯性参考系**，简称**惯性系**。

值得一提的是，并非任何参考系都是惯性系。相对惯性系静止或做匀速直线运动的参考系是惯性系，而相对惯性系做加速运动的参考系是非惯性系。参考系是否为惯性系，只能根据观察和实验的结果来判断。在力学中，通常把太阳参考系认为是惯性系；在一般精度范围内，地球和静止在地面上的任一物体可近似地看作惯性系。

2.1.2　牛顿第二定律

物体的质量 m 和其运动速度 $\vec{v}$ 的乘积称为物体的动量，用符号"$\vec{p}$"表示。$\vec{p}$ 是矢量，其方向与速度的方向一致。

$$\vec{p} = m\vec{v} \tag{2-1}$$

牛顿第二定律的内容是：**动量为 $\vec{p}$ 的物体，在合外力 $\vec{F}(=\sum\vec{F}_i)$ 的作用下，其动量随时间的变化率应当等于作用于物体的合外力。** 其数学表达式为

$$\vec{F}(t) = \frac{\mathrm{d}\vec{p}(t)}{\mathrm{d}t} = \frac{\mathrm{d}(m\vec{v})}{\mathrm{d}t} \tag{2-2a}$$

物体运动的速度远小于光速时，物体的质量可以认为是常量，此时式（2-2a）可写成

$$\vec{F}(t) = m\frac{\mathrm{d}\vec{v}}{\mathrm{d}t} = m\vec{a} \tag{2-2b}$$

这就是我们中学时学的牛顿运动定律的形式，即：在受到外力作用时，物体所获得的加速度的大小与外力成正比，与物体的质量成反比。通常将式（2-2a）称为牛顿第二定律的微分形式。

在直角坐标系中，式（2-2b）可以沿着坐标轴分解，写成如下形式

$$\vec{F} = m\frac{\mathrm{d}v_x}{\mathrm{d}t}\vec{i} + m\frac{\mathrm{d}v_y}{\mathrm{d}t}\vec{j} + m\frac{\mathrm{d}v_z}{\mathrm{d}t}\vec{k}$$

即

$$\vec{F} = ma_x\vec{i} + ma_y\vec{j} + ma_z\vec{k} \tag{2-2c}$$

在各个方向上

$$F_x = ma_x, \quad F_y = ma_y, \quad F_z = ma_z$$

在自然坐标系下，式（2-2b）又可写成如下形式

$$\vec{F} = m\vec{a} = m(\vec{a}_t + \vec{a}_n) = m\frac{\mathrm{d}v}{\mathrm{d}t}\vec{e}_T + m\frac{v^2}{\rho}\vec{e}_n \tag{2-2d}$$

此时

$$F_t = m\frac{\mathrm{d}v}{\mathrm{d}t} = m\frac{\mathrm{d}s^2}{\mathrm{d}t^2}, \quad F_n = m\frac{v^2}{\rho}$$

式（2-2）是牛顿第二定律的数学表达式，或叫做牛顿力学的质点动力学方程。应当指出的是，在质点高速运动的情况下，质量 m 将不再是常量，而是依赖于速度 $\vec{v}$ 的物理量 $m(v)$ 了。

在应用牛顿第二定律时需要注意以下问题。

（1）瞬时关系。当物体（质量一定）所受外力发生突然变化时，作为由力决定的加速度的

大小和方向也要同时发生突变；当合外力为零时，加速度同时为零，加速度与合外力保持一一对应关系。力和加速度同时产生，同时变化，同时消失。牛顿第二定律是一个瞬时对应的规律，表明了力的瞬间效应。

（2）矢量性。力和加速度都是矢量，物体加速度方向由物体所受合外力的方向决定。牛顿第二定律数学表达式 $\vec{F}(t) = m\vec{a}$ 中，等号不仅表示左右两边数值相等，也表示方向一致，即物体加速度方向与所受合外力方向相同。

（3）叠加性（或力的独立性原理）。什么方向的力只产生什么方向的加速度，而与其他方向的受力及运动无关。当几个外力同时作用于物体时，其合力 $\vec{F}$ 所产生的加速度 $\vec{a}$ 与每个外力 $\vec{F}(i)$ 所产生的加速度的矢量和是一样的。

（4）适用范围。牛顿第二定律适用于惯性参考系、质点及低速平动的宏观物体。

（5）对于质量的理解。质量是惯性的量度。物体不受外力时保持运动状态不变；一定外力作用时，物体的质量越大，加速度越小，运动状态越难改变；物体的质量越小，加速度越大，运动状态越容易改变。因此，在这里质量又叫做惯性质量。

2.1.3　牛顿第三定律

牛顿第三定律又称作用力与反作用力定律。**两个物体之间的作用力** $\vec{F}$ **和反作用力** $\vec{F'}$ **总是同时在同一条直线上，大小相等，方向相反且分别作用在两个物体上**。其数学表述为

$$\vec{F} = -\vec{F'} \tag{2-3}$$

在运用牛顿第三定律时需要注意的是：这两个力总是成对出现，同时存在，同时消失，没有主次之分。当一个力为作用力时，另一个力即为反作用力；**这两个力一定属于同一性质的力**。例如，图2-2中悬挂木板和重物之间的作用力与反作用力均为拉力，而重物和地球之间的作用力与反作用力均为重力，分别作用在两个物体上，不能相互抵消。

牛顿第三定律反映了力的物质性，力是物体之间的相互作用，作用于物体，必然会同时反作用于物体。离开物体谈力是没有意义的。

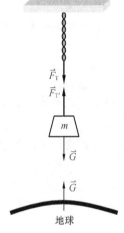

图2-2　作用力与反作用力

2.2　几种常见的力

日常生活中，我们经常会接触到万有引力、重力、弹性力、摩擦力等，下面简单加以介绍。

2.2.1　万有引力

牛顿在总结了前人经验的基础上，1687年在出版的《自然哲学的数学原理》论文中首次提出，任何物体之间都存在一种遵循同一规律的相互吸引力，这种相互吸引的力叫做**万有引力**。如果用 m_1、m_2 表示两个物体的质量，它们间的距离为 r，则此两个物体间的万有引力，其方向沿着它们之间的连线，其大小与它们质量的乘积成正比，与它们之间距离 r 的平方成反比。万有引力的数学表述为

$$F = G\frac{m_1 m_2}{r^2} \tag{2-4a}$$

式中，G 为一普适常数，称为**万有引力常数**。在一般计算中

$$G = 6.67 \times 10^{-11}\,\mathrm{N} \cdot \mathrm{m}^2 \cdot \mathrm{kg}^{-2}$$

万有引力定律可写成矢量形式

$$\vec{F} = -G\frac{m_1 m_2}{r^3}\vec{r} \tag{2-4b}$$

式中，负号表示 m_1 施于 m_2 的万有引力方向始终与 m_1 指向 m_2 的位矢 $\vec{r}$ 方向相反。

万有引力定律说明，每一个物体都吸引着其他物体，而两个物体间的引力大小正比于它们的质量乘积，与两物体中心连线距离的平方成反比。牛顿为了证明只有球形体可以将"球的总质量集中到球的质心点"来代表整个球的万有引力作用的总效果而发展了微积分。

通常，两个物体之间的万有引力极其微小，我们察觉不到它，可以不予考虑。比如，两个质量都是 60kg 的人，相距 0.5m，他们之间的万有引力还不足百万分之一牛顿，而一只蚂蚁拖动细草梗的力竟是这个引力的 1 000 倍！但是，天体系统中，由于天体的质量很大，万有引力就起着决定性的作用。在天体中质量还算很小的地球，对其他的物体的万有引力已经具有巨大的影响，它把人类、大气和所有地面物体束缚在地球上，它使月球和人造地球卫星绕地球旋转而不离去。

牛顿推动了万有引力定律的发展，指出万有引力不仅仅是星体的特征，也是所有物体的特征。作为最重要的科学定律之一，万有引力定律及其数学公式已成为整个物理学的基石。

万有引力是迄今为止人类认识到的 4 种基本作用之一，其他 3 种分别是电磁相互作用、弱相互作用和强相互作用。表 2-1 所示为 4 种相互作用的比较。

表 2-1　4 种相互作用的力程和强度的比较

种　类	相互作用粒子	力 的 强 度	力程/m
引力作用	所有粒子、质点	∞	10^{-39}
电磁作用	带电粒子	∞	10^{-3}
弱相互作用	强子等大多数粒子	10^{-18}	10^{-12}
强相互作用	核子、介子等强子	10^{-15}	10^{-1}

注：表中强度是以两质子间相距为 10^{-15} m 时的相互作用强度为 1 给出的。

2.2.2　重力

地球表面附近的物体都受到地球的吸引力，这种由于地球吸引而使物体受到的力叫做**重力**。

一般情况下，常把重力近似看作等于地球附近物体受到地球的万有引力。但实际上，重力是万有引力的一个分力。因为我们在地球上与地球一起运动，这个运动可以近似看成匀速圆周运动。我们做匀速圆周运动需要向心力，在地球上，这个力由万有引力的一个指向地轴的分力提供，而万有引力的另一个分力就是我们平时所说的重力。在精度要求不高的情况下，可以近似地认为重力等于地球的引力。

在重力 G 的作用下，物体具有的加速度 g 叫做重力加速度，大小满足 $G = m\mathbf{g}$ 的关系。重力是矢量，它的方向总是竖直向下的。重力的作用点在物体的重心上。在密度较大的矿石附近地区，物体的重力和周围环境相比出现异常，因此利用重力的差异可以探矿，这种方法叫重

力探矿法。

2.2.3 弹性力

弹性力是由于物体发生形变所产生的。物体在力的作用下发生形状或体积改变，这种改变叫做形变。两个相互接触并产生形变的物体企图恢复原状而彼此互施作用力，这种力叫**弹性力**，简称**弹力**。

弹力产生在由于直接接触而发生弹性形变的物体间。所以，弹性力的产生是以物体的互相接触以及形变为先决条件的，弹力的方向始终与使物体发生形变的外力方向相反。

当物体受到的弹力停止作用后，能够恢复原状的形变叫做弹性形变。但如果形变过大，超过一定限度，物体的形状将不能完全恢复，这个限度叫做弹性限度。物体因形变而导致形状不能完全恢复，这种形变叫做**塑性形变**，也称范性形变。

比较常见的弹力有：两个物体通过一定面积相互挤压产生的正压力或者支持力，绳索被拉伸时对物体产生的拉力，弹簧被拉伸或者压缩时产生的弹力等。

2.2.4 摩擦力

假如地球上没有摩擦力，将会变成什么样子呢？假如没有摩擦力，我们就不能走路了，既站不稳，也无法行走；汽车还没发动就打滑，要么就是车子开起来就停不下来了。假如没有摩擦力，我们无法拿起任何东西，因为我们拿东西靠的就是摩擦力。假如没有摩擦力，螺钉就不能旋紧，钉在墙上的钉子就会自动松开而落下来。家里的桌子、椅子都要散开来，并且会在地上滑来滑去，根本无法使用。假如没有摩擦力，我们就再也不能够欣赏美妙的用小提琴演奏的音乐等，因为弓和弦的摩擦产生振动才发出了声音。

摩擦力是两个相互接触的物体在沿接触面相对运动时，或者有相对运动趋势时，在它们的接触面间所产生的一对阻碍相对运动或相对运动趋势的力。

若两相互接触而又相对静止的物体在外力作用下只具有相对滑动趋势，而尚未发生相对滑动，它们接触面之间出现的阻碍发生相对滑动的力，叫做**静摩擦力**。例如，将一物体放于粗糙水平面上，其受到一水平方向的拉力 F 的作用。若 F 较小，则物体不能发生滑动。因此，静摩擦力的存在阻碍了物体的相对滑动。此时静摩擦力的大小和外力 F 的大小相等，方向相反，即：静摩擦力与物体相对于水平面的运动趋势的方向相反。随着外力 F 的增大，静摩擦力将逐渐增大，直到增加到一个临界值。当外力超过这个临界值时，物体将发生滑动，这个临界值叫做最大静摩擦力 f_s。实验表明，最大静摩擦力的值与物体的正压力 N 成正比，即

$$f_s = \mu_s N \tag{2-5a}$$

式中，μ_s 叫做静摩擦系数，它与两物体的材质以及接触面的情况有关，而与接触面的大小无关。

当物体开始滑动时，受到的摩擦力叫做**滑动摩擦力** f_k。实验表明滑动摩擦力的值也与物体的正压力 N 成正比，有

$$f_k = \mu_k N \tag{2-5b}$$

式中，μ_k 叫做滑动摩擦系数，它与两接触物体的材质、接触面的情况、温度和干湿度都有关，通常滑动摩擦系数也可以写作 μ。对于给定的接触面，$\mu < \mu_s$，两者都小于 1。在一般不需要精确计算的情况下，可以近似认为它们是相等的，即 $\mu = \mu_s$。

摩擦力也有其有害的一方面，例如，机器的运动部分之间都存在摩擦，对机器有害又浪费

能量，使额外功增加。因此，必须设法减少这方面的摩擦，通常是在产生有害摩擦的部位涂抹润滑油，变滑动摩擦为滚动摩擦等。总之，我们要想办法增大有益摩擦，减小有害摩擦。

2.3　牛顿定律应用举例

作为牛顿力学的重要组成部分，牛顿定律在低速情况下问题的分析中起着重要的作用，日常实践和工程上经常会涉及应用牛顿定律来解决问题。本节将通过例题来讲述应用牛顿定律解题的方法。需要注意的是，牛顿三定律是一个整体，不能厚此薄彼，只注重应用牛顿第二定律，而把第一和第三定律忽略的思想是错误的。

通常的力学问题有两类：一类是已知物体的受力，通过物体受力分析物体的运动状态；另一类则是已知物体的运动状态，从而求得物体上所受的力。在不作特殊说明的情况下，物体所受的重力是必有的，而其他的力则需要根据具体问题具体分析。

运用牛顿定律解题的步骤一般是先确定研究对象，然后使用**隔离体法**分析该研究对象的受力，作出受力图，通过分析物体的运动情况，判断加速度，并建立合适的坐标系，根据牛顿第二定律求解，具体问题需要具体分析讨论。

【例 2-1】　阿特伍德机[1]。

如图 2-3 所示，设有一质量可以忽略的滑轮，滑轮两侧通过轻绳分别悬挂着质量为 m_1 和 m_2 的重物 A 和 B，已知 $m_1 > m_2$。现将把此滑轮系统悬挂于电梯天花板上，求：当电梯（1）匀速上升时，（2）以加速度 a 匀加速上升时，绳中的张力和两物体相对于电梯的加速度 a_r。

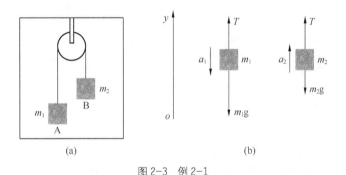

图 2-3　例 2-1

解：如图 2-3（a）所示，取地面为参考系，使用隔离体法分别对 A、B 两物体分析受力，从图 2-3（b）可以看出，此时两物体均受到两个力的作用，即受到向下的重力和向上的拉力。由于滑轮质量不计，故两物体所受到的向上的拉力应相等，等于轻绳的张力。

因物体只在竖直方向运动，故可建立坐标系 Oy，取向上为正方向。

（1）当电梯匀速上升时，物体对电梯的加速度等于它们对地面的加速度。A 的加速度为负，B 的加速度为正，根据牛顿第二定律，对 A 和 B 分别得到

$$T - m_1g = -m_1a_r$$
$$T - m_2g = m_2a_r$$

[1] 阿特伍德机：英国数学家、物理学家阿特伍德（George Atwood，1746～1807 年）于 1784 年所制的一种测定重力加速度及阐明运动定律的器械。其基本结构为在跨过定滑轮的轻绳两端悬挂两个质量相等的物块，当在一物块上附加另一小物块时，该物块即由静止开始加速滑落，经一段距离后附加物块自动脱离，系统匀速运动，测得此运动速度即可求的重力加速度。

将上两式联立，可得两物体的加速度

$$a_r = \frac{m_1 - m_2}{m_1 + m_2}g$$

以及轻绳的张力

$$T = \frac{2m_1 m_2}{m_1 + m_2}g$$

（2）电梯以加速度 a 上升时，A 对地的加速度为 $a - a_r$，B 对地的加速度为 $a + a_r$。根据牛顿第二定律，对 A 和 B 分别得到

$$T - m_1 g = m_1(a - a_r)$$
$$T - m_2 g = m_2(a + a_r)$$

将上两式联立，可得

$$a_r = \frac{m_1 - m_2}{m_1 + m_2}(a + g)$$

$$T = \frac{2m_1 m_2}{m_1 + m_2}(a + g)$$

$a = 0$ 时即为电梯匀速上升时的状态。

思考：若电梯匀加速下降时，上述问题的解又为何值？请读者自证。

【例 2-2】 将质量为 10kg 的小球用轻绳挂在倾角 α=30°的光滑斜面上，如图 2-4（a）所示。

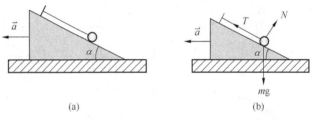

(a)　　　　(b)

图 2-4　例 2-2

（1）当斜面以加速度 g/3 沿如图所示的方向运动时，求绳中的张力及小球对斜面的正压力。

（2）当斜面的加速度至少为多大时，小球对斜面的正压力为零？

解：（1）取地面为参考系，对小球进行受力分析，如图 2-4（b）所示，设小球质量是 m，则小球受到自身重力 mg、轻绳拉力 T 以及斜面支持力 N 的作用，斜面的支持力大小等于小球对斜面的正压力，根据牛顿第二定律，可得

水平方向

$$T\cos\alpha - N\sin\alpha = ma \qquad\qquad ①$$

竖直方向

$$T\sin\alpha + N\cos\alpha - mg = 0 \qquad\qquad ②$$

①、②两式联立，可得

$$T = mg\sin\alpha + ma\cos\alpha$$

即

$$T = mg\sin\alpha + \frac{1}{3}mg\cos\alpha$$

代入数值，得

$$T = 77.3 \text{ N}$$

同理

$$N = mg\cos\alpha - ma\sin\alpha = 68.4 \text{ N}$$

（2）当对斜面的正压力 $N=0$ 时，①、②两式可写成

$$T\cos\alpha = ma$$

$$T\sin\alpha - mg = 0$$

将两式联立，可得

$$a = \frac{g}{\tan\alpha} = 17 \text{ m/s}^2$$

【例 2-3】　试计算一小球在水中竖直沉降的速度。已知某小球的质量为 m，水对小球的浮力为 B，水对小球的黏滞力为 $f = -Kv$，式中 K 是和水的黏性、小球的半径有关的一个常量。

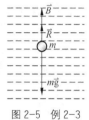

图 2-5　例 2-3

解：如图 2-5 所示，以小球为研究对象，分析受力。小球共受到 3 个力的作用，自身重力、水的浮力以及水对小球的黏滞力。这 3 个力均作用在竖直方向上，其中，重力的方向为竖直向下，其他两个力的方向为竖直向上。因此，可以以向下为正方向，根据牛顿第二定律，列出小球运动方程

$$mg - B - f = ma$$

小球的加速度

$$a = \frac{dv}{dt} = g - \frac{B + Kv}{m}$$

当 $t = 0$ 时，小球的初速为 0，此时加速度为最大

$$a_{\max} = g - \frac{B}{m}$$

当速度 v 逐渐增加时，其加速度逐渐减小，令

$$v_{\text{T}} = \frac{mg - B}{K}$$

则运动方程变为

$$\frac{dv}{dt} = \frac{K(v_{\text{T}} - v)}{m}$$

分离变量后积分，得

$$\int_0^v \frac{dv}{v_{\text{T}} - v} = \int_0^t \frac{K}{m}dt$$

$$\ln\frac{v_{\text{T}} - v}{v_{\text{T}}} = \frac{K}{m}t$$

即

$$v = v_T(1 - e^{-\frac{K}{m}t})$$

上式即为小球沉降速度 v 和时间 t 的关系式。可知，当 $t \to \infty$ 时，$v = v_T$，即物体在气体或液体中的沉降都存在**极限速度**，它是物体沉降所能达到的最大速度，如图 2-6 所示。

而当 $t = m/K$ 时，$v = v_T(1 - e^{-1}) = 0.632 v_T$。只要当 $t \gg m/K$ 时，我们就可以认为小球以极限速度匀速下沉。

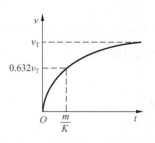

图 2-6　沉降速度和时间的关系曲线

2.4 *非惯性系 惯性力

我们知道，一切物体的运动是绝对的，但是描述物体的运动只有相对于参考系才有意义。如果在某个参考系中观察，物体不受其他物体作用力时保持匀速直线运动或者静止状态，那么这个参考系就是惯性系。相对于惯性系做匀速直线运动或者静止的参考系也是惯性系。而如果某个参考系相对于惯性系做加速运动，则这个参考系就称为**非惯性系**。换言之，由于一般精度内可以选择地面为惯性系，那么凡是对地面参考系做加速运动的物体，都是非惯性系。由于牛顿定律只适应于惯性系，因此，在应用牛顿定律时，参考系的选择就不再是任意的了，因为在非惯性系中，牛顿定律就不再成立。下面举例说明一下。

例如，一列火车，其光滑地板上放置一物体，质量为 m，如图 2-7 所示。当车相对于地面静止或匀速向前运动时，坐在车里以车为参考系的人，和站在地面上以地面为参考系的人对车上的物体观测的结果是一致的。

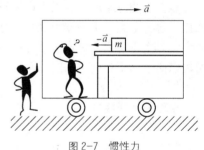

图 2-7　惯性力

但是，当车以加速度 $\vec{a}$ 向前突然加速时，在车里的人以车为参考系，会发现车上的物体突然以加速度 $-\vec{a}$ 向车加速的相反方向运动起来，即有了一个向后的加速度，车厢的地板越光滑，效果越明显。但此时物体所受到水平方向的合外力为零，显然这是违反牛顿定律的。而在车下的以地面为参考系的人看来，当车相对于地面做加速运动时，火车里的物体由于水平方向不受力，所以仍要保持其原来的静止状态。可以看出，地面是惯性系，在这里牛顿定律是成立的，而相对地面做加速运动的火车则是非惯性系，牛顿定律不成立。也就是说，在不同参考系上观察物体的运动，观察的结果会截然不同。

在实际生活和工程计算中，我们会遇到很多非惯性系中的力学问题。在这类问题中，人们引入了惯性力的概念，以便仍可方便地运用牛顿定律来解决问题。

惯性力是一个虚拟的力，它是在非惯性系中来自参考系本身加速效应的力。惯性力找不到施力物体，它是一个虚拟的力，其大小等于物体的质量 m 乘以非惯性系的加速度的大小 a，但是方向和 $\vec{a}$ 的方向相反。用 $\vec{F}_i$ 表示惯性力，则

$$\vec{F}_i = -m\vec{a} \tag{2-6}$$

这样，在上述例子中，可以认为有一个大小为 $-m\vec{a}$ 的惯性力作用在物体上面。这样，就不难在火车这个非惯性系中用牛顿定律来解释这个现象了。

一般来说，作用在物体上的力若既包含真实力 $\vec{F}$，又包含惯性力 $\vec{F}_i$，则以非惯性系为参考系，对物体受力应用牛顿第二定律

$$\vec{F} + \vec{F}_i = m\vec{a}' \tag{2-7a}$$

或

$$\vec{F} - m\vec{a} = m\vec{a}'$$ （2-7b）

式中，$\vec{a}$ 是非惯性系相对于惯性系的加速度，$\vec{a}'$ 是物体相对于非惯性系的加速度。

再例如，如图 2-8 所示，在水平面上放置一圆盘，用轻弹簧将一质量为 m 的小球与圆盘的中心相连。圆盘相对于地面做匀速圆周运动，角速度为 ω。另外，有两个观察者，一个位于地面上，以地面（惯性系）为参考系；另一个位于圆盘上，与圆盘相对静止并随圆盘一起转动，以圆盘（非惯性系）为参考系。圆盘转动时，地面上的观察者发现弹簧拉长，小球受到弹簧的拉力作用，显然，此拉力为向心力，大小为 $F = ml\omega^2$。小球在向心力的作用下，做匀速率圆周运动。用牛顿定律的观点来看是很好理解的。

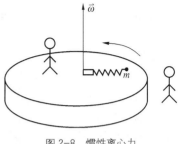

图 2-8　惯性离心力

同时，在圆盘上的观察者看来，弹簧拉长了，即有向心力 $\vec{F}$ 作用在小球上，但小球却相对于圆盘保持静止。于是，圆盘上的观察者认为小球必受到一个惯性力的作用，这个惯性力的大小和向心力相等，方向与之相反。这样就可以用牛顿定律解释小球保持平衡这一现象了。这里，这个惯性力称为**惯性离心力**。

【**例 2-4**】　如图 2-9 所示，质量为 m 的人站在升降机内的一磅秤上，当升降机以加速度 a 向上匀加速上升时，求磅秤的示数。试用惯性力的方法求解。

解：磅秤示数的大小即为人对升降机地板的压力的大小。取升降机这个非惯性系为参考系，可知，当升降机相对于地面以加速度 $\vec{a}$ 上升时，与之对应的惯性力为 $\vec{F}_i = -m\vec{a}$。在这个非惯性系中，人除了受到自身重力 mg、磅秤对他的支持力 N，还受到一个惯性力 F_i 的作用。由于此人相对电梯静止，所以以上 3 个力为平衡力。

$$N - mg - F_i = 0$$

即

$$N = mg + F_i = m(g + a)$$

由此可见，此时磅秤上的示数并不等于人自身重力。当加速上升时，$N > mg$，此时称之为"超重"；当加速下降时，$N < mg$，称之为"失重"。当升降机自由降落时，人对地板的压力减为 0，此时人处于完全失重状态。

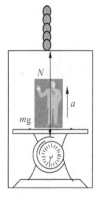

图 2-9　例 2-4

2.5　习题

一、思考题

1. 牛顿运动定律适用的范围是什么？对于宏观物体，牛顿定律在什么情况下适用，什么情况下不适用？对于微观粒子，牛顿运动定律适用吗？

2. 回答下列问题。

（1）物体所受合外力方向与其运动方向一定一致吗？

（2）物体速度很大时，其所受合外力是否也很大？

（3）物体运动速率不变时，其所受合外力一定为零吗？

3．弹簧秤下端系有一金属小球，当小球分别为竖直状态和在一水平面内做匀速圆周运动时，弹簧秤的读数是否相同？并说明原因。

4．利用一挂在车顶的摆长为 l 的单摆和附在下端的米尺（见图 2-10），怎样测出车厢的加速度（单摆的偏角很小）？

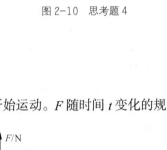

图 2-10　思考题 4

二、复习题

1．关于速度和加速度之间的关系，下列说法中正确的是（　　）。

（A）物体的加速度逐渐减小，而它的速度却可能增加

（B）物体的加速度逐渐增加，而它的速度只能减小

（C）加速度的方向保持不变，速度的方向也一定保持不变

（D）只要物体有加速度，其速度大小就一定改变

2．静止在光滑水平面上的物体受到一个水平拉力 F 作用后开始运动。F 随时间 t 变化的规律如图 2-11 所示，则下列说法中正确的是（　　）。

（A）物体在前 2s 内的位移为零

（B）第 1s 末物体的速度方向发生改变

（C）物体将做往复运动

（D）物体将一直朝同一个方向运动

图 2-11　复习题 2

3．质量分别为 m 和 M 的滑块 A 和 B，叠放在光滑水平桌面上。A、B 间静摩擦系数为 μ_s，滑动摩擦系数为 μ_k，系统原处于静止。今有一水平力作用于 A 上，要使 A、B 不发生相对滑动，则应有（　　）。

（A）$F \leqslant \mu_s mg$　　　　　　　　　（B）$F \leqslant \mu_s \left(l + m/M \right) mg$

（C）$F \leqslant \mu_s \left(m + M \right) mg$　　　　（D）$F \leqslant \mu_k \dfrac{M+m}{M} mg$

4．升降机内地板上放有物体 A，其上再放另一物体 B，两者的质量分别为 M_A、M_B。当升降机以加速度 a 向下加速运动时（$a<g$），物体 A 对升降机地板的压力在数值上等于（　　）。

（A）$M_A g$　　　　　　　　　　（B）$(M_A+M_B)g$

（C）$(M_A+M_B)(g+a)$　　　　（D）$(M_A+M_B)(g-a)$

5．如图 2-12 所示，图中 A 为定滑轮，B 为动滑轮，3 个物体 m_1=200g，m_2=100g，m_3=50g，滑轮及绳的质量以及摩擦均忽略不计。求：

（1）每个物体的加速度；

（2）两根绳子的张力 T_1 与 T_2。

6．质量为 m 的子弹以速度 v_0 水平射入沙土中，设子弹所受阻力与速度反向，大小与速度成正比，比例系数为 K，忽略子弹的重力，求子弹进入沙土的最大深度。

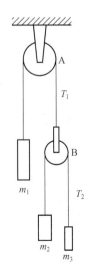

图 2-12　复习题 5

7．一辆装有货物的汽车，设货物与车底板之间的静摩擦系数为 0.25，如汽车以 30km/h 的速度行驶。则要使货物不发生滑动，汽车从刹车到完全静止

所经过的最短路程是多少？

8．一物体质量为 10kg，受到方向不变的力 $F=30+40t$(SI)的作用，在开始的 2s 内，此力的冲量大小等于_____；若物体的初速度大小为 10m·s^{-1}，方向与 F 同向，2s 末物体速度的大小等于_____。

9．一长为 l、质量均匀的链条，放在光滑的水平桌面上。若使其长度的 1/2 悬于桌面下，由静止释放，任其自由滑动，则刚好链条全部离开桌面时的速率为_____。

10．一质量为 60kg 的人以 2m·s^{-1} 的水平速度从后面跳到质量为 80kg 的小车上，小车原来的速度为 1m·s^{-1}。（1）小车的速度将如何变化？（2）人如果迎面跳上小车，小车的速度又将如何变化？

11．质量为 $m=2\times10^{-3}$kg 的子弹，在枪筒中前进时受到的合力为 $F=400-\dfrac{8000}{9}x$，F 的单位为 N，x 的单位为 m。子弹射出枪口时的速度为 300m·s^{-1}，试计算枪筒的长度。

12．从轻弹簧的原长开始第一次拉伸长度 L，在此基础上，第二次使弹簧再伸长 L，继而第三次又伸长 L。求第三次拉伸和第二次拉伸弹簧时做功的比值。

第3章 运动的守恒定律

在一定条件下，质点和质点系的动量或者能量将保持守恒，动量守恒和能量守恒是力学的基本定律。

3.1 动量定理

我们知道，力是时间的函数，牛顿第二定律是关于力和质点运动的瞬时关系的。那么，如果有外力在质点上作用了一段时间，外力和运动的过程之间存在什么关系呢？换句话说，有没有牛顿第二定律的积分形式呢？

答案是肯定的，并且形式也不是唯一的，一种是力对时间的积累，一种是力对空间的积累。我们将分别对这两种形式进行探讨。下面先讨论第一种情况。

3.1.1 质点的动量定理

牛顿第二定律的积分形式为

$$\vec{F}(t) = \frac{\mathrm{d}\vec{p}(t)}{\mathrm{d}t} = \frac{\mathrm{d}(m\vec{v})}{\mathrm{d}t}$$

即

$$\vec{F}(t)\mathrm{d}t = \mathrm{d}\vec{p} = \mathrm{d}(m\vec{v})$$

在经典力学里，当物体运动的速度远远小于光速时，物体的质量可以认为是不依赖于速度的常量，此时上式可变形为

$$\vec{F}(t)\mathrm{d}t = \mathrm{d}\vec{p} = m\mathrm{d}\vec{v}$$

在力 $\vec{F}(t)$ 作用的一段时间 $\Delta t = t_2 - t_1$ 内，上式两端可积分，得

$$\int_{t_1}^{t_2} \vec{F}\mathrm{d}t = \vec{p}_2 - \vec{p}_1 = m\vec{v}_2 - m\vec{v}_1 \tag{3-1}$$

式中，$\vec{p}_1$、$\vec{v}_1$ 以及 $\vec{p}_2$、$\vec{v}_2$ 分别对应质点在 t_1、t_2 时刻的动量和速度。式子左面 $\int_{t_1}^{t_2} \vec{F}\mathrm{d}t$ 为力在这段时间内对时间的积累，叫做力的冲量，用符号 "$\vec{I}$" 表示，即

$$\vec{I} = \int_{t_1}^{t_2} \vec{F}\mathrm{d}t$$

于是式（3-1）可表示为 $\vec{I} = \vec{p}_2 - \vec{p}_1$，其物理意义为：在给定的时间间隔内，质点所受的合

外力的冲量，等于该物体动量的增量，这就是质点的动量定理。一般情况下，冲量的方向和瞬时力 $\vec{F}$ 的方向不同，而和质点速度改变（即动量改变）的方向相同。

式（3-1）是矢量式，可以沿着坐标轴的各个方向分解。在直角坐标系中，其分量式为

$$\begin{cases} I_x = \int_{t_1}^{t_2} F_x \mathrm{d}t = mv_{2x} - mv_{1x} \\ I_y = \int_{t_1}^{t_2} F_y \mathrm{d}t = mv_{2y} - mv_{1y} \\ I_z = \int_{t_1}^{t_2} F_z \mathrm{d}t = mv_{2z} - mv_{1z} \end{cases} \quad （3\text{-}2）$$

式（3-2）表明，动量定理可以在某个方向上成立。某方向受到冲量时，该方向上动量就增加。

3.1.2　质点系的动量定理

上面我们讨论了质点的动量定理，在由多个质点组成的质点系中，外力的冲量和动量之间又有什么联系呢？

先看一种最简单的情况，由两个质点组成的质点系。如图 3-1 所示的系统中含有两个质点，其质量为 m_1 和 m_2，分别受到来自系统外的作用力 $\vec{F}_1$ 和 $\vec{F}_2$ 的作用，我们把这种来自系统外的力称为外力，记做 $\vec{F}_{\mathrm{ex}}$；此外，两个质点分别受到彼此之间的作用力 $\vec{F}_{12}$ 和 $\vec{F}_{21}$ 的作用，我们把这种来自系统内部的力称为内力，记做 $\vec{F}_{\mathrm{in}}$。现分别对两质点应用质点的动量定理

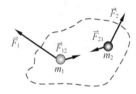

图 3-1　质点系的内外力

$$\int_{t_1}^{t_2} (\vec{F}_1 + \vec{F}_{12}) \mathrm{d}t = m_1 \vec{v}_1 - m_1 \vec{v}_{10}$$

$$\int_{t_1}^{t_2} (\vec{F}_2 + \vec{F}_{21}) \mathrm{d}t = m_2 \vec{v}_2 - m_2 \vec{v}_{20}$$

因为

$$\vec{F}_{12} + \vec{F}_{21} = 0$$

两个式子相加，得

$$\int_{t_1}^{t_2} (\vec{F}_1 + \vec{F}_2) \mathrm{d}t = (m_1 \vec{v}_1 + m_2 \vec{v}_2) - (m_1 \vec{v}_{10} + m_2 \vec{v}_{20}) \quad （3\text{-}3）$$

由此可见，内力的冲量效果为零。作用于两个质点组成的质点系的外力的冲量等于系统内两质点动量的增量，即系统动量的增量。

若系统是由 N 个质点组成，不难看出，由于内力总是成对出现，且互为作用力与反作用力，其矢量和必为零，即 $\sum \vec{F}_{\mathrm{in}} = 0$。这样，对系统动量的增量有贡献的只有系统所受到的合外力 $\sum \vec{F}_{\mathrm{ex}}$。设系统的初末动量分别为 $\vec{p}_1$ 和 $\vec{p}_2$，则

$$\int_{t_1}^{t_2} \vec{F}_{\mathrm{ex}} \mathrm{d}t = \sum_{i=1}^{n} m_{i2} \vec{v}_{i2} - \sum_{i=1}^{n} m_{i1} \vec{v}_{i1} = \vec{p}_2 - \vec{p}_1 \quad （3\text{-}4）$$

即：**作用于系统的合外力的冲量等于系统动量的增量，这叫做质点系的动量定理。**

值得注意的是，需要区分系统的外力和内力。系统受到的合外力等于作用于系统中每一质点的外力的矢量和，只有外力才对系统动量的变化有贡献，而系统中质点之间的内力仅能改变系统内单个物体的动量，但不能改变系统的总动量。这样，对于由多个质点组成的系统的动力学问题就变得简单了。

由于冲量是力对时间的积累，故常力 $\vec{F}$ 的冲量可以直接写作 $\vec{I} = \vec{F} \Delta t$；而对于变力的冲量

可以分以下两种情况讨论。

第一种情况，若变力不是连续的，如图 3-2（a）所示，则其合力的冲量为

$$\vec{I} = \overline{F_1}\Delta t_1 + \overline{F_2}\Delta t_2 + \cdots + \overline{F_n}\Delta t_n = \sum_{t=1}^{n} \overline{F_1}\Delta t_i$$

第二种情况，当力是连续变化时，可以用积分的形式求出各个方向上的冲量。以二维情况为例，有

$$I_x = \int_{t_1}^{t_2} F_x \, dt \qquad I_y = \int_{t_1}^{t_2} F_y \, dt$$

如图 3-2（b）所示，此时，冲量 $\vec{I}_x$ 在数值上等于 $F_x - t$ 图线与坐标轴所围的面积。

动量定理在"打击"或"碰撞"问题中有着非常重要的作用。在"打击"或"碰撞"过程中，两物体接触时间非常短暂，作用力在很短时间内达到最大值，然后迅速下降为零。这种作用时间很短暂、变化很快、数值很大的作用力我们称之为冲力。因为冲力是个变力，而且和时间的关系又很难确定，所以无法直接用牛顿定律等求其数值。但是我们可以用动量定理求此过程中的平均冲力。如图 3-3 所示，在"打击"或"碰撞"过程中，由于力 $\vec{F}$ 的方向保持不变，曲线与 t 轴所包围的面积就是 t_1 到 t_2 这段时间内力 $\vec{F}$ 的冲量的大小，它可以等效为某个常力在此时间内的冲量，此时曲线下的面积和图中虚线所包围的面积相等。根据改变动量的等效性，这个常力即可以看作此过程中的平均冲力 $\overline{F}$ 。

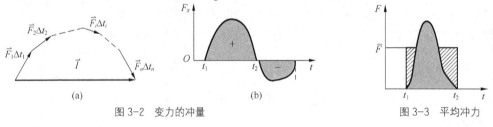

图 3-2　变力的冲量　　　　　　图 3-3　平均冲力

动量定理常可用来解决变质量问题。另外，由于动量定理是牛顿第二定律的积分形式，因此，动量定理适用范围也是惯性系。

【例 3-1】　质量为 m 的小球自高为 y_0 处沿水平方向以速率 v_0 抛出，与地面碰撞后跳起的最大高度为 $\frac{1}{2}y_0$，水平速率为 $\frac{1}{2}v_0$，求此碰撞过程中：

（1）地面对小球的水平冲量的大小；

（2）地面对小球的垂直冲量的大小。

解：（1）如图 3-4 所示，显然小球受到地面的水平冲量为

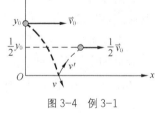

图 3-4　例 3-1

$$I_x = \frac{1}{2}mv_0 - mv_0 = -\frac{1}{2}mv_0$$

（2）在竖直方向上，设其接触地面过程中的初、末速度大小分别为 v_y 和 v_y'，由运动学知识可得

$$v_y^2 = 2gy_0 \qquad v_y = -\sqrt{2gy_0} \;,$$

又

$$0 - v_y'^2 = -2g \cdot \frac{1}{2}y_0$$

$$v_y' = \sqrt{gy_0}$$

因此，其竖直方向所受到地面的冲量为

$$I_y = mv_y' - mv_y = \left(1 + \sqrt{2}\right)m\sqrt{gy_0}$$

【例 3-2】　一质量均匀分布的柔软细绳铅直地悬挂着，绳长为 L，质量为 M，绳的下端刚好触到水平桌面上，如果把绳的上端放开，绳将自由下落到桌面上。试证明：在绳下落的过程中，任意时刻作用于桌面的压力，等于已落到桌面上的绳重量的 3 倍。

解：建立如图 3-5 所示的坐标系，设 t 时刻已经有长度为 x 的绳子落到桌面上，随后 dt 时间内将有质量为 dm 的绳子落到桌面上而停止，$dm = \rho dx = \dfrac{M}{L}dx$，根据

定义，其速度为 $\dfrac{dx}{dt}$，则它的动量变化率为

$$\frac{dP}{dt} = \frac{-\rho dx \cdot \dfrac{dx}{dt}}{dt}$$

根据动量定理，桌面对柔绳的冲力为

$$F' = \frac{dP}{dt} = \frac{-\rho dx \cdot \dfrac{dx}{dt}}{dt} = -\rho v^2$$

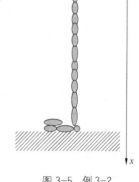

图 3-5　例 3-2

而柔绳对桌面的冲力 $F = -F'$，即

$$F = \rho v^2 = \frac{M}{L}v^2$$

又因为

$$v^2 = 2gx$$

因此

$$F = 2Mgx / L$$

而已落到桌面上的柔绳的重量为

$$mg = Mgx/L$$

因此

$$F_{总} = F + mg = 2Mgx / L + Mgx / L = 3mg$$

证毕。

3.2　动量守恒定律

由式 $\displaystyle\int_{t_1}^{t_2} \vec{F}_{ex} dt = \sum_{i=1}^{n} m_{i2}\vec{v}_{i2} - \sum_{i=1}^{n} m_{i1}\vec{v}_{i1} = \vec{p}_2 - \vec{p}_1$ 可知，若系统的合外力为零（即 $\vec{F}_{ex} = 0$ ）

时，系统的总动量的变化为零，此时，$\vec{p}_2 = \vec{p}_1$，或写成

$$\vec{P} = \sum_{i=1}^{n} m_i \vec{v}_i = 常矢量 \tag{3-5}$$

其文字表述为：**当系统所受的合外力为零时，系统的总动量将保持不变。这就是动量守恒**

定律。

式（3-5）是矢量式，在实际计算中，可以沿各坐标轴进行分解，若某个方向的合外力为零，则此方向上的总动量保持不变，以直角坐标系为例，可以写成如下形式

$$m_1v_{1x} + m_2v_{2x} + \cdots + m_nv_{nx} = 常量$$
$$m_1v_{1y} + m_2v_{2y} + \cdots + m_nv_{ny} = 常量$$
$$m_1v_{1z} + m_2v_{2z} + \cdots + m_nv_{nz} = 常量$$

即，系统受到的外力矢量和可能不为零，但合外力在某个方向上的分矢量和可能为零。此时，哪个方向所受的合外力为零，则哪个方向的动量守恒。

需要注意以下几点。

（1）在动量守恒中，系统的总动量不改变，但是并不意味着系统内某个质点的动量不改变。虽然对于一切惯性系，动量守恒定律都成立，研究某个系统的动量守恒时，系统内各个质点动量的研究都应该对应同一惯性系。

（2）内力的存在只改变系统内动量的分配，即：可改变每个质点的动量，而不能改变系统的总动量，也就是说，内力对系统的总动量无影响。

（3）动量守恒要求系统所受的合外力为零，但是，有时系统的合外力并不为零，然而与系统内力相比，外力的大小有限或远小于内力时，往往可忽略外力的影响，认为系统的动量是守恒的。例如，在"碰撞"、"打击"、"爆炸"等相互作用时间极短的过程中，一般可以这样处理。反冲现象可以作为动量守恒的典型例子。

（4）动量守恒定律是自然界最重要、最基本的基本规律之一。动量守恒定律与能量守恒定律、角动量守恒定律是自然界的普遍规律，在微观粒子做高速运动（速度接近光速）的情况下，牛顿定律已经不适用，但是动量守恒定律等仍然适用。现代物理学研究中，动量守恒定律已经成为一个重要的基础定律。

【例3-3】 一个静止物体炸成3块，其中两块质量相等，且以相同速度30m/s沿相互垂直的方向飞开，第三块的质量恰好等于这两块质量的总和。试求第三块的速度（大小和方向）。

解： 物体静止时的动量等于零，炸裂时爆炸力是物体内力，它远大于重力，故在爆炸中，可认为动量守恒。由此可知，物体分裂成3块后，这3块碎片的动量之和仍等于零，即

$$m_1\vec{v}_1 + m_2\vec{v}_2 + m_3\vec{v}_3 = 0$$

因此，这3个动量必处于同一平面内，且第三块的动量必和第一、第二块的合动量大小相等方向相反，如图3-6所示。因为 v_1 和 v_2 相互垂直，所以

$$(m_3v_3)^2 = (m_1v_1)^2 + (m_2v_2)^2$$

由于 $m_1 = m_2 = m$，$m_3 = 2m$，可得 $\vec{v}_3$ 的大小为

$$v_3 = \frac{1}{2}\sqrt{v_1^2 + v_2^2} = \frac{1}{2}\sqrt{30^2 + 30^2} = 21.2 \text{ m/s}$$

由于 $\vec{v}_1$ 和 $\vec{v}_3$ 所成角 α 由下式决定

$$\alpha = 180° - \theta$$

又因 $\tan\theta = \dfrac{v_2}{v_1} = 1$，$\theta = 45°$，所以

$$\alpha = 135°$$

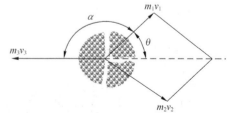

图3-6 3块小物体动量守恒

即 $\vec{v}_3$ 与 $\vec{v}_1$ 和 $\vec{v}_2$ 都成135°，且三者都在同一平面内。

【例 3-4】 人与船的质量分别为 m 及 M，船长为 L，若人从船尾走到船首。试求船相对于岸的位移。

解： 如图 3-7 所示，设人相对于船的速度为 u，船相对于岸的速度为 v，取岸为参考系，选择人和船作为一个系统，由于其水平方向所受外力为零，故由动量守恒

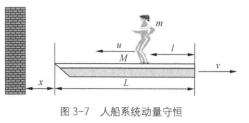

图 3-7 人船系统动量守恒

$$Mv + m(v - u) = 0$$

得

$$v = \frac{m}{M + m} u$$

船相对于岸的位移

$$\Delta x = \int v \mathrm{d}t = \frac{m}{M + m} \int u \mathrm{d}t = \frac{m}{M + m} L$$

可知，船的位移和人的行走速度无关。不管人的行走速度如何变化，其结果是相同的。

3.3 *质心运动

我们知道，规则、质量均匀分布的物体的质量可以看作集中在其几何中心，这个几何中心可以看作物体质量分布的中心，我们称之为**质心**。但是，如果物体是不规则的呢？在研究多个质点组成的系统的运动时，质心将是一个很有用的概念。

3.3.1 质心

任何物体都可以看作是由许多质点组成的质点系。大家都有向空中抛物体的经验，但是不知是否曾用心观察。下面，我们斜抛一质量均匀的物体（例如一把扳手），如图 3-8 所示。通过观测会发现，扳手在空中的运动是很复杂的。但是，扳手上存在一点 C，它的运动轨迹始终是抛物线。其他点的运动可以看作是平动以及围绕 C 做转动的运动的合成，因此，我们可以用 C 点的运动来描述整个扳手的运动，这个特殊点 C 就是这个系统的**质心**。

图 3-8 质心

若用 m_i 表示系统中第 i 个质点的质量，$\vec{r}_i$ 表示其位矢，而用 $\vec{r}_C$ 表示质心的位矢，用 $M = \sum m_i$ 表示系统质点的总质量，那么质心的位置可以确定

$$\vec{r}_C = \frac{m_1 \vec{r}_1 + m_2 \vec{r}_2 + \cdots + m_i \vec{r}_i + \cdots}{m_1 + m_2 + \cdots + m_i + \cdots} = \frac{\sum m_i \vec{r}_i}{M} \tag{3-6a}$$

在各坐标轴上分解后

$$x_C = \frac{\sum m_i x_i}{M}, \quad y_C = \frac{\sum m_i y_i}{M}, \quad z_C = \frac{\sum m_i z_i}{M} \tag{3-6b}$$

如果系统质量是连续分布的，则可用积分的形式求其质点

$$x_c = \frac{1}{M} \int x \mathrm{d}m , \quad y_c = \frac{1}{M} \int y \mathrm{d}m , \quad z_c = \frac{1}{M} \int z \mathrm{d}m \tag{3-6c}$$

【**例 3-5**】 如图 3-9 所示，相距为 l 的两个质点 A、B，质量分别为 m_1、m_2。求此系统的质心。

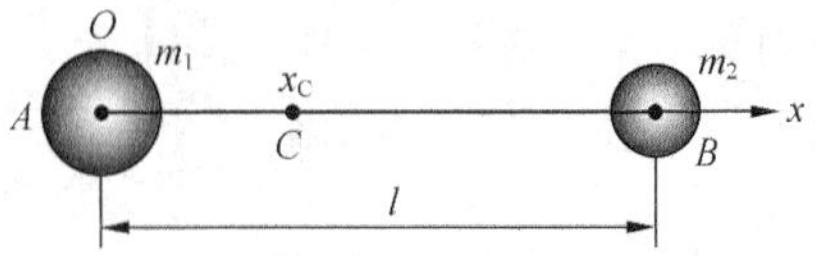

图 3-9 例 3-5

解：沿两质点的连线取 x 轴，若原点 O 取在质点 A 处，则质点 A、B 的坐标为 $x_1 = 0$，$x_2 = l$。按质心的位置坐标公式

$$x_C = \frac{\sum m_i x_i}{M} , \quad y_C = \frac{\sum m_i y_i}{M} , \quad z_C = \frac{\sum m_i z_i}{M}$$

得质心 C 的位置坐标为

$$x_C = OC = \frac{m_1 \times 0 + m_2 l}{m_1 + m_2} = \frac{m_2 l}{m_1 + m_2}$$

$$y_C = z_C = 0$$

质心 C 到质点 B 处的距离为

$$CB = l - x_C = l - \frac{m_2 l}{m_1 + m_2} = \frac{m_1 l}{m_1 + m_2}$$

由上两式可知

$$\frac{OC}{CB} = \frac{m_2}{m_1}$$

即质心 C 与两质点的距离之比和两质点的质量成反比。可见，对给定的系统而言，其质心具有确定的相对位置。

3.3.2 质心运动定律

系统运动时，系统中的每个质点都参与了运动。此时，质心不可避免地也要参与运动，下面我们来学习质心运动定律。

由式（3-6a）

$$\vec{r}_C = \frac{m_1 \vec{r}_1 + m_2 \vec{r}_2 + \cdots + m_i \vec{r}_i + \cdots}{m_1 + m_2 + \cdots + m_i + \cdots} = \frac{\sum m_i \vec{r}_i}{M}$$

可求质心的速度为

$$\vec{v}_C = \frac{\mathrm{d}\vec{r}_C}{\mathrm{d}t} = \frac{\sum m_i \dfrac{\mathrm{d}\vec{r}_i}{\mathrm{d}t}}{M} = \frac{\sum m_i \vec{v}_i}{M} \tag{3-7}$$

质心的加速度为

$$\vec{a}_\mathrm{C} = \frac{\mathrm{d}\vec{v}_\mathrm{C}}{\mathrm{d}t} = \frac{\sum m_i \dfrac{\mathrm{d}\vec{v}_i}{\mathrm{d}t}}{M} = \frac{\sum m_i \vec{a}_i}{M} \tag{3-8}$$

若用 $\vec{F}_1$、$\vec{F}_2$、$\vec{F}_3$、…、$\vec{F}_i$、…、$\vec{F}_n$ 表示各个质点所受来自系统外的力，即系统所受外力，用 $\vec{f}_{12}$、$\vec{f}_{21}$、…、$\vec{f}_{i1}$、…、$\vec{f}_{in}$ 等表示系统内各质点之间的相互作用力，即系统的内力，对于系统中各个质点来说

$$m_1 \vec{a}_1 = m_1 \frac{\mathrm{d}\vec{v}_1}{\mathrm{d}t} = \vec{F}_1 + \vec{f}_{12} + \vec{f}_{13} + \vec{f}_{14} + \cdots + \vec{f}_{1i} + \cdots + \vec{f}_{1n}$$

$$m_2 \vec{a}_2 = m_2 \frac{\mathrm{d}\vec{v}_2}{\mathrm{d}t} = \vec{F}_2 + \vec{f}_{21} + \vec{f}_{23} + \vec{f}_{24} + \cdots + \vec{f}_{2i} + \cdots + \vec{f}_{2n}$$

$$\vdots$$

$$m_i \vec{a}_i = m_i \frac{\mathrm{d}\vec{v}_i}{\mathrm{d}t} = \vec{F}_i + \vec{f}_{i1} + \vec{f}_{i2} + \vec{f}_{i3} + \cdots + \vec{f}_{in}$$

$$\vdots$$

$$m_n \vec{a}_n = m_n \frac{\mathrm{d}\vec{v}_n}{\mathrm{d}t} = \vec{F}_n + \vec{f}_{n1} + \vec{f}_{n2} + \vec{f}_{n3} + \cdots + \vec{f}_{nn-1}$$

考虑到系统内力总是成对出现，它们之间满足 $\vec{f}_{12} + \vec{f}_{21} = 0$，…，$\vec{f}_{in} + \vec{f}_{ni} = 0$，因此把上列式子相加之后系统的内力之和为零，可得

$$m_1 \vec{a}_1 + m_2 \vec{a}_2 + \cdots + m_i \vec{a}_i + \cdots + m_n \vec{a}_n = \vec{F}_1 + \vec{F}_2 + \cdots + \vec{F}_i + \cdots + \vec{F}_n$$

或可写成

$$\sum m_i \vec{a}_i = \sum \vec{F}_i$$

代入式（3-8）中，得

$$\vec{a}_\mathrm{C} = \frac{\sum \vec{F}_i}{M}$$

变形后，得

$$\sum \vec{F}_i = M \vec{a}_\mathrm{C} \tag{3-9}$$

这就是**质心运动定理**，即作用在系统上的合外力等于系统的总质量乘以系统质心的加速度。可以看出，它与牛顿第二定律的形式完全一致，不同的是：系统的质量集中于质心，系统所受的合外力也全部集中作用于其质心上，把系统的运动转化为质心的运动。

【**例 3-6**】 一炮弹以 80m/s 的初速度，沿着 45° 的仰角发射出去，在最高点时爆炸成两块，其质量之比是 2∶1。两块同时落地，且两块的落点和原炮弹的发射点在同一直线上，其中大块的落点距发射点为 450m，求小块的落点。

解：把炮弹看作一个系统，由题意知，爆炸后质心运动的轨迹与炮弹未爆炸时为同一抛物线。设炮弹的原质量为 M，故质心的水平射程为

$$x_\mathrm{C} = \frac{v_0^2 \sin 2\theta}{g} = \frac{80^2 \times \sin(2 \times 45°)}{9.8} = 653 \text{ m}$$

如图 3-10 所示，大碎块质量为 $\dfrac{2}{3}M$，落点在质心位置的左侧，则小碎块的落点在质心的右侧，取炮弹的发射位置为坐标原点，则质心的位置在 x 轴上坐标为 x_C，大块和小块的落点位置坐标分别为 450m 和 x，则由式（3-6b）可得

$$x_C = \frac{\frac{2}{3}M \times 450 + \frac{1}{3}Mx}{M} = 653\ \text{m}$$

得 $x = 1060\text{m}$。

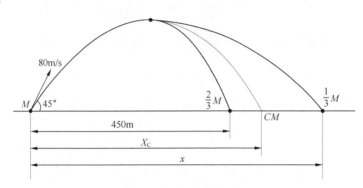

图 3-10 炮弹爆炸的质心问题

3.4 保守力与非保守力 势能

前面我们讨论了力对时间的积累，下面我们来认识力对空间的积累——功。

3.4.1 功

一质点在力的作用下沿着路径 AB 运动，如图 3-11 所示。某时间段内，质点在力 $\vec{F}$ 作用下发生元位移 $\mathrm{d}\vec{r}$，$\vec{F}$ 与 $\mathrm{d}\vec{r}$ 之间的夹角为 θ。定义功为：**力在位移方向的分量与该位移大小的乘积**。则力 $\vec{F}$ 所做的元功为

$$\mathrm{d}W = F\cos\theta\left|\mathrm{d}\vec{r}\right| \tag{3-10a}$$

式（3-10a）也可以写成 $\mathrm{d}W = F\left|\mathrm{d}\vec{r}\right|\cos\theta$，即，位移在力方向上的分量和力的大小的乘积。此表述和上述功的定义表述是等效的。具体采用哪一种，应视具体情况而定。

由于 $\mathrm{d}s = \left|\mathrm{d}\vec{r}\right|$，则式（3-10a）也可写成

$$\mathrm{d}W = F\cos\theta\,\mathrm{d}s \tag{3-10b}$$

当 $0 < \theta < 90°$ 时，力做正功；当 $90° < \theta \leqslant 180°$ 时，力做负功；当 $\theta = 90°$ 时，力不做功。

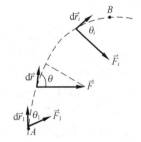

图 3-11 功的定义

因为 $\vec{F}$ 与 $\mathrm{d}\vec{r}$ 均为矢量，所以元功的矢量形式为

$$\mathrm{d}W = \vec{F} \cdot \mathrm{d}\vec{r} \tag{3-10c}$$

功为 $\vec{F}$ 和 $\mathrm{d}\vec{r}$ 的标积，因此，功是标量。

当质点由 A 点运动到 B 点，在此过程中作用于质点上的力的大小和方向时刻都在变化。为

求得在此过程中变力所做的功，可以把由 A 到 B 的路径分成很多小段，每一小段都看作是一个元位移，在每个元位移中，力可以近似看作不变。因此，质点从 A 运动到 B，变力所做的总功等于力在每段元位移上所做的元功的代数和，可以用积分的形式求得。

$$W = \int_A^B \vec{F} \cdot \mathrm{d}\vec{r} = \int_A^B F \cos\theta \mathrm{d}s \tag{3-11a}$$

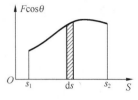

图 3-12　功的图示

功的数值也可以用图示法来计算。如图 3-12 所示，图中的曲线表示力在位移方向上的分量 $F\cos\theta$ 随路径的变化关系，曲线下的面积等于变力做功的代数和。

功是一个和路径有关的过程量。

合力的功等于各分力的功的代数和。我们可以把力 $\vec{F}$ 和 $\mathrm{d}\vec{r}$ 看作是其在各个坐标轴上分力的矢量和，即

$$\vec{F} = F_x\vec{i} + F_y\vec{j} + F_z\vec{k}$$

$$\mathrm{d}\vec{r} = \mathrm{d}x\vec{i} + \mathrm{d}y\vec{j} + \mathrm{d}z\vec{k}$$

此时，式（3-11a）可写成

$$W = \int_A^B \vec{F} \cdot \mathrm{d}\vec{r} = \int_A^B (F_x\mathrm{d}x + F_y\mathrm{d}y + F_z\mathrm{d}z) \tag{3-11b}$$

各分力所做功为

$$W_x = \int_{x_A}^{x_B} F_x\mathrm{d}x , \quad W_y = \int_{y_A}^{y_B} F_y\mathrm{d}y , \quad W_z = \int_{z_A}^{z_B} F_z\mathrm{d}z \tag{3-11c}$$

同理，若有几个力 $\vec{F}_1$、$\vec{F}_2$、$\cdots$、$\vec{F}_n$ 同时作用在质点上，则其合力所做的功为

$$W = \int_A^B \vec{F} \cdot \mathrm{d}\vec{r} = \int_A^B (\vec{F}_1 + \vec{F}_2 + \cdots + \vec{F}_n) \cdot \mathrm{d}\vec{r}$$

即

$$W = \int_A^B \vec{F} \cdot \mathrm{d}\vec{r} = \int_A^B \vec{F}_1 \cdot \mathrm{d}\vec{r} + \int_A^B \vec{F}_2 \cdot \mathrm{d}\vec{r} + \cdots + \int_A^B \vec{F}_n \cdot \mathrm{d}\vec{r}$$

或写成

$$W = W_1 + W_2 + \cdots + W_n \tag{3-11d}$$

在国际单位制中，功的单位是焦耳，用符号"J"表示。

$$1\,\mathrm{J} = 1\,\mathrm{N} \cdot \mathrm{m}$$

功随时间的变化率称为功率，用符号"P"表示。

$$P = \frac{\mathrm{d}W}{\mathrm{d}t} = \vec{F} \cdot \vec{v} \tag{3-12}$$

在国际单位制中，功率的单位为瓦特，简称瓦，用符号"W"表示。

$$1\,\mathrm{W} = 1\,\mathrm{J} \cdot \mathrm{s}^{-1}$$

3.4.2 保守力与非保守力

让我们先考察几个常见力的做功情况。

首先，看一下重力的功。如图 3-13 所示，设质量为 m 的物体在重力的作用下从 a 点沿任意曲线 acb 运动到 b 点。选地面为参考，设 a、b 两点的高分别是 h_a 和 h_b，则在 c 点附近，在元位移 $\Delta \vec{r}$ 中，重力 $\vec{G}$ 所做的元功为

$$\Delta W = G \cos \alpha \Delta r = mg \cos \alpha \Delta s = mg \Delta h$$

式中，$\Delta h = \Delta r \cos \alpha$ 为物体在元位移 $\Delta \vec{r}$ 中下降的高度。因此，质点从 a 点沿曲线 acb 运动到 b 点过程中，重力所做的功为

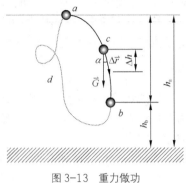

图 3-13 重力做功

$$W = \sum \Delta W = \sum mg \Delta h = mgh_a - mgh_b \tag{3-13}$$

可以看出，重力做功仅与物体的始末位置有关，而与物体运动的路径无关。即：物体在重力作用下，从 a 点沿另一任意曲线 adc 运动到 b 点时，重力所做的功和上述值相等。

设物体沿任一闭合路径 $adbca$ 运动一周，重力做功可以分为两部分，分别为在曲线 adb 的正功

$$W_{adb} = mgh_a - mgh_b$$

和在曲线 bca 上的负功

$$W_{bca} = -(mgh_a - mgh_b)$$

因此，沿着闭合路径一周，重力做的总功为

$$W = W_{adb} + W_{bca} = 0$$

或

$$W = \oint \vec{G} \cdot d\vec{r} = 0$$

我们再看一下万有引力的功。以地球围绕太阳为例，由于地球距离太阳很远，以太阳为参考系，则地球可以看作质点。设太阳质量为 M，地球质量为 m，a、b 两点为地球运行轨道上任意两点，距离太阳分别是 r_a 和 r_b。如图 3-14 所示，则某时刻在距离太阳为 r 处附近，万有引力所做的元功为

$$dW = \vec{F} \cdot d\vec{s} = F \, ds \cos(90° + \theta)$$

注意：在这里，之所以如此变换，是考虑到 $d\vec{s}$ 和其对应的张角 $d\alpha$ 非常小，故截取长度为 r 的线段后，可以认为截线和 r 垂直。

可得

$$dW = -G\frac{Mm}{r^2}\sin\theta \, ds = -G\frac{Mm}{r^2} dr$$

这样，地球运动从 a 到 b 万有引力做的总功为

$$W = -GMm \int_{r_a}^{r_b} \frac{dr}{r^2} = -\left[\left(-\frac{GMm}{r_b}\right) - \left(-\frac{GMm}{r_a}\right)\right] \tag{3-14}$$

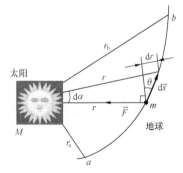

图 3-14 万有引力做功

可以看出，万有引力做功仅与物体的始末位置有关，而与运动物体所经历的路径无关。

下面看一下弹性力的功，如图 3-15 所示，一轻弹簧放置在水平桌面上，弹簧的一端固定，另一端与一质量为 m 的物体相连。当弹簧不发生形变时，物体所在位置为 O 点，这个位置叫做弹簧的平衡位置，此时弹簧的伸缩为零，现以平衡位置为坐标原点，取向右为正方向。

设弹簧受到沿 x 轴正向的外力 $\vec{F'}$ 的作用后被拉伸，拉伸量为物体位移 x，设弹簧的弹性力为 $\vec{F}$。根据胡克定律，在弹簧的弹性范围内，有

$$\vec{F} = -kx\vec{i}$$

式中，k 为弹簧的劲度系数。

尽管在拉伸过程中，$\vec{F}$ 是变力，但是，对于一段很小的位移 $\mathrm{d}x$，弹性力 $\vec{F}$ 可以近似看作不变。所以，此时弹性力所做的元功为

$$\mathrm{d}W = \vec{F} \cdot \mathrm{d}\,x = -kx\vec{i} \cdot \mathrm{d}\,x\vec{i} = -kx\mathrm{d}x$$

当弹簧的伸长量由 x_1 变化到 x_2 时，弹性力所做的总功为

$$W = \int_{x_1}^{x_2} F\mathrm{d}x = \int_{x_1}^{x_2} -kx\mathrm{d}x = -\left(\frac{1}{2}kx_2^2 - \frac{1}{2}kx_1^2\right) \tag{3-15}$$

可以看出，弹性力做功只与弹簧伸长的初末位置有关，和具体路径无关。

弹性力做功还可以由图示法得出，其总功等于图 3-16 中梯形的面积。

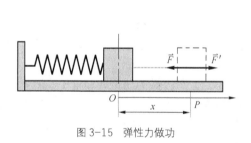

图 3-15　弹性力做功　　　　　　　　图 3-16　弹性力做功图示

综上可以看出，无论重力、万有引力还是弹性力，其做功都具有一个共同的特点，即：**做功只与质点的初末位置有关，而与路径无关，我们把具有这种特点的力称为保守力。** 通过重力的分析，我们也可以看出，保守力满足条件 $\oint \vec{F} \cdot \mathrm{d}\vec{r} = 0$，即：**质点沿着任意闭合路径运动一周或一周的整数倍时，保守力对它所做的总功为零。**

除了上述这几个力是保守力外，电荷间的静电力以及原子间相互作用的分子力都是保守力。

自然界中并非所有的力都具有做功和路径无关这一特性，更多的力做的功和路径有关，路径不一样，功的大小也不一样，我们把具有这样特点的力叫做非保守力。人们熟知的摩擦力就是最常见的非保守力，路径越长，摩擦力做的功越多。

3.4.3　势能

从上面的讨论可知，保守力做功只与质点的初末位置有关，为此，我们引入势能的概念。**在具有保守力相互作用的系统内，只由质点间的相对位置决定的能量称为势能。** 势能用符号 "E_p" 表示。势能是机械能的一种形式。不同的保守力对应不同的势能。

例如，引力势能

$$E_P = -\frac{GMm}{r}$$

重力势能

$$E_P = mgh$$

将质点从 a 点移到参考点时，保守力所做的功称为质点（系统）在 a 点所具有的势能。

$$E_{\text{势}a} = A_{a\to\text{参}} = \int_a^{\text{参考点}} \vec{F}_{\text{保守力}} \cdot d\vec{r} \tag{3-16}$$

通常情况下，零势能点的选取规则如下。

（1）重力势能以地面为零势能点

$$E_{Pa} = \int_a^{\text{参考点}} \vec{F} \cdot d\vec{r} = \int_h^0 -mg\,dy = mgh$$

（2）引力势能以无穷远为零势能点

$$E_{Pa} = \int_a^{\infty} \vec{F} \cdot d\vec{r} = -\frac{GMm}{r_a}$$

（3）弹性势能以弹簧原长为零势能点

$$E_{Pa} = \int_a^{\text{参考点}} \vec{F} \cdot d\vec{r} = \int_{x_a}^0 (-kx)\,dx = \frac{1}{2}kx_a^2$$

但是，具体问题中零势能点的选取要看具体情况。势能是相对量，具有相对意义。因此，选取不同的零势能点，物体的势能将具有不同的值。但是，无论零势能点选在何处，两点之间的势能差是绝对的，具有绝对性。

在保守力作用下，只要质点的初末位置确定了，保守力做的功也就确定了，即势能也就确定了，所以说势能是状态的函数，或者叫做坐标的函数。

另外，势能是由于系统内各物体之间具有保守力作用而产生的，因此，势能是属于整个系统的，离开系统谈单个质点的势能是没有意义的。我们通常所说的地球附近某个质点的重力势能实际上是一种简化说法，是为了叙述上的方便。实际上，它是属于地球和质点这个系统的。至于引力势能和弹性势能亦是如此。

3.4.4 势能曲线

当零势能点和坐标系确定后，势能仅是坐标的函数。此时，我们可将势能与相对位置的关系绘成曲线，用来讨论质点在保守力作用下的运动，这些曲线叫做**势能曲线**。图 3-17 给出了上述讨论的保守力的势能曲线。

图 3-17（a）所示为重力势能曲线，该曲线是一条直线。图 3-17（b）所示为弹性势能曲线，是一条双曲线。从图中可以看出，其零势能点在其平衡位置，此时势能最小。图 3-17（c）所示为引力势能曲线，从图中亦可以看出，当 x 趋近于无穷时，引力势能趋近于零。

利用势能曲线，还可以判断质点在某个位置所受保守力的大小和方向。因为保守力做功等于系统势能增量的负值，即

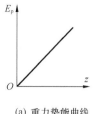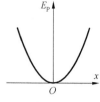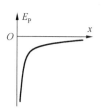

(a) 重力势能曲线　　(b) 弹性势能曲线　　(c) 引力势能曲线

图 3-17　势能曲线

$$W = -(E_{P2} - E_{P1}) = -\Delta E_P$$

其微分形式为

$$dW = -dE_P$$

以二维情况为例，借用前面的公式，当某质点在保守力的作用下，沿 x 轴发生位移为 dx 时，保守力做功为

$$dW = F\cos\theta\,dx = F_x\,dx$$

由上述两式可得

$$F_x = -\frac{dE_P}{dx} \tag{3-17}$$

即：保守力沿某一坐标轴的分量等于势能对此坐标的导数的负值。

3.5　功能原理　能量守恒定律

3.5.1　质点的动能定理

一运动质点，质量为 m，在外力 $\vec{F}$ 的作用下，沿任意路径曲线，从 A 点运动到 B 点，其速度发生了变化，设其在 A、B 两点的速度分别是 v_1 和 v_2，如图 3-18 所示，在某元位移中，外力 $\vec{F}$ 和 $d\vec{r}$ 之间的夹角为 θ。则由功及切向加速度的定义，外力 $\vec{F}$ 的元功为

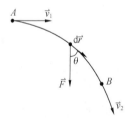

$$dW = \vec{F} \cdot d\vec{r} = F\cos\theta\left|d\vec{r}\right| = F_t\left|d\vec{r}\right|$$

图 3-18　质点的动能定理

由于 $\left|d\vec{r}\right| = ds$，即 ds 是元位移的大小，$ds = v\,dt$。

另由牛顿第二定律，可得

$$dW = F_t\,ds = m\frac{dv}{dt}ds = mv\,dv$$

因此，质点在从 A 点运动到 B 点过程中，外力 $\vec{F}$ 所做的总功为

$$W = \int_{v_1}^{v_2} mv\,dv = \frac{1}{2}mv_2^2 - \frac{1}{2}mv_1^2 \tag{3-18}$$

式中，$\frac{1}{2}mv^2$ 叫做质点的**动能**，用符号"E_k"表示。即

$$E_k = \frac{1}{2}mv^2 \tag{3-19}$$

和势能一样，动能也是机械能的一种形式。这样，式（3-19）可以写作

$$W = \frac{1}{2}mv_2^2 - \frac{1}{2}mv_1^2 = E_{k2} - E_{k1} \tag{3-20}$$

式（3-21）就是**质点的动能定理**。E_{k1} 称为初动能，E_{k2} 称为末动能。动能定理的文字表述为：**合外力对质点所做的功等于质点动能的增量**。当合力做正功时，质点动能增大；反之，质点动能减小。

与牛顿第二定律一样，动能定理只适用于惯性系。由于在不同的惯性系中，质点的位移和速度不尽相同，因此，动能的量值与参考系有关。但是，对于不同的惯性系，动能定理的形式不变。

值得注意的是，动能定理建立了功和能量之间的关系，但是功是一个过程量，而动能是一个状态量，它们之间仅存在一个等量关系。

【例 3-7】　从 10m 深的井中，把 10kg 的水匀速上提，若每升高 1m 漏去 λ=0.2kg 水，（1）画出示意图，设置坐标轴后，写出外力所做元功 dW 的表示式；（2）计算把水从水面提高到井口外力所做的功。

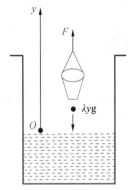

解：以井中水面为坐标原点，竖直向上为 y 轴正向，画出的示意图如图 3-19 所示，由于水是匀速上提的，所以

$$F = mg - \lambda yg$$

因此外力所做的元功为

$$dW = F \cdot dy j = (m - \lambda y)g dy$$

把水从水面提高到井口外力所做的功为

$$W = \int_0^{10} (m - \lambda y)g dy = 882 \text{ J}$$

图 3-19　漏桶提水

3.5.2　质点系的动能定理

下面，我们把单个质点的动能定理推广到由若干质点组成的质点系中。此时系统既受到外力作用，又受到质点间的内力作用。为了简单起见，我们仍先分析最简单的情况，设质点系由两个质点 1 和 2 组成，它们的质量分别为 m_1 和 m_2，并沿着各自的路径 s_1 和 s_2 运动，如图 3-20 所示。

分别对两质点应用动能定理，对质点 1 有

$$\int \vec{F}_1 \cdot d\vec{r}_1 + \int \vec{f}_{12} \cdot d\vec{r}_1 = \Delta E_{k1}$$

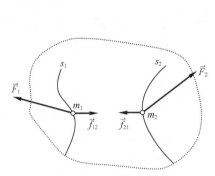

图 3-20　系统的内力和外力

对质点 2 有

$$\int \vec{F}_2 \cdot d\vec{r}_2 + \int \vec{f}_{21} \cdot d\vec{r}_2 = \Delta E_{k2}$$

上两式相加，得

$$\int \vec{F}_1 \cdot d\vec{r}_1 + \int \vec{F}_2 \cdot d\vec{r}_2 + \int \vec{f}_{12} \cdot d\vec{r}_1 + \int \vec{f}_{21} \cdot d\vec{r}_2 = \Delta E_{k1} + \Delta E_{k2}$$

上式右面为系统的动能的增量，我们可以用 ΔE_k 表示，左面的前两项之和为系统所受外力

的功，用 W_e 表示；后两项之和为系统内力的功，用 W_i 表示。于是上式可写为

$$W_e + W_i = \Delta E_k \qquad (3\text{-}21)$$

即：**系统的外力和内力做功的总和等于系统动能的增量。这就是质点系的动能定理。**

可以看出，与质点系的动量定理不同的是，内力可以改变质点系的动能。

3.5.3 质点系的功能原理

对于系统来说，所受的力既有外力也有内力；而对于系统的内力来说，它们也有保守内力和非保守内力之分。所以，内力的功也分为保守内力的功 W_{ic} 和非保守内力的功 W_{id}，即

$$W_i = W_{ic} + W_{id}$$

保守内力的功可以用系统势能增量的负值来表示

$$W_{ic} = -\Delta E_P$$

因此，对于系统来说，若用 ΔE 表示其机械能的增量，其动能定理可以写为

$$W_e + W_{id} = \Delta E_k + \Delta E_P = \Delta E \qquad (3\text{-}22)$$

即：**当系统从状态 1 变化到状态 2 时，它的机械能的增量等于外力的功与非保守内力的功的总和，这个结论叫做系统的功能原理。**

3.5.4 机械能守恒定律

由式（3-22）可知，当 $W_e + W_{id} = 0$ 时，$\Delta E = 0$，或者写成

$$E_{k1} + E_{P1} = E_{k2} + E_{P2} \qquad (3\text{-}23a)$$

即：**如果一个系统内只有保守内力做功，或者非保守内力与外力的总功为零，则系统内机械能的总值保持不变。这一结论称为机械能守恒定律。**

上式也可写成

$$E_{k2} - E_{k1} = E_{P2} - E_{P1} \qquad (3\text{-}23b)$$

可以看出，在满足机械能守恒的条件下，尽管系统动能和势能之和保持不变，但系统内各质点的动能和势能可以互相转换。此时，质点内势能和动能之间的转换是通过质点系的保守内力做功来实现的。

3.5.5 能量守恒定律

若存在一个系统不受外界影响，这个系统就叫做**孤立系统**。对于孤立系统来说，既然不受外界影响，则外力做功肯定为零。此时，影响系统能量的只有系统的内力。由前面可知，如果有非保守内力做功，系统的机械能就不再守恒，但是系统内部除了机械能之外，还存在其他形式的能量，比如热能、化学能、电能等，那么，系统的机械能就要和其他形式的能量发生转换。实验表明，**一个孤立系统经历任何变化时，该系统的所有能量的总和是不变的，能量只能从一种形式变化为另外一种形式，或从系统内一个物体传给另一个物体，这就是普遍的能量守恒定律。即：某种形式的能量减少，一定有其他形式的能量增加，且减少量和增加量一定相等。**

能量守恒定律是人类历史上最普遍、最重要的基本定律之一。能量守恒和能量转化定律与细胞学说、进化论合称 19 世纪自然科学的三大发现。从物理、化学到地质、生物，大到宇宙天体，小到原子核内部，只要有能量转化，就一定服从能量守恒的规律。从日常生活到科学研究、工程技术，这一规律都发挥着重要的作用。人类对各种能量，如煤、石油等燃料以及水能、风

能、核能等的利用，都是通过能量转化来实现的。能量守恒定律是人们认识自然和利用自然的有力武器。

3.6 碰撞问题

当两个或两个以上物体或质点相互接近时，在较短的时间内，通过相互作用，它们的运动状态（包括物质的性质）发生显著变化的现象称为**碰撞**。我们经常会遇到碰撞的情况，例如打台球时的情景。另外打桩、锻铁、分子、原子等微观粒子的相互作用，以及人从车上跳下、子弹打入物体等现象都可以认为是碰撞。如果把发生碰撞的几个物体看作一个系统，在碰撞过程中，它们之间的内力较之系统外物体对它们的作用力要大得多。因此，在研究碰撞问题时，可以将系统外物体对它们的作用力忽略不计。此时，系统的总动量守恒。碰撞时，时间极短，但碰撞前后物体运动状态的改变非常显著，因而易于分清过程始末状态。

以两个物体之间的碰撞为例，若碰撞后，两物体的机械能完全未发生损失，这种碰撞叫做**完全弹性碰撞**，这是一种理想的情况；一般情况下，由于有非保守力的作用，导致系统的机械能和其他形式的能量相互转换，这种碰撞叫做**非弹性碰撞**；而如果碰撞之后两物体以同一速度运动，并不分开，这种碰撞叫做**完全非弹性碰撞**。

一般可用动量守恒定律并酌情引入机械能守恒定律处理碰撞问题。可用碰撞前后系统的状态（动量、动能、势能等）变化来反映碰撞过程，或用碰撞对系统所产生的效果来反映碰撞过程，从而回避了碰撞本身经历的实际过程，简化了问题。下面通过具体例题讨论一下碰撞问题。

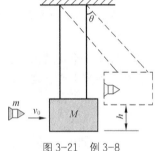

图 3-21   例 3-8

【例 3-8】 图 3-21 所示为一冲击摆，摆长为 l，木块质量为 M。在质量为 m 的子弹击中木块后，冲击摆摆过的最大偏角为 θ，试求子弹击中木块时的初速度。

解：（1）子弹射入木块内停止下来的过程为非弹性碰撞，在此过程中动量守恒而机械能不守恒，设子弹与木块碰撞瞬间共同速度为 v。因此有

$$v = \frac{mv_0}{m+M}$$

（2）摆从平衡位置摆到最高位置的过程，重力与张力合力不为零。由于张力不做功，系统动量不守恒，而机械能守恒。因此有

$$(m+M)gh = (m+M)v^2/2$$

而

$$h = (1-\cos\theta)l$$

所以

$$v_0 = \frac{m+M}{m}\sqrt{2gh} = \frac{m+M}{m}\sqrt{2gl(1-\cos\theta)}$$

3.7　习题

一、思考题

1. 何为内力？何为外力？它们对于改变物体和物体系的动量各有什么贡献？对于改变物体和物体系的动能各有什么贡献？

2. 一大一小两条船，距岸一样远，从哪条船跳到岸上容易些？为什么？

3. 动能也具有相对性，它与重力势能的相对性在物理意义上是一样的吗？

4. 以速度 v 匀速提升一质量为 m 的物体，在时间 t 内提升力做功若干；又以比前面快一倍的速度把该物体匀速提高同样的高度，试问所做的功是否比前一种情况大？为什么？在这两种情况下，它们的功率是否一样？

5. 向心力为什么对物体不做功？在静止斜面上滑行的物体，支持力对物体做功吗（光滑水平面上放着劈性物体 A，斜面上放置物体 B，B 由于重力而下滑，A 对 B 的支持力做功吗）？

6. 如果力的方向不变，而大小随位移均匀变化，那么在这个变力作用下物体运行一段位移，其做功如何计算？

7. 在质点系的质心处一定存在一个质点吗？

二、复习题

1. 下列几种说法：
（1）质点系总动量的改变与内力无关；
（2）质点系总动能的改变与内力无关；
（3）质点系机械能的改变与保守内力无关。
则对上面说法判断正确的是（　　）。

（A）只有（1）正确　　　　　　　（B）（1）和（2）正确
（C）（1）和（3）正确　　　　　　（D）（2）和（3）正确

2. 质量为 20g 的子弹沿 x 轴正向以 500m/s 的速率射入一木块后，与木块一起仍沿 x 轴正向以 50m/s 的速率前进，在此过程中木块所受冲量的大小为（　　）。

（A）9N·s　　　　　（B）–9N·s　　　　　（C）10N·s　　　　（D）–10N·s

3. 质量为 m 的质点在外力作用下，其运动方程为 $\vec{r} = A\cos\omega t\,\vec{i} + B\sin\omega t\,\vec{j}$，式中，$A$、$B$、$\omega$ 都是正的常量。由此可知外力在 $t = 0$ 到 $t = \pi/(2\omega)$ 这段时间内所做的功为（　　）。

（A）$\dfrac{1}{2}m\omega^2\left(A^2 + B^2\right)$　　　　　　（B）$m\omega^2\left(A^2 + B^2\right)$

（C）$\dfrac{1}{2}m\omega^2\left(A^2 - B^2\right)$　　　　　　（D）$\dfrac{1}{2}m\omega^2\left(B^2 - A^2\right)$

4. 对功的概念有以下几种说法。
（1）保守力做正功时系统内相应的势能增加；
（2）质点运动经一闭合路径，保守力对质点做的功为零；
（3）作用力与反作用力大小相等、方向相反，所以两者所做的功的代数和必为零。
在上述说法中：（　　）。

（A）（1）、（2）是正确的　　　　　（B）（2）、（3）是正确的

（C）只有（2）是正确的   （D）只有（3）是正确的

5. 质量为 m 的小球在水平面内做速率为 v_0 的匀速圆周运动，试求小球经过（1）1/4 圆周，（2）1/2 圆周，（3）3/4 圆周，（4）整个圆周的过程中的动量改变量，试从冲量计算得出结果。

6. 一子弹从枪口飞出的速度是 300m/s，在枪管内子弹所受合力的大小符合下式：

$$f = 400 - \frac{4}{3} \times 10^5 t \quad (\text{SI})$$

（1）画出 $f - t$ 图。

（2）若子弹到枪口时所受的力变为零，计算子弹行经枪管长度所花费的时间。

（3）求该力冲量的大小。

（4）求子弹的质量。

7. 煤矿采煤由于安全原因多采用水力，使用高压水枪喷出的强力水柱冲击煤层。如图 3-22 所示，设水柱直径 $D=30\text{mm}$，水速 $v=56\text{m/s}$。水柱垂直射在煤层表面上，冲击煤层后的速度为零，求水柱对煤的平均冲力。

8. 一质量为 0.05kg、速率为 10m·s^{-1} 的钢球，以与钢板法线呈 45° 角的方向撞击在钢板上，并以相同的速率和角度弹回来，如图 3-23 所示。设碰撞时间为 0.05s，求在此时间内钢板所受到的平均冲力。

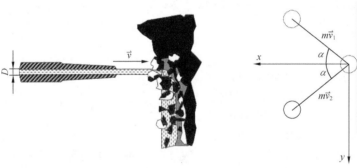

图 3-22 复习题 7   图 3-23 复习题 8

9. 一炮弹竖直向上发射，初速度为 v_0，在发射后经 t 秒后在空中自动爆炸，假定分成质量相同的 A、B、C3 块碎块。其中，A 块的速度为零，B、C 两块的速度大小相同，且 B 块速度方向与水平成 α 角。求 B、C 两碎块的速度（大小和方向）。

10. 质量为 2kg 的质点受到力 $\vec{F} = 3\vec{i} + 5\vec{j}$（N）的作用。当质点从原点移动到位矢为 $\vec{r} = 2\vec{i} - 3\vec{j}$（m）处时，

（1）此力所做的功为多少？它与路径有无关系？

（2）如果此力是作用在质点上的唯一的力，则质点的动能将变化多少？

11. 用铁锤将一只铁钉击入木板内，设木板对铁钉的阻力与铁钉进入木板的深度成正比，如果在击第一次时，能将钉击入木板内 1cm，再击第二次时（锤仍然以第一次同样的速度击钉），能击入多深？

12. 一链条总长为 l，放在光滑的桌面上，其一端下垂，长度为 a，如图 3-24 所示。假定开始时链条静止，求链条刚

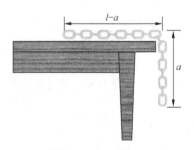

图 3-24 复习题 12

刚离开桌边时的速度。

13. 一质量为 m 的中子与一质量为 M 的原子核做对心弹性碰撞，如果中子的初始动能为 E_0，试证明在碰撞过程中，该中子动能的损失为 $4mME_0/(M+m)^2$。

14. 如图 3-25 所示，质量为 m 的小球在外力作用下，由静止开始从 A 点出发做匀加速直线运动，到 B 点时撤销外力，小球无摩擦地冲上一竖直半径为 R 的半圆环，恰好能到达最高点 C，而后又刚好落到原来的出发点 A 处，试求小球在 AB 段运动的加速度为多大？

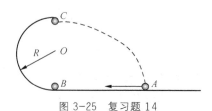

图 3-25　复习题 14

15. 火箭起飞时，从尾部喷出的气体的速度为 3 000m/s，每秒喷出的气体质量为 600kg。若火箭的质量为 50t，求火箭得到的加速度。

16. 质量为 M 的物体静止地置于光滑的水平面上，并连接有一轻弹簧，如图 3-26 所示，另一质量为 M 的物体以速度 v_0 与弹簧相撞，问当弹簧压缩最甚时有百分之几的动能转化为势能。

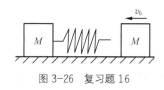

图 3-26　复习题 16

17. 质量均为 M 的 3 条小船（包括船上的人和物）以相同的速率沿一直线同向运动，从中间的小船向前后两船同时以速率 u（相对于该船）抛出质量同为 m 的小包。从小包抛出至落入前、后船的过程中，试分别对中船、前船、后船建立动量守恒方程。

第 **4** 章 **物体的弹性**

物体在外力作用下发生的形状和大小的改变称为形变。在前一章中，把被研究的物体抽象为质点，就是将物体在受力时所发生的形变忽略不计。在许多实际问题中，形变是不能忽略的，例如桥梁的设计，必须考虑构件在受力时所产生的形变；对于骨骼、肌肉等器官的力学特性的研究也必须考虑受力与形变的关系。形变有伸长、缩短、切变、扭转、弯曲等几种类型。伸长和缩短合称线变。线变和切变是弹性形变的两种基本类型，其他的形变实际上是这两种形变的复合。本章讨论应力和应变关系，并对骨骼的力学特性进行初步讨论。

4.1 正应力与正应变

4.1.1 正应力

组成物体的微观粒子之间在力的作用下，其相对位置会发生改变，即物体发生了形变，分子之间的作用力称为内力。力学上称垂直与任一截面的拉伸内力为张力，而垂直与任一截面的相互挤压的内力为压力。如图 4-1 所示，设匀质圆棒两端受到相等的拉力作用，并假定拉力均匀地分布在两个端面上，棒在拉力作用下有所伸长。设在棒的某处一个横断面将棒分为 m、n 两段，n 段保持平衡，则它在横断面处受到 m 段的拉力 F_m 满足

$$F_n = F_m$$

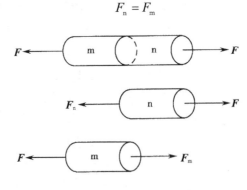

图 4-1　垂直于任一截面的拉伸内力

F_m 就是横断面上的张力。同样 m 段也会受到 n 段所施加的张力，它们互为作用力与反作用力。

如果上述圆棒的材料是匀质的，所受的张力应该均匀分布在横截面上，这个张力与横截面

面积 S 之比称为该横截面上的正应力。用 σ 表示为

$$\sigma = \frac{F}{S} \qquad (4\text{-}1)$$

如果物体受力不均匀或者内部材料不均匀，可以取微小的面元，其面积为 dS，设这个面元上的张力为 dF，则该面元上的正应力为

$$\sigma = \lim_{\Delta S \to 0} \frac{\Delta F}{\Delta S} = \frac{dF}{dS} \qquad (4\text{-}2)$$

正应力分为张应力（$\sigma > 0$）与压应力（$\sigma < 0$）两种。正应力的单位是 Pa(帕斯卡)。

4.1.2　线应变

当物体受到外力时，其长度会发生改变。设一根直棒在不受外力作用时为长度 l_0，两端受到拉力时会伸长，受到压力时会缩短，其长度的增量用 Δl 表示，伸长时 Δl 为正，缩短时 Δl 为负。如果该物体各部分的长度变化是均匀的，则 $\frac{\Delta l}{l_0}$ 称为线应变。用 ε 表示

$$\varepsilon = \frac{\Delta l}{l_0} \qquad (4\text{-}3)$$

如果其各部分的伸长是不均匀的，可以从中任取出一段微元，用微元的绝对伸长与原长之比来表示该微元段的线应变。在这种情况下，线应变将不再是常数。

4.1.3　正应力与线应变的关系

正应力与线应变之间存在着密切的函数关系。材料不同，其函数关系也会不同，但具有某些共同特征。

1. 低碳钢正应力与线应变的关系

低碳钢是工程技术中常用材料，其应力与应变曲线如图 4-2 所示。图中横坐标表示线应变 ε，纵坐标表示正应力 σ。从图中可将拉伸分为弹性、屈服、硬化和颈缩四个阶段。

弹性阶段是曲线中的近似直线 OA 段。在这个范围内，正应力与线应变近似成正比。对应于 A 点的应力是保持正比关系的最大应力，称为正比极限。从 A 点到 B 点的这一段，正应力与线应变虽不再是正比关系，但仍是弹性形变。对应于 B 点的正应力称为弹性极限，过了 B 点以后，撤去外力，形变会有残留。

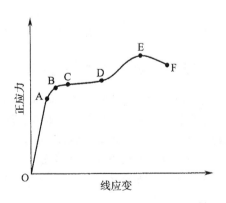

图 4-2　应力与应变的关系曲线

C 点到 D 点是屈服阶段，这一小段曲线几乎与横轴平行，表明该阶段线应变在迅速增加，而正应力并无明显地加大，这称为材料的屈服。在这一阶段的最大正应力称为屈服强度。

从 D 点开始上升到 E 点的曲线部分是硬化阶段。只有加大正应力，才能使物体进一步伸长，此即材料的硬化。E 点的正应力称为强度极限。

E 点以后的曲线部分是颈缩阶段。物体的横截面急剧缩小，即使不再加大负荷，也会很快伸长，直至断裂。当应力达到 F 点时材料断裂，F 点称为断裂点。断裂点的应力称为材料的抗张强度。压缩时，断裂点的应力称为抗压强度。

形变可分为两类，如果外力撤除后形变完全消失，这种形变称为弹性形变；如果外力撤除后形变不能完全消失，则称为范（塑）性形变。当然在实际问题中，物体在发生弹性形变时，通常伴有微小的范性形变，在一定的限度内，可以把这种形变当作完全弹性形变来处理。图 4-2 中 B 点到 F 点是材料的范性（塑性）范围。若 F 点距 B 点较远，则这种材料能产生较大的范性变形，表示它具有延展性。如果 F 点距 B 点较近则它材料表现为脆性。

实验表明：在正比极限内，正应力与线应变成正比，即

$$\sigma = Y\varepsilon \tag{4-4}$$

上式中的比例系数 Y 称为杨氏模量。因为 ε 为纯数，所以杨氏模量和应力有相同的单位。结合式（4-1）和式（4-2）有

$$Y = \frac{\sigma}{\varepsilon} = \frac{F/S}{\Delta l/l_0} = \frac{l_0 F}{S\Delta l} \tag{4-5}$$

杨氏模量只与材料的性质有关，它反映材料抵抗线变的能力，其值越大则该物体越不容易变形。几种材料的杨氏模量见表 4-1。

表 4-1　一些常见材料的杨氏模量

材料		低碳钢	铸铁	花岗岩	铅	骨		木材	腱	橡胶	血管
						拉伸	压缩				
杨氏模量 Y	$10^9 \mathrm{N\cdot m^{-2}}$	196	78	50	17	16	9	10	0.02	0.001	0.0002

将式（4-5）改写成

$$F = \frac{YS}{l_0}\Delta l = k\Delta l \tag{4-6}$$

式（4-6）称为胡可定律，在使用时要注意它的适用范围。

2. 骨的正应力和正应变的关系

骨作为一种弹性材料，在正比极限范围内，它的正应力和正应变成正比关系，如图 4-3 所示。图中 3 条曲线分别表示湿润而致密的成人桡骨、腓骨和肱骨的正应力与线应变的关系。在应变小于 0.5% 的条件下，这 3 种四肢骨的应力—应变曲线皆为直线，成正比关系。

骨骼在被拉伸时可伸长并变细。骨组织在拉伸作用下断裂主要是骨单位间结合线的分离和骨单位的脱离。临床上拉伸所致骨折多见于骨松质。骨骼在被压缩时能够刺激骨的生长，促进骨折愈合；大压缩作用较大时能够使骨骼缩短和变粗。骨组织在压缩载荷作

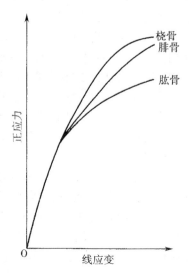

图 4-3　湿润的成人四肢骨应力—应变曲线

用下破坏的表现主要是骨单位的斜行劈裂。人润湿骨破坏的压缩极限应力大于拉伸极限应力。拉伸与压缩的极限应力分别为 134MN·m^{-2} 与 170 MN·m^{-2}。

3. 主动脉弹性组织正应力与线应变关系

主动脉弹性组织正应力与线应变关系并不服从胡可定律，曲线没有直线部分。如图 4-4 所示，主动脉弹性组织的弹性极限十分接近断裂点，这说明只要它没有被拉断，在外力消失后都能恢复原状。另外，从图中可见，应变可达到 1.0。这说明它可以伸长到原有长度的两倍。这一点和橡胶是类似的。

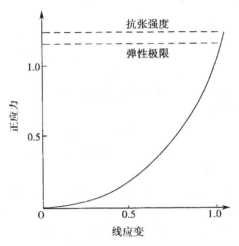

图 4-4　主动脉弹性组织的正应力—线应变曲线

【例 4-1】 如图 4-5 所示，一根结构均匀的弹性杆，其密度为 ρ，杨氏模量为 Y。将此杆竖直悬挂，使上端固定，下端自由。求杆中的应力和应变。

解： 弹性杆在自重的作用下伸长，同一横截面里的应力和应变是相同的，但不同横截面里的应力不同，因而应变也不同。考虑到弹性杆在自重作用下的长度变化十分微小，为简化计算起见，可认为悬挂后其密度仍保持为常量 ρ。

设杆在悬挂时的长度为 l，横截面积为 S。以悬挂点为原点向下作 Ox 轴，如图 4-5 所示。

计算坐标为 $x(0 < x < l)$ 的横截面处的应力和应变。

由 $\sigma = \dfrac{F}{S}$ 得截面处的应力为：

$$\sigma = \frac{\rho(l-x)Sg}{S} = \rho(l-x)$$

又因为 $\sigma = Y\varepsilon$，所以这个截面处的应变为：

$$\varepsilon = \frac{\sigma}{Y} = \frac{\rho(l-x)g}{Y}$$

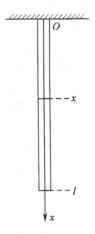

图 4-5　例 4-1

【例 4-2】股骨是大腿中的主要骨骼。如果成年人股骨的最小截面积是 6×10^{-4}m^2，问受压负荷为多大时将发生碎裂？又假定直至碎裂前，应力—应变关系还是线性，试求发生碎裂时的应变。（抗压强度 $\sigma = 17 \times 10^7$N·m^{-2}）

解：导致骨碎裂的作用力

$$F = \sigma S = 17 \times 10^7 \times 6 \times 10^{-4} = 1.02 \times 10^5\,\text{N}$$

这个力约为 70kg 重的人体所受重力的 150 倍。如果一个人从几米高处跳到坚硬的地面上，就很容易超过这个力。

根据骨的杨氏模量 $Y = 0.9 \times 10^{10}\,\text{N·m}^{-2}$，可求碎裂时的应变

$$\varepsilon = \frac{\sigma}{Y} = \frac{17 \times 10^7}{0.9 \times 10^{10}}\,0.019 = 1.9\%$$

由此可见，在引起碎裂的负荷下，骨头的长度将减少 1.9%。

4.1.4 弯曲

弯曲是一种比较复杂的形变，在此只讨论平面弯曲。所谓平面弯曲是指物体具有一个纵向的对称面，所有外力的合力都集中在这个对称面里。也就是说，物体除了受到自身的重力和支持力以外，往往受到其他物体的横向压力或拉力作用，而这些力是集中作用在这个对称面上的。因此，可以用这个对称面来代替整个物体。

如图 4-6(a)所示，在两个支架上放置一横梁，当横梁受到一个垂直于轴线的横向压力 P 时，如图 4-6（b）所示，横梁发生弯曲。显然，凸出的一侧被拉伸，凹处一侧被压缩。

选取梁的一横截面，取出截面左边一小段考察其应力分布状况。如图 4-6（c）所示，由于弯曲，在横梁的上部发生压缩变形，即出现压应力，越接近上缘压缩越大；在横梁的下部发生拉伸变形，即出现拉应力，越接近下缘拉伸越大。而中间一层既不拉伸又不压缩，所以无应力，通常称该层为中性层。由于中性层对抗弯的贡献很小，因此经常用空心管代替实心柱，用工字梁代替方形梁，这样既能减轻重量，又能节省材料。众所周知，许多生物组织结构是属于管状的。对于飞禽来说，减轻骨骼的重量无疑是非常重要的，而它们的骨骼恰好都是比较薄的管子。例如天鹅的翅骨内外径之比为 0.9，横截面积只是同样强度的实心骨骼的 38%。人骨也常常是空心的，人的股骨内

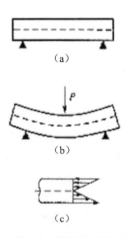

图 4-6　平面弯曲现象

外径之比为 0.5，横截面积为同样抗弯强度实心骨的 78%。在受力比较大的股骨部分，长有许多交叉的骨小梁，借以提高抗弯强度。

骨骼在受到使其轴线发生弯曲的力的作用时，也将发生弯曲效应。受到弯曲作用的骨骼同样存在一个没有应力与应变的中性层，在中性对称轴凹侧一面，骨骼受压缩载荷作用，在凸侧受拉伸作用。对成人骨骼，碎裂开始于拉伸侧，因为成人骨骼的抗拉能力弱于抗压能力。相反，未成年人骨则首先自压缩侧破裂。

4.2　切应力与切应变

4.2.1　切应力

当物体两端同时受到反向平行的拉力 F 作用时会发生形变，如图 4-7 所示。发生错位的这

些平面称为剪切面，平行于这个平面的外力称为剪切力。任一剪切面两边材料之间存在相互作用并且大小相等的切向内力。把通过某个截面的切向内力与该截面的面积之比称为切应力，用 τ 表示。即：

$$\tau = \frac{F}{S} \tag{4-7}$$

当内力在上下底面上分布不均匀时，可以在截面上取微小的面元，其面积为 dS，设这个面元上的切向内力为 dF，则该面元上的切应力为：

$$\tau = \lim_{\Delta S \to 0} \frac{\Delta F}{\Delta S} = \frac{dF}{dS} \tag{4-8}$$

上式中：S 为图 4-7 中长方体上面或下底的面积。

4.2.2　切应变

弹性体在平行于某个截面的一对方向相反的平行力作用下，其内部与该截面平行的平面发生错位，使原来与这些截面正交的线段变得不再正交，这样的形变称为切应变。

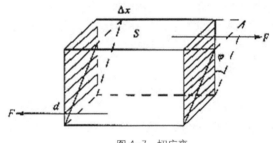

图 4-7　切应变

在图 4-7 中，原来与上底面正交的线段虽仍保持为直线，但不再与上、下底面正交，它们相对于原来的位置转了 φ 角。设两底面相对偏移位移为 Δx，垂直距离为 d，则剪切的程度以比值 $\dfrac{\Delta x}{d}$ 来度量，这一比值称为切应变，用 γ 表示，即

$$\gamma = \frac{\Delta x}{d} = \tan\varphi \tag{4-9}$$

实际上，一般 φ 角很小，上式可写成

$$\gamma \approx \varphi$$

4.2.3　切应力与切应变的关系

实验证明，在一定的限度内，切应力与切应变成正比，这种正比关系称为切变的胡可定律。即：

$$\tau = G\gamma \approx G\varphi \tag{4-10}$$

上式中比例系数 G 称为切变模量，结合式（4-7）和式（4-9）

$$G = \frac{\tau}{\gamma} = \frac{F/S}{\Delta x/d} = \frac{Fd}{S\Delta x} \tag{4-11}$$

与杨氏模量类似，切变模量也是只与材料的性质有关，几种材料的切变模量见表 4-2。

表 4-2　一些常见材料的切变模量

材料	钨	低碳钢	铜	铸铁	玻璃熔石英	铝	骨	木材	铅
切变模量 G（$10^9\text{N}\cdot\text{m}^{-2}$）	40	78	40	35	30	25	10	10	6

剪切作用时，人骨骼所能承受的剪切载荷比拉伸和压缩载荷都低。骨骼的剪切破坏应力约等于 $54\text{MN}\cdot\text{m}^{-2}$。

4.2.4　扭转

扭转状态人们都有所体会，如使用过螺丝刀、螺丝等。若使圆柱体两端分别受到对中心轴的力矩，且方向相反，则圆柱体便会发生扭转现象。扭转是一种比较复杂的形变，本节讨论圆杆的扭转。

如图 4-8 所示，将结构均匀的圆杆下端固定，对中心轴的力矩作用其上端，使杆的各个横截面发生一定的角位移，母线 AA' 发生倾斜变为 AA''。形成母线的倾角，用 φ 表示。此时，图 4-8 中圆杆一端相对于另一端的角位移称为扭转角，用 δ 表示。实验证明，各个横截面的角位移与该截面到下端的距离成正比。扭转角 δ 与母线的倾斜角 φ 之间的关系为：

$$a\delta = l\varphi \tag{4-12}$$

其中，l 为杆的长度，a 为杆的半径。

实验证明，当圆杆发生微弱的扭转时，扭转角 δ 与扭转力矩 M 有如下关系：

$$M = \frac{\pi G a^4}{2l}\delta \tag{4-13}$$

其中，G 为材料的切变模量。

由式（4-13）可见，在扭转角 δ 相同的条件下，扭转力矩 M 与

图 4-8　圆柱体的扭转现象

杆的半径 a 的四次方成正比。显然，当杆的半径稍粗一点，扭转就会困难许多。

由于圆杆在被扭转时，其横截面每一点均承受切应力作用，切应力的数值与该点到中心轴的距离成正比。也就是说，离中心轴越远的点，切应力越大。显然，如果因扭转而发生破裂，必然从外缘开始。

由式（4-10）和式（4-12）可知，外缘的切应力为：

$$\tau = G\frac{a\delta}{l} \tag{4-14}$$

结合式（4-13），得最大切应力为：

$$\tau_{\max} = \frac{2M}{\pi a^3} \tag{4-15}$$

由于承担最大的切应力是圆杆的外缘材料，并且从抗扭转性能来看，靠近中心轴的各层作用不大，因此常用空心管来代替实心柱，这样既可以节省材料，又可以减轻重量。根据计算，如果用厚度为半径 $1/2$ 的圆管来代替同样外径的圆杆，则在相同的扭矩的作用下，最大切应力增加 6%，而材料可节省 25%。这一点与人体骨骼的生理结构极为相似。

人体骨骼的抗扭转强度最小，因而过大的扭转很容易造成扭转性骨折。表 4-3 所示为有关人体的四肢骨的断裂力矩和相应的扭转角度。

表 4-3 人骨的扭断力矩和扭转角

	骨	扭断力矩 N·m	扭转角		骨	扭断力矩 N·m	扭转角
上肢	肱骨	60	5.9°	下肢	股骨	140	1.5°
	桡骨	20	15.4°		胫骨	100	3.4°
	尺骨	20	15.2°		腓骨	12	35.7°

4.3 体应力与体应变

虽然体应力与体应变不是弹性形变的基本类型，但由于其在生物医学领域中应用比较广泛，在此介绍一些有关的基本概念。

4.3.1 体应力

物体在外力作用下发生体积变化时，如果物体是各向同性的，则其内部各个方向的截面积上都有同样大小的压应力，或者说具有同样的压强。因此，体应力可以用压强来表示。

4.3.2 体应变

物体各部分在各个方向上受到同等压强时体积发生变化而形状不变，则体积变化 ΔV 与原体积 V_0 之比称为体应变，以 θ 表示。即：

$$\theta = \frac{\Delta V}{V_0} \tag{4-16}$$

4.3.3 体应力与体应变的关系

在体积形变中，压强与体应变的比值称为体变模量，用 K 表示。

$$K = \frac{-P}{\theta} = -\frac{P}{\Delta V / V_0} = -V_0 \frac{P}{\Delta V} \tag{4-17}$$

式中负号表示体积缩小时压强是增加的。表 4-4 所示为几种材料的体变模量。

表 4-4 几种常见材料的体变模量

材料	钢	铜	铁	铝	玻璃熔石英	水银	水	乙醇
体变模量 K 10^9N·m^{-2}	158	120	80	70	36	25	2.2	0.9

体变模量的倒数，称为压缩率，记为 k。

$$k = \frac{1}{K} = -\frac{\Delta V}{PV_0} \tag{4-18}$$

物质的 k 值越大，越容易被压缩。

4.4　生物材料的黏弹性

生物材料包括天然生物材料和人工合成生物材料，天然生物材料即活体器官、组织、部件及体液等，人工合成生物材料是用化学合成方法制成的人造生物材料，它能用于与人体活组织或生物流体直接相接触的部位，具有天然器官组织或部件的功能，如人工血管、心脏、关节、血液代用品等。研究生物材料的力学性质，对判断人体器官组织的疾病及研究制作人工器官组织等生物材料都有重要意义。

许多物质虽然具有弹性特征，但并不是一个单纯的弹性体，而是既表现有弹性，也表现有黏性，被称为黏弹性体，其特征称为黏弹性。沥青是有弹性的固体，但放置时间长了它会流动，表现有黏性，所以沥青是一种黏弹性固体。又如，蛋清是一种黏性液体，但在受到搅动以后，它有回缩现象，表现出弹性，因而蛋清也是一种黏弹性液体。生物材料中的液体和固体几乎都是黏弹性体，如血液、呼吸道粘液、关节液、软骨、血管以及人工关节、瓣膜、皮肤等。只不过有的弹性较弱，有的黏性较弱，在程度上有所差别。下面仅对生物材料的结构特点、黏弹性材料的基本性质做简要介绍。

4.4.1　生物材料的结构特点

生物材料多数是高分子聚合物。其分子间可以形成多种不同的三维结构，大致可分为3类。

（1）分子不交联的无定形聚合态。这种聚合态的分子可相互分开，分子间可互相滑动，材料能拉长或无规则地形变，但不能恢复原状，所以是非弹性的，如体液等。

（2）分子交联的无定形聚合态。这类分子因交联而不能互相滑动。当生物材料拉长时，长分子可在拉长方向上伸直，被拉长到原来的3倍左右；放松时又能卷曲和弹开，能恢复到接近原来的尺寸，如弹性蛋白就具有这种性质。

（3）分子交联成定型的结构。此类生物材料具有较高的弹性模量（$1 \sim 10 \mathrm{MN \cdot m^{-2}}$），如胶原纤维、骨骼等。所有组成人体器官的生物材料都是由上述3种聚合物和其他参合物（无机盐、水、空气等）构成的复杂结构。除生物金属材料外，大多数合成生物材料也是高分子聚合物，它们的力学性质介于弹性固体和黏性液体之间，即同时具有弹性固体的弹性和黏性液体的黏性，所以合成生物材料大多数也是黏弹性材料。

4.4.2　生物材料的黏弹性

弹性体的特点是其内部任一点、任一时刻的应力完全取决于当时当地的应变，与应变的历史过程无关。当外力去掉后，弹性体将立刻恢复它原先的形状和大小。而黏弹性材料则与此不同，其中任一点任一时刻的应力状态，不仅取决于当时当地的应变，而且与应变的历史过程有关，即材料是有"记忆"的。下面仅介绍黏弹性材料的基本性质。

1. 延迟弹性

对弹性体，应变对应力的影响是即时的；而黏弹性材料，其应变对应力响应不是即时的，应变滞后于应力。如图4-9（a）所示；黏弹性材料在恒定压力作用下，应变随时间逐渐增加，最后趋于恒定值；当外力去除后，应变只能逐渐减小到零，即应变总是落后于应力的变化，这种表现就是延迟弹性。其原因在于大分子链运动困难，以及回缩过程中需克服内摩擦力。

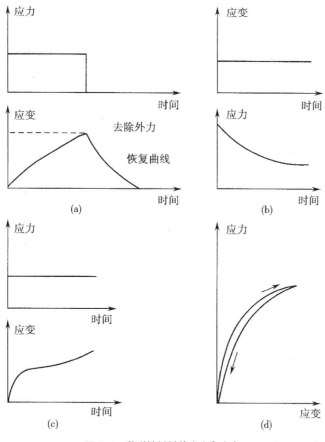

图 4-9　黏弹性材料的应力和应变

2．应力松弛

当黏弹体发生形变时，若使黏弹体应变维持恒定，则应力随时间的增加而缓慢减小，如图 4-9（b）所示。这种现象称为应力松弛，如血管和血液就有此特性，其原因仍与生物材料的分子结构和黏性有关。

3．蠕变

若黏弹体维持应力恒定，应变随时间增加而增大的现象称为蠕变，如图 4-9（c）所示。生物材料的应变通常由弹性应变、延迟弹性应变、黏性应变叠加形成，后两种应变决定其蠕变性，如关节软骨就具有这种特点。

4．滞后

如果对黏弹体周期性加载和卸载，则卸载时的应力—应变曲线同加载时的应力—应变曲线不重合，如图 4-9（d）所示，这种现象称为弹性滞后。滞后现象的原因是大分子构型改变的速度跟不上应力变化，构型改变时是有内摩擦力作用。血液、红细胞等存在滞后现象。

以上 4 点是黏弹性材料的基本性质。但对具有黏弹性的每一种生物材料而言，由于分子构型不同，还有自己的特性，有关内容参见生物力学。

4.5 习题

一、单选题

1. 材料处于弹性形变范围内的最大应力，称为(   )。
   A. 正比极限　　　　B. 弹性形变　　　　C. 弹性极限　　　　D. 范性形变
2. 物体受张应力的作用，发生断裂时的张应力称为(   )。
   A. 范性或塑性　　　B. 抗张强度　　　　C. 抗压强度　　　　D. 延展性
3. 在黏弹性物质的应力—应变关系曲线中，滞后环所围的面积代表黏弹性物体在周期性应变过程中所损耗的(   )。
   A. 应力　　　　　　B. 内力　　　　　　C. 应变　　　　　　D. 能量
4. 对黏弹性物质而言，当其应力—应变关系曲线达到稳定后，这时黏弹性物质所表现出的特点称为(   )。
   A. 静态特征　　　　B. 应变　　　　　　C. 松弛　　　　　　D. 蠕变

二、复习题

1. 物体在正应力作用下，其单位长度所发生的改变量，即比值 $\triangle l/l_0$ 称为切应变。(   )
2. 平行作用在物体某截面上的内力 F 与该截面面积 S 的比值，为物体在截面处所受的正应力。(   )
3. 长骨的弹性模量比钢的弹性模量大，比铜的弹性模量小。(   )
4. 试计算截面积为 $5.0 cm^2$ 的股骨：（1）在拉力作用下骨折将发生时所具有的张力？(骨的抗张强度为 $12 \times 10^7 Pa$)（2）在 $4.5 \times 10^4 N$ 的压力作用下它的应变？(骨的压缩弹性模量为 $9 \times 10^9 Pa$)
5. 设某人下肢骨的长度约为 0.60m，平均横截面积 $6.0 cm^2$，该人体重 900N。问此人单脚站立时下肢骨缩短了多少？(骨的压缩弹性模量为 $9 \times 10^9 Pa$)
6. 在边长为 $2.0 \times 10^{-2} m$ 的立方体的两平行表面上，各施以 $9.8 \times 10^2 N$ 的切向力，两个力的方向相反，使两平行面的相对位移为 $1.0 \times 10^{-3} m$，求其切变模量。
7. 松弛的肱二头肌伸长 2.0cm 时，所需要的力为 10N。当它处于挛缩状态而主动收缩时，产生同样的伸长量则需 200N 的力。若将它看成是一条长 0.20m、横截面积为 50 cm^2 的均匀柱体，求上述两种状态下它的弹性模量。
8. 有一鲜骨，当受到 3600Pa 的正应力拉伸时，其产生的正应变为 2×10^{-7}，求其拉伸弹性模量。
9. 某人用右手竖直举起重 300N 的物体，若右手肱骨的长度为 0.28m，横截面面积为 $4.8 cm^2$，求：（1）其右手所受到的正应力？（2）其右肱骨缩短了多少？

第 **5** 章　刚体的转动

质点的运动实际上只是代表了物体的平动，并不能描述具体物体的转动以及更复杂的运动。研究机械运动的最终目的是要研究具体物体的运动。对于具体物体，在外力的作用下，其形状、大小要发生变化。简单起见，我们设想有一类物体，在外力的作用下，其大小、形状均不发生变化，即物体内任意两点的距离都不因外力的作用而改变，这样的一类物体称为**刚体**。刚体仍是个理想模型。本章将重点研究刚体的定轴转动及其相关的规律。

5.1　刚体　刚体的运动

5.1.1　刚体的平动和转动

刚体的运动形式可分为平动和转动。若刚体中所有点的运动轨迹都保持完全相同，或者说，刚体内任意两点间的连线总是平行于它们的初始位置间的连线，那么这种运动叫做平动，如图5-1（a）所示。刚体平动实际上是质点平动的集中体现。刚体中任意一点的运动都可代替刚体的运动。一般常以质心作为代表点。而转动是指刚体中所有的点都绕同一直线做圆周运动，如图5-1（b）所示，这条直线叫做转轴。

转动分为定轴转动和非定轴转动两种。若转轴的位置或方向固定不变，这种转动叫做刚体的定轴转动，此时，垂直于转轴的平面叫做**转动平面**。刚体上各点都绕同一固定转轴做不同半径的圆周运动，且在相同时间内转过相同的角度，即有相同的角速度。反之，若转轴不固定，刚体做的就是非定轴转动。一般情况下，刚体的运动可以看作平动和转动的合成运动。例如行进中的车轮的运动，可以看作是车轮中心点的平动以及轮上周围各点围绕中心点的转动的合成，如图5-2所示。

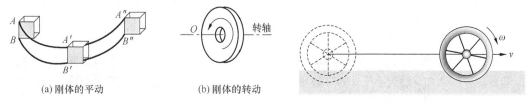

(a) 刚体的平动　　　　　　(b) 刚体的转动

图 5-1　刚体的平动和转动

图 5-2　刚体的一般运动

5.1.2 定轴转动的角量和线量

刚体的定轴转动可以看作是刚体中所有质点均围绕其转轴做圆周运动，也有角位置、角位移、角速度和角加速度等物理量。因此，可以参考 1.3 节中的角量和线量的关系来描述刚体定轴转动中的相应物理量。

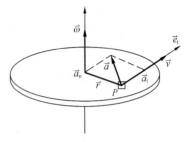

图 5-3　角量和线量的关系

如图 5-3 所示，有一做定轴转动的刚体，角速度大小为 ω，转动平面上有任意一点 P，其线速度大小为 v，于是有

$$v = r\omega \qquad (5\text{-}1a)$$

可以看出，刚体上点的线速度大小 v 与各点到转轴的距离 r 成正比，距离越远，线速度越大。上式也可写成矢量形式

$$\vec{v} = r\omega\vec{e}_{\mathrm{T}} \qquad (5\text{-}1b)$$

P 点的切向加速度和法向加速度则分别为

$$a_{\mathrm{t}} = r\alpha \qquad (5\text{-}2)$$

$$a_{\mathrm{n}} = r\omega^2 \qquad (5\text{-}3)$$

总加速度为

$$\vec{a} = r\alpha\vec{e}_{\mathrm{t}} + r\omega^2\vec{e}_{\mathrm{n}} \qquad (5\text{-}4)$$

由式（5-2）、式（5-3）可知，对于绕定轴转动的刚体，距离轴越远，其切向加速度和法向加速度越大。

5.2　力矩　转动惯量　定轴转动定律

本节将研究刚体绕定轴转动时的一些运动规律。我们知道，要让一个绕定轴的物体转动起来，不仅与外力的大小有关，也与外力的作用点和方向有关，例如，门把手的位置将影响到开关门的力量。这涉及一个物理概念——力矩。

5.2.1 力矩

图 5-4 所示为一绕 Oz 轴转动的刚体的转动平面，外力 $\vec{F}$ 在此平面内且作用于 P 点，P 点相对于 O 点的位矢为 $\vec{r}$，则定义力 $\vec{F}$ 对 O 点的**力矩**为

$$\overrightarrow{M} = \vec{r} \times \vec{F} \qquad (5\text{-}5)$$

如果 $\vec{r}$ 和力 $\vec{F}$ 之间的夹角为 θ，从点 O 到力 $\vec{F}$ 的作用线的垂直距离为 d，则 d 叫做力对转轴的**力臂**。此时力矩的大小为

$$M = Fr\sin\theta = Fd \qquad (5\text{-}6)$$

力矩垂直于 $\vec{r}$ 和 $\vec{F}$ 组成的平面。如图 5-5 所示，力矩 $\overrightarrow{M}$ 的方向为：右手拇指伸直，四指弯曲，弯曲的方向为由 $\vec{r}$ 通过小于 **180°** 的角转到 $\vec{F}$ 的方向，则此时拇指的方向为力矩 $\overrightarrow{M}$ 的方向。

在国际单位制中，力矩的单位为 N·m。

对于定轴转动的刚体，作用在同一作用点上的力，若其方向相反，对于刚体的转动的作用效果来说也正好是相反的。

若 $\vec{F}$ 不在转动平面内，则可将 $\vec{F}$ 分解为平行于转轴的分力 $\vec{F}_z$ 和垂直于转轴的分力 $\vec{F}_\perp$，其

中，$\vec{F}_z$ 对转轴的力矩为零，对转动起作用的只有分力 $\vec{F}_\perp$，如图 5-6 所示。故 $\vec{F}$ 对转轴的力矩为

$$M_z \vec{k} = \vec{r} \times \vec{F}_\perp \qquad (5\text{-}7a)$$

即

$$M_z = r F_\perp \sin\theta \qquad (5\text{-}7b)$$

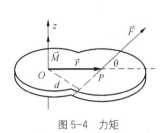

图 5-4　力矩

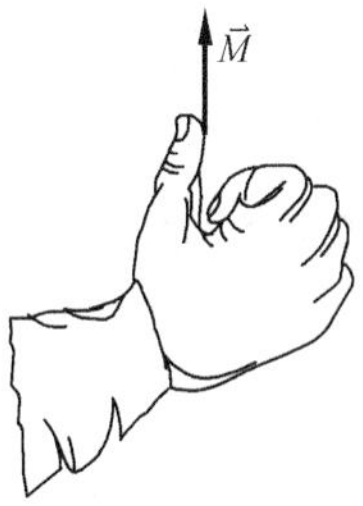

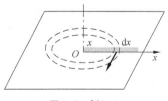

图 5-5　力矩的方向

若有几个外力同时作用在绕定轴转动的刚体上，那么它们的合力矩等于这几个外力力矩的**矢量和**。

$$\vec{M} = \vec{M}_1 + \vec{M}_2 + \vec{M}_3 + \cdots$$

若这几个力都在转动平面内或平行于转动平面，各个力的力矩方向要么同向，要么反向，此时，其合力矩等于这几个力的力矩的**代数和**。

由于质点间的力总是成对出现，且符合牛顿第三定律，因此，刚体内质点间作用力和反作用力的力矩互相抵消，即：**内力的力矩对于刚体转动的作用效果为零**，如图 5-7 所示。

$$\vec{M}_{ij} = -\vec{M}_{ji}$$

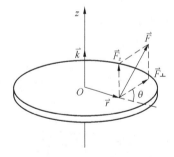

图 5-6　不在转动平面内的力的力矩

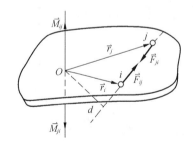

图 5-7　内力的力矩

【例 5-1】　一质量为 m、长为 l 的均匀细棒，可在水平桌面上绕通过其一端的竖直固定轴转动，已知细棒与桌面的摩擦系数为 μ，求棒转动时受到的摩擦力矩的大小。

解：如图 5-8 所示，在细棒上距离转轴为 x 处，取一宽度为 $\mathrm{d}x$ 的质量元，此质量元的质量为

$$\mathrm{d}m = \frac{m}{l}\mathrm{d}x$$

对于此质量元，受到的摩擦力矩大小为

图 5-8　例 5-1

$$dM = x(\mu dmg)$$

因此，整个细棒所受到的摩擦力矩可以用积分的形式求得

$$M = \int x\mu dmg = \frac{\mu mg}{l}\int_0^L x dx = \frac{1}{2}\mu mgL$$

5.2.2　转动定律

首先我们来看一种情况，如图 5-9 所示，单个质点质量为 m，与一转轴 Oz 刚性相连，其相对于 O 点的位矢为 $\vec{r}$，设质点受到垂直于转轴且在质点转动平面内的外力 $\vec{F}$ 作用，$\vec{r}$ 和力 $\vec{F}$ 之间的夹角为 θ。此时，力 $\vec{F}$ 可分解为沿着转动轨迹切向的分力 $\vec{F}_t$ 和沿径向的分力 $\vec{F}_n$，显然，过转轴的分力 $\vec{F}_n$ 对于质点绕 Oz 轴的转动无贡献，有贡献的只有其切向分力 $\vec{F}_t$。由圆周运动和牛顿定律，得

$$F_t = ma_t = mr\alpha$$

此时，力矩的大小

$$M = rF\sin\theta$$

而 $F\sin\theta = F_t$，所以得

$$M = rF_t = mr^2\alpha \tag{5-8}$$

下面我们再看另一种情况，如图 5-10 所示，设质点 P 为绕定轴 Oz 转动的刚体中任一质点，质量为 Δm_i，P 点离转轴的距离为 r_i，即其位矢为 $\vec{r}_i$，刚体绕定轴转动的角速度和角加速度分别为 ω 和 α。此时质点既受到系统外的作用力（即外力 $\vec{F}_{ei}$），又受到系统内其他质点的作用力（即内力 $\vec{F}_{ii}$）。简单起见，设 $\vec{F}_{ei}$ 和 $\vec{F}_{ii}$ 均在转动平面内且通过质点 P，根据牛顿第二定律，对于质点 P，有

$$\vec{F}_{ei} + \vec{F}_{ii} = \Delta m_i \vec{a}_i$$

式中，$\vec{a}_i$ 为质点的加速度，质点在合力的作用下绕转轴做圆周运动。

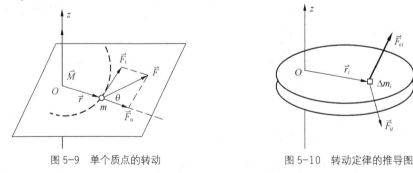

图 5-9　单个质点的转动　　　　　　　　　图 5-10　转动定律的推导图

此时，若分别用 $\vec{F}_{eit}$ 和 $\vec{F}_{iit}$ 表示外力和内力沿切向方向的分力，则有

$$F_{eit} \pm F_{iiT} = \Delta m_i r_i \alpha$$

在等式两边同时乘以 r_i，可得

$$F_{eit}r_i \pm F_{iit}r_i = \Delta m_i r_i^2 \alpha \tag{5-9}$$

式中，$F_{eit}r_i$ 和 $F_{iit}r_i$ 分别为外力 $\vec{F}_{ei}$ 和内力 $\vec{F}_{ii}$ 力矩的大小。因此

$$M_{ei} \pm M_{ii} = \Delta m_i r_i^2 \alpha$$

对整个刚体，有

$$\sum M_{ei} \pm \sum M_{ii} = \sum \Delta m_i r_i^2 \alpha$$

由于刚体中内力的力矩互相抵消，有 $\sum M_{ii} = 0$，所以上式可写为

$$\sum M_{ei} = (\sum \Delta m_i r_i^2)\alpha$$

用 M 表示刚体内所有质点所受的外力对转轴的力矩的代数和，即

$$M = \sum M_{ei}$$

可得

$$M = (\sum \Delta m_i r_i^2)\alpha$$

式中，$\sum \Delta m_i r_i^2$ 叫做刚体的**转动惯量**，用符号"J"表示，它只与刚体的几何形状、质量分布以及转轴的位置有关，即：转动惯量只与刚体本身的性质和转轴的位置有关。绕定轴转动的刚体一旦确定，其转动惯量即为一恒定量。此时，上式可写作

$$M = J\alpha \tag{5-10a}$$

其矢量形式为

$$\overline{M} = J\vec{\alpha} \tag{5-10b}$$

式（5-10）即为刚体绕定轴转动时的转动定律，简称**转动定律**。其文字表述为：**刚体绕定轴转动的角加速度与它所受的合外力矩成正比，与刚体的转动惯量成反比**。转动定律是解决刚体定轴转动问题的基本方程，其地位相当于解决质点运动问题时的牛顿第二定律。由式（5-10）也可以看出，转动定律的形式和牛顿第二定律的形式是一致的。对于同样的外力，分别作用于两个绕定轴转动的刚体，其分别获得的角加速度是不一样大的。转动惯量大的刚体获得的角加速度小，即保持原有转动状态的惯性大；反之，转动惯量小的刚体获得的角加速度大，即其转动状态容易改变。因此，转动惯量是描述刚体转动惯性的物理量。

需要注意的是，只有形状简单、质量连续且均匀分布的刚体，才能用积分的形式求其转动惯量。而对于一般刚体来说，往往通过实验来测定其转动惯量。表 5-1 所示为一些常见刚体的转动惯量。

表 5-1　　　　　　　　　　　　　　常见刚体的转动惯量

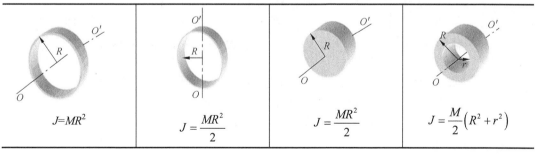

| $J=MR^2$ | $J = \dfrac{MR^2}{2}$ | $J = \dfrac{MR^2}{2}$ | $J = \dfrac{M}{2}\left(R^2 + r^2\right)$ |

续表

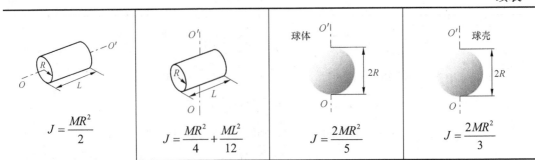

$$J = \frac{MR^2}{2}$$

$$J = \frac{MR^2}{4} + \frac{ML^2}{12}$$

$$J = \frac{2MR^2}{5}$$

$$J = \frac{2MR^2}{3}$$

【例 5-2】 如图 5-11 所示，质量为 m_1 的物体 A 静止在光滑水平面上，和一不计质量的绳索相连接，绳索跨过一半径为 R、质量为 m_c 的圆柱形滑轮 C，并系在另一质量为 m_2 的物体 B 上，B 竖直悬挂，滑轮与绳索间无滑动，且滑轮与轴承间的摩擦力可略去不计。求：

（1）两物体的线加速度为多少？水平和竖直两段绳索的张力各为多少？

（2）物体 B 从静止落下距离 y 时，其速率是多少？

解：（1）在例 2-1 中，我们曾假设滑轮的质量不计，即不考虑滑轮的转动。但在实际情况中，滑轮的质量是不能忽略的，其本身具有转动惯量，要考虑它的转动。A、B 两个物体做的是平动，其加速度分别由其所受的合外力决定。而滑轮做转动，其角加速度是由其所受的合外力矩决定。因此，我们用隔离法分别对各物体做受力分析，如图 5-12（a）、（b）所示，以向右和向下为正方向建立坐标。

隔离体法分析物体受力如图 5-12（c）所示。物体 A 受到重力、支持力以及水平方向上拉力 $\vec{F}_{T1}$ 作用，物体 B 受到向下的重力和向上的拉力 $\vec{F}'_{T2}$ 作用。滑轮受到自身重力、转轴对它的约束力、以及两侧的拉力 $\vec{F}'_{T1}$ 和 $\vec{F}'_{T2}$ 产生的力矩作用，由于其自身重力及轴对它的约束力都过滑轮中心轴，对转动没有贡献，故影响其转动的只有拉力 $\vec{F}'_{T1}$ 和 $\vec{F}_{T2}$ 的力矩。这里，我们不能先假定 $\vec{F}_{T1} = \vec{F}_{T2}$，但是 $\vec{F}_{T1} = \vec{F}'_{T1}$，$\vec{F}_{T2} = \vec{F}'_{T2}$。

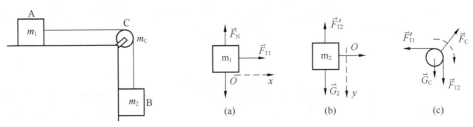

图 5-11 例 5-2

图 5-12 隔离体法分析物体受力

由于不考虑绳索的伸长，因此，对 A、B 两物体，可由牛顿第二定律求解，得

$$F_{T1} = m_1 a$$

$$m_2 g - F'_{T2} = m_2 a$$

对于滑轮，有

$$RF_{T2} - RF'_{T1} = J\alpha$$

式中，J 为滑轮的转动惯量，可知 $J = \dfrac{1}{2} m_c R^2$。由于绳索无滑动，滑轮边缘上一点的切向加速度与绳索和物体的线加速度大小相等，即角量和线量有如下的关系

$$a = R\alpha$$

上述四个式子联立，可得

$$a = \frac{m_2 g}{m_1 + m_2 + m_c/2}$$

$$F_{T1} = \frac{m_1 m_2 g}{m_1 + m_2 + m_c/2}$$

$$F_{T2} = \frac{(m_1 + m_c/2) m_2 g}{m_1 + m_2 + m_c/2}$$

可以看出，$\vec{F}_{T1}$ 和 $\vec{F}_{T2}$ 并不相等。只有当忽略滑轮质量，即当 $m_c = 0$ 时，才有

$$\vec{F}_{T1} = \vec{F}_{T2} = \frac{m_1 m_2 g}{m_1 + m_2}$$

（2）由题意知，B 由静止出发做匀加速直线运动，下落距离 y 时的速率为

$$v = \sqrt{2ay} = \sqrt{\frac{2 m_2 g y}{m_1 + m_2 + m_c/2}}$$

5.3　角动量　角动量守恒定律

本节我们将探讨力矩对时间的积累问题。

5.3.1　质点的角动量和角动量守恒定律

质量为 m 的质点以速度 $\vec{v}$ 在空间运动。某时刻相对原点 O 的位矢为 $\vec{r}$，如图 5-13（a）所示，我们定义质点相对于原点的**角动量**为

$$\vec{L} = \vec{r} \times \vec{p} = \vec{r} \times m\vec{v} \qquad (5\text{-}11)$$

角动量是一个矢量，用符号"$\vec{L}$"表示，其方向垂直于 $\vec{r}$ 和 $\vec{v}$ 组成的平面，并遵守右手螺旋定则：**右手的拇指伸直，四指弯曲的方向为由 $\vec{r}$ 通过小于 180° 的角转到 $\vec{v}$ 的方向，此时，拇指的方向为角动量 $\vec{L}$ 的方向**，如图 5-13（b）所示。

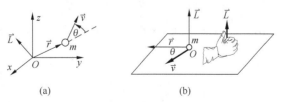

(a) 　　　　　　　　(b)

图 5-13　质点的角动量

角动量的大小可由积矢法则求得

$$L = rmv\sin\theta \qquad (5\text{-}12)$$

式（5-12）中，θ 为位矢 $\vec{r}$ 和速度 $\vec{v}$ 之间的夹角。另外，由于速度 $\vec{v}$ 与动量 $\vec{p}$ 的方向一致，所以上述式子中描述 $\vec{v}$ 的方向可用 $\vec{p}$ 的方向来代替。在国际单位制中，角动量的单位为：千克平方米/每秒，其符号为 $kg \cdot m^2 \cdot s^{-1}$。

质点以角速度 ω 做半径为 r 的圆周运动时，由于任意点的位矢 $\vec{r}$ 和速度 $\vec{v}$ 总是垂直的，所以质点相对圆心的角动量 $\vec{L}$ 的大小为

$$L = mr^2\omega = J\omega$$

如图 5-14 所示。

应当注意的是：并非质点仅在做圆周运动时才具有角动量，质点做直线运动时，对于不在此直线上的参考点也具有角动量。角动量和所选取的参考点 O 的位置有关，参考点不同，角动量往往不同，因此，在描述质点的角动量时，必须指明是相对哪一点的角动量。

另外，虽然质点相对于任一直线（例如 z 轴）上的不同参考点的角动量是不相等的，但是这些角动量在该直线上的投影却是相等的。如图 5-15 所示，取 S 平面与 z 轴垂直，则质点对于 O 点及 O' 点的角动量分别为 L 与 L'，L 和 L' 分别等于以 r 及 mv 为邻边及以 r' 及 mv 为邻边的平行四边形的面积，L 与 L' 在 z 轴上的投影分别是 $L_z = L\cos\alpha$ 和 $L_z' = L'\cos\alpha'$（α 和 α' 分别为 L 与 L' 和 z 轴间的夹角。由图 5-15 可以看出，L_z 和 L_z' 分别是相应的两个平行四边形在 S 面上的投影面积，两者是相同的，故

$$L_z = L'$$

下面，介绍质点的角动量定理。

设质点在合外力 $\vec{F}$ 的作用下运动，某时刻其相对原点的位矢为 $\vec{r}$，动量为 $\vec{p}$。由角动量的定义

$$\vec{L} = \vec{r} \times \vec{p}$$

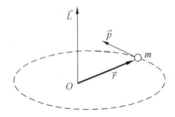

图 5-14　质点圆周运动时的角动量

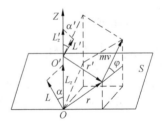

图 5-15　角动量的投影

上式两端同时对 t 求导，可得

$$\frac{d\vec{L}}{dt} = \frac{d}{dt}(\vec{r} \times \vec{p}) = \vec{r} \times \frac{d\vec{p}}{dt} + \frac{d\vec{r}}{dt} \times \vec{p}$$

等式右面第二项中，由于 $\frac{d\vec{r}}{dt} = \vec{v}$，而 $\vec{v} \times \vec{p} = 0$，因此其第二项为零。

可得

$$\frac{d\vec{L}}{dt} = \vec{r} \times \frac{d\vec{p}}{dt}$$

由牛顿第二定律可知 $\frac{d\vec{p}}{dt} = \vec{F}$，上式可变为

$$\frac{\mathrm{d}\vec{L}}{\mathrm{d}t} = \vec{r} \times \frac{\mathrm{d}\vec{p}}{\mathrm{d}t} = \vec{r} \times \vec{F}$$

而式中 $\vec{r} \times \vec{F}$ 为合外力 $\vec{F}$ 对参考原点 O 的合力矩 $\vec{M}$。于是上式可写作

$$\vec{M} = \frac{\mathrm{d}\vec{L}}{\mathrm{d}t} \qquad (5\text{-}13)$$

式（5-13）表明，作用于质点的合力对参考点 O 的力矩，等于质点对该 O 的角动量随时间的变化率。这就是**质点的角动量定理**。

式（5-13）还可写成 $\mathrm{d}\vec{L} = \vec{M}\mathrm{d}t$。若外力在质点上作用了一段时间，即有力矩对时间的积累，那么，上式两端取积分，可得

$$\int_{t_1}^{t_2} \vec{M}\mathrm{d}t = \vec{L}_2 - \vec{L}_1 \qquad (5\text{-}14)$$

式中，$\vec{L}_1$ 和 $\vec{L}_2$ 分别为质点在 t_1 和 t_2 时刻对参考点 O 的角动量，$\int_{t_1}^{t_2} \vec{M}\mathrm{d}t$ 叫做质点在 t_1 到 t_2 时间内所受的冲量矩。因此，角动量定理还可表述为如下形式：对同一参考点 O，质点所受的冲量矩等于质点角动量的增量。

从式（5-14）可以看出，当质点所受的合外力矩为零，即 $\int_{t_1}^{t_2} \vec{M}\mathrm{d}t = 0$ 时，$\vec{L}_1 = \vec{L}_2$。其物理意义为：**质点所受对参考点 O 的合力矩为零时，质点对该参考点 O 的角动量为一恒矢量**。这就是**质点的角动量守恒定律**。

可能有以下几种情况，导致质点的角动量守恒：一种是质点所受的合外力为零；另一种是合外力虽然不为零，但合外力过参考点，导致合外力矩为零。质点做匀速圆周运动时就属于这种情况，此时质点所受到的合力为向心力，对圆心的角动量守恒。另外，只要作用于质点的力为向心力，那么，质点对于力心的力矩总是零，其角动量总是守恒。例如，以太阳为参考点，地球围绕太阳的角动量是守恒的。

5.3.2　刚体定轴转动的角动量定理

下面介绍由多个质点组成的系统——刚体绕定轴转动时的角动量定理。

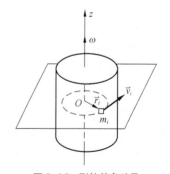

如图 5-16 所示，以角速度 ω 绕定轴 Oz 转动的刚体上任意一点 m_i，距离中心轴为 r_i，其对于转轴的角动量为 $m_i r_i v_i = m_i r_i^2 \omega$。由于刚体上所有质点都以相同的角速度绕 Oz 轴做圆周运动，因此，刚体上所有质点对转轴的角动量为

$$\vec{L} = \left(\sum_i m_i r_i^2\right)\vec{\omega}$$

这也是刚体对转轴 Oz 的角动量。

图 5-16　刚体的角动量

可以看出，$\sum_i m_i r_i^2$ 为刚体绕转轴 Oz 的转动惯量，即 $J = \sum_i m_i r_i^2$。因此，上式可写成

$$\vec{L} = J\vec{\omega} \qquad (5\text{-}15)$$

对于刚体上任意质点 m_i，满足质点的角动量定理，设其所受的合力矩为 $\vec{M}_i$，则应有

$$\overrightarrow{M_i} = \frac{\mathrm{d}\overrightarrow{L_i}}{\mathrm{d}t} = \frac{\mathrm{d}}{\mathrm{d}t}(m_i r_i \overrightarrow{\omega})$$

而合力矩 $\overrightarrow{M_i}$ 既包括来自系统外的力的力矩（外力矩 $\overrightarrow{M_{ei}}$），又包括来自系统内质点间力的力矩（即内力矩 $\overrightarrow{M_{ii}}$）。我们知道，对于绕定轴转动的刚体，其内部各质点间的内力矩之和为零，即 $\sum \overrightarrow{M_{ii}} = 0$。因此，作用于绕定轴 Oz 转动刚体的力矩 $\overrightarrow{M}$ 为

$$\overrightarrow{M} = \sum \overrightarrow{M_{ei}} = \frac{\mathrm{d}}{\mathrm{d}t}(\sum \overrightarrow{L_i}) = \frac{\mathrm{d}}{\mathrm{d}t}((\sum m_i r_i^2)\overrightarrow{\omega})$$

$\overrightarrow{M}$ 为其所受的合外力矩。上式也可写成

$$\overrightarrow{M} = \frac{\mathrm{d}\overrightarrow{L}}{\mathrm{d}t} = \frac{\mathrm{d}(J\overrightarrow{\omega})}{\mathrm{d}t} \tag{5-16}$$

这就是**刚体绕定轴转动的角动量定理**：刚体绕定轴转动时，作用于刚体的合外力矩等于刚体绕此定轴的角动量随时间的变化率。

刚体的角动量定理也可用积分形式表示。若在外力矩作用下，绕定轴转动的刚体角动量在 t_1 到 t_2 时间内，由 $L_1 = J\omega_1$ 变为 $L_2 = J\omega_2$，则其所受合力对给定轴的冲量矩为

$$\int_{t_1}^{t_2} M\mathrm{d}t = J\omega_2 - J\omega_1 \tag{5-17a}$$

若刚体在转动过程中，其内部各质点对于转轴的距离或位置发生了变化，此时刚体的转动惯量也要相应发生变化。设在 t_1 到 t_2 时间内，转动惯量由 J_1 变为 J_2，则式（5-17a）应写为

$$\int_{t_1}^{t_2} M\mathrm{d}t = J_2\omega_2 - J_1\omega_1 \tag{5-17b}$$

式（5-17b）在由多个离散质点组成的质点系中表现得尤为明显。

式（5-17）表明，**定轴转动的刚体对轴的角动量的增量等于外力对该轴的冲量矩**。

5.3.3　刚体定轴转动的角动量守恒定律

由前面可知，质点所受的合外力矩为零时，质点对参考点的角动量守恒。同样，也可得出刚体绕定轴转动的角动量守恒定律，即：**当作用在刚体上的合外力矩为零，或外力矩虽然存在，但其沿转轴的分量为零时，刚体对给定轴的角动量守恒**。或表述为

$$若 M = 0，则有 L = J\omega = 常量 \tag{5-18}$$

若刚体的转动惯量保持不变，刚体会以恒定角速度转动；若其转动惯量发生了变化，那么刚体转动的角速度也会发生相应变化，但二者的乘积保持不变。

如果刚体由多个离散物体组成，同样也可得出系统的角动量守恒定律。最简单的情况，设系统由两个物体组成，其中一个的转动惯量为 J_1，角速度为 ω_1；另一个转动惯量为 J_2，角速度为 ω_2，则有

$$当 M = 0 时，J_1\omega_1 = J_2\omega_2 = 常量 \tag{5-19}$$

即：当系统内一个物体的角动量发生了变化，另外一个物体的角动量必然要发生与之相应的变化，从而保持整个系统的角动量不发生变化。

另外，角动量守恒定律是矢量式，它有 3 个分量，各分量可以分别守恒。例如，

若 $M_x = 0$ ，则 $L_x =$ 常量；

若 $M_y = 0$ ，则 $L_y =$ 常量；

若 $M_z = 0$ ，则 $L_z =$ 常量。

和动量守恒、能量守恒定律一样，角动量守恒定律也是自然界普遍适用的一条基本规律。日常生活中，好多现象也可用角动量守恒来解释。例如滑冰运动员在做旋转动作时，往往先将双臂展开旋转，然后迅速将双臂收拢靠近身体。这样，运动员就获得了更快的旋转角速度，如图 5-17 所示。又如跳水运动员的"团身—展体"动作，运动员在空中时往往将手臂和腿蜷缩起来，以减小其转动惯量，从而获得更大的角速度。在快入水时，又将手臂和腿伸展开，从而减小转动的角速度，保证其能以一定的方向入水。

图 5-17 花样滑冰

5.4 刚体定轴转动的功能关系

本节要介绍的是力矩对空间的累积效应——力矩的功。

5.4.1 力矩的功和功率

力矩对绕定轴转动刚体做功的效果是：刚体在外力的作用下转动而发生了角位移。

如图 5-18 所示，刚体在外力 $\vec{F}$ 的作用下，围绕转轴转过了 $d\theta$ 角，即其角位移为 $d\theta$ ；力的作用点的位移为 $ds = rd\theta$ 。此时，可将外力 $\vec{F}$ 分解为沿着切向的分力 $\vec{F}_t$ 和沿着法向的分力 $\vec{F}_n$ 。在刚体绕定轴转动时 F_t 做功，而 F_n 不做功。

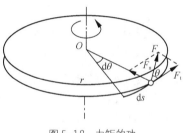

图 5-18 力矩的功

因此，在此过程中，外力做的元功为

$$dW = F_t ds = F_t rd\theta$$

又因为上式中 $F_t r$ 即为 F_t 对于转轴的力矩大小，即 $M = F_t r$ ，所以上式可写为

$$dW = Md\theta$$

若力矩的大小和方向都为恒定值，当刚体在此力矩作用下从角度 θ_0 转到角度 θ 时，外力矩做的总功为

$$W = \int_{\theta_0}^{\theta} dW = \int_{\theta_0}^{\theta} Md\theta = M \int_{\theta_0}^{\theta} d\theta = M(\theta - \theta_0) = M\Delta\theta \tag{5-20}$$

即：**合外力矩对绕定轴转动刚体所做的功为合外力矩与角位移的乘积。**

按照功率的定义，单位时间内力矩对刚体做的功叫做力矩的功率。设刚体在外力矩作用下，在 dt 时间内转过了 $d\theta$ 角，力矩的功率为

$$P = \frac{dW}{dt} = M \frac{d\theta}{dt} = M\omega \tag{5-21}$$

5.4.2 刚体的转动动能

刚体绕定轴转动时，动能为刚体内所有质点动能的总和，叫做转动动能。转动动能是动能的一种，也用符号"E_k"表示，我们把质点做平动时具有的动能叫做平动动能。设刚体中各质量元的质量分别为 Δm_1，Δm_2，$\cdots$，Δm_i，$\cdots$，其线速率分别为 v_1，，$\cdots$，v_i，$\cdots$，各质量元到转轴的垂直距离分别为 r_1，r_2，$\cdots$，r_i，$\cdots$，当刚体以角速度 ω 转动时，任一点 Δm_i 的动能为

$$\frac{1}{2}\Delta m_i v_i^2 = \frac{1}{2}\Delta m_i r_i^2 \omega^2$$

所以整个刚体的转动动能为

$$E_k = \sum_{i=1}^{n}\frac{1}{2}\Delta m_i r_i^2 \omega^2 = \frac{1}{2}(\sum_{i=1}^{n}\Delta m_i r_i^2)\omega^2$$

因为 $\sum_{i=1}^{n}\Delta m_i r_i^2$ 即为刚体的转动惯量，所以上式可写为

$$E_k = \frac{1}{2}J\omega^2 \ v_2 \tag{5-22}$$

上式表明，刚体绕定轴转动的转动动能等于刚体的转动惯量与其角速度的平方的乘积的一半。可以看出，转动动能与质点的平动动能 $E = \frac{1}{2}mv^2$ 相比，数学表达形式是完全一致的。

5.4.3 刚体绕定轴转动的动能定理

刚体在力矩的作用下转过一定角度，力矩对刚体做了功，做功的效果是改变刚体的转动状态，改变了刚体的什么状态？答案是改变了刚体的转动动能。

设刚体在合外力矩作用下，在 Δt 时间内，从角度 θ_0 转到角度 θ，其角速度从 ω_0 变为 ω，由合外力矩的功的定义

$$W = \int_{\theta_0}^{\theta} M\mathrm{d}\theta$$

设转动惯量 J 为常量，力矩 $M = J\alpha = J\dfrac{\mathrm{d}\omega}{\mathrm{d}t}$，代入上式中，则功为

$$W = \int_{\theta_0}^{\theta} M\mathrm{d}\theta = \int_{\theta_0}^{\theta} J\frac{\mathrm{d}\omega}{\mathrm{d}t}\mathrm{d}\theta$$

而 $\omega = \dfrac{\mathrm{d}\theta}{\mathrm{d}t}$，则上式等价于

$$W = \int_{\omega_0}^{\omega} J\omega\mathrm{d}\omega$$

即

$$W = \frac{1}{2}J\omega^2 - \frac{1}{2}J\omega_0^2 \tag{5-23}$$

这就是刚体绕定轴转动的动能定理：合外力矩对绕定轴转动的刚体做功的代数和等于刚体转动动能的增量。

当系统中既有平动的物体又有转动的刚体，且系统中只有保守力做功，其他力与力矩不做功时，物体系的机械能守恒。这叫做物体系的机械能守恒定律。此时，物体系的机械能包括质

点的平动动能、刚体的转动动能、势能等。具体情况可以具体分析。

【例 5-3】　如图 5-19 所示，一质量为 M、半径为 R 的圆盘，可绕垂直通过盘心的无摩擦的水平轴转动。圆盘上绕有轻绳，一端挂质量为 m 的物体。问物体在静止下落高度 h 时，其速度的大小为多少?设绳的质量忽略不计。

解：如图 5-20 所示，取向下为正方向，分析受力，对圆盘转动起作用的力矩为向下的绳的拉力 $\vec{T_1}$，设 θ、θ_0 和 ω、ω_0 分别为圆盘最终和起始时的角坐标和角速度。

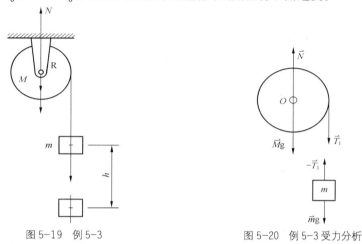

图 5-19　例 5-3　　　　　　　　　图 5-20　例 5-3 受力分析

拉力 $\vec{T_1}$ 对圆盘做功。由刚体绕定轴转动的动能定理可得：拉力 $\vec{T_1}$ 的力矩所做的功为

$$\int_{\theta_0}^{\theta} T_1 R \mathrm{d}\theta = R\int_{\theta_0}^{\theta} T_1 \mathrm{d}\theta = \frac{1}{2}J\omega^2 - \frac{1}{2}J\omega_0^2$$

而物体受到向下的重力和向上的拉力 $\vec{T_1}$，对物体应用质点动能定理，有

$$mgh - R\int_{\theta_0}^{\theta} T_1 \mathrm{d}\theta = \frac{1}{2}mv^2 - \frac{1}{2}mv_0^2$$

因为物体由静止开始下落，所以 $v_0 = 0, \omega_0 = 0$。并考虑到圆盘的转动惯量 $J = \frac{1}{2}MR^2$，而 $v = \omega R$，可得

$$v = 2\sqrt{\frac{mgh}{M+2m}} = \sqrt{\frac{m}{(M/2)+m}2gh}$$

本题也可用物体系的机械能守恒来计算。取圆盘及物体为系统，因为系统内只有保守力做功，所以系统机械能守恒。

根据物体系机械能守恒定律，有

$$mgh = \frac{1}{2}J\omega^2 + \frac{1}{2}mv^2$$

将 $J = \frac{1}{2}MR^2$ 和 $v = \omega R$ 代入，同样可得

$$v = 2\sqrt{\frac{mgh}{M+2m}} = \sqrt{\frac{m}{(M/2)+m}2gh}$$

可以看出，应用物体系机械能守恒定律解题会更加简单。

刚体绕定轴转动的规律的学习，可以对比前面质点运动的一些规律。表 5-2 列举了这两方面一些对应的物理量和公式，供读者参考。

表 5-2　质点的运动规律和刚体定轴转动规律的对比

质点的运动	刚体的定轴转动
速度 $\vec{v} = \dfrac{\mathrm{d}\vec{r}}{\mathrm{d}t}$	角速度 $\omega = \dfrac{\mathrm{d}\theta}{\mathrm{d}t}$
加速度 $\vec{a} = \dfrac{\mathrm{d}\vec{v}}{\mathrm{d}t}$	角加速度 $\alpha = \dfrac{\mathrm{d}\omega}{\mathrm{d}t}$
质量 m，力 F	转动惯量 J，力矩 M
力的功 $W = \displaystyle\int_a^b \vec{F} \cdot \mathrm{d}\vec{r}$	力矩的功 $W = \displaystyle\int_{\theta_a}^{\theta_b} M \cdot \mathrm{d}\theta$
动能 $E_k = \dfrac{1}{2}mv^2$	转动动能 $E_k = \dfrac{1}{2}J\omega^2$
运动定律 $\vec{F} = m\vec{a}$	运动定律 $M = J\alpha$
动量定理 $\vec{F} = \dfrac{\mathrm{d}(m\vec{v})}{\mathrm{d}t}$	角动量定理 $M = \dfrac{\mathrm{d}(J\omega)}{\mathrm{d}t}$
动量守恒 $\displaystyle\sum_i m_i v_i = 常量$	角动量守恒 $\displaystyle\sum J\omega = 常量$
动能定理 $W = \dfrac{1}{2}mv^2 - \dfrac{1}{2}mv_0^2$	动能定理 $W = \dfrac{1}{2}J\omega^2 - \dfrac{1}{2}J\omega_0^2$

5.5　习题

一、思考题

1．汽车在转弯时做的运动是不是平动？在平直公路上向前运动时呢？

2．一个有固定轴的刚体，受有两个力作用，当这两个力的矢量和为零时，它们对轴的合力矩也一定是零吗？当这两个力的合力矩为零时，它们的矢量和也一定为零吗？举例说明之。

3．一个系统动量守恒和角动量守恒的条件有何不同？

4．两个半径相同的轮子质量相同，但一个轮子的质量聚集在边缘附近，另一个轮子的质量分布比较均匀。试问：

（1）如果它们的角动量相同，哪个轮子转得快？

（2）如果它们的角速度相同，哪个轮子的角动量大？

5. 如果不计摩擦阻力，做单摆运动的质点，其角动量是否守恒？为什么？

6. 一个生鸡蛋和一个熟鸡蛋放在桌子上使之旋转，请问如何判断哪个是生鸡蛋？哪个是熟鸡蛋？并说明原因。

二、复习题

1. 刚体的转动惯量取决于_____、_____和_____3 个因素。

2. 如图 5-21 所示。质量为 m、长为 l 的均匀细杆，可绕通过其一端 O 的水平轴转动，杆的另一端与一质量为 m 的小球固接在一起。当该系统从水平位置由静止转过 θ 角时，系统的角速度 $\omega=$_____，动能 $E_k=$_____，此过程中力矩所做的功 $W=$_____。

3. 如图 5-22 所示。有一半径为 R、质量为 M 的匀质圆盘水平放置，可绕通过盘心的铅直轴作定轴转动，圆盘对轴的转动惯量 $J=\frac{1}{2}MR^2$。当圆盘以角速度 ω_0 转动时，有一质量为 m 的橡皮泥（可视为质点）铅直落在圆盘上，并粘在距转轴 $\frac{1}{2}R$ 处。那么橡皮泥和盘的共同角速度 $\omega=$_____。

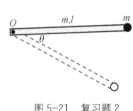

图 5-21　复习题 2

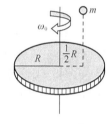

图 5-22　复习题 3

4. 一因受制动而均匀减速的飞轮半径为 0.2m，减速前转速为 150r·min⁻¹，经 30s 停止转动。求：

（1）角加速度以及在此时间内飞轮所转的圈数；

（2）制动开始后 $t=6s$ 时飞轮的角速度；

（3）$t=6s$ 时飞轮边缘上一点的线速度、切向加速度和法向加速度。

5. 设一质量为 m、长为 l 的均匀细棒，可在水平桌面上绕通过其一端的竖直固定轴转动，已知细棒与桌面的摩擦系数为 μ，求棒转动时受到的摩擦力矩的大小。

6. 一转轮的质量为 60kg，直径为 0.50m，转速为 1 000r/min，现要求在 5s 内使其制动，求制动力 F 的大小。设闸瓦与转轮之间的摩擦系数 μ=0.4，且转轮的质量全部分布在轮的外周上。

7. 风扇在开启电源后，经 t_1 时间达到了额定转速，此时的角速度为 ω_0，当关闭电源后，经过 t_2 时间风扇停止转动。已知风扇电机转子的转动惯量为 J，并假设摩擦阻力矩和电机的电磁力矩均为常量，求电机的电磁力矩。

8. 如图 5-23 所示，两个同心圆盘结合在一起可绕中心轴转动，大圆盘质量为 m_1，半径为 R，小圆盘质量为 m_2，半径为 r，两圆盘都受到力 f 作用，求角加速度。

9. 如图 5-24 所示，设一光滑斜面倾角为 θ，顶端固定一半径为 R，质量为 M 的定滑轮，一质量为 m 的物体用一轻绳缠在定滑轮上沿斜面下滑，试求：下滑的加速度 a。

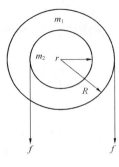

图 5-23 复习题 8

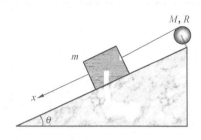

图 5-24 复习题 9

10. 在光滑水平桌面上放置一个静止的质量为 M、长为 $2l$、可绕中心转动的细杆，有一质量为 m 的小球以速度 v_0 与杆的一端发生完全弹性碰撞，求小球的反弹速度 v 及杆的转动角速度 ω。

11. 如图 5-25 所示，匀质圆盘 M 静止，有一粘土块 m 从高 h 处下落，并与圆盘粘在一起。已知 $M = 2m$，$\theta = 60°$，求碰撞后瞬间圆盘角速度 ω_0 的值。P 点转到 x 轴时圆盘的角速度和角加速度各为多少?

12. 一轻绳绕于半径 r=20cm 的飞轮边缘，在绳端施以大小为 98N 的拉力，飞轮的转动惯量 J=0.5kg·m²。设绳子与滑轮间无相对滑动，飞轮和转轴间的摩擦不计。试求：

（1）飞轮的角加速度；

（2）当绳端下降 5m 时，飞轮的动能；

（3）如以质量 m=10kg 的物体挂在绳端，试计算飞轮的角加速度。

13. 如图 5-26 所示，一圆柱体质量为 m，长为 l，半径为 R，用两根轻软的绳子对称地绕在圆柱两端，两绳的另一端分别系在天花板上。现将圆柱体从静止释放，试求：

（1）它向下运动的线加速度；

（2）向下加速运动时，两绳的张力。

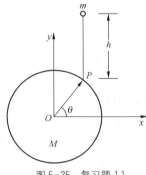

图 5-25 复习题 11

图 5-26 复习题 13

14. 如图 5-27 所示，人和转盘的转动惯量为 J_0，哑铃的质量为 m，初始转速为 ω_1，求：双臂收缩由 r_1 变为 r_2 时的角速度及机械能增量。

15. 如图 5-28 所示，质量为 M、半径为 R 并以角速度 ω 旋转的飞轮，在某一瞬时，突然有一片质量为 m 的碎片从轮的边缘飞出。假定碎片脱离了飞轮时的速度正好向上，设其速度为 $\vec{v}_0$。求：

（1）碎片上升的高度为多少?

（2）余下部分的角速度、角动量及动能各为多少？

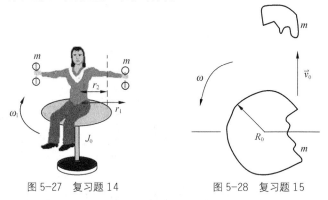

图 5-27　复习题 14　　　　　　图 5-28　复习题 15

16. 行星在椭圆轨道上绕太阳运动，太阳质量为 m_1，行星质量为 m_2，行星在近日点和远日点时离太阳中心的距离分别为 r_1 和 r_2，求行星在轨道上运动的总能量。

第 6 章 流体的运动

物质中的液态和气态没有固定的形状，极易发生相对运动和形变。液体和气体统称为**流体**。

流体动力学是研究流体运动规律以及它与相邻其他物体之间的相互作用的一门学科。生物体的许多活动过程，如血液和淋巴液的循环、养分的输送和废物的排泄以及呼吸过程，都与流体的运动密切相关。本章重点介绍不可压缩流体运动的基本规律和血液流动的基本知识。

6.1 理想流体 稳定流动

6.1.1 理想流体

流体具有三大特性：**流动性、黏滞性**和**可压缩性**。在外力作用下。流体的一部分相对另一部分很容易发生相对运动，这是流体最基本的特性即**流动性**。

实际流体都有黏滞性。由于实际流体内部各部分的流速不尽相同，速度不同的相邻两流体层之间存在着沿分界面的切向摩擦力—内摩擦力，它阻碍流体各层间的相对滑动。流体的这种性质称为**黏滞性**。虽然实际流体总是或多或少地具有黏滞性，但是水和酒精等液体的黏滞性很小，气体的更小。因此，在讨论这些黏滞性很小的流体的流动时，由于它对流体的影响不大，黏滞性可以忽略不计，可把流体视为无黏性流体。

实际流体都是可压缩的。但是，就液体而言，可压缩性很小。例如，水在 10℃、500 个大气压以下时，每增加一个大气压，减小的体积只不过是原来体积的二万分之一。因此，一般液体的可压缩性可以忽略不计。就气体而言，可压缩性非常显著，但当气体处在可以流动的状态下，很小的压强差就足以使气体迅速流动，因此引起的气体密度变化不大，其可压缩性也可忽略。

为了使问题简化，只考虑流体的流动性而忽略流体的可压缩性和黏滞性，引入一个理想模型，称为**理想流体**（ideal fluid），它是绝对不可压缩和完全没有黏滞性的流体。根据这一模型得出的结论，在一定条件下，可以近似地解释实际流体流动的情况。

6.1.2 稳定流动

一般来说，流体流动时，不但在同一时刻，流体粒子通过空间各点的流速不同，而且在不同时刻，流体粒子通过空间同一点时的流速也不同，即流体粒子的流速是空间坐标与时间坐标的函数。

$$v=v(x, y, z, t)$$

流体粒子通过空间各点的流速不随时间而变化，则这种流动称为**稳定流动**（steady flow），即流体粒子的流速仅仅是空间的函数。

$$v=v(x, y, z)$$

类似于电力线，为了形象地描述流体的运动情况，在流体通过的空间中做一些假想的曲线，称为**流线**（streamline），如图 6-1 所示，所有带箭头的曲线都表示流线。图 6-2 为流体绕过球形障碍物时的流线。流线上任意一点的切线方向与流体质点通过该点的速度方向一致；而流线的疏密情况则表明流速的大小。流线密集，流速较大；流线稀疏，流速较小。流速在空间的分布形成一个流速场，因为流速是一个矢量，它不仅有大小还有方向，所以流速场是一矢量场，它反映流体的一个运动状态，若流体做稳定流动，即流速不随时间变化，则形成一个稳定的流速场。

图 6-1　流线

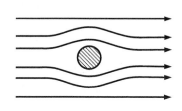

图 6-2　流体绕过障碍物时的流线

在图 6-3 所示的流体中取一截面 S，则通过截面周边上各点的流线围成的管状区域称为**流管**（tube of flow）。当流体做稳定流动时，流线和流管的形状不随时间而改变。由于每一时刻空间一点上的流体质点只能有一个速度，所以流线不可能相交，流管内的流体不能穿越界面流出管外，流管外的流体也不能穿越流管界面流入管内，只能从流管的一端端进，从另一端流出。流管的作用与管道相同。

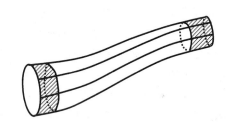

图 6-3　流管

6.1.3　连续性方程

如图 6-3 所示，在一个做稳定流动的不可压缩流体中取一截面很小的流管，在流管中任意两处各取一个与该处流速相垂直的截面 S_1 和 S_2。因流管的截面很小，流体质点在 S_1 和 S_2 截面上各处的流速可看成相等，分别为 v_1 和 v_2。在 Δt 时间内，流过 S_1 和 S_2 截面的流体体积分别为 $S_1 v_1 \Delta t$ 和 $S_2 v_2 \Delta t$。由于流体不可压缩，根据质量守恒定律，可知流入 S_1 和流出 S_2 的流体体积应相等，则

$$S_1 v_1 \Delta t = S_2 v_2 \Delta t$$

即
$$S_1 v_1 = S_2 v_2 \tag{6-1}$$

这一关系式对于同一流管中任意两个垂直于流管的截面都是适用的，即

$$Sv=恒量 \tag{6-2}$$

上式表明，不可压缩的流体做稳定流动时，通过同一流管各横截面的体积流量相等，且等于恒量。流速与横截面积成反比，截面面积大处流速小，截面小处流速大。

又 $Q_v = vS$，表示在单位时间内通过截面 S 的流体体积，称为**体积流量**，简称**流量**（flux），

单位为米³／秒（m³/s）。类似地，$Q_m=\rho\upsilon S$ 称为流体的**质量流量**，它表示在单位时间内通过截面 S 的流体的质量，其单位为千克／秒（kg／s）。式（6-1）和式（6-2）称为流体的**连续性方程**（equation of continuity）。

当不可压缩的流体在管中流动时，整个管子可看成为一根流管，而连续性方程中的流速可用该截面的平均流速代替。

【例 6-1】 正常成人休息时，通过主动脉的平均血流速率为 $\upsilon=0.33$ m/s，主动脉半径平均为 $r=9.0\times10^{-3}$ m。求通过主动脉的平均血流量。

解： 因为主动脉的横截面积为
$$S=\pi r^2=3.14\times(9.0\times10^{-3})^2=2.5\times10^{-4}\ \ m^2$$
则通过主动脉的平均血流量为
$$Q=S\upsilon=2.5\times10^{-4}\times0.33=8.3\times10^{-5}\ \ m^3/s$$

6.2 伯努利方程及其应用

6.2.1 伯努利方程

理想流体做稳定流动情况下，流体在流管中各处的流速、压强和高度之间有一定的联系。下面利用功能原理来进行推导。

如图 6-4 所示，设理想流体在重力场中做稳定流动，在流体中取一细流管。S_1 和 S_2 为流管中任取的两个与流管垂直的截面 A、B 上的面积。由于流管很细，截面 A 和截面 B 处的各物理量可看成分别相等。A 处的压强为 p_1，流速大小为 υ_1，高度为 h_1；B 处的压强为 p_2，流速大小为 υ_2，高度为 h_2。选取某一时刻 t 在 AB 之间的流体为研究对象，并设经过很短时间 Δt，这部分流体从 AB 位置移动到 $A'B'$ 位置。由于 Δt 很短，AA' 间和 BB' 间的流体在此期间的各物理量可近似认为不变。

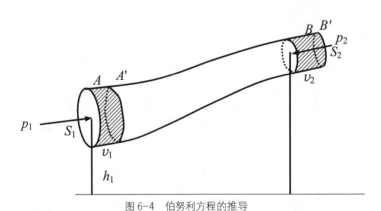

图 6-4　伯努利方程的推导

下面分析在 Δt 时间内，对象动能和势能的变化以及引起这些变化的外力和非保守内力所做的功。

分析可知，AB 这段流体在移动过程中，所受的非保守力包括：两端面上的压力、垂直于流管侧面上的正压力、流管界面外相邻流体层作用于这段流管的黏滞力（摩擦阻力）。

由于理想流体没有黏滞性，故不存在能量损耗。因此，只需考虑作用在这段流体上的外力做功。流管外的流体对这部分流体的压力垂直于流管表面，与流速垂直，因而不做功。作用于 S_1 的压力 p_1S_1 的方向与流体运动方向一致做正功，而作用于 S_2 的压力 p_2S_2 的方向与流体运动方向相反做负功。所以，Δt 时间内周围流体的压力所做的总功为：

$$W = p_1 S_1 v_1 \Delta t - p_2 S_2 v_2 \Delta t = (p_1 - p_2)\Delta V \tag{6-3}$$

式中，$\Delta V = S_1 v_1 \Delta t = S_2 v_2 \Delta t$，表示 AA'、BB' 这段流体的体积。

由于是理想流体做稳定流动，所以 A' 和 B 之间的那部分流体（AB 段与 $A'B'$ 段流体相重叠的部分）的机械能保持不变，因此，只需考虑 AA' 之间与 BB' 之间的流体机械能的变化。由于理想流体是不可压缩的，AA' 之间流体的体积一定等于 BB' 之间流体的体积，均为 ΔV。设流体的密度均匀，大小为 ρ，则这两部分流体的质量也相等，均为 Δm。那么，Δm 可表示为

$$\Delta m = \rho S_1 v_1 \Delta t = \rho S_2 v_2 \Delta t = \rho \Delta V$$

AB 间的流体在 Δt 时间内机械能的增量为

$$\Delta E = (E_{k2} + E_{p2}) - (E_{k1} + E_{p1}) = (\frac{1}{2}\rho v_2^2 + \rho g h_2)\Delta V - (\frac{1}{2}\rho v_1^2 + \rho g h_1)\Delta V \tag{6-4}$$

根据功能原理，物体系机械能的增量等于它所受的外力所做的总功，即

$$(\frac{1}{2}\rho v_2^2 + \rho g h_2)\Delta V - (\frac{1}{2}\rho v_1^2 + \rho g h_1)\Delta V = (p_1 - p_2)\Delta V$$

将上式两边除以 ΔV，并移项，得

$$\frac{1}{2}\rho v_1^2 + \rho g h_1 + p_1 = \frac{1}{2}\rho v_2^2 + \rho g h_2 + p_2 \tag{6-5}$$

由于 A、B 是任取的两个截面，所以在同一流管内任一截面处有

$$\frac{1}{2}\rho v^2 + \rho g h + p = 恒量 \tag{6-6}$$

以上两式都称为**伯努利方程**（Bernoulli's equation）。式中，$\frac{1}{2}\rho v_1^2$ 是单位体积流体的动能，$\rho g h$ 是单位体积的势能。压强 p 所做的功 $W = pSv\Delta t = p\Delta V$，由此可见，压强 p 相当于单位体积流体通过某一截面时压力所做的功，常把它称为压强能。伯努利方程表明：**理想流体做稳定流动时，同一流管内任一截面处单位体积流体的动能、势能和压强能的总和是一恒量**。伯努利方程实质上是能量守恒定律在流体力学中的具体表达形式。

如果流管中的截面 S_1 和 S_2 趋近于零，这时流管就变成了流线，v、h、p 为流线上某点的流速、高度、压强的精确值。因此，伯努利方程适用条件是，理想流体做稳定流动时同一小流管的任意截面或同一流线上的任意点。

【例 6-2】 水的压强为 4×10^5 Pa，流速为 4 m/s，从内径为 20 mm 的管子流到比它高 5 m 的细管中去，细管的内径为 10 mm，求细管的流速和高处压强。（g=10 m/s²）

解：由连续性方程 $S_1 v_1 = S_2 v_2$ 得：

$$v_2 = \frac{S_1}{S_2} v_1 = \frac{d_1^2}{d_2^2} v_1$$

已知 $d_1 = 2.0 \times 10^{-2}$ m，$d_2 = 1.0 \times 10^{-2}$ m，$v_1 = 4$ m/s，则

$$v_2 = \frac{(2.0 \times 10^{-2})^2}{(1.0 \times 10^{-2})^2} \times 4 = 16 \quad \text{m/s}$$

在伯努利方程 $\frac{1}{2}\rho v_1^2 + \rho g h_1 + p_1 = \frac{1}{2}\rho v_2^2 + \rho g h_2 + p_2$ 中

$\because p_1 = 4 \times 10^5$ Pa，$h_2 - h_1 = 5$ m

$\therefore p_2 = 4 \times 10^5 + \frac{1}{2} \times 10^3 \times 4^2 - \frac{1}{2} \times 10^3 \times 16^2 - 10^3 \times 10 \times 5 = 2.3 \times 10^5 \quad \text{Pa}$

6.2.2 伯努利方程的应用

流体流动的许多实际问题可以运用伯努利方程和连续性方程加以解决。

【例 6-3】 如图 6-5 所示，有一盛有水的大容器，设在距离水面 A 处为 h 的地方开一小孔 B，求水从小孔流出的流速。

解：设 A、B 处的流速分别为 v_A、v_B，根据连续性方程，由于水面的面积大，小孔的面积小，所以小孔处的流速比水面的流速大得多，可认为水面的流速 $v_A \approx 0$，同时水面和小孔都与大气接触，故 A、B 两处的压强都等于大气压强 p_0，于是 A、B 两处可列出伯努利方程如下

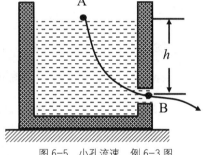

图 6-5 小孔流速 例 6-3 图

$$p_0 + \rho g h = p_0 + \frac{1}{2}\rho v_B^2$$

由此可得

$$v_B = \sqrt{2gh} \tag{6-7}$$

【例 6-4】 如图 6-6 所示，一水平放置的管，A 处和 C 处的截面积大于 B 处的截面积。管内流体由 A 流向 C 处。问 A 点和 B 点流速哪点大，压强又是哪点大？

解：设 A、B 点流速为 v_A、v_B，因 $S_A > S_B$，由连续性方程 $S_A v_A = S_B v_B$ 可知 $v_A < v_B$。

水平管本身可看作一流管，由于管道水平放置，有 $h_1 = h_2$，伯努利方程可写为

$$\frac{1}{2}\rho v_A^2 + p_A = \frac{1}{2}\rho v_B^2 + p_B \tag{6-8}$$

可见，在同一水平管中，流速大处压强小，流速小处压强大。

表明在水平管中流动的流体，横截面积越小，流速越大，压强就越小。

当 S_A/S_B 的值足够大，即 B 处的流速足够大，以至 B 处的压强小于大气压时，容器 D 中的液体因受大气压的作用沿竖直管上升，直至被压到 B 处，而被水平管中的液体带走，这种作用称为**空吸作用**（suction）。

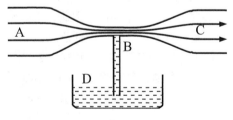

图 6-6 空吸作用 例 6-4 图

空吸作用的应用很广，如喷雾器、水流抽气机、内燃机中的化油器等均是根据这一原理制成的。

【例 6-5】 图 6-7 所示为文丘利流量计的原理图。测量流体流量时，将它水平地连接到被测管道（如自来水管）上。试求流体的流量。

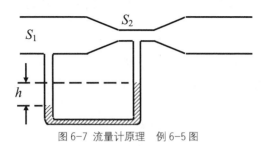

图 6-7 流量计原理　例 6-5 图

解： 由伯努利方程可得

$$\frac{1}{2}\rho v_1^2 + p_1 = \frac{1}{2}\rho v_2^2 + p_2$$

由连续性方程可得

$$S_1 v_1 = S_2 v_2$$

由以上两式消去 v_2 可得

$$v_1 = S_2 \sqrt{\frac{2(p_1 - p_2)}{\rho(S_1^2 - S_2^2)}}$$

若两竖直管中水银液面的高度差为 h，则上式中压强差 $p_1 - p_2 = (\rho_{Hg} - \rho)gh$，再代入上式得

$$v_1 = S_2 \sqrt{\frac{2(\rho_{Hg} - \rho)gh}{\rho(S_1^2 - S_2^2)}}$$

上式中，ρ 为流经水平管道流体的密度，ρ_{Hg} 为竖直管中水银的密度。

因此，流体的流量为

$$Q = S_1 v_1 = S_1 S_2 \sqrt{\frac{2(\rho_{Hg} - \rho)gh}{\rho(S_1^2 - S_2^2)}} \tag{6-9}$$

【例 6-6】 图 6-8 所示是皮托管（流速计）的原理图。两个弯成 L 形的管子，其中一个管子的开口 A 迎着流来的流体，另一个管子的开口 B 在侧面，与流体的流动方向相切。求流体的流速。

解： C 与 A，D 与 B 分别在两根流线上，分别满足伯努利方程。

C、D 在很远处靠得很近，运动状态几乎相同，因此，A、B 两点有如下等式关系：

$$\frac{1}{2}\rho v_A^2 + p_A = \frac{1}{2}\rho v_B^2 + p_B$$

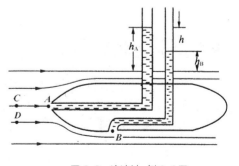

图 6-8 流速计 例 6-6 图

因为流体在 A 处受阻，流速 $v_A=0$，所以 $\frac{1}{2}\rho v_B^2 = p_A - p_B$，A、B 两处的压强差可由两管中流体上升的高度差求出，即 $p_A - p_B = \rho g(h_A - h_B)$。这样，流体的流速为

$$v = v_B = \sqrt{2g(h_A - h_B)} = \sqrt{2gh} \tag{6-10}$$

【例 6-7】 试用伯努利方程来解释血压与体位的关系。

解： 如果均匀管中流动的液体流速不变，或者在非均匀管道内流速的变化影响可忽略时，则压强与高度的关系为

$$p_1 + \rho g h_1 = p_2 + \rho g h_2$$

即 $$p + \rho g h = 常量 \tag{6-11}$$

可见，高处的压强小，而低处的压强大。

依据式（6-11）压强和高度的关系，可以解释血压与体位的关系。图 6-9 表示人体取平卧位时头部动脉压为 12.6 kPa，静脉压为 0.7 kPa；而当取直立位时头部动脉压为 6.8 kPa，静脉压变为-5.2 kPa。减少的 5.9 kPa 是由高度改变所造成的。同理，对于脚部来说，由平卧位改为直立位时，动脉压将由 12.6 kPa 变为 24.3 kPa，静脉压将由 0.7 kPa 变为 12.4 kPa，增加的 11.7 kPa 也是由高度原因造成的。因此，测量血压一定要考虑体位和测量部位的对测量值的影响。

另一方面，平卧位时头与足部的动脉平均血压，比靠近心脏的平均动脉血压要低 0.6 kPa，这是血液黏滞性的影响所造成的。动脉血液由心脏流到头与足的过程，克服血液流动过程中摩擦力做功。头与足血压降低的程度，与血液流动中克服摩擦力做功的多少有关。

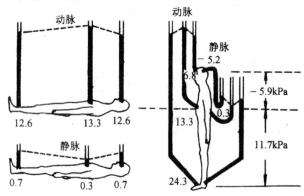

图 6-9 血压与体位的关系 例 6-7 图

6.3 实际流体的流动

前面各节讨论了理想流体的运动规律，忽略了流体流动时流层间由于存在相对运动而产生的内摩擦力，因此认为流体在流动过程中没有能量损失。但在实际中，对一些黏滞性较大的流体的流动，或者虽然黏滞性不大，但在较长的输送中能量损失明显时，则必须考虑到内摩擦力的存在。

6.3.1 牛顿黏滞性定律

1. 液体的内摩擦现象

如图 6-10 所示，在一竖直圆管中注入无色甘油，上部再加一段着色甘油，其间有明显的分界面。打开管子下部的活门使甘油缓缓流出，经一段时间后，着色甘油的下部呈舌形界面，说明甘油流出时，沿管轴流动的速度最大，距轴越远流速越小，在管壁上，甘油附着层流速为零。可见，甘油的流动是分层的。

将在管中流动的甘油分成许多同轴圆筒状的薄层，由于任意两相邻层存在相对运动，流动较快的流层作用于流动较慢的邻层一向前拉力，而流动较慢的流层作用于流动较快的邻层一向后的阻力，这一对力与接触面平行，大小相等而方向相反，称为**内摩擦力**或**黏滞力**，如图 6-11 所示。

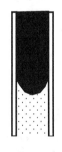

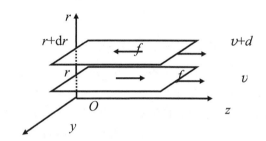

图 6-10　流体的黏滞性　　　　　　　　　图 6-11　速度分布示意图

2. 牛顿黏滞性定律

图 6-11 所示为速度分布示意图，即把沿 z 方向流动的液体在垂直于 r 方向的平面上分成许多互相平行的薄层，各层之间有相对滑动。设想流层的流速随着 r 的增加而增大，在 r 方向相距 dr 的两液层的速度差为 dv，则 dv/dr 表示在垂直于流速方向上，相距单位距离的液层间的速度差称为**速度梯度**。如图 6-10 所示，甘油是分层流动的，在距离管轴不同 r 处的速度梯度不同，距管轴越远，速度梯度的绝对值越大，速度梯度的单位是秒$^{-1}$(1/s)。

实验表明，流体内相邻两层接触面间的内摩擦力 f 的大小与接触面积 S 及速度梯度 dv/dr 成正比，即

$$f = \eta \frac{dv}{dr} S \qquad (6\text{-}12)$$

上式称为**牛顿黏滞性定律**。式中的比例系数 η 称为**黏滞系数**或**黏度**，由式（6-12）可见，在国际单位制中，黏度的单位为帕斯卡·秒（Pa·s）。其值取决于流体的性质，黏滞性越大的流体，其 η 值越大。

由实验可知，黏度的大小不但与流体种类及杂质浓度有关，而且还与温度有关。一般说来，液体的黏度随温度升高而减小，气体的黏度随温度的升高而增大。

表 6-1　一些液体的黏度值

液体	温度	黏度 η（pa·s）	液体	温度	黏度 η（pa·s）
水	0℃	1.8×10^{-3}	蓖麻子油	17.5℃	1225.0×10^{-3}
	37℃	0.69×10^{-3}		50℃	122.7×10^{-3}
	100℃	0.3×10^{-3}	血液	37℃	$2.0 \sim 4.0 \times 10^{-3}$
水银	0℃	1.68×10^{-3}	血浆	37℃	$1.0 \sim 1.4 \times 10^{-3}$
	20℃	1.55×10^{-3}	血清	37℃	$0.9 \sim 1.2 \times 10^{-3}$
	100℃	1.0×10^{-3}			

实际上，不是任何流体都遵守上述牛顿黏滞性定律，我们把遵守牛顿黏滞性定律、黏度 η 为一个常量的流体称为**牛顿流体**。黏度 η 不为常量，而与压力、速度梯度有关，不遵守牛顿黏滞性定律的流体称为非牛顿流体。例如，水和血浆等均为牛顿流体，而全血以及悬浊液则是非牛顿流体。

6.3.2　层流、湍流、雷诺数

黏性流体在管道输送过程中，能量的损耗不仅与流体的黏度 η 有关，还与流体的流动状态及管道的几何形状密切相关。

根据实际情况，流体的流动可分为层流和湍流两种状态。当流体的流速不大时，各层流体之间只做相对滑动，每个流体质点都沿着一条明确的路线做平滑运动。没有横向混杂，这种流动状态称为**层流**（laminar flow）。当流体的流速超过一定数值时，层流状态被破坏，层与层间的流体相互混杂，形成杂乱无章的流动状态，甚至出现漩涡，通常还伴有声音，这种流动状态称为**湍流**（turbulent flow）。

如图 6-12 所示的实验装置可以观察到这两种不同形式的流动状态。

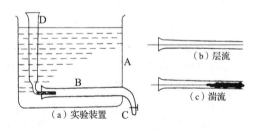

图 6-12　层流和湍流

如图 6-12（a）所示，在一个盛水的容器 A 中，水平地装有一根玻璃管 B，另一个竖直放置的玻璃管 D 内盛有着色水，着色水通过 D 管下端的细管引入 B 管。当打开阀门 C，水从 B 管流出。若水流的速度不大时，着色水在 B 管中形成一条清晰、与 B 管平行的细流，如图 6-12（b）所示，这种水流即为层流。当开大阀门 C，增加水流的速度到某一定值时，流动不再稳定，着色水的细流散开而与无色水混合起来，如图 6-12（c）所示，这时的流动成为湍流。

英国物理学家雷诺通过大量实验研究后指出：影响流动状态的因素除流速外，还有流体的密度 ρ、黏度 η 以及流体的管道直径 d 等。把这些因素归纳为一个数——**雷诺数**（Reynolds number），用 Re 表示，用它来确定流体的流动状态是层流还是湍流。雷诺数的定义是：

$$Re = \frac{\rho v d}{\eta} \tag{6-13}$$

包括血液在内的许多流体，当 $Re < 2000$ 时，流体处于层流状态；当 $Re > 3000$ 时，流体处于湍流状态；而当 $2000 < Re < 3000$ 时，流体可处于层流状态也可处于湍流状态，称为过渡流。

【例 6-8】设主动脉的内直径为 0.02 m，血液的流速、黏度、密度分别为 $v=0.25$ m/s、$\eta=3.0\times10^{-3}$ Pa·s、$\rho=1.05\times10^3$ kg/m³，求雷诺数并判断血液以何种形态流动。

解：雷诺数为

$$Re = \frac{1.05\times10^3\times0.25\times0.02}{3.0\times10^{-3}} = 1750$$

这一数值小于 2000，所以血液在主动脉中为层流状态。

6.4 泊肃叶定律 斯托克斯定律

6.4.1 泊肃叶定律

不可压缩的牛顿流体在等截面水平圆形细管中流动时，如果平均流速不大，流动的状态是层流。各流层为从轴线开始半径逐渐增大的圆筒形表面，中心流速最大，随着半径的增加，流速逐渐减小，管壁处流体附着于管壁内侧，流速为零。

法国医学家**泊肃叶**（Jean Leon M Poiseuille）研究了血管内血液的流动，并对在两端压强差 $\Delta p=p_1-p_2$ 的作用下，半径为 R、长度为 L 的水平圆管中流体的流动进行了研究，得出流体从管中流出的体积流量为

$$Q = \frac{\pi R^4 \Delta p}{8\eta L} \tag{6-14}$$

上式称为**泊肃叶定律**（Poiseuille's law），式中，η 为流体的黏度。泊肃叶定律表明，不可压缩的牛顿流体在水平圆管中做稳定流动时，流量 Q 与管道半径 R 的四次方成正比，与管两端的压强梯度 $\Delta p/L$ 成正比，与流体的黏度 η 成反比。

若令 $Z=8\eta L/\pi R^4$，那么式（6-14）可写成：

$$Q = \frac{\Delta p}{Z} \tag{6-15}$$

式（6-15）中，Z 称为**流阻**（flow resistance），单位：Pa·s/m³。医学上习惯称其为**外周阻力**，它的大小由液体的黏度 η 和管道的几何形状决定。特别值得注意的是，流阻与圆管半径的四次方成反比。可见半径的微小变化对流阻的影响都是不可忽视的。如半径减小一半，流阻就要增加到 16 倍。大家都知道，血管的弹性非常好，血管大小的变化对血液流量的控制作用是很强的。特别是人体小动脉对血流流量有着非常灵敏而有效的控制。

式（6-14）适用于任何流体在任何形状的流动。对于牛顿流体在圆管中流动，Z 可由 $8\eta L/\pi R^4$ 计算；对于非牛顿流体或非圆管中流动的情形，Z 一般由实验测定。

如果流体流过几个"串联"的流管，则总流阻等于各流管流阻之和。若几个流管相"并联"，则总流阻与各流阻的关系与电阻并联的情况相同。

【例 6-9】 成年人主动脉的半径约为 1.3×10^{-2} m，问在一段 0.2m 距离内的流阻 Z 和压强降落 Δp 是多少？设血流流量为 1.00×10^{-4} m³/s，$\eta=3.0\times10^{-3}$ Pa·s。

解：
$$Z = \frac{8\eta L}{\pi R^4} = \frac{8\times3.0\times10^3\times0.2}{3.14\times(1.3\times10^2)^4} = 5.97\times10^4 \quad \text{Pa·s/m}^3$$

$$\Delta p = ZQ = 5.97 \times 10^4 \times 1.0 \times 10^{-4} = 5.97 \text{ Pa}$$

可见在主动脉中，血压的下降是微不足道的。

奥氏黏度计是一种常用的测量液体黏度的仪器，如图 6-13 所示，它是用比较法进行测量的。设已知标准液体的黏度为 η_1，密度为 ρ_1，液面从 m 点降至 n 点的时间为 Δt_1；而同体积的未知液体的密度为 ρ_2，其液面从 m 点降至 n 点的时间为 Δt_2，则由式（6-14）可得：

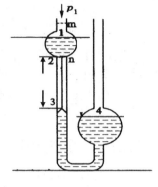

图 6-13　奥氏黏度计 例 6-9 图

$$V_{\text{mn}} = \frac{\pi R^4 \Delta p_1}{8 \eta_1 L} \Delta t_1 = \frac{\pi R^4 \Delta p_2}{8 \eta_2 L} \Delta t_2$$

由此可以得到下列关系式：

$$\frac{\rho_1 \Delta t_1}{\eta_1} = \frac{\rho_2 \Delta t_2}{\eta_2}$$

从而得到

$$\eta_2 = \frac{\rho_2 \Delta t_2}{\rho_1 \Delta t_1} \eta_1 \tag{6-16}$$

6.4.2　斯托克斯定律

当固体在黏性流体中做相对运动时，将受到黏滞阻力，这是由于固体表面附着一层流体，该层流体随固体一起运动，因而与周围流体间有相对运动，产生内摩擦力，此力阻碍固体在流体中的运动。

实验表明，若在黏性流体中运动的物体是一个小球，其速度很小（雷诺数 $Re<1$ 时），所受到的黏滞阻力 f 与小球的半径 r、运动的速度 v、流体的黏度 η 成正比，即

$$f = 6\pi \eta r v \tag{6-17}$$

上式称为**斯托克斯定律**（Stokes' law）。

设半径为 r 的小球体在黏性液体中由静止状态下降。刚开始时，球体受到方向向下的重力和方向向上的浮力的作用，重力大于浮力，球体将加速下降。随着下降速度的增加，黏滞性阻力增大，当速度达到一定值时，重力、浮力和黏滞性阻力这三个力平衡，球体将匀速下降，这时球体的速度称为**收尾速度**或**沉降速度**（sedimentation velocity）。

设 ρ 为球体的密度，σ 为流体的密度，则球体所受的重力为 $\frac{4}{3}\pi r^3 \rho g$，所受的浮力为 $\frac{4}{3}\pi r^3 \sigma g$，黏性阻力为 $6\pi\eta r v$。当达到收尾速度时，三力平衡，即

$$\frac{4}{3}\pi r^3 \rho g = \frac{4}{3}\pi r^3 \sigma g + 6\pi \eta r v$$

由上式可计算出收尾速度

$$v = \frac{2}{9}\frac{gr^2}{\eta}(\rho - \sigma) \tag{6-18}$$

上式常被用来测定流体的黏滞系数。若将已知半径 r 和密度 ρ 的小球放入密度为 σ 的液体中，测出小球的沉降速度 v，由上式即可计算出液体的黏滞系数 η。

由上式可知，小球体在流体中的沉降速度与重力加速度 g 成正比，若悬浮液微粒很小时，

如血液中的血细胞，其沉降速度就非常缓慢。为了加快沉降速度常用离心沉降法。

临床上就是利用离心沉降法来测定血细胞在血液中的百分含量。将抗凝处理过的血液放进离心管中，经离心分离后血液将分为血浆和血细胞沉淀两部分。血细胞沉淀部分的体积占血液总体积的百分比称为血细胞压积。它是影响血液黏度的最重要的因素之一。

6.5　习题

一、思考题

1. 连续性方程和伯努利方程适用的条件是什么？

2. 从水龙头流出的水流在下落过程中逐渐变细，为什么？

3. 图 6-14 所示为下面接有不同截面漏管的容器，内装理想流体。若下端堵住，器内为静液，显然 B 内任一点压强总比 C 内低。若去掉下端的塞子，液体流动起来，C 内压强是否仍旧一定高于 B 内压强？

4. 两艘轮船不允许靠近并排航行，否则会相碰撞，试解释这一现象。

5. 水从粗流管向细流管流动时，流速将变大，其加速度是怎样获得的？

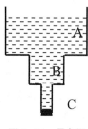

图 6-14　思考题 3

二、复习题

1. 设有两个桶，用号码 1 和 2 表示，每个桶顶都开有一个大口，两个桶中盛有不同的液体，在每个桶的侧面，在液面下相同深度 h 处都开有一个小孔，但桶 1 的小孔面积为桶 2 的小孔面积的一半，问：

（1）如果由两个小孔流出的质量流量（即单位时间内通过截面的质量）相同，则两液体的密度比值 ρ_1/ρ_2 为多少？

（2）从这两个桶流出的体积流量的比值是多少？

（3）在第二个桶的孔上要增加或排出多少高度的液体，才能使两桶的体积流量相等？

2. 在水管的某处，水的流速为 2 m/s，压强比大气压大 10^4 Pa，在水管另一处高度下降了 1 m，此点水管截面积比最初面积小 $\dfrac{1}{2}$，求此点的压强比大气压大多少？

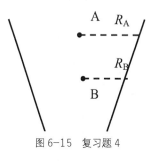

图 6-15　复习题 4

3. 一圆形水管的某处横截面积为 5 cm²，有水在水管内流动，在该处流速为 4 m/s，压强比大气压大 1.5×10^4 Pa。在另一处水管的横截面积为 10 cm²，压强比大气压大 3.3×10^4 Pa，求此点的高度与原来的高度之差。

4. 理想流体在如图 6-15 所示的圆锥形管中做稳定流动，当 A、B 两点压强相等时的体积流量等于多少？（已知 A、B 两点的高度差为 3 m，两点处的管道半径分别为 R_A=10 cm，R_B=5 cm，g=10 m/s²）

5. 水在截面不同的水平管中做稳定流动，出口处的截面积为管的最细处的 3 倍，若出口处的流速为 2 m/s，求最细处的压强为多少？若在此最细处开一小孔，水会不会流出来？

6. 通过毛细血管中心的血液流速为 0.066cm/s，毛细血管长为 0.1cm，半径 r 为 2×10^{-4}cm，

求：

（1）通过毛细血管的流量 Q（已知毛细血管压降为 2600Pa）；

（2）从通过主动脉的血液流量是 83cm³/s 这一事实，估计体内毛细血管的总数。

7. 人的心脏每搏左心室射血为 0.07kg，在 26660Pa 的压强下将血液注入主动脉，心率为 75/min，试求 24 小时心脏所做的功是多少 kg·m?(设主动脉血流的平均速度为 0.4m/s)

8. 成年人主动脉的半径约为 $R=1.0×10^{-2}$ m，长约为 $L=0.20$ m，求这段主动脉的流阻及其两端的压强差。设心输出量为 $Q=1.0×10^{-4}$ m³/s，血液黏度 $\eta=3.0×10^{-3}$ Pa·s。

9. 直径为 0.01mm 的水滴在速度为 2cm/s 的上升气流中，是否可向地面落下？（设此时空气的黏度 $\eta=1.8×10^{-5}$Pa·s）

10. 一根直径为 6.0 mm 的动脉内出现一硬斑块，此处有效直径为 4.0 mm，平均血流速度为 5.0cm/s。求：

（1）未变窄处的平均血流速度。

（2）狭窄处会不会发生湍流？已知血液体黏度 $\eta=3.0×10^{-3}$ Pa·s，其密度 $\rho=1.05×10^{3}$ kg/m³。

11. 液体中有一空气泡，泡的直径为 1 mm，液体的粘度为 0.15 Pa·s，密度为 $0.9×10^{3}$ kg/m³。求：（1）空气泡在该液体中上升时的收尾速度是多少？

（2）如果这个空气泡在水中上升，其收尾速度又是多少？（水的密度取 10^{3} kg/m³，黏度为 $1×10^{-3}$ Pa·s）

12. 一个红细胞可近似地认为是一个半径为 $2.0×10^{-6}$ m 的小球，它的密度为 $1.3×10^{3}$ kg/m³，求红细胞在重力作用下，在 37℃的血液中均匀下降后沉降 1.0 cm 所需的时间（已知血液黏度 $\eta=3.0×10^{-3}$ Pa·s，密度 $\rho=1.05×10^{3}$ kg/m³）

模块 2

热　学

第 **7** 章 气体动力学

本章主要讨论有关气体性质和现象的宏观规律，从气体分子热运动出发，利用经典统计的方法揭示和解释气体宏观性质及其宏观规律的微观本质。

7.1 热运动的描述 理想气体的状态方程

力学中，物体的运动状态可以通过位移和速度来描述；电磁学中，则通过电场强度和磁场强度来描述，我们把这些描述物体状态及其变化的参量称为状态参量。状态参量可以是力学参量、电磁参量、几何参量和化学参量等。根据系统本身的性质，可以选择合适的状态参量来描述系统的状态。

7.1.1 气体的状态参量

热学中，气体中包含有大量的分子。位移和速度只能描述每一个分子的微观状态，而不能表征气体的宏观状态。实验表明，一般情况下，对于一定量的气体，可以通过气体的体积、压强和温度来描述气体的状态。这 3 个物理量就是**气体的状态参量**。

气体的体积指的是盛装气体的容器的体积，即气体分子所能达到的空间，用符号"V"来表示。在国际单位制（SI）中，气体的单位为立方米，符号是"m^3"；有时也用升（立方分米）表示，符号是"L"，$1L=10^{-3}m^3$。

注意：气体的体积与气体分子自身体积总和是完全不同的。

气体的压强指的是气体作用于容器壁，容器壁上单位面积所受到的力，用符号"p"表示，单位是帕斯卡（Pa），即：牛顿/平方米（$N \cdot m^{-2}$），常用单位还有标准大气压（atm），其换算公式为

$$1atm=1.013\ 25\times10^5\ Pa$$

气体的温度是物质内部分子运动剧烈程度的宏观表征，可以用温度来描述物体的冷热程度。温度的数值表示法称为温标，常用的温标有两种，一种是国际单位制（SI）中的热力学温标 T，单位为：开尔文（K）。按照国际规定，热力学温标是最基本的温标，且 1 开尔文是水的三相点热力学温度的 $1/273.16$，即把水的三相点温度 273.16 规定为热力学温标的固定点。另一种是摄氏温标 t，单位是摄氏度（℃），它是由热力学温标导出的，一般规定热力学温度 273.15K 为摄氏温标的零点（$t=0$），即

$$t=T-273.15$$

当然，研究气体在电场中的性质时，还必须考虑用电场强度和极化强度来描述气体系统的电状态。当研究的是混合气体时，各种化学成分的含量是不同的，需要用到反映各种化学成分的参量。究竟需要增加哪些参量才能对气体系统的状态作完全的描述，这将由气体系统本身的性质决定。

7.1.2　平衡态　准静态过程

热力学系统的宏观状态可以分为两类：平衡态和非平衡态。比如，有一封闭容器用隔板将其分为 A 和 B 两部分，开始时 A 部充满气体，B 部为真空。将隔板抽去后，A 部的气体就会向 B 部运动，如图 7-1 所示。在此过程中，气体内各处的状况是不均匀的，随时间而改变，最后达到处处均匀一致的状态。

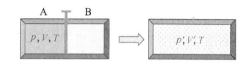

图 7-1　平衡态和非平衡态

如果没有外界影响，系统的温度和压强将不再随时间变化，容器中气体将始终保持这一状态不变，此时，气体处于平衡状态。

这样的现象很多，实验总结得到：**一定量的气体，在不受外界影响下，经过一定的时间，系统达到一个稳定的宏观性质不随时间变化的状态称为平衡态**。实际中并不存在完全不受外界影响的系统，平衡态只是一个理想状态，是一定条件下对实际状态的近似。

注意：平衡态是指系统的宏观性质不随时间而改变，但是微观上，分子的无规则的热运动并没有停止。因此，热力学中的平衡态实际上是一种热动平衡。

7.1.3　理想气体的状态方程

实验表明，表征一定量气体平衡态的 3 个参量 p、V 和 T 中，当任一个参量发生变化时，其他两个参量也将随之变化。各种实际气体在压强不太大、温度不太低时，遵从玻意耳（R·Boyle）—马略特定律、盖·吕萨克（J·L·Gay-Lussac）定律和查理（J·A·C·Charles）定律。不难推出，质量为 M、摩尔质量为 M_{mol} 的气体，在任一平衡态时状态量之间有如下关系

$$pV = vRT = \frac{M}{M_{mol}}RT \qquad (7\text{-}1)$$

我们把任何情况下都严格遵从式（7-1）的气体称为**理想气体**，式（7-1）称为理想气体物态方程，又称为克拉伯龙方程。R 是摩尔气体常量，且 $R=8.31J \cdot mol^{-1} \cdot K^{-1}$，$v$ 是气体的摩尔数。

若某个气体分子质量为 m，气体的分子数为 N，分子数密度为 n，则 $\dfrac{N}{N_A} = \dfrac{M}{m} = v$，$\dfrac{N}{V} = n$，于是，理想气体物态方程又可写为

$$p = \frac{N}{VN_A}RT = n\frac{R}{N_A}T = nkT \qquad (7\text{-}2)$$

式中，k 称为玻尔兹曼常量，$k=1.38 \times 10^{-23} J \cdot K^{-1}$。

从上面的分析可知，理想气体的各状态量只要确定任意两个，就可确定气体的一个平衡态。如图 7-2 所示的 $p\text{-}V$ 曲线，曲线上任一点都对应着一个平衡态，任一曲线就是一个平衡过程。图 7-2 描述的是温度一定时，压强随体积变化的曲线，称为等温线。随着温度增加，相应的等温线位置变高。

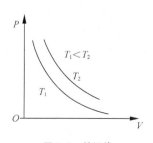

图 7-2　等温线

7.2 分子热运动的统计规律性

投掷骰子时，我们不能预先知道骰子一定出现几点，从 1 点到 6 点都有可能，也就是说，骰子出现哪几点纯属偶然。但是，当我们投掷骰子的次数很多时，出现 1 点到 6 点中任一点的次数几乎相等，约为总次数的 1/6。这说明，投掷骰子一次，出现的点数是偶然的，但是大量地投掷时，骰子点数的出现呈现一定统计规律。

又如用伽尔顿板实验测量小球落入狭槽的规律。如图 7-3 所示，在一块竖直平板的上部钉上一排排的等间距的铁钉，下部用竖直隔板隔成等宽的狭槽，然后用透明板封盖，在顶端装一漏斗形入口。此装置称为伽尔顿板。

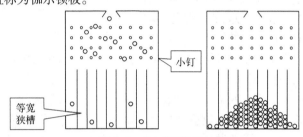

图 7-3　伽尔顿板实验示意图

取一小球从入口投入，小球在下落的过程中将与一些铁钉碰撞，最后落入某一槽中；再投入另一小球，它下落在哪个狭槽与前者可能完全不同，这说明单个小球下落时与一些铁钉碰撞，最后落入哪个狭槽完全是无法预测的偶然事件。但是，如果把大量小球从入口慢慢倒入，我们会发现总体上按狭槽的分布有确定的规律性：落入中央狭槽的小球较多，而落入两端狭槽的小球较少，离中央越远的狭槽落入的小球越少。上述实验表明，对于单个小球落入哪个狭槽完全是偶然的，但大量的小球按狭槽的分布呈现出一定的规律性。

大量气体分子都在不停地做无规则运动。虽然单个分子的运动行为是偶然的，运动轨迹是无规则的；但是大量分子所组成的系统却表现出一定的规律性。我们把这种大量随机事件的总体所具有的规律性，称为统计规律性。

容器中气体的单个分子的运动是随机的，大量气体分子热运动的集体表现将服从宏观统计规律。但是，气体的分子数目巨大，且分子在热运动中的碰撞极其频繁，某一时刻分子的速度是多少，会出现在哪一个位置等，这些运动状态将会有什么统计规律？不难观察到，气体在平衡态时，分子热运动满足下面的统计假设。

（1）容器内气体的分子数密度 n 处处相同。

（2）分子沿各个方向运动的机会是相等的，在任何一个方向的运动并不比其他方向占有优势。也就是说，在沿着各个方向运动的分子数目都是相等的。如在正方体积元 ΔV 中，在相同的时间间隔 Δt 内，朝着直角坐标系的 x、$-x$、y、$-y$、z 和 $-z$ 轴等各个方向运动的分子数应相等，并且都等于 ΔV 中分子数 ΔN 的 1/6，即

$$\Delta N_x = \Delta N_{-x} = \Delta N_y = \Delta N_{-y} = \Delta N_z = \Delta N_{-z} = \frac{1}{6}\Delta N$$

（3）分子速度在各个方向上的分量的各种统计平均值相等。若气体含有 N 个分子，其分子速度的分量分别为 v_x、v_y、v_z，它们的平均值为

$$\overline{v_i} = \frac{v_{1i} + v_{2i} + \cdots + v_{Ni}}{N} \quad (i = x, y, z)$$

由于速度是矢量，正负方向的分量值互相抵消，即

$$\overline{v_x} = \overline{v_y} = \overline{v_z} = 0 \tag{7-3}$$

气体分子速度的分量的平方平均值为

$$\overline{v_i^2} = \frac{v_{1i}^2 + v_{2i}^2 + \cdots + v_{Ni}^2}{N} \quad (i = x, y, z) \text{ 且 } \overline{v_x^2} = \overline{v_y^2} = \overline{v_z^2}$$

由于

$$\overline{v^2} = \overline{v_x^2} + \overline{v_y^2} + \overline{v_z^2}$$

代入上式，得

$$\overline{v_x^2} = \overline{v_y^2} = \overline{v_z^2} = \frac{1}{3}\overline{v^2} \tag{7-4}$$

气体的压强、温度等都是大量分子统计规律性的表现。所计算的统计平均值与实际数值还是有偏差的。参与统计的事件越多，其偏差越小，统计平均值就越接近实际值。如标准状态下，每立方厘米气体中的分子数为 2.0×10^{19} 个，每秒内总的碰撞次数约为 10^{29}。这时，将统计规律应用于热现象时，偏差基本上是没有的。因此，统计规律性对大量分子的整体才有意义。

7.3 压强公式 压强的统计意义

理想气体的压强是描述气体状态的宏观量，为了解释其微观本质，我们先建立一个微观模型，然后运用统计平均的方法，找出气体的宏观量与微观量的统计平均值之间的关系，从而揭示宏观量和微观量的联系。

7.3.1 理想气体的微观模型

气体中各分子之间的距离约是分子线度的10倍，所以，可以把气体看作是间距很大的分子的集合，即可以把理想气体简化为一个理想模型，它有如下特点。

（1）由于分子的线度 $d \approx 10^{-10}\text{m}$，分子间间距 $r \approx 10^{-9}\text{m}$；$d \ll r$，故分子可视为质点。

（2）除碰撞瞬间，分子间的相互作用力和分子与器壁之间的相互作用力可忽略不计。在两次碰撞之间，分子的运动可以视为匀速直线运动。

（3）发生的碰撞均为完全弹性碰撞，气体分子的动能不因碰撞而损失。

（4）单个分子的运动服从经典力学的规律。若没有特别强调，不计分子的重力。

7.3.2 理想气体的压强公式及统计意义

无规则运动的气体分子不断地与容器壁碰撞，如同雨滴打到伞上一样。一个雨滴打在雨伞上是断续的，大量雨滴打在伞上对伞产生一个持续的压力。就某一个分子来说，它对容器壁的碰撞是断续的，每次给器壁的冲量是随机的；但对大量分子来说，某一时刻许多分子与器壁碰撞，宏观上表现为一个恒定的、持续的压力作用在容器壁上。

取一个边长分别为 x、y 和 z 的长方体容器，如图7-4（a）所示，容器中有 N 个全同的质量为 m 的气体分子，在平衡态时，容器各处的分子数密度相同，气体分子沿各个方向运动的概率

是相等的，则器壁各处的压强是完全相等的，我们只需计算任一器壁 A_1 所受的压强。

首先考虑单一分子在碰撞中对器壁 A_1 的作用，设某一分子速度为 $\vec{v}$，在 x、y 和 z 3 个方向的分量分别为 v_x、v_y 和 v_z。如图 7-4（b）所示，在水平方向，分子以速度 v_x 与 A_1 面发生弹性碰撞，碰撞过程中动量守恒和机械能守恒，分子将被反弹回来，速度为 $-v_x$，故碰撞一次分子在 x 方向的动量改变量为 $\Delta p = -2mv_x$。由动量定理知，A_1 面施加给该分子的冲量为 $-2mv_x$，则该分子给 A_1 面施加的冲量为 $2mv_x$。

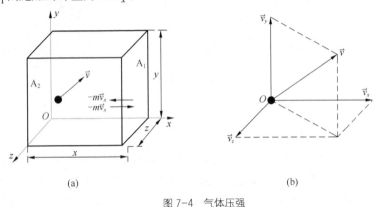

图 7-4　气体压强

分子以 $-v_x$ 继续匀速运动 $t = \dfrac{x}{v_x}$ 后，分子到达 A_2。同样发生弹性碰撞，然后被反弹回来。因此，分子在 A_1 和 A_2 之间做往返运动，且往返一次所需时间为 $t = \dfrac{2x}{v_x}$。则单位时间里和 A_1 发生碰撞的次数为 $\dfrac{v_x}{2x}$，单位时间内该分子给 A_1 面施加的冲量为

$$\Delta I = 2mv_x \frac{v_x}{2x}$$

在容器里，分子数目是很大的，每一个分子都会和器壁发生碰撞，从统计角度来看，这样的碰撞是均匀地分布在器壁的各部位。整体相当于有一个均匀的力作用在器壁 A_1 上。则单位时间里 N 个粒子对器壁的总冲量为

$$\sum_i \frac{mv_{ix}^2}{x} = \frac{m}{x}\sum_i v_{ix}^2 = \frac{Nm}{x}\sum_i \frac{v_{ix}^2}{N} = \frac{Nm}{x}\overline{v_x^2}$$

所以 A_1 面上单位时间内所受到的冲力为

$$\overline{F} = \overline{v_x^2}\, Nm/x$$

器壁受到的压强为

$$p = \frac{\overline{F}}{yz} = \frac{Nm}{xyz}\overline{v_x^2}$$

又 $n = \dfrac{N}{xyz}$，$\overline{v_x^2} = \dfrac{1}{3}\overline{v^2}$，则有

$$p = \frac{1}{3}nm\overline{v^2}$$

又可写为

$$p = \frac{2}{3}n\overline{\varepsilon_k} \qquad (7\text{-}5)$$

其中，$\overline{\varepsilon_k} = \frac{1}{2}m\overline{v^2}$ 定义为气体的平均平动动能。从式（7-5）中可以看出，理想气体的压强 p 取决于单位体积内的分子数 n 和分子的平均平动动能 $\overline{\varepsilon_k}$。n 和 $\overline{\varepsilon_k}$ 越大，压强 p 越大。即单位体积内分子数越多，分子与器壁碰撞的次数就越多，理想气体的压强就越大；分子运动越剧烈，分子对器壁碰撞的冲量就越大，理想气体的压强就越大。

压强是大量分子对器壁碰撞的统计平均值。离开了"大量分子"这一前提，压强这一概念就失去意义。从压强公式来看，单位体积内的分子数是偶然的，n 是一个统计平均值，气体分子的平均平动动能 $\overline{\varepsilon_k}$ 也是一个统计平均值。因此，压强公式通过宏观量 p 将微观量的统计平均值 n 和 $\overline{\varepsilon_k}$ 联系起来，揭示了宏观量和微观量的关系。压强公式只是一个统计规律，不是一个力学规律。我们可以通过该公式来解释理想气体的有关实验定律，但是无法实现用实验直接验证。

7.4 理想气体分子的平均平动动能与温度的关系

将理想气体的状态方程 $p = nkT$ 带入式（7-5）中，得理想气体的温度 T 与其分子平均平动动能 $\overline{\varepsilon_k}$ 的关系为

$$\overline{\varepsilon_k} = \frac{1}{2}m\overline{v^2} = \frac{3}{2}kT \qquad (7\text{-}6)$$

式（7-6）表明气体分子的平均平动动能 $\overline{\varepsilon_k}$ 与系统的热力学温度 T 成正比，与气体性质无关。它从微观的角度阐明了温度的实质，表明温度是气体分子平均平动动能的量度。温度越高，物体内部分子无规则热运动越剧烈。所以，处于同一温度时的平衡态的任两种气体的平均平动动能是相等的。温度和压强一样是宏观量，它是大量分子热运动的集体表现，对于个别分子来说，温度是没有意义的。

从式（7-6）也可得到，当温度达到绝对零度时，分子的平均平动动能等于零。事实告诉我们，在未达到绝对零度前，气体就已转变为液体和固体，其性质和行为显然不能再用理想气体状态方程来描述，此时，由其所得到的公式也不再适用。

【例 7-1】 一容器内储有氧气，其压强为 1.01×10^5Pa，温度为 27.0℃，求：（1）气体的分子数密度；（2）氧气的密度；（3）分子的平均平动动能；（4）分子间的平均距离。（设分子间均匀等距排列）

解：（1）由理想气体状态方程 $p = nkT$ 可得气体分子数密度

$$n = \frac{p}{kT} = \frac{1.01 \times 10^5}{1.38 \times 10^{-23} \times 300} \text{ m}^{-3} = 2.44 \times 10^{25} \text{ m}^{-3}$$

（2）由理想气体状态方程 $pV = \frac{M}{M_{mol}}RT$ 可得氧气的密度为

$$\rho = \frac{M}{V} = \frac{pM_{mol}}{RT} = \frac{1.01 \times 10^5 \times 32 \times 10^{-3}}{8.31 \times 300} \text{ kg/m}^3 = 1.30 \text{ kg/m}^3$$

（3）由气体分子平均平动动能的公式可得氧分子的平均平动动能为

$$\bar{\varepsilon}_k = \frac{3}{2}kT = \frac{3}{2} \times 1.38 \times 10^{-23} \times 300 \text{ J} = 6.21 \times 10^{-21} \text{ J}$$

（4）设氧气分子间的平均距离为 $\bar{d}$，由于分子间均匀等距排列，平均每个分子占有的体积为 $\bar{d}^3$，则 1m^3 含有的分子数为 $\frac{1}{\bar{d}^3} = n$。

因此

$$\bar{d} = \sqrt[3]{1/n} = \sqrt[3]{1/(2.44 \times 10^{25})} \text{ m} = 3.45 \times 10^{-9} \text{ m}$$

7.5 能量均分定理 理想气体的内能

气体分子本身有一定的大小和较复杂的内部结构。分子除平动外，还有转动和分子内部原子的振动。研究分子热运动的能量时，应将分子的平动动能、转动动能和振动动能都包括进去。它们服从一定的统计规律——能量按自由度均分定理。

7.5.1 分子的自由度

为了确定分子各种形式运动能量的统计规律，我们引用自由度的概念。通常，把完全确定一个物体空间位置所需的独立坐标数目，称为该物体的自由度。

一个质点在空间自由运动，它需要 3 个独立坐标（如 x、y、z）来确定它的空间位置，因此，自由质点有 3 个自由度。若将质点限制在一个平面或一个曲面上运动，它有两个自由度。若将质点限制在一条直线或一条曲线上运动，它只有一个自由度。

刚体的运动一般可以看作是质心的平动和绕通过质心轴的转动。确定刚体在空间的位置可决定如下（如图 7-5 所示）。

（1）确定质心在平动过程中任一时刻的位置。需要 x、y、z 3 个独立坐标，即 3 个平动自由度。

（2）确定刚体绕过质心轴的转动状态。即需要确定该轴在空间的方位，常用 (α, β, γ) 来表示，因为 $\cos^2\alpha + \cos^2\beta + \cos^2\gamma = 1$，所以在这 3 个量中，只需要确定两个量的大小，即可确定轴的方位。

（3）确定刚体绕轴转动还需一个自由度 θ。

刚体有 6 个自由度，其中有 3 个平动自由度、3 个转动自由度。当刚体转动受某种限制时，自由度数也会减少。如转动的摇头电风扇需要 5 个自由度。

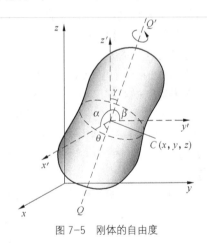

图 7-5 刚体的自由度

根据分子的结构，可分为单原子分子、双原子分子和多原子分子，如图 7-6 所示。由上述概念可确定它们的自由度。单原子分子可看作是自由运动的质点，有 3 个平动自由度。如 He、Ne 等。双原子分子可看作是两个原子用一个刚性细杆联接起来，若原子间的间距不发生变化，则认为是刚性分子。因为确定其质心需要 3 个平动自由度，确定其连线的方位需要 2 个自由度，所以刚性双原子分子有 5 个自由度，如 H_2、N_2、O_2、CO 等。对于多原子分子，如 H_2O、NH_4、

CH_4 等，若这些原子间的间距不发生变化，则认为是自由刚体，故有 6 个自由度。当双原子或是多原子分子的原子间的间距因振动而发生变化时，还应考虑振动自由度。

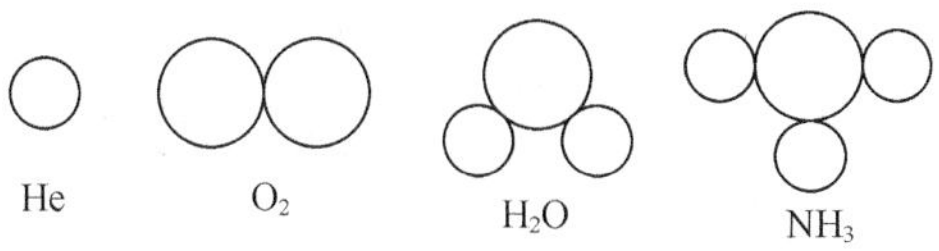

图 7-6 不同分子的结构

7.5.2 能量按自由度均分定理

对于理想气体，分子的平均平动动能为

$$\overline{\varepsilon_k} = \frac{3}{2}kT = \frac{1}{2}m\overline{v^2}$$

分子有 3 个平动自由度，且在平衡态时，分子沿各个方向运动的概率相等，即

$$\overline{v_x^2} = \overline{v_y^2} = \overline{v_z^2} = \frac{1}{3}\overline{v^2}$$

故

$$\frac{1}{2}m\overline{v_x^2} = \frac{1}{2}m\overline{v_y^2} = \frac{1}{2}m\overline{v_z^2} = \frac{1}{2}kT \tag{7-7}$$

式（7-7）表明，分子的平均平动动能 $\frac{3}{2}kT$ 均匀地分配到每一个平动自由度上，每一个自由度上都具有大小为 $\frac{1}{2}kT$ 的平均平动动能。

经典统计力学将上述结果推广到分子的转动和振动中，指出：气体处于温度为 T 的平衡态时，气体分子的任何一个自由度的平均能量都相等，大小均为 $\frac{1}{2}kT$。这个结论称为能量按自由度均分定理，简称能量均分定理。若气体分子有 t 个平动自由度，r 个转动自由度，s 个振动自由度，则分子的平均总动能可表示为

$$\frac{1}{2}(t+r+s)kT$$

其中，分子的平均平动动能为 $\frac{t}{2}kT$，平均转动动能为 $\frac{r}{2}kT$，平均振动动能为 $\frac{s}{2}kT$。

能量均分定理是对大量分子统计平均所得的结果，它反映了分子热运动动能的统计规律。谈论个别气体分子的平均动能是无实际意义的。由于分子间的频繁碰撞，对于大量分子这个系统，分子之间和自由度之间会发生能量传递，系统达到平衡态时，能量就按自由度均匀分配。

如果分子内原子的振动不能忽略，则可近似地看作是简谐振动。因此振动过程中除了动能外，还应考虑势能。每一个振动自由度的总能量，应当为平均动能 $\frac{1}{2}kT$ 与平均势能 $\frac{1}{2}kT$ 之和 kT，s 个振动自由度的能量为 skT，则分子的平均总能量为

$$\overline{\varepsilon} = \frac{1}{2}(t+r+2s)kT \tag{7-8}$$

一般在常温下，气体分子可近似看成是刚性分子，即只考虑分子的平均自由度和转动自由度，而不考虑振动自由度。表 7-1 给出了不同类型的分子的自由度、分子平均动能和分子平均

能量的理论值。从表中可以看出，对于刚性分子，分子的平均能量就是平均动能。但是，在非刚性分子中，由于需要考虑振动所产生的势能，分子的平均能量和平均动能是不同的。

表 7-1 不同类型分子的自由度、分子平均动能和分子平均能量的理论值

分子类型	单原子分子	双原子分子		多原子分子	
		刚　性	非　刚　性	刚　性	非　刚　性
自由度	3（平）	3（平）+2（转）	3（平）+2（转）+2（振）	3（平）+3（转）	3（平）+3（转）+6（振）
分子的平均动能	$\frac{3}{2}kT$	$\frac{5}{2}kT$	$3kT$	$3kT$	$\frac{9}{2}kT$
分子的平均能量	$\frac{3}{2}kT$	$\frac{5}{2}kT$	$\frac{7}{2}kT$	$3kT$	$6kT$

7.5.3　理想气体的内能

热力学中，把与热运动有关的能量称为内能。一切物体都具有内能。物体的内能代表了物体微观上的能量形式。一般来说，气体的内能包括分子的各种形式动能和势能。对于理想气体，分子之间无相互作用力，因此理想气体的内能只能是分子各种形式的动能和分子内部原子之间的振动势能的总和。

对于摩尔质量为 M_{mol}，质量为 M 的理想气体，含有的分子数为 $\dfrac{M}{M_{mol}}N_A$，每一个分子的平均能量是 $\dfrac{i}{2}kT$，则理想气体的内能

$$E = \frac{M}{M_{mol}} N_A \frac{i}{2} kT = v \frac{i}{2} RT \tag{7-9}$$

式（7-9）说明了理想气体内能的大小是由温度 T 来决定的，是温度的单值函数，和压强 p 和体积 V 是无关的。因此，对于 1mol 的单原子分子气体的内能为 $E = \dfrac{3}{2}RT$，1mol 的刚性双原子分子气体的内能为 $E = \dfrac{5}{2}RT$，1mol 的刚性多原子分子气体的内能为 $E = \dfrac{6}{2}RT$。

因为内能是状态函数，在不同的变化过程，内能的变化值 ΔE 将只取决于初末状态温度的变化值 ΔE，即

$$\Delta E = v \frac{i}{2} R \Delta T$$

【例 7-2】　2mol 氧气，温度为 300K 时，分子的平均平动动能是多少？气体分子的总平动动能是多少？气体分子的总转动动能是多少？气体分子的总动能是多少？该气体的内能是多少？

解：由题意知 $T = 300K$ ，$v = 2$ ，$i = 5$ （其中 3 个平动自由度，2 个转动自由度）

（1）分子的平均平动动能

$$\bar{\varepsilon}_k = \frac{3}{2}kT = \frac{3}{2} \times 1.38 \times 10^{-23} \times 300 = 6.21 \times 10^{-21} \text{ J}$$

（2）气体分子的平动总动能

$$E_{平} = v\frac{3}{2}RT = 2 \times \frac{3}{2} \times 8.31 \times 300 = 7.48 \times 10^3 \text{ J}$$

（3）气体分子的转动总动能

$$E_{转} = v\frac{2}{2}RT = 2 \times \frac{2}{2} \times 8.31 \times 300 = 4.99 \times 10^3 \text{ J}$$

（4）气体分子的总动能

$$E_k = E_{平} + E_{转} = 1.25 \times 10^4 \text{ J}$$

（5）气体的内能

$$E = v\frac{5}{2}RT = 2 \times \frac{5}{2} \times 8.31 \times 300 = 1.25 \times 10^4 \text{ J}$$

【例 7-3】 计算 1mol 的氧气分子在 27℃时所具有的分子平动动能、分子转动动能和氧气的热力学能。

解：氧气分子 O_2 $i=5$ 包括 3 个平动自由度、2 个转动自由度。所以

$$E_t = \frac{3}{2}RT = \frac{3}{2} \times 8.31 \times (27 + 273) = 3.74 \times 10^3 \text{ J}$$

$$E_r = \frac{3}{2}RT = \frac{2}{2} \times 8.31 \times (27 + 273) = 2.49 \times 10^3 \text{ J}$$

$$E_0 = \frac{5}{2}RT = E_t + E_r = 6.23 \times 10^3 \text{ J}$$

7.6 气体分子的速率分布

对于个别分子，平衡态时，它以某一速率沿各个方向运动的情况是偶然的；但是大量分子的速率分布却有着一定的统计规律。那么，大量气体分子的速率将如何分布，又有什么样的分布特点。下面结合具体问题来说明气体分子的速率统计分布规律。

7.6.1 速率分布曲线

表 7-2 给出了空气分子在 273K 时的速率分布情况。设总的分子数为 N，ΔN 表示分布在某一速率区间的分子数。$\Delta N/N$ 表示分布在该区间内的分子数占总分子数的百分比。

表 7-2　空气分子在 273K 时速率分布情况

速率间隔（单位 m·s⁻¹）	分子数的百分比（$\Delta N/N\%$）	速率间隔（单位 m·s⁻¹）	分子数的百分比（$\Delta N/N\%$）
<100	1.4	400 ~ 500	20.5
100 ~ 200	8.4	500 ~ 600	15.1
200 ~ 300	18.2	600 ~ 700	9.2
300 ~ 400	21.5	>700	7.7

由表 7-2 可知，同一速率附近不同的间隔内的 $\Delta N/N$ 是不同的；不同的速率附近相同的间隔内的 $\Delta N/N$ 也是不同的；因此，$\Delta N/N$ 是 Δv 和 v 的函数。若将 Δv 取得足够小，此时有

$$f(v) = \lim_{\Delta v \to 0} \frac{\Delta N}{N \Delta v} = \frac{1}{N} \lim_{\Delta v \to 0} \frac{\Delta N}{\Delta v} = \frac{1}{N} \frac{\mathrm{d}N}{\mathrm{d}v} \tag{7-10}$$

我们把 $f(v)$ 称为速率分布函数，它表示：**速率分布在 v 附近单位速率区间的分子数占总分子数的比例**。或者说，**气体分子速率分布在 v 附近的单位速率区间的概率**。

若以 v 为横轴，$f(v)$ 为纵轴，建立速率分布曲线，它可以形象地描绘气体分子速率分布的情况，如图 7-7 所示。在任一速率区间 $v \sim v+\mathrm{d}v$ 内，曲线下的矩形面积为

$$\mathrm{d}S = f(v)\mathrm{d}v = \frac{\mathrm{d}N}{N}$$

上式表示：在温度为 T 的平衡态下，速率在 v 附近 $\mathrm{d}v$ 速率区间的分子数占总数的比例，或分子速率分布在 $v \sim v+\mathrm{d}v$ 区间内的概率。若是在速率区间 $v_1 \sim v_2$ 内，曲线下的面积为

$$S = \int_{v_1}^{v_2} f(v)\mathrm{d}v = \frac{\Delta N}{N}$$

上式表示的是：在有限速率区间 $v_1 \sim v_2$ 内的分子数占总分子数的比例。

从图 7-7 可知，速率很小和速率很大的分子数较少，在某一速率附近的分子数最多，但是在 $0 \sim \infty$ 速率范围内，全部分子将百分之百出现，所以有

$$\int_0^\infty f(v)\mathrm{d}v = 1 \tag{7-11}$$

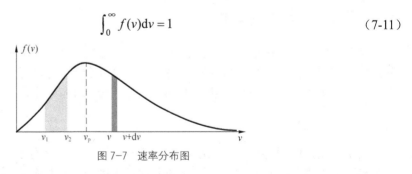

图 7-7　速率分布图

我们把关系式（7-10）称为速率分布函数的**归一化条件**。它是速率分布函数 $f(v)$ 必须满足的条件。

7.6.2　麦克斯韦气体分子速率分布律

1859 年，英国物理学家麦克斯韦（J·C·Maxwell）首先从理论上导出在平衡态时气体分子的

速率分布函数的数学表达式

$$f(v) = 4\pi \left(\frac{m}{2\pi kT} \right)^{3/2} e^{-\frac{mv^2}{2kT}} v^2 \tag{7-12}$$

式中，T 为气体的温度，m 为分子 1 质量，k 为玻尔兹曼常量。故麦克斯韦速率分布律又可写作

$$C_V = \left(\frac{\mathrm{d}Q}{\mathrm{d}T} \right)_V = \left(\frac{\mathrm{d}E}{\mathrm{d}T} \right)_V$$

由于单个分子出现是偶然的，大量分子出现具有一定的统计规律，故麦克斯韦速率分布律只适用于大量分子组成的、处于平衡态的气体。

7.6.3　3 种统计速率

从麦克斯韦速率分布函数可以导出气体分子的 3 种统计速率。

1. 最概然速率 v_p

如图 7-8 所示，在速率分布曲线上有一个峰值，即 $f(v)$ 的最大值，我们将 $f(v)_{\max}$ 所对应的速率称为最概然速率 v_p，其物理意义是：**在温度一定时，速率在 v_p 附近的单位间隔内的分子数占总分子数的百分比最大**。要确定 v_p，可以对分布函数 $f(v)$ 求一阶导数，令其等于零，即

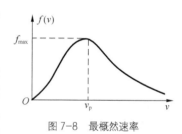

图 7-8　最概然速率

$$\left. \frac{\mathrm{d}f(v)}{\mathrm{d}v} \right|_{v=v_p} = 0$$

代入速率分布函数，即可求得

$$f(v) = 4\pi \left(\frac{m}{2\pi kT} \right)^{3/2} e^{-\frac{mv^2}{2kT}} v^2$$

$$\frac{\mathrm{d}f}{\mathrm{d}v} = 4\pi \left(\frac{m}{2\pi kT} \right)^{3/2} e^{-\frac{mv^2}{2kT}} 2v(1 - \frac{m}{2kT} v^2) = 0$$

即

$$1 - \frac{m}{2kT} v^2 = 0$$

$$v_p = \sqrt{\frac{2kT}{m}} = \sqrt{\frac{2RT}{M_{\mathrm{mol}}}} \approx 1.41 \sqrt{\frac{RT}{M_{\mathrm{mol}}}} \tag{7-13}$$

式（7-13）表明，气体温度越高，v_p 越大；气体的质量越小，v_p 越大。图 7-9 所示为氮气分子在不同温度下的速率分布曲线。当温度升高时，分子热运动加剧，速率大的分子数增多速率小的分子数减少，$f(v)-v$ 曲线的最高点右移。由于曲线下的面积恒等于 1，则温度高的曲线变的较平坦。图 7-10 为同一温度下，氢气和氧气分子的速率分布图。氧气分子的质量较大，其 v_p 较小，由于曲线下的面积恒等于 1，故曲线的最高点左移，且曲线变得较尖锐。需要注意，最概然速率不同于最大速率。

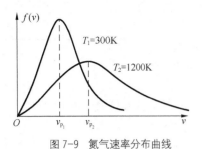

图 7-9 氮气速率分布曲线

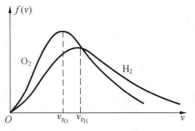

图 7-10 氢气和氧气分子速率分布曲线

2. 平均速率 $\overline{v}$

在平衡态下，气体分子速率有大有小，但是从统计上说，总会有一个平均值。设速率为 v_1 的分子有 dN_1 个，速率为 v_2 的分子有 dN_2 个……总的分子数为 N，则大量分子的速率平均值为

$$\overline{v} = \frac{v_1 dN_1 + v_2 dN_2 + \cdots + v_i dN_i + \cdots + v_n dN_n}{N}$$

$$\overline{v} = \frac{\int_0^N v dN}{N} = \frac{\int_0^\infty v N f(v) dv}{N}$$

计算得

$$\overline{v} = \int_0^\infty v f(v) dv = \sqrt{\frac{8kT}{\pi m}} = \sqrt{\frac{8RT}{\pi M_{mol}}} \approx 1.60 \sqrt{\frac{RT}{M_{mol}}} \qquad (7\text{-}14)$$

3. 方均根速率 $\sqrt{\overline{v^2}}$

与求平均速率类似，利用麦克斯韦速率分布函数可以求出方均根速率

$$\overline{v^2} = \frac{\int_0^N v^2 dN}{N} = \frac{\int_0^\infty v^2 N f(v) dv}{N} = 3kT / m$$

故方均根速率为

$$\sqrt{\overline{v^2}} = \sqrt{\frac{3kT}{m}} = \sqrt{\frac{3RT}{M_{mol}}} \approx 1.73 \sqrt{\frac{RT}{M_{mol}}} \qquad (7\text{-}15)$$

3 种统计速率都反映了大量分子作热运动时的统计规律，都与 $\sqrt{T}$ 成正比，与 $\sqrt{M_{mol}}$ 成反比。对于给定的气体，当温度一定时，有 $v_p < \overline{v} < \sqrt{\overline{v^2}}$，如图 7-11 所示，而且 3 种统计速率各自有着不同的应用。如在讨论速率分布时，常用的是最概然速率 v_p；在计算分子的平均自由程 $\overline{\lambda}$ 时，要用到平均速率 $\overline{v}$；在计算分子的平均平动动能 $\overline{\varepsilon_k}$ 时，则要用到方均根速率 $\sqrt{\overline{v^2}}$。

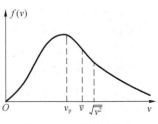

图 7-11 3 种统计速率

7.7 分子碰撞 平均自由程

室温下，气体分子的平均速率达每秒几百米，气体中的一切过程理应瞬时完成，但实际并非如此，如气体的扩散过程进行得很慢。这是因为分子由一处运动到另一处的过程中，将不断地与其他分子发生碰撞，其运动轨迹是无规则的曲线，如图 7-12 所示。气体的扩散和热传导等过程进行的快慢，决定于气体分子在热运动中和其他分子碰撞的频繁程度。

分子之间的碰撞是极其频繁的。就个别分子来说，它与其他分子发生的碰撞是不可预测的、偶然的；但是对于大量分子来说，分子间的碰撞却遵从某一统计规律。我们把一个气体分子在连续两次碰撞之间所经过的自由路程的平均值称为**平均自由程**，常用 $\bar{\lambda}$ 来表示。一个分子在单位时间内与其他分子相碰的次数，称为**平均碰撞频率**，也叫做**平均碰撞次数**，用 $\bar{Z}$ 来表示。

借助于平均自由程 $\bar{\lambda}$ 和平均碰撞频率 $\bar{Z}$，我们可以对某些热现象进行很好的论述。那么，$\bar{\lambda}$ 和 $\bar{Z}$ 的大小又与哪些因素有关呢？为便于分析，我们建立一个模型。假设气体中每一个分子都是直径为 d 的刚性小球，只有一个分子 A 以平均速率 $\bar{u}$ 相对于其他分子在运动，其他分子都是静止不动的，我们可以跟踪这个运动的分子 A。

如图 7-13 所示，虚线表示运动小球的运动轨迹，只要其他小球的球心与折线的距离小于等于 d 时，都将会发生碰撞。以单位时间内运动分子的轨道为轴，d 为半径作一圆柱体，则球心在该圆柱体内的所有分子，均将与运动分子发生碰撞。设气体分子数密度为 n，圆柱体的体积为 $\pi d^2 \bar{u}$，则该圆柱体内的分子数为 $\pi d^2 \bar{u} n$。那么，单位时间内与其他分子发生碰撞的平均碰撞次数 $\bar{Z}$ 为

$$\bar{Z} = \pi d^2 \bar{u} n$$

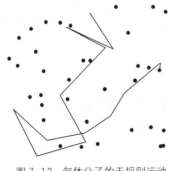

图 7-12 气体分子的无规则运动

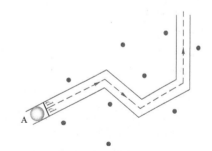

图 7-13 平均自由程计算用图

若考虑到所有分子的运动，且都服从麦克斯韦速率分布，则可证明气体分子的平均相对速率与平均速率有如下关系

$$\bar{u} = \sqrt{2}\bar{v}$$

因此

$$\bar{Z} = \sqrt{2}\pi d^2 \bar{v} n \qquad (7\text{-}16)$$

式（7-16）表明，**分子的平均碰撞频率 $\bar{Z}$ 与分子数密度 n、分子的平均速率成正比，与分子的有效直径 d 的平方成正比**。

对于每一个分子，单位时间内平均走的路程为 $\bar{v}$，且单位时间内和其他分子碰撞的平均碰

撞次数为 $\overline{z}$，则平均自由程 $\overline{\lambda}$ 为

$$\overline{\lambda} = \frac{\overline{v}}{\overline{z}} = \frac{1}{\sqrt{2}\,\pi d^2 n} \tag{7-17}$$

式（7-17）表明，气体分子的平均自由程 $\overline{\lambda}$ 与分子数密度 n 及分子的有效直径 d 的平方成反比，而与分子的平均速率 $\overline{v}$ 无关。

将气体状态方程 $p = nkT$，代入式（7-17），可得

$$\overline{\lambda} = \frac{kT}{\sqrt{2}\,\pi d^2 p} \tag{7-18}$$

可见，当温度一定时，$\overline{\lambda}$ 与压强成正比。压强越大气体分子的平均自由程越小。常用的杜瓦瓶（热水瓶胆）内装的就是低压气体，它具有双层玻璃器壁，两壁间的空气被抽的很稀薄，分子的平均自由程大于两壁之间的距离，从而可以达到良好的隔热作用。

7.8　习题

一、思考题

1. 对一定量气体来说，若保持温度不变，气体的压强随体积减少而增大；若保持体积不变，气体压强随温度升高而增大。从宏观来看，这两种变化同样使压强增大，从微观来看，它们有何区别？

2. 一容器内储有某种气体，若容器漏气，则容器内气体的温度是否会因漏气而变化？

3. 对汽车轮胎打气，使达到所需要的压强，问在夏天与冬天，打入轮胎内的空气质量是否相同？为什么？

4. 在推导理想气体压强公式时，我们没有考虑分子之间的碰撞。试问如果考虑到这种碰撞，是否会影响得到的结果？

5. 为什么统计规律对大量偶然事件才有意义，偶然事件越多，统计规律越稳定？

6. 试确定下列物体的自由度数。

（1）小球沿长度一定的杆运动，而杆又以一定的角速度在平面内转动。

（2）小球沿一固定的弹簧运动，弹簧的半径和节距固定不变。

（3）长度不变的棒在平面内运动。

（4）在三维空间里运动的任意物体。

7. 指出下列各式所表示的物理意义。

（1）$\dfrac{1}{2}kT$　　（2）$\dfrac{3}{2}kT$　　（3）$\dfrac{i}{2}RT$　　（4）$\dfrac{M}{M_{\mathrm{mol}}}\dfrac{3}{2}RT$

8. 气体分子的平均速率可达到几百米每秒，为什么在房间内打开一香水瓶后，需隔一段时间才能传到几米外？

二、复习题

1. 关于温度的意义，有下列几种说法。

（1）气体的温度是分子平均平动动能的量度；

（2）气体的温度是大量气体分子热运动的集体表现，具有统计意义；

（3）温度的高低反映了物质内部分子运动剧烈程度的不同；

（4）从微观上看，气体的温度表示每个气体分子的冷热程度。

以上说法中正确的是（　　）。

（A）（1）、（2）、（4）　　　　　　　　（B）（1）、（2）、（3）

（C）（2）、（3）、（4）　　　　　　　　（D）（1）、（3）、（4）

2．理想气体处于平衡状态，设温度为 T，气体分子的自由度为 i，则每个气体分子所具有的（　　）。

（A）动能为 $\dfrac{i}{2}kT$　　　　　　　　　　（B）动能为 $\dfrac{i}{2}RT$

（C）平均动能为 $\dfrac{i}{2}kT$　　　　　　　　（D）平均平动动能为 $\dfrac{i}{2}RT$

3．已知一定量的某种理想气体，如图 7-14 所示，在温度为 T_1 与 T_2 时，分子的最概然速率分别为 v_{p1} 和 v_{p2}，分子速率函数的最大值分别为 $f(v_{p1})$、$f(v_{p2})$，已知 $T_1 > T_2$，则（　　）。

（A）$v_{p1} > v_{p2}, f(v_{p1}) > f(v_{p2})$　　　　（B）$v_{p1} < v_{p2}, f(v_{p1}) > f(v_{p2})$

（C）$v_{p1} > v_{p2}, f(v_{p1}) < f(v_{p2})$　　　　（D）$v_{p1} < v_{p2}, f(v_{p1}) < f(v_{p2})$

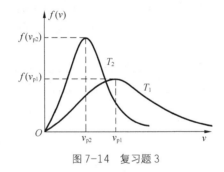

图 7-14　复习题 3

4．质量为 2×10^{-3}kg 的氢气存储于体积为 2×10^{-3}m^3 容器中。当容器内气体的压强为 4.0×10^4Pa 时，氢气分子的平均平动动能是多少？总平动动能是多少？

5．体积为 10^{-3}m^3 的容器中含有 1.03×10^{23} 个氢分子，如果其中的压强为 1.013×10^5Pa，求气体的温度和分子的方均根速率。

6．在 300K 时，1mol 氢气（H$_2$）分子的总平动动能、总转动动能和气体的热力学能。

7．有一体积为 V 的房间充满着双原子理想气体，冬天室温为 T_1，压强为 p_0。现经供暖器将室温提高到温度为 T_2，因房间不是封闭的，室内气压仍为 p_0。试证：室温由 T_1 升高到 T_2，房间内气体的内能不变。

8．有一个具有活塞的容器盛有一定量的气体，如果压缩气体并对它加热，使它的温度从 27℃升到 177℃，体积减少一半，求气体压强变化了多少？这时气体分子的平均平动动能变化了多少？

9．2g 的氢气与 2g 氮气分别装在两个容积相同、温度也相同的封闭容器内，试求氢气和氮气的（1）平均平动动能之比；（2）压强之比；（3）内能之比。

10．计算在 300K 时氧分子的最概然速率、平均速率和方均根速率。

11．气体的温度 $T=273$K，压强 $p=1.0 \times 10^5$Pa，密度 $\rho = 1.24$kg／m^3。

试求：（1）气体的分子量，并确定它是什么气体。（2）气体分子的方均根速率。

12. 有 N 个质量均为 m 的同种气体分子，它们的速率分布如图 7-15 所示：（1）说明曲线与横坐标所包围面积的含义；（2）由 N 和 v_0 求 a 值；（3）求在速率 $v_0/2$ 到 $3v_0/2$ 间隔内的分子数；（4）求分子的平均平动动能。

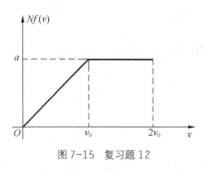

图 7-15　复习题 12

13. 假定 N 个粒子的速率分布函数为

$$f(v) = \begin{cases} a, & v_0 > v > 0 \\ 0, & v > v_0 \end{cases}$$

（1）作出速率分布曲线；（2）由 v_0 求常量 a；（3）求粒子的平均速率。

14. 设氢气的温度是 300K，求速率在 $3\,000 \sim 3\,010\mathrm{m \cdot s^{-1}}$ 之间的分子数 ΔN_1 与速率在 $1\,500 \sim 1\,510\mathrm{m \cdot s^{-1}}$ 之间的分子数 ΔN_2 之比。

15. 一飞机在地面时机舱中压力计示数为 $1.013 \times 10^5 \mathrm{Pa}$，到高空后，压强降为 $8.104 \times 10^4 \mathrm{Pa}$，设大气的温度为 $27\,℃$，问此时飞机距地面的高度是多少？（设空气的摩尔质量为 $2.89 \times 10^{-2} \mathrm{kg \cdot mol^{-1}}$）

第 **8** 章 **热力学基础**

在本章中，我们将研究关于热现象的宏观理论——热力学基础，它是研究热能和其他形式能量间相互转化的规律。其基础是热力学第一定律和热力学第二定律。这两个定律都是人类经验的总结，具有牢固的实践基础，它们的正确性已被无数次实验所证实。

8.1 准静态过程 功 热量 内能

热力学的研究对象是由大量分子和原子组成的系统，如气体、固体、液体等，这个系统称为**热力学系统**。热力学系统的周围环境称为外界，且系统与外界存在着一定的相互作用。若系统与外界有能量和物质交换，称为开放系统；若系统与外界无物质交换，但有能量交换，则称为封闭系统；若系统与外界既没有能量交换，也没有物质交换，则称为孤立系统。

8.1.1 准静态过程

热力学系统从一个状态过渡到另一个状态的变化过程称为**热力学过程**。当系统从一个平衡态开始变化时，原来的平衡态被破坏成为非平衡态，需要经过一段时间才能达到新的平衡态，这段时间称为**弛豫时间**，用符号 τ 表示。如果热力学过程进行得较快，即 $t < \tau$，非平衡态还没有达到新的平衡态时，就又开始了下一个变化，此时，在热力学过程中必然会有一个（或多个）中间状态是非平衡态，整个过程就称为**非静态过程**。如果热力学系统变化过程进行得较慢，即 $t > \tau$，使得系统中的每一时刻的状态都无限接近于平衡态，则此过程就定义为**准静态过程**。

应当指出，严格的准静态过程是不存在的，它只是一种理想状况。实际中无限缓慢、无摩擦的过程，一般可以近似看作是准静态过程。图 8-1 所示为无限缓慢地压缩气缸，在这个过程中，非平衡态到平衡态的过渡时间，即弛豫时间约为 10^{-3}s，实际压缩一次所用时间为 1s，故可以看作是准静态过程。又如，爆炸过程进行得极快，则属于非静态过程。

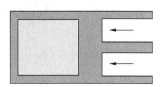

图 8-1　无限缓慢地压缩气缸

8.1.2 功

功是能量传递和转换的量度。大量的实验证实，对系统做功可以改变系统的热运动状态。例如，摩擦生热就是通过摩擦力做功使得系统的温度升高，改变系统的热运动状态。也就是将宏观运动的能量转换为热运动的能量。

这里，我们以一气缸为例，设气缸内气体压强为 p，活塞的面积为 S。如图 8-2 所示，当活塞移动一微小位移 dl 时，气体所做的元功为

$$dW = F\,dl = pS\,dl = p\,dV \tag{8-1}$$

式中，dV 表示气体体积的微小变量。当气体膨胀时，$dV > 0$，$dW > 0$，表示系统对外界做正功；当气体压缩时，$dV < 0$，$dW < 0$，表示外界对系统做功，或系统对外界做负功。

当气体从状态 1 变化到状态 2 时，系统对外做的功为

$$W = \int_{V_1}^{V_2} p\,dV \tag{8-2}$$

式中，V_1、V_2 分别表示状态 1、状态 2 的体积。p—V 曲线如图 8-3 所示，曲线下面的面积就是系统对外做功的大小。由此得到结论：系统从一个状态变化到另一个状态，所做的功不仅与始末状态有关，也与系统所经历的过程有关，功是一个过程量。

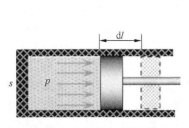

图 8-2 气体膨胀时所做的功

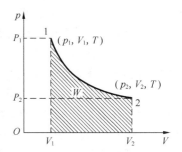

图 8-3 气体膨胀做功的 $p-V$ 图

8.1.3 热量

如图 8-4（a）所示，重物下落带动轮叶旋转，通过搅拌，对绝热容器中的液体做功，使得水的温度升高。在这个过程中，通过做功可以实现温度升高。图 8-4（b）所示为通过电炉对储水器内的水加热，从而使得水的温度升高。这种利用系统与外界之间有温度差而发生传递能量的过程称为**热传导**，简称**传热**，传递的能量称为**热量**。

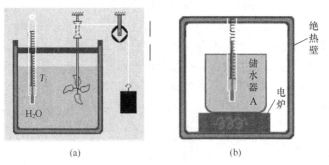

图 8-4 热传导现象

这两个实验的本质是完全不同的，第 1 个实验是用机械方式对系统做功，从而使其热力学状态改变，是通过物体的宏观位移来实现的，是系统外物体的有规则运动与系统内分子无规则运动之间的能量转换；第 2 个实验中，热传导则是利用系统与外界存在温度差，从而引起系统

外物体分子无规则运动与系统内物体分子无规则运动之间的能量转换。

不管是哪种方式，都使得热力学状态发生改变。实验证明：**改变热力学系统的状态，传热和做功是等效的**。焦耳通过实验测定了热量和功之间的当量关系，即

$$1cal=4.18J$$

和功一样，热量也是一个过程量，一般用符号"Q"表示。因此，对于"系统有多少功"、"系统有多少热量"这样的描述是无意义的，我们只能说"系统对外做了多少功"、"系统吸收或放出了多少热量"。但是对于状态参量，如温度、压强等，我们就可以直接描述"系统的温度是多少"、"系统的压强是多少"。

8.1.4　内能

要使热力学系统状态发生改变，既可以通过系统对外界做功来实现，也可以通过传热来实现。只要系统的始末状态确定，做功和传热的量值是相当的。因此，在热力学系统中有一个仅由热运动状态单值决定的能量，称为系统的**内能**。系统的内能常用符号"E"来表示，单位为焦耳（J）。

内能描述了系统处于某一状态时所具有的能量，即 $E = E(T)$。系统状态变化所引起的内能变化 ΔE，只与系统的始末状态有关，而与中间过程无关。若系统经过一系列变化又回到初始状态，系统的内能将保持不变。

8.2　热力学第零定律和第一定律

热力学第零定律和第一定律都涉及系统与外界之间的相互作用，下面分别介绍这两个定律。

8.2.1　热力学第零定律

若两个热力学系统中的每一个都与第三个热力学系统处于热平衡（温度相同），则它们彼此也必定处于热平衡。 这一结论称作**热力学第零定律**。如图 8-5 所示，若系统 A 和 C、B 和 C 均处于热平衡状态，则 A 和 B 必处于热平衡状态。

温度是判定一系统是否与其他系统互为热平衡的标志。

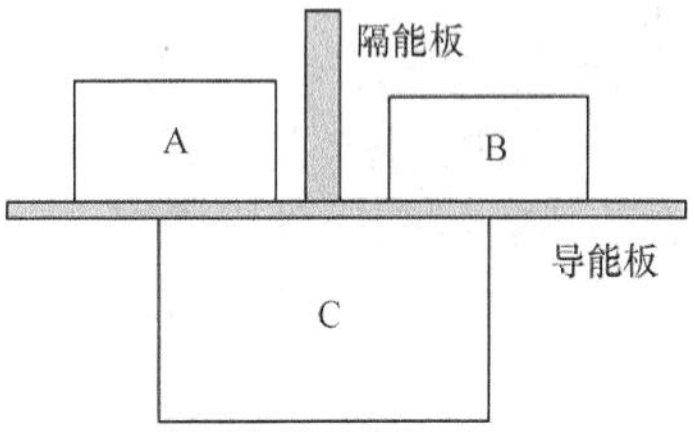

图 8-5　热平衡实验图

8.2.2　热力学第一定律

18 世纪末 19 世纪初，随着蒸汽机在生产中的广泛应用，人们越来越关注热和功的转化问题。于是，热力学应运而生。德国医生、物理学家迈尔在 1841～1843 年间提出了热与机械运动之间相互转化的观点，这是热力学第一定律的雏形。焦耳通过实验测定了电热当量和热功当量，证实了热力学第一定律，补充了迈尔的论证，有

$$Q = \Delta E + W \tag{8-3}$$

对于无限小的状态变化过程，热力学第一定律可表示为

$$dQ = dE + dW \tag{8-4}$$

热力学第一定律的文字表述为：系统从外界所吸收的热量，一部分将用于增加系统的内能，

另一部分用于系统对外做功。在应用第一定律时应当注意以下几点。

（1）热力学第一定律的本质是用于热力学系统的能量转换和守恒定律。

（2）Q、ΔE 和 W 三者均采用国际单位制单位（SI），即用焦耳（J）表示；Q、ΔE 和 W 三者的取值可正可负，对于符号的规定如表 8-1 所示。

表 8-1　热、内能和做功符号正负的规定

	Q	ΔE	W
＋	系统吸热	内能增加	系统对外界做功
－	系统放热	内能减少	外界对系统做功

（3）热力学第一定律适用于所有的热力学过程，在应用时只要确定始、末状态为平衡态，而中间态并不要求一定为平衡态，即热力学第一定律适用于两个平衡态之间的任何过程。

历史上有不少人有过这样美好的愿望——制造一种不需要动力的机器，它可以源源不断地对外界做功，这样可以创造出巨大的财富，这种机器称为第一类永动机。在科学历史上从没有过永动机成功过。随着能量守恒定律的发现，使人们更坚定地认识到：任何一部机器，只能使能量从一种形式转化为另一种形式，而不能无中生有地制造能量。因此，热力学第一定律又可表述为：**第一类永动机是不可能制造出来的。**

8.3　理想气体的等体过程和等压过程

作为热力学第一定律的应用，本节将对理想气体的一些典型的准静态过程中的功、热量和内能的改变量进行定量分析。

8.3.1　等体过程

设有一气缸，活塞保持固定不变，气缸与一有微小温度差的恒温热源相接触，使气缸内气体的温度逐渐上升，压强增大，但保持气体的体积不变，这个过程就是**等体过程**。如图 8-6（a）所示，等体过程的特征是：气体体积保持不变，即 V 为恒量，或 $dV=0$，在 p—V 图中，等体过程为一条平行于 p 轴的直线，如图 8-6（b）所示。

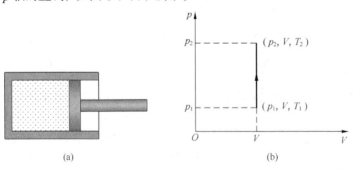

图 8-6　等体过程

下面我们将对等体过程中做功、热量和内能的改变量进行定量分析。

（1）等体过程中所做的功

$$dV = 0$$

$$W = \int_{V_1}^{V_2} p\,\mathrm{d}V = 0$$

不难看出，在等体过程中，系统对外不做功。

（2）等体过程中的内能变化

内能是状态量，是温度的单值函数，内能的变化只和始末状态间温度的变化有关。

$$\Delta E = v\frac{i}{2}R(T_2 - T_1)$$

（3）等体过程中的热量

根据热力学第一定律，可得

$$Q = \Delta E + W = \Delta E = v\frac{i}{2}R(T_2 - T_1)$$

可见，在等体升压过程中，系统对外界并不做功，系统从外界所吸收的热量将全部用来增加系统的内能。同理，在等体降压过程中，系统将向外界放热，从而使得系统的内能减少。在该过程中，系统对外界也是不做功的。

8.3.2 等压过程

设有气缸与一有微小温度差的恒温热源相接触，同时有一恒定的外力作用于活塞上，缓慢推动活塞，系统的体积减少，温度降低，但系统内的压强保持不变，这个过程称为**等压过程**，如图 8-7（a）所示。例如，把普通锅炉中的水加热成水蒸气的过程就是等压过程。在等压过程中，系统的压强始终保持不变，即 p 为常量，或 $\mathrm{d}p = 0$。在 $p - V$ 图上等压过程为一条平行于 OV 轴的直线，如图 8-7（b）所示。

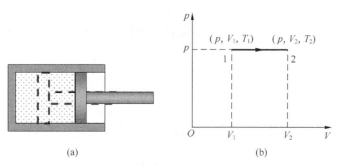

(a)　　　　　　　(b)

图 8-7　等压过程

当 $v\,\mathrm{mol}$ 的理想气体从状态 1 等压膨胀到状态 2 时，过程中所做的功、内能变化和热量有如下关系。

（1）等压过程中所做的功

$$W = \int_{V_1}^{V_2} p\,\mathrm{d}V = p(V_2 - V_1)$$

根据理想气体状态方程

$$pV = vRT$$

$$W = vR(T_2 - T_1)$$

（2）等压过程中的内能变化

$$\Delta E = v\frac{i}{2}R(T_2 - T_1)$$

（3）等压过程中的热量，根据热力学第一定律，可得

$$Q = \Delta E + W = v\frac{i}{2}R(T_2 - T_1) + vR(T_2 - T_1)$$

$$= v\frac{i+2}{2}R\Delta T$$

气体在等压过程中，系统从外界所吸收的热量，一部分用于增加系统的内能，另一部分用于对外做功。

8.3.3　等体摩尔热容　等压摩尔热容

1. 热容

设有一质量为 m 的物体，在某一过程 x 中吸收热量 $\mathrm{d}Q$ ，其温度升高 $\mathrm{d}T$ ，则定义

$$C = \frac{\mathrm{d}Q}{\mathrm{d}T}$$

为物体在该过程的**热容**。它表示的是**物体在该过程中温度升高（降低）1K** 时所吸收（放出）的**热量**，单位为焦耳每开尔文，符号为 J·K^{-1}。我们把 1mol 物质的热容称为**摩尔热容**，常用 C_m 来表示，单位为焦耳每摩尔开尔文，符号为 J·mol^{-1}·K^{-1}。

$$C = \frac{M}{M_{\mathrm{mol}}}C_{\mathrm{m}}$$

若物体经历 x 过程，温度从初始值 T_1 变化到末态值 T_2 ，则该过程吸收（放出）的热量为

$$Q_x = \int_{T_1}^{T_2} C\,\mathrm{d}T = C(T_2 - T_1)$$

2. 等体摩尔热容

若 1mol 的气体在体积不变的过程中，温度升高 $\mathrm{d}T$ ，需要吸收的热量为 $\mathrm{d}Q$ ，则定义

$$C_{\mathrm{V}} = \left(\frac{\mathrm{d}Q}{\mathrm{d}T}\right)_{\mathrm{V}}$$

为气体的**等体摩尔热容**，单位为焦耳每摩尔开尔文，符号为 J·mol^{-1}·K^{-1}。根据热力学第一定律，有

$$\mathrm{d}Q = \mathrm{d}E + p\,\mathrm{d}V$$

因等体过程中 $\mathrm{d}V = 0$ ，则

$$C_{\mathrm{V}} = \left(\frac{\mathrm{d}Q}{\mathrm{d}T}\right)_{\mathrm{V}} = \left(\frac{\mathrm{d}E}{\mathrm{d}T}\right)_{\mathrm{V}} \tag{8-5}$$

对于理想气体，内能是温度的单值函数，且有 $E = \frac{i}{2}RT$ ，代入式（8-5）中，可得等体摩

尔热容的一般表达式

$$C_V = \frac{i}{2}R \tag{8-6}$$

式（8-6）说明**等体摩尔热容 C_V 决定于气体的自由度 i**。对于单原子分子，$C_V = \frac{3}{2}R$；刚性双原子分子，$C_V = \frac{5}{2}R$；刚性多原子分子，$C_V = 3R$。C_V 也为气体内能提供了另一种的计算方法：$\Delta E = v C_V \Delta T$。

3. 等压摩尔热容

若1mol的气体在压强不变的过程中，温度升高 dT 时，需要吸收的热量为 dQ，则定义

$$C_p = \left(\frac{dQ}{dT} \right)_p$$

为**等压摩尔热容**。单位为焦耳每摩尔开尔文，符号为 $J \cdot mol^{-1} \cdot K^{-1}$。根据热力学第一定律 $dQ = dE + pdV$，则有

$$C_p = \frac{dE}{dT} + p\frac{dV}{dT} \tag{8-7}$$

对于一摩尔理想气体，$E = \frac{i}{2}RT$，$pV = RT$，代入式（8-7）得

$$C_p = \frac{i+2}{2}R = C_V + R \tag{8-8}$$

显然，对于1mol的理想气体，温度升高1K时，等压过程要比等体过程要多吸收8.31J的热量。这是因为在等压过程中，系统温度升高（或降低）时，其体积必然膨胀（或压缩），所以气体必然对外做正功（或负功）。若是单原子分子，$C_p = \frac{5}{2}R$；刚性双原子分子，$C_p = \frac{7}{2}R$；刚性多原子分子，$C_p = 4R$。

同时，应用等压摩尔热容，很容易得到理想气体在等压过程中吸收（放出）热量

$$Q = v C_p \Delta T$$

实际应用中，常用到等压摩尔热容 C_p 与等体摩尔热容 C_V 的比值，称为**比热容比**，用 γ 来表示

$$\gamma = \frac{C_p}{C_V} = \frac{2+i}{i} \tag{8-9}$$

显然，γ 恒大于1，对于单原子分子气体，$\gamma = 1.67$，刚性双原子分子气体 $\gamma = 1.40$，刚性多原子分子气体 $\gamma = 1.33$。γ 只与分子的自由度有关，而与气体的状态无关。

表 8-2 列出了不同原子的比热容比的实验值和理论值，可以看出：对于单原子和双原子分子气体，γ 的理论值和实验值较接近。而对于多原子分子气体，理论值和实验值有较大的差别。另外，理论上的热容值是与温度无关的，但是实验表明，热容是随温度变化的。表 8-3 列出了在不同温度下氢气的 C_V 的实验值。从表可知，C_V 随温度的升高而增大。这些都是经典物理所不能解释的。

表 8-2　气体摩尔热容的实验数据（C_V，C_p 单位为 $J \cdot mol^{-1} \cdot K^{-1}$）

原子数	气体的种类	C_p（实验）	C_V（实验）	γ（实验）	γ（理论）
单原子	氦	20.95	12.61	1.66	1.67
	氩	20.90	12.53	1.67	
双原子	氢	28.83	20.47	1.41	1.40
	氮	28.88	20.56	1.40	
	氧	29.61	21.16	1.40	
多原子	水蒸气	36.2	27.8	1.31	1.33
	甲烷	35.6	27.2	1.30	
	乙醇	87.5	79.1	1.11	

表 8-3　同一压强（1atm）、不同温度下氢气的 C_V 的实验值（单位为 $J \cdot mol^{-1} \cdot K^{-1}$）

温度℃	−233	−183	−76	0	500	1 000	1 500	2 000	2 500
C_V	12.46	13.59	18.31	20.27	21.04	22.95	25.04	26.71	27.96

经典物理认为粒子能量是连续变化的，而实际的微观粒子的运动的振动能量是一系列不连续的值。低温时，气体分子的振动能量几乎不变，这时可以认为能量是连续变化，实验值和理论值相符合。常温下，振动能量的变化仍然很小，对热容的影响仍可以忽略。高温时，振动能量的变化较大，不再是连续的变化，此时气体分子的运动符合量子力学规律—经典理论将过渡到量子理论。因此必须很好地利用量子理论才能对气体的热容作出完美的解释。

【例 8-1】　1mol 单原子理想气体从 300K 加热到 350K，求在下列两过程中：

（1）体积保持不变；

（2）压强保持不变。

分别吸收了多少热量?增加了多少内能?对外做了多少功?

解：（1）等体过程

对外做功

$$W = 0$$

由热力学第一定律得 $Q = \Delta E$，所吸收的热量为

$$Q = \Delta E = \nu C_V(T_2 - T_1) = \nu \frac{i}{2}R(T_2 - T_1)$$

$$= \frac{3}{2} \times 8.31 \times (350 - 300) = 623.25 \, J$$

（2）等压过程

由于等压过程中 $Q = \nu C_p(T_2 - T_1) = \nu \frac{i+2}{2}R(T_2 - T_1)$，所以吸收的热量为

$$Q = \frac{5}{2} \times 8.31 \times (350 - 300) = 1038.75 \, J$$

又因为 $\Delta E = \nu C_V(T_2 - T_1)$，则内能增加为

$$\Delta E = \frac{3}{2} \times 8.31 \times (350 - 300) = 623.25 \text{ J}$$

由热力学第一定律，$Q = \Delta E + W$，可得对外做功为

$$W = Q - \Delta E = 1038.75 - 623.5 = 415.5 \text{ J}$$

8.4 理想气体的等温过程和绝热过程

由于理想气体，等温过程与绝热过程的 $p-V$ 图有着相似之处，因此，将这两个过程放到一处讨论。

8.4.1 等温过程

等温过程是热力学过程的一种，是指热力学系统在恒定温度下发生的各种物理或化学过程。在整个等温过程中，系统与外界处于热平衡状态。如图 8-8（a）所示，与恒温箱接触的一个气缸，可用一活塞对其缓慢地压缩，所做的功表现为进入容器内使气体的温度保持不变的能量。日常生活中，蓄电池在室温下缓慢充电和放电，也都可近似地看作是等温过程。

对一定质量的理想气体，等温过程的特征是温度保持不变，即 T 为常量，或 $\mathrm{d}T = 0$。由于理想气体的内能仅是温度的函数，因此该过程中内能保持不变。则在等温过程中能量的转换特点为：系统吸收的热量完全等于系统对外所做的功。

1. 等温过程中的功

当气体的体积发生微量 $\mathrm{d}V$ 变化时，气体做的元功为

$$\mathrm{d}W = p\,\mathrm{d}V \tag{8-10}$$

将理想气体状态方程 $p = \dfrac{v}{V}RT$ 代入式（8-10），得

$$\mathrm{d}W = \frac{v}{V}RT\mathrm{d}V$$

当理想气体从状态 1 等温变化到状态 2 时，如图 8-8（b）所示，气体膨胀对外做功为

$$W = \int_{V_1}^{V_2} p\,\mathrm{d}V = \int_{V_1}^{V_2} v\frac{RT}{V}\,\mathrm{d}V = vRT\ln\frac{V_2}{V_1} \tag{8-11}$$

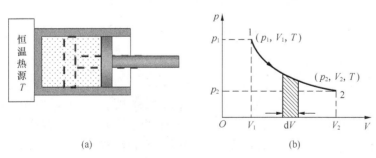

(a)　　　　　　　　　　　　　　(b)

图 8-8　等温过程

又因为等温过程中，$p_1 V_1 = p_2 V_2$，所以式（8-11）又可写为

$$W = vRT\ln\frac{p_1}{p_2}$$

2. 等温过程中的内能变化

内能 E 是温度 T 的单值函数，有

$$E = v\frac{i}{2}RT$$

在等温过程中，$T=$ 恒量，故

$$\Delta E = 0$$

即系统的内能也保持不变。

3. 等温过程中的热量

根据热力学第一定律，$Q = \Delta E + W$，得

$$Q = W = vRT\ln\frac{V_1}{V_2} = vRT\ln\frac{p_1}{p_2}$$

可见，在等温膨胀过程中，理想气体所吸收的热量将全部用来对外界做功。同理可得，在等温压缩过程中，外界对理想气体所做的功将全部转换为系统向外放的热量。

8.4.2 绝热过程

用绝热材料包起来的容器内气体所经历的变化过程（见图 8-9（a））、声波传播时所引起的空气的压缩和膨胀过程、内燃机气缸中燃料燃烧的过程等，都可看作是绝热过程。这些过程的特点是：进行得较快，热量来不及与周围物质进行交换。若在状态变化过程中，系统与外界无热量交换，则该过程称为**绝热过程**。但应当注意的是，自然界中完全绝热的系统是不存在的，实际接触的系统都是近似的绝热系统。

绝热过程的特征是 $Q = 0$，或 $\mathrm{d}Q = 0$。我们讨论的是准静态过程中的绝热过程。

1. 绝热过程的功、内能和热量

根据热力学第一定律 $\mathrm{d}Q = \mathrm{d}E + \mathrm{d}W$，又绝热过程的特征有 $\mathrm{d}Q = 0$，得

$$\mathrm{d}W = -\mathrm{d}E = -vC_V\mathrm{d}T$$

当系统从状态 1 变化到状态 2 时，如图 8-9（b）所示，系统对外做功为

$$W = \int_{V_1}^{V_2} p\mathrm{d}V = -\int_{T_1}^{T_2} vC_V\mathrm{d}T$$
$$= -vC_V(T_2 - T_1) = -\Delta E$$

在绝热膨胀过程中，气体对外做功是由内能的减少为代价来完成的；在绝热压缩过程中，外界对气体做功将全部用来增加内能。例如，柴油机气缸中的空气和柴油雾的混合物被活塞急速压缩后，温度可升高到柴油的燃点以上，从而使得柴油立即燃烧，形成高温高压气体，再推动活塞做功；给轮胎放气时，可以明显感觉到放出的气体比较凉，这正是由于气体压强下降得足够快，快到可视为绝热过程的缘故，气体内能转化为机械能，温度下降。

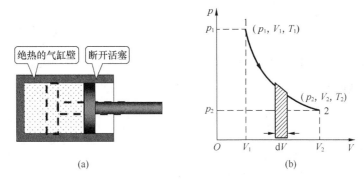

图 8-9 绝热过程

2. 绝热方程

因绝热过程中 $\mathrm{d}Q = 0$ ，则 $\mathrm{d}W = -\mathrm{d}E$ ，即

$$p\mathrm{d}V = -vC_V\mathrm{d}T \tag{8-12}$$

式（8-12）与理想气体状态方程 $pV = vRT$ 联立，可得

$$v\frac{RT}{V}\mathrm{d}V = -vC_V\mathrm{d}T$$

对上式进行分离变量，可得

$$\frac{\mathrm{d}V}{V} = -\frac{C_V}{R}\frac{\mathrm{d}T}{T}$$

等式两边进行积分，可得

$$\int\frac{\mathrm{d}V}{V} = -\int\frac{1}{\gamma-1}\frac{\mathrm{d}T}{T}$$

$$V^{\gamma-1}T = 常量 \tag{8-13}$$

式（8-13）称为**泊松方程**。

同理，也可得到 V 与 T 及 p 与 T 之间的关系式。我们把 p、V、T 三个参量中任两个参量的关系式称为**绝热方程**。

$$V^{\gamma-1}T = 常量$$

$$pV^{\gamma} = 常量$$

$$p^{\gamma-1}T^{-\gamma} = 常量$$

根据泊松方程，系统对外做功又可写为

$$W = \frac{p_2V_2 - p_1V_1}{1-\gamma}$$

8.4.3 绝热线和等温线

在 $p-V$ 图上，绝热过程对应的是一条曲线，为区别于等温线，现将两者做一比较。如图 8-10 所示，虚线表示等温线，实线表示绝热线。两条曲线相交于一点 A，可以看出，绝热线要陡一些。这可以通过计算得到。

对绝热方程 $pV^\gamma =$ 常量取微分,有

$$\gamma pV^{\gamma-1}\mathrm{d}V + V^\gamma \mathrm{d}p = 0$$

则绝热过程中曲线的斜率为

$$\left(\frac{\mathrm{d}p}{\mathrm{d}V}\right)_a = -\gamma\frac{p_A}{V_A}$$

同理,对等温方程 $pV =$ 常量取微分,有

$$p\,\mathrm{d}V + V\,\mathrm{d}p = 0$$

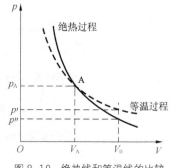

图 8-10 绝热线和等温线的比较

则等温过程曲线的斜率为

$$\left(\frac{\mathrm{d}p}{\mathrm{d}V}\right)_T = -\frac{p_A}{V_A}$$

因为 $\gamma > 1$,所以在两线的交点 A 处,绝热线的斜率的绝对值要大于等温线的斜率的绝对值。

$$\left|\left(\frac{\mathrm{d}p}{\mathrm{d}V}\right)_T\right| < \left|\left(\frac{\mathrm{d}p}{\mathrm{d}V}\right)_a\right|$$

若从状态 A 开始,分别通过绝热过程和等温过程来膨胀相同的体积,从图 8-10 可以看出,绝热过程中压强的降低要比在等温过程中大。这是因为:等温过程中,压强的降低是由对外做功所引起的,而在绝热过程中,压强的降低除了对外做功外,温度的降低所引起的内能的改变也是一个原因,所以压强下降得较快。

【例 8-2】 狄塞尔内燃机气缸中的气体在压缩前压强为 $1.013\times10^5\,\mathrm{Pa}$,温度为 320K,假定空气突然被压缩为原来体积的 1/16.9,试求末态的压强和温度。设空气的 $\gamma = 1.4$。

解: 把空气看成是理想气体,从题知,初态 $p_1 = 1.013\times10^5\,\mathrm{Pa}$,$T_1$=320K,由于压缩进行得很快,可看成是绝热过程。

由绝热方程 $p_1V_1^\gamma = p_2V_2^\gamma$,可得末态压强为

$$p_2 = p_1\left(\frac{V_1}{V_2}\right)^\gamma = 1.013\times10^5\times16.9^{1.4} = 45.1\times10^5\,\mathrm{Pa}$$

根据 $T_1^\gamma p_1^{\gamma-1} = T_2^{-\gamma}p_2^{-\gamma}$,可得末态温度为

$$T_2 = T_1\left(\frac{V_1}{V_2}\right)^{\gamma-1} = 320\times16.9^{1.4} = 992\,\mathrm{K}$$

8.5 循环过程 卡诺循环

理想气体的状态变化不可能全部都是单一方向的,往往还会涉及周而复始的循环过程。

8.5.1 循环过程

系统从某一初态出发,经历一系列的状态变化后,又回到原来状态的过程,称为**热力学循环过程**,简称**循环**。循环工作的物质称为**工作物质**,简称**工质**。如内燃机、蒸汽机,它们的本质是通过循环来实现热功转换,在整个过程中的工作物质为气体。

常见的蒸汽机中的热力循环如图 8-11 所示,在水泵的作用下,水进入高温热源锅炉中,吸

收热量后，变为高温高压蒸汽；随后高温高压蒸汽进入汽轮机，推动涡轮转动对外做功。在这一过程中，内能通过做功转化为机械能，蒸汽的内能减小。最后，剩下的"废气"进入低温热源冷凝器，放出热量后凝结成水，再在水泵的作用下，重新回到水池，如此循环不息地进行。总的结果就是：工质从高温热源吸收热量用以增加其内能，然后一部分内能通过做功转换为机械能，另一部分内能则在冷凝器处通过放热传到外界，最后工质又重新回到原来状态。

在 $p-V$ 图上，循环过程表现为一条闭合曲线。若循环是沿顺时针方向进行，称为**正循环**，如图 8-12 所示。若循环是沿着逆时针方向进行，称为**逆循环**。在正循环中，首先经历过程 acb，系统对外做功为 W_1，大小等于曲线 $acbfea$ 所包围的面积；然后经历 bda 过程，外界对系统所做功为 W_2，大小等于曲线 $bfeadb$ 所包围的面积，可见，在一个循环过程中，系统对外界所做的净功为 $W = W_1 - W_2$，即曲线 $acbda$ 所包围的面积。也就是说，在任何一个循环过程中，系统所做的净功等于 $p-V$ 图上所示循环包围的面积。因为一个循环过程的初态和末态相同，故**内能没有发生改变**，$\Delta E = 0$。这是循环过程的一个重要特征。根据热力学第一定律，循环过程中系统从外界吸收的热量 Q_1 和放出的热量 Q_2 的差值必定等于系统对外所做的功。

正循环的能量转化反映了热机的基本工作过程，而逆循环过程则反映了制冷机的工作过程。

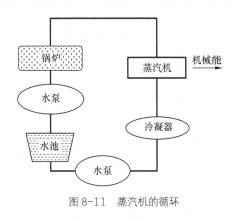

图 8-11 蒸汽机的循环

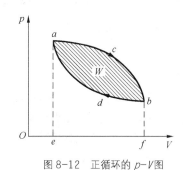

图 8-12 正循环的 $p-V$ 图

8.5.2 热机和制冷机

1. 热机

常见的蒸汽机、内燃机、火箭发动机等都是利用工质的正循环，把吸收的热量连续不断地转换为对外做的功。类似这样的装置称为**热机**。

前面所讲的蒸汽机就是一个典型的热机。从能量的角度看，如图 8-13 所示，工作物质从高温热源吸收热量 Q_1，气体膨胀推动活塞对外做功 W，同时向低温热源放出热量 $|Q_2|$。在完成一次正循环后，由于系统的内能无变化，$\Delta E = 0$。由热力学第一定律知

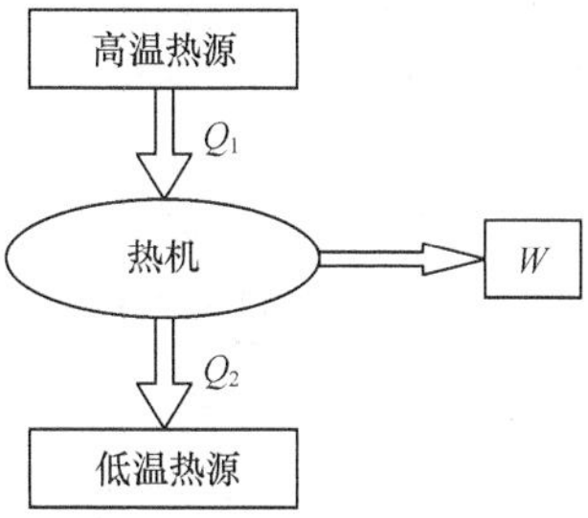

图 8-13 热机的示意图

$$W = Q_1 - |Q_2|$$

热机从外界吸收的热量有多少转化为对外做的功是热机效能的重要标志之一。$\dfrac{W}{Q_1}$ 称为**热机效率**，常用 η 来表示，有

$$\eta = \frac{W}{Q_1} = \frac{Q_1 - |Q_2|}{Q_1} = 1 - \frac{|Q_2|}{Q_1} \tag{8-14}$$

式中，W 为一次循环中系统对外所做的净功，Q_1 为系统从高温热源吸收的热量，$|Q_2|$ 是系统向低温热源放出的热量。若吸收的热量一定，那么，对外做功越多，表明热机把热量转化为有用功的本领越大，效率就越高。对于不同的热机，循环过程的不同，具有的效率也是不同的。表 8-4 列出了几种热机的效率。

表 8-4　实际热机的效率

热机	蒸汽机	汽油机	柴油机	燃气轮机	液体燃料火箭
效率	约 15%	约 25%	约 40%	约 45%	约 48%

2. 制冷机

冰箱、空调等装置利用工作物质连续不断地从某一低温热源吸收热量，传给高温热源，从来实现制冷的效果，这种装置叫做制冷机。从循环过程方向来看，制冷机与热机的循环方向相反。

如图 8-14 所示，工作物质从低温热源吸收热量，是以外界对工作物质做功为条件的，故制冷机的性能可用 $\dfrac{Q_2}{|W|}$ 来衡量，$\dfrac{Q_2}{|W|}$ 称为制冷系数，即

$$e = \frac{Q_2}{|W|} = \frac{Q_2}{|Q_1| - Q_2} \tag{8-15}$$

式中，Q_2 是一次循环中工作物质从低温热源吸收的热量，W 是外界对工作物质所做的功，$|Q_1|$ 是工作物质向高温热源放出的热量。从式中可知，Q_2 一定时，W 越大，则 e 越大，制冷效果越好。这就意味着以较小的代价获得较大的效益。

注意： 在计算 η 和 e 时，W、Q_1 和 Q_2 的数值取的都是绝对值。

常见的压缩式制冷循环过程如图 8-15 所示，压缩机吸入蒸发器中汽化制冷后的低温低压气态制冷剂，然后压缩成高温高压蒸汽；高温高压蒸汽进入冷凝器（高温热源），放出热量 Q_1，被冷凝成液体；常温常压液体经过节流膨胀，压力降低，部分液体吸收自身热量而汽化，温度随之降低；低温低压制冷剂进入蒸发器（低温热源）后，由于压缩机的抽吸作用，使得压强更低，制冷剂在这里发生汽化而吸收热量 Q_2，汽化制冷后的低温低压气态制冷剂被吸入压缩机，开始新一轮循环。

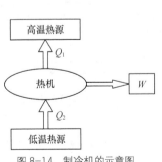

图 8-14　制冷机的示意图

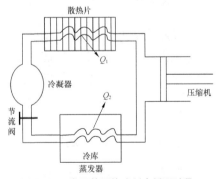

图 8-15　常见的压缩式制冷循环过程

8.5.3 卡诺循环

卡诺（S·Carnot 1796 ~ 1832 年，见图 8-16）。卡诺的主要贡献在热力学方面，
1824 年卡诺出版了《关于火的动力及专门产生这种动力的机器的见解》一书，
书中谈到了他在地球上观察到的许多现象都与热有关，而且提出了著名的卡诺
定理。从热质说的观点得到的卡诺定理为提高热机效率指出了方向，为热力学
第二定律的建立打下了基础。虽说热质说是错误的，但是卡诺定理是正确的。
当卡诺抛弃热质说，准备进一步研究热机理论时，36 岁的卡诺却在霍乱中病逝。
卡诺的座右铭为：知之为知之，不知为不知。

图 8-16 卡诺

热机的发展见证了热力学发展历史，1698 年萨维利和 1705 年纽可门先后发
明了蒸汽机。当时蒸汽机的效率极低，只有 3% 左右，从 1794 年到 1840 年，热机效率才提高
到 8% 左右。散热、漏气、摩擦等因素一直是能量损耗的主要原因，如何减少这些因素，进一
步提高热机的效率就成了当时工程师和科学家共同关心的问题。1824 年，法国青年工程师卡诺
设计了一种理想热机——卡诺机。该热机从理论上给出了效率的极限值。

卡诺机在温度为 T_1 的高温热源和温度为 T_2 的低温热源间交换热量，整个循环过程是由两个
准静态等温过程和两个准静态绝热过程构成的，称为**卡诺循环**。

1. 卡诺热机

设卡诺循环中的工质为理想气体，经过上述 4 个分过程，完
成一个正向的卡诺循环。为了求其效率，下面对整个循环中能量
的转化情况进行分析，如图 8-17 所示。

（1）AB 段等温膨胀。

气体由状态 $A(p_1,V_1,T_1)$ 等温膨胀到状态 $B(p_2,V_2,T_2)$，气体
将从高温热源吸收热量

$$Q_1 = vRT_1 \ln \frac{V_2}{V_1}$$

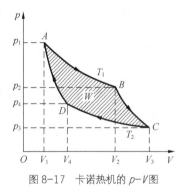

图 8-17 卡诺热机的 $p\text{-}V$ 图

（2）BC 段绝热膨胀。

气体由状态 $B(p_2,V_2,T_1)$ 绝热膨胀到状态 $C(p_3,V_3,T_2)$，气体与外界没有热量交换，由绝热
方程，可得

$$T_1 V_2^{\gamma-1} = T_2 V_3^{\gamma-1} \tag{8-16}$$

（3）CD 段等温压缩。

气体由状态 $C(p_3,V_3,T_2)$ 等温压缩到状态 $D(p_4,V_4,T_2)$，气体将向低温热源放出热量

$$Q_2 = vRT_2 \ln \frac{V_4}{V_3} < 0$$

（4）DA 段绝热压缩。

气体由状态 $D(p_4,V_4,T_2)$ 绝热压缩到状态 $A(p_1,V_1,T_1)$，气体与外界没有热量交换，由绝热
方程，可得

$$V_1^{\gamma-1}T_1 = V_4^{\gamma-1}T_2 \tag{8-17}$$

由式（8-16）和式（8-17），可得

$$\frac{V_2}{V_1} = \frac{V_3}{V_4}$$

因此，卡诺热机的效率为

$$\eta = 1 - \frac{|Q_2|}{Q_1} = 1 - \frac{T_2}{T_1}\frac{\ln\dfrac{V_3}{V_4}}{\ln\dfrac{V_2}{V_1}}$$

即

$$\eta = 1 - \frac{T_2}{T_1} \tag{8-18}$$

式（8-18）表明，卡诺热机的效率与工作物质无关，只与两个热源的温度有关。T_1 越高，T_2 越低，两个热源的温差越大，热机的效率越高。但是 T_1 不可能无限大，T_2 也不可能达到绝对零度，故卡诺循环的效率总是小于 1，即不可能从高温热源吸收热量全部用来对外做功。

2．卡诺制冷机

如图 8-18 所示，理想气体做逆向的卡诺循环。类似于卡诺热机效率的计算，可得制冷系数为

$$e = \frac{Q_2}{W} = \frac{Q_2}{Q_1 - Q_2} = \frac{T_2}{T_1 - T_2} \tag{8-19}$$

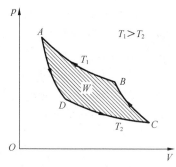

图 8-18　卡诺制冷机的 p-V 图

在一般的制冷机中，高温热源通常是大气温度，因此制冷系数将取决于低温热源的温度 T_2。T_2 越低，制冷系数 e 越小，制冷效果越差，说明要从低温热源吸收热量来降低它的温度，必须消耗越多的功。

市场上销售的空调器就是制冷机的原理，即空调在夏季时，使得室内制冷，室外散热；而在秋冬季制热时，方向同夏季相反，室内制热，室外制冷来达到取暖的目的。

【例 8-3】　柴油机中的工作循环称为狄塞尔循环，一定量理想气体需经过下列准静态循环过程。

（1）绝热压缩，由 (V_1, T_1) 到 (V_2, T_2)；

（2）等压吸热，由 (V_2, T_2) 到 (V_3, T_3)；

（3）绝热膨胀，由 (V_3, T_3) 到 (V_4, T_4)；

（4）等体放热，由 (V_4, T_4) 到 (V_1, T_1)。

试求该循环的效率。

解：循环过程如图 8-19 所示，整个过程只在等压过程中吸收热量

$$Q_1 = \nu C_p(T_3 - T_2)$$

只在等体过程向外放出热量

$$Q_2 = vC_V(T_1 - T_4) < 0$$

这个循环的效率为

$$\eta = 1 - \frac{|Q_2|}{Q_1} = 1 - \frac{vC_V(T_4 - T_1)}{vC_p(T_3 - T_2)} = 1 - \frac{1}{\gamma} \cdot \frac{T_4 - T_1}{T_3 - T_2}$$

【例 8-4】 如图 8-20 所示，一定质量的理想气体从 a 状态出发，经历一循环过程，又回到 a 状态。设气体为双原子分子气体。试求：

（1）各过程中的热量、内能改变以及所做的功；

（2）该循环的效率。

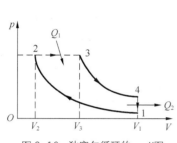

图 8-19 狄塞尔循环的 p–V 图

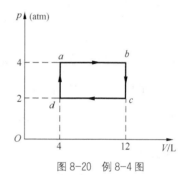

图 8-20 例 8-4 图

解：分析该循环中每一个过程内能的改变，可用公式 $\Delta E = vC_V \Delta T$，做功的大小就是曲线下面所对应的面积；最后用热力学第一定律 $Q = \Delta E + W$ 计算热量。

（1）从 $a - b$ 过程

$$W_{ab} = 4 \times 10^5 \times 8 \times 10^{-3} = 3.2 \times 10^3 \text{ J}$$

$$\Delta E_{ab} = vC_V(T_b - T_a) = v\frac{5}{2}R(T_b - T_a)$$

$$= \frac{5}{2}(p_b V_b - p_a V_a) = 8 \times 10^3 \text{ J}$$

$$Q_{ab} = \Delta E_{ab} + W_{ab} = 11.2 \times 10^3 \text{ J}$$

从 $b - c$ 过程

$$W_{bc} = 0 \qquad Q_{bc} = \Delta E_{bc} = -6 \times 10^3 \text{ J}$$

从 $c - d$ 过程

$$W_{cd} = -1.6 \times 10^3 \text{ J} \qquad \Delta E_{cd} = -4 \times 10^3 \text{ J}$$

$$Q_{cd} = -5.6 \times 10^3 \text{ J}$$

从 $d - a$ 过程

$$W_{da} = 0 \qquad Q_{da} = \Delta E_{da} = 2 \times 10^3 \text{ J}$$

（2）根据热机效率公式

$$\eta = \frac{W}{Q_1}$$

代入数据，得

$$\eta = \frac{W}{Q_1} = \frac{W_{ab} + W_{bc} + W_{cd} + W_{da}}{Q_{ab} + Q_{da}} = \frac{1.6 \times 10^3}{13.2 \times 10^3} = 12.12\%$$

8.6 热力学第二定律 卡诺定理

随着科学技术的发展，各种热机的效率有所提高，而且热机已广泛应用于工业上。热力学第一定律给各种热机的能量传递和转化提供了理论基础，指出热机必须满足能量守恒定律。除此之外，热机中能量传递和转化过程的方向又有着什么限制？热机效率的提高是否有一个极限值？极限值又和哪些因素有关？这些问题一直困扰着人们。经过长期的实践经验和科学知识的积累，最终发现了一个新的自热规律，即热力学第二定律，它是独立于热力学第一定律的另一个基本规律，很好地解释了自然界中能量传递和转化过程进行方向的规律。

8.6.1 热力学第二定律的两种表述

热力学第二定律有多种不同的表述形式，常用的表述有如下两种。

1. 开尔文表述

1851 年，英国物理学家开尔文（L·kelvin，1824～1907 年）从热功转换的角度出发，首先提出：**不可能制造出这样一种循环工作的热机，它只从一个热源吸取热量，使之全部变为有用的功，而其他物体不发生任何变化。**

对于开尔文表述可以从下面两点进行阐明。

（1）如果从单一热源吸热全部用来做功，必定会引起其他变化。

例如，理想气体在等温膨胀过程中，温度不发生变化，故系统的内能不变，系统从外界热源所吸收的热量将全部用来做功，气体的体积膨胀就是系统所发生的其他变化。

应当注意的是，"单一热源"指的是温度均匀并且恒定不变的热源，如果物质可从热源中温度较高的地方吸热，而向温度较低的地方放热，这时就相当于两个热源。

（2）如果从单一热源所吸收的热量用来对外做功，而系统没有发生变化，这种情况也是可能的，只是吸收的热量不会完全用来做功。

例如，热机的效率 $\eta < 100\%$。历史上曾有人设想制造一种热机，该热机从单一热源吸热，并使之完全变为有用功而不产生其他的影响，即热机效率为 $\eta = 100\%$，这种热机称为第二类永动机。第二类永动机符合能量转换和守恒定律。若这种热机可行的话，最经济适用的热源就是空气和大海，它们都含有大量的能量，是取之不尽、用之不竭的。可以通过从大海中吸收热量对外界做功，如果大海的温度下降 1℃，产生的能量可供全世界使用 100 年。但是，只用海洋作为单一热源制造出 $\eta = 100\%$ 的热机，违反了热力学第二定律。因此，开尔文表述又可表述为：第二类永动机是不可能的。

2. 克劳修斯表述

德国物理学家克劳修斯（R·J·E·Clausius，1822～1888 年）在大量的客观实践的基础上，从热量传递的方向出发，于 1850 年提出：**不可能使热量从低温物体自动传到高温物体而不引起外**

界的变化。

对于克劳修斯表述可以从下面两个方面进行阐明。

（1）热量只能自发地从高温物体传到低温物体，例如冰块和水的混合。

（2）热量可以从低温物体传递到高温物体，但是一定会引起其他变化。例如制冷机可以实现将热量从低温物体传到高温物体，其他变化就是制冷的效果。

热力学第二定律是大量的经验和事实的总结，它与其他物理定律不同的是：热力学第二定律有多种表述方式，每一种表述都可以从自己的角度来说明热力学过程的方向性，所有的表述具有等价性。各种实际过程的方向具有一定的关联性，只需说明一个实际过程进行的方向即可。所以说，热力学第二定律的任一种表述都具有普遍意义，可以反映所有宏观过程进行的方向的规律。

热力学第一定律指出：热力学过程中能量是守恒的。热力学第二定律阐明了一切与热现象相关的物理、化学过程进行的方向的规律，表明自发过程是沿着有序向无序转化的方向进行。热力学第二定律和第一定律是互不包含、彼此独立、相互制约的，并一起构成了热力学的理论基础。

8.6.2 可逆过程与不可逆过程

前面讲到热力学第二定律所有的表述方式都是等效的，即开尔文表述和克劳修斯表述反映了自然界与热现象相关的宏观过程的一个总的特征。为描述总的方向性，我们引入可逆过程和不可逆过程的定义。设在某一过程中，系统从状态 A 变为另一状态 B，若我们让该系统沿逆向变化，即从状态 B 再回到状态 A，而且当回到原来的 A 状态时，外界也都恢复原样，这样的过程称为**可逆过程**。如果系统不能恢复到初始状态 A，或当系统恢复到初始状态 A 时，外界不能恢复原样，即对外界造成的影响不可消除，这样的过程称为**不可逆过程**。注意，通常情况下，不可逆过程并不是不能在反方向进行的过程，而是当逆过程完成后，对外界的影响不能消除。

因此，开尔文表述指出了功转换为热的过程是不可逆的；克劳修斯表述指出了热传导过程的不可逆性。热力学第二定律又可以表述为：**与热现象相关的宏观过程都是不可逆的**。实际上，自然界的一切自发过程都是不可逆过程。例如，气体的扩散和自由膨胀、水的气化、固体的升华、各种爆炸过程等都是不可逆过程。通过考察这些不可逆过程，不难发现它们有着共同的特征，就是开始时系统存在某种不平衡因素，或者过程中存在摩擦等损耗因素。不可逆过程就是系统由不平衡达到平衡的过程。

可逆过程只是一个理想过程，要想实现可逆过程，过程中每一步必须都是平衡态，而且过程中没有摩擦损耗等因素。这时，按原过程相反方向进行，当系统恢复到原状态时，外界也能恢复到原状态。这个过程就可认为是可逆过程，所以，**无摩擦的准静态过程是可逆过程**。虽然，与热现象相关的实际过程都是不可逆过程，但是可以做到非常接近可逆过程，因此可逆过程的研究有着重要的意义。

8.6.3 卡诺定理

根据热机的循环过程的特点，我们可将其分为两类：对于循环过程可逆的称为可逆机；对于循环过程不可逆的则称为不可逆机。卡诺以他富于创造性的想象力，建立了理想模型——卡诺可逆热机（卡诺热机），并且于 1824 年提出了作为热力学重要理论基础的卡诺定理，从理论上解决了提高热机效率途径的根本问题。具体可归结为以下两点。

（1）在相同高温热源（温度为 T_1）和低温热源（温度为 T_2）之间工作的任意工作物质的可逆机都具有相同的效率，且都等于 $\eta = 1 - \dfrac{T_2}{T_1}$。

（2）工作在相同的高温热源和低温热源之间的一切不可逆机的效率都不可能大于可逆机的效率，即 $\eta < 1 - \dfrac{T_2}{T_1}$。

卡诺定理从理论上指出了增加热机效率的方法。就热源而言，尽可能地提高它们的温度差可以极大地增加热机的效率。但是，在实际过程中，降低低温热源的温度较困难，通常只能采取提高高温热源的温度的方法，如选用高燃料值材料等；其次，要尽可能地减少造成热机循环的不可逆性的因素，如减少摩擦、漏气、散热等耗散因素等。

8.7 熵 熵增加原理

生活中，用导线连接两个带电体，电流将从高电势体流向低电势体，直到两带电体的电势相等；将不同温度的物体相接触也会出现类似的情况。类似于上面所述的不可逆过程还有很多。热力学第二定律也表明，一切与热现象相关的实际宏观过程都是不可逆的。那么，对于这些不可逆过程是否有各自的判断准则？能否用一个共同的准则来判断不可逆过程进行的方向？我们都知道，实际的自发过程不仅反映了其不可逆性，而且也反映出初态和末态之间很大的差异。因此，我们希望找到一个新的物理量，它可以对不可逆过程的初态和末态进行描述，同时也可以判断实际过程进行的方向。1854 年，克劳修斯首先找到了这个物理量。1865 年克劳修斯把这一新的物理量正式定名为"熵"。和内能一样，熵也是状态的函数。

8.7.1 熵

根据卡诺定理，在相同高温热源（温度为 T_1）和低温热源（温度为 T_2）之间工作的任意工作物质的可逆机都具有相同的效率，即

$$\eta = \frac{Q_1 - |Q_2|}{Q_1} = \frac{T_1 - T_2}{T_1} \tag{8-20}$$

式中，Q_1 是从高温热源吸收的热量，Q_2 是向低温热源放出的热量。整理可得

$$\frac{Q_1}{T_1} = \frac{|Q_2|}{T_2}$$

由于 $Q_1 > 0$，$Q_2 < 0$，故又可写为

$$\frac{Q_1}{T_1} + \frac{Q_2}{T_2} = 0 \tag{8-21}$$

式（8-21）表明，在可逆卡诺循环中，系统经历一个循环回到初始状态后，热量和温度的比值的总和是零。这个结论可推广到任意的可逆循环。如图 8-21 所示，对于任意一个可逆循环过程，可看成是由许多个微小的可逆卡诺循环过程组合而成。从图可知，任意两个相邻的微小可逆卡诺循环，总有一段绝热线是共同的，因为进行的方向相反而效果相互抵消，所以这些微小的可逆卡诺循环的总效果和可逆循环过程是等效的。由式（8-21）可知，对于任意一个微小的可逆卡诺循环，其热量和温度的比值总和都等于零，于是，对整个可逆循环有

$$\sum_{i=1}^{n}\frac{\Delta Q_s}{T_i}=0 \qquad (8-22)$$

式中，n 是微小热源的数目，令 $n \to \infty$ 时，则式（8-22）可写为

$$\oint\frac{\mathrm{d}Q}{T}=0 \qquad (8-23)$$

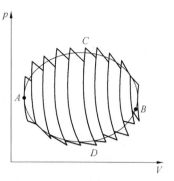

图 8-21 把任意的可逆循环看作由无数多分卡诺循环组成

式（8-23）称为**克劳修斯等式**，其中，$\mathrm{d}Q$ 表示系统在无穷小过程中从温度为 T 的热源吸收的热量。若把 A 看作是可逆循环过程的初态，整个循环 $ACBDA$ 就可以分为 ACB 和 BDA 两段，于是有

$$\int_{ACB}\frac{\mathrm{d}Q}{T}+\int_{BDA}\frac{\mathrm{d}Q}{T}=0 \qquad (8-24)$$

由于是可逆过程，所以

$$-\int_{BDA}\frac{\mathrm{d}Q}{T}=\int_{ADB}\frac{\mathrm{d}Q}{T} \qquad (8-25)$$

将式（8-25）代入式（8-24），可得

$$\int_{ACB}\frac{\mathrm{d}Q}{T}=\int_{ADB}\frac{\mathrm{d}Q}{T}=0 \qquad (8-26)$$

结果表明，系统从平衡态 A 到平衡态 B 的 $\int_A^B\frac{\mathrm{d}Q}{T}$ 值与路径无关，而是由系统的初末状态所决定。为此，我们引入一个新的状态函数——熵，符号为 "S"，它的定义为

$$\mathrm{d}S=\frac{\mathrm{d}Q}{T} \qquad (8-27)$$

或

$$S_B-S_A=\int_A^B\frac{\mathrm{d}Q}{T} \qquad (8-28)$$

式（8-28）表明，在任意的可逆过程中，两平衡态间的熵变等于该过程中热温比 $\mathrm{d}Q/T$ 的积分。其中，S_A 和 S_B 分别表示系统在平衡态 A 和平衡态 B 时的熵。熵的单位为：焦耳每开尔文，符号是 $\mathrm{J \cdot K^{-1}}$。

8.7.2 熵变的计算

式（8-28）可以用来计算两个平衡态之间的熵变，应用时需要注意以下几点。

（1）熵是态函数，与过程无关。当给定系统状态时，其熵值是确定的，与到达这一平衡态的路径无关。

（2）计算熵变的积分路径必须是可逆过程。如果系统经历的是不可逆过程，我们可以在初

末状态之间设计一个可逆过程，最后再用式（8-28）计算。

（3）熵具有相加性，当一个系统由几部分组成时，各部分的熵变之和等于整个系统的熵变。

8.7.3 熵增加原理

如何通过状态函数来判断过程进行的方向？下面通过热传导过程中的熵变来分析。设在一个由绝热材料做成的容器里，放有两个物体 A 和 B，温度分别为 T_A 和 T_B，且 $T_A > T_B$，若两物体接触，则将发生热传导，如图 8-22 所示。

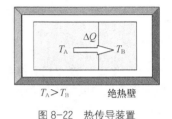

图 8-22 热传导装置

设在微小时间 Δt 内，从 A 传到 B 的热量为 ΔQ，且是在可逆的等温过程中进行的，则对于物体 A 的熵变为

$$\Delta S_A = \frac{-\Delta Q}{T_A}$$

B 物体的熵变为

$$\Delta S_B = \frac{\Delta Q}{T_B}$$

两物体熵变的总和为

$$\Delta S = \Delta S_A + \Delta S_B = -\frac{\Delta Q}{T_A} + \frac{\Delta Q}{T_B} > 0$$

可见，当热量从高温物体传到低温物体时，整个系统的熵增加 $\Delta S > 0$。在气体的扩散、热功转换等不可逆过程中，也可得到同样的结果。因此，孤立系统内部的熵永不减少

$$\Delta S \geqslant 0 \tag{8-29}$$

这个结论称为**熵增加原理**。孤立系统必然是绝热系统，系统内进行不可逆过程时，熵要增加 $\Delta S > 0$。自然界的一切自发过程都是不可逆过程，也都是熵增过程，达到平衡时，系统的熵达到最大。对于可逆过程，由于孤立系统与外界没有能量交换，则 $\Delta Q = 0$，因此系统的熵不变，即 $\Delta S = 0$。

熵增加原理只适用于孤立系统或绝热系统。例如，一杯放在空气中冷却的热水，对于杯子和水这个系统，熵是减少的，这是因为该系统并非孤立系统。如果把这杯水和环境看作是一个系统，这时系统为孤立系统，整个系统的熵是增加的。

8.7.4 熵增加原理与热力学第二定律

自然界中的一切自发过程都是不可逆的。根据熵增加原理，一个孤立系统中，自发进行的过程总是沿着熵增加的方向进行。系统达到平衡时，熵达到最大。也就是说，熵增加原理给出了热现象的不可逆过程进行的方向和限度。而在热力学第二定律中又指出，热量只能自动从高温物体传递到低温物体。比较两种表述后可以认为，熵增加原理是热力学第二定律的数学表示。

8.8 热力学第二定律的统计意义

下面我们讨论一个不受外界影响的孤立系统内部发生的过程的方向问题。

8.8.1 玻尔兹曼关系式

如图 8-23 所示，设有一容器，被隔板分为体积相等的 A、B 两个小室。下面我们来研究打开隔板后，气体分子的位置分布情况。对于任一分子在容器内运动，可能运动到 B 室，也可能回到 A 室，即任一分子出现在 A 或 B 的概率是相等的，都是 1/2；现在容器内有 4 个分子运动，打开隔板后，则它们在 A 和 B 室有 2^4 种可能分布，对于每一种分布出现的概率都是 $1/2^4$。每一种分布称为一种微观状态。在上述系统中共有 16 个微观状态，若全部分子回到 A 或全部运

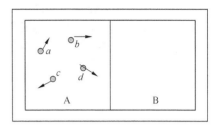

图 8-23 分子在容器中的分布

动到 B，其微观状态为数 1，即实现该状态的概率为 1/16，而当分子均匀分布时，其微观状态数为 6，实现的概率达到最大为 6/16，其无序度也达到最大。若推广到 N 个分子，分子的分布方式共有 2^N 种，每一种分布出现的概率为 $1/2^N$。例如，在容器左边放入 1mol 气体，右边为真空，则对于全部分子回到左室的概率为

$$\frac{1}{2^N} = \frac{1}{2^{6 \times 10^{23}}} \approx 10^{-2 \times 10^{23}}$$

这个值是很小的，故气体是不可能自动收缩回到原状态，这也说明气体自由膨胀是不可逆的。如果用无序度和有序度来描述微观状态数目，微观状态数目越少，系统内部的运动越是单一化，越趋近于有序；随着微观状态数目增多，内部的运动越混乱，越无序。

玻尔兹曼认为，系统的热力学熵 S 与微观状态数 W 之间有着一定的关系，为

$$S = k \ln W \qquad (8\text{-}30)$$

式（8-30）称为**玻尔兹曼关系式**，其中，k 为玻尔兹曼常数。为了纪念玻尔兹曼给予熵以统计解释的卓越贡献，在他的墓碑上寓意隽永地刻着 $S = k \ln W$，表达了人们对玻尔兹曼的深深怀念和尊敬。

在上例中，气体自由膨胀前后的微观状态数之比为

$$\frac{W_2}{W_1} = 2^{N_A}$$

则熵增加为

$$\Delta S = k \ln 2^{N_A} = k N_A \ln 2 > 0$$

这也表明，气体的自由膨胀是一个熵增加过程。所以说玻尔兹曼关系式将熵 S 和微观状态数 W 联系起来，揭示了热力学过程方向性的微观实质。

8.8.2 热力学第二定律的统计意义

通过上面的分析，一个不受外界影响的孤立系统，其内部发生的过程，总是由概率小的状态向概率大的状态进行，由包含微观状态数目少的宏观状态向包含微观状态数目多的宏观状态进行，这是熵增加原理的微观实质，也是热力学第二定律的统计意义所在。

玻尔兹曼关系式提出，熵又可看作是系统内部无序度的量度，熵的增加就是无序度的增加。这使得熵概念的内涵变得更加丰富。现在，熵的相关理论已广泛地应用于社会生活、生产和社会科学等领域，特别是负熵的概念。我们的世界离不开信息，熵的增加就意味着无序度的增加，

信息的减少，所以获得信息就是吸取负熵。例如，生命系统是一个高度有序的开放系统，熵越低就意味着系统越完美，生命力越强。生物的进化也是由于生物与外界有着物质、能量以及熵的交流，因而从单细胞生物逐渐演化为多姿多彩的自然界。如果说，人类前几次的工业革命是能量革命，即以获取更多的能量为目的，那么今后人类社会的工业革命将是走向负熵的革命，即获取更多的负熵！负熵是人类赖以生存、工作的条件，是人类的物质与精神食粮。

8.9 习题

一、思考题

1. 在一巨大的容器内，储满温度与室温相同的水，容器底部有一小气泡缓慢上升，逐渐变化，这是什么过程？在气泡上升过程中，气泡内气体是吸热还是放热？

2. 从增加内能来说，做功和热传递是等效的，如何理解它们本质上的差异？

3. 怎样区别内能和热量？下列两种说法是否正确？

（1）物体温度越高，含有热量越多；

（2）物体温度越高，其内能越大。

4. 下列理想气体各过程中，哪些过程可能发生，哪些过程不可能发生？为什么？

（1）等体加热时，内能减少，同时压强升高；

（2）等温压缩时，压强升高，同时吸热；

（3）等压压缩时，内能增加，同时吸热；

（4）绝热压缩时，压强升高，同时内能增加。

5. 公式 $\mathrm{d}Q = vC_V\,\mathrm{d}T$ 和 $\mathrm{d}E = vC_V\,\mathrm{d}T$ 的意义有何不同？两者的适用条件有何不同？

6. 如图 8-24 所示，用热力学第一定律和第二定律分别证明，在 $p-V$ 图上一绝热线与一等温线不能有两个交点。

7. 两个卡诺循环如图 8-25 所示，它们的循环面积相等，试问：

（1）它们吸热和放热的差值是否相同？

（2）对外做的净功是否相等？

（3）效率是否相同？

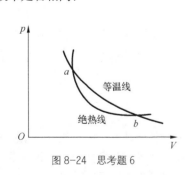

图 8-24 思考题 6

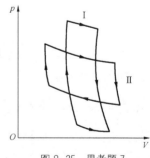

图 8-25 思考题 7

8. 有人声称设计出一种热机工作于两个温度恒定的热源之间，高温热源和低温热源分别为 $T_1 = 400\,\mathrm{K}$ 和 $T_2 = 250\,\mathrm{K}$；当热机从高温热源吸收热量为 $2.5 \times 10^7\,\mathrm{cal}$ 时，对外做功 20 千瓦小时，而向低温热源放出的热量恰为两者之差，这可能吗？

9. 有人说，因为在循环过程中，工质对外做净功的值等于 $p-V$ 图中闭合曲线所包围的面积，所以闭合曲线包围的面积越大，循环的效率就越高。该观点是否正确？

10. 判断下面说法是否正确？

（1）功可以全部转化为热，但热不能全部转化为功。

（2）热量能从高温物体传到低温物体，但不能从低温物体传到高温物体。

11. 下列过程是否可逆？为什么？

（1）在恒温下加热使水蒸发。

（2）由外界做功，设法使水在恒温下蒸发。

（3）在一绝热容器内，不同温度的两种液体混合。

（4）高速行驶的卡车突然刹车停止。

12. 自然界的过程都是遵守能量守恒定律，那么，作为它的逆定理："遵守能量守恒定律的过程都可以在自然界中出现"，能否成立？

二、复习题

1. 热力学第一定律的数学表达式是_____；通常规定：系统从外界吸收热量为正值，系统向外界放出热量时 Q 为负值；_____时 W 取正值，_____时 W 为负值，系统热力学能_____时 ΔE 为正值，系统热力学能_____时 ΔE 为负值。

2. 1824 年法国工程师卡诺研究了一种理想循环，并从理论上证明了它的效率，这种循环称为卡诺循环。理想气体的卡诺循环包括四个准静态过程，即两个_____个_____。

3. 1851 年开尔文提出了热力学第二定律的开氏说法，这是公认的热力学第二定律的标准说法；可表述为：_____。开尔文表述实质上就是说功变热的过程是不可逆的

4. 卡诺定理指出了提高热机效率的途径。就过程而言，应当使实际热机尽量接逆机（如减小摩擦，漏气及其他散热等）；就温度而言，应当尽量提高_____的温度，_____的温度。

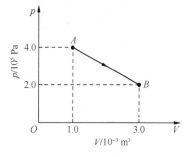

5. 如图 8-27 所示，一定质量的理想气体，沿图中斜向下的直线由状态 A 变化到状态 B。初态时压强为 4.0×10^5Pa，体积为 1.0×10^{-3}m³，末态的压强为 2.0×10^5Pa，体积为 3.0×10^{-3}m³，求此过程中气体对外所做的功。

图 8-27 复习题 5

6. 质量为 m、摩尔质量为 M 的理想气体，经历了一个等压过程，温度增量为 ΔT，则内能增量为（　　）。

（A）$\Delta E = \dfrac{m}{M} C_p \Delta T$　　（B）$\Delta E = \dfrac{m}{M} C_V \Delta T$

（C）$\Delta E = \dfrac{m}{M} R \Delta T$　　（D）$\Delta E = \dfrac{m}{M}(C_p + R)\Delta T$

7. 如图 8-28 所示，某热力学系统经历一个 ced 过程，其中 c、d 为绝热过程曲线 ab 上任意两点，则系统在该过程中（　　）。

（A）不断向外界放出热量

（B）不断从外界吸收热量

（C）有的阶段吸热，有的阶段放热，吸收的热量大于放出的热量

（D）有的阶段吸热，有的阶段放热，吸收的热量小于放出的热量

8. 如图 8-28 所示，一定量的理想气体，由平衡态 A 变到平衡态 B，且它们的压强相等，即 $p_A = p_B$，则在状态 A 和状态 B 之间，气体无论经过的是什么过程，气体必然（　　）。

（A）对外做正功　　（B）内能增加　　（C）从外界吸热　　（D）向外界放热

9. 根据热力学第二定律判断下列哪种说法是正确的（　　）。

（A）热量能从高温物体传到低温物体，但不能从低温物体传到高温物体

（B）功可以全部变为热，但热不能全部变为功

（C）气体能够自由膨胀，但不能自动收缩

（D）有规则运动的能量能够变为无规则运动的能量，但无规则运动的能量不能变为有规则运动的能量

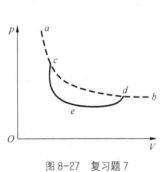

图 8-27　复习题 7

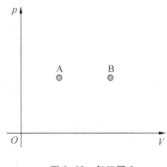

图 8-28　复习题 8

10. 关于可逆过程和不可逆过程的判断：

（1）可逆热力学过程一定是准静态过程

（2）准静态过程一定是可逆过程

（3）不可逆过程就是不能向相反方向进行的过程

（4）凡有摩擦的过程一定是不可逆过程

以上判断正确的是（　　）。

（A）（1）、（2）、（3）　　　　　　　　　　　（B）（1）、（2）、（4）

（C）（2）、（4）　　　　　　　　　　　　　　（D）（1）、（4）

11. 绝热容器被隔板分为两半，一半为真空，另一半是理想气体，若把隔板抽出，气体将进行自由膨胀，达到平衡后（　　）。

（A）温度不变，熵增加　　　　　　　　　（B）温度增加，熵增加

（C）温度降低，熵增加　　　　　　　　　（D）温度不变，熵不变

12. 一卡诺热机的低温热源的温度为 7℃，效率为 40%，若要将其效率提高到 50%，问高温热源的温度应提高多少？

13. 压强为 1×10^5 Pa，体积为 0.0082 m^3 的氮气，从初始温度 300K 加热到 400K，如加热时（1）体积不变，（2）压强不变，问两种情形各需热量多少？哪一个过程所需热量大？为什么？

14. 气缸内有单原子理想气体，若绝热压缩使其容积减半，问气体分子的平均速率变为原来速率的几倍？若为双原子理想气体，又为几倍？

15. 一高压容器中含有未知气体，可能是 N_2 或 Ar。在 298K 时取出试样，体积从 5×10^{-3} m^3 绝热膨胀到 6×10^{-3} m^3，温度降到 277K，试判断容器中是什么气体？

16. 1mol 双原子理想气体做如图 8-29 所示的可逆循环过程，其中 1—2 为直线，2—3 为绝热线，3—1 为等温线，已知 $T_2 = 2T_1$，$V_3 = 8V_1$。试求：

（1）各过程的功，传递的热量和内能增量；

（2）该循环的效率。

17. 如图 8-30 所示，一理想气体所经历的循环过程，其中，AB 和 CD 是等压过程，BC 和 DA 为绝热过程，已知 B 点和 C 点的温度分别为 T_2 和 T_3，求此循环效率。这是卡诺循环吗?

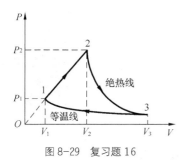

图 8-29 复习题 16

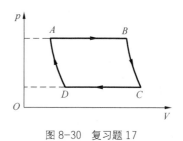

图 8-30 复习题 17

第**9**章 | 液体的表面现象

液体的主要特点之一是它和气体、其他液体或固体接触处有一个自由表面或附着层。液体内部由于分子的紊乱运动，各方向物理性质完全相同。但在液体表面层，无论是液体与气体之间的自由表面，或是两种不能混合的液体或与固体之间的界面，都是各个方向性质不同的。本章主要讨论液体表面现象的形成过程、基本原理以及与生命过程密切相关的几种液体表面现象。

9.1 表面张力 表面能

自然界中很多现象表明，液体表面如同一张拉紧了的弹性薄膜，具有收缩趋势。比如液滴总是先形成液球，然后一滴滴地滴下。

9.1.1 表面张力

任何一个小单元液体如果忽略其重力作用，将形成球状。诸如荷叶上的小水珠、玻璃片上的小水银珠等。因为凡是体积相同而表面积最小的形状就是球形，一定体积的液体表面具有收缩到最小表面积的趋势。这种沿着液体表面相切方向，使液面具有收缩趋势的力，称为**表面张力**。表面张力类似于固体内部的拉伸应力，这种应力存在于极薄的表面层内，是表面层内分子作用的结果。

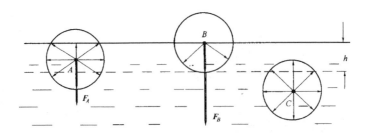

图 9-1 液体分子受力情况图

对于大量分子中的某个分子来说，离开它距离超过 10^{-9} m 的分子对它几乎没有作用力。因此，以这个分子为中心，以 10^{-9} m 为半径做一个球面，只有在这个球面内，其他分子对它才有力的作用，这个球面就是分子力的作用范围，称为**分子作用球**，其半径称为**分子作用半径**。

液面下厚度约等于分子作用半径的一层液体，称为**液体的表面层**。表面层内的分子，一方面受到液体内部分子的作用，另一方面受到外部气体分子的作用。由于气体的密度远比液体的小，一般可把气体分子的作用忽略不计。这样，**表面层内的分子受到邻近各分子作用力的合力表现为一个垂直于液面、指向液体内部的引力**，如图 9-1 所示的 A、B 分子。显然，引力 F_A 小于引力 F_B。图中的 h 为表面层厚度，它等于分子作用半径。而在液体内部,由于各个分子受到周围其他分子的作用力对称分布，因此合力为零，如图 9-1 所示的 C 分子。

液体表面层内，所有分子均受到一个指向液体内部的作用合力，故而总效果是使得液体表面处于一种特殊的拉紧状态，如同一张紧张的弹性膜。

图 9-2 中的长方框所围的是一液体表面。设想此表面上有一条分界线 *MN*，将液面分为 I 和 II 两部分，设 I 部分吸引 II 部分分子的力为 f_1，II 部分吸引 I 部分分子的力为 f_2。f_1 和 f_2 大小相等，方向相反，并与 *MN* 垂直。这就是液面上相接触两部分表面相互作用的**表面张力**。

9.1.2　表面张力系数

表面张力的大小可以通过表面张力系数来描述。图 9-2 中的线段 *MN* 长度 L 越长，由于线段 L 上每点都受力，因此 I、II 两部分间表面张力越大。实验表明：表面张力 **f** 作用在表面任意分界线的两侧，其方向沿着液体表面，并且与分界线垂直；其大小与分界线长度 L 成正比，即

$$f = \alpha L \qquad (9\text{-}1)$$

式中，α 称为**表面张力系数**。在数值上，表面张力系数等于沿液体表面垂直作用于单位长度上的张力，单位是牛顿/米(N/m)。

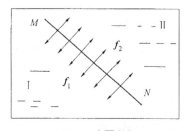

图 9-2　表面张力

可以用下面方法简捷地测出液体的表面张力系数。如图 9-3 所示,有一长方形金属框，其 *AB* 边可在框上自由滑动，在框上浸上一层液膜（如肥皂液膜），由于液膜收缩，*AB* 边将向左滑动。若在 *AB* 边上向右加上外力 **F**，可使 *AB* 边保持平衡，很明显可以得出

$$F = 2\alpha L$$

L 为 *AB* 边长，α 为液体表面张力系数，系数 α 是由于液膜具有上下两个表面的缘故。所以，测得 L 和 F 之值，即可测得 α 的数值。

液体的表面张力系数随液体的性质不同而不等，还与温度有关。温度越高，表面张力系数越小。当然在同一温度下，不同种类液体的表面张力系数不同。另外表面张力系数值还和液体的纯净程度有关。

表面张力不仅存在于液—气的交界面，也存在于两种不相混合的液体的交界面上，但比液—气交界面的表面张力小。对于两种完全可以混合的液体来说，由于无明显的交界面也就无表面张力可言，即表面张力为零。利用这一原理可以测定细胞的表面张力系数。设细胞可与某种已知表面张力系数的液体完全混合，则细胞的表面张力系数必定与该种液体的表面张力系数相同，或者就说是已知液体的表面张力系数。表 9-1 给出了几种液体—空气交界面的表面张力系数。表 9-2 给出了不同温度下水和酒精的表面张力系数。

表 9-1　几种液体—空气交界面的表面张力系数（20℃）

液　体	$\alpha \times 10^{-2}$ (N/m)	液　体	$\alpha \times 10^{-2}$ (N/m)
水	7.3	皂　液	2.0
乙　醚	1.7	胆　汁	4.8
苯	2.9	血　浆	6.0
汞	49.0	牛　奶	5.0
酒　精	2.2	尿（正常人）	6.6
甘　油	6.5	尿（黄胆病人）	5.5

表 9-2　不同温度下水和酒精的表面张力系数 α（$\times 10^{-2}$　N/m）

液　体	0℃	20℃	40℃	60℃	80℃	100℃
水	7.564	7.275	6.956	6.618	6.261	5.885
酒　精	2.405	2.227	2.060	1.901	—	—

9.1.3　表面能

现在计算在图 9-3 情形中使液体表面积增加时做功的情况。图中用外力 F 使 AB 向右移动距离 Δx，设移到 $A'B'$ 位置，外力克服分子间引力所做的功为

$$\Delta A = F\Delta x = 2\alpha L\Delta x = \alpha\Delta S$$

式中，ΔS 为液膜面积的增量。根据功能原理，这个功应等于液膜增加表面积时所增加的分子势能 ΔE_P，分子势能也称**表面能**(surface energy)或表面自由能。即

$$\Delta A = \alpha\Delta S = \Delta E_P$$

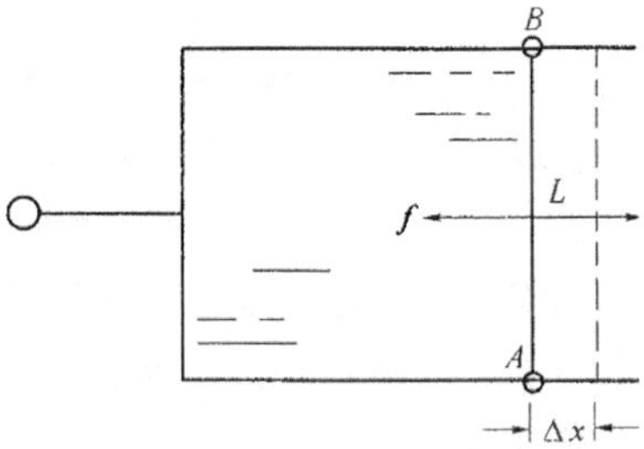

或

图 9-3　表面张力与表面能的关系

$$\alpha = \frac{\Delta E_P}{\Delta S} \tag{9-2}$$

由此可见，表面张力系数又定义为：液体表面增加单位面积所做的功或增加单位面积时表面能的增量。因此 α 的单位还可以用 焦耳/米^2（J/m^2）表示。由式（9-2）可推知，在等温条件下，液面面积增加时，液面势能也增加；液面面积减小时，液面势能也减小，而势能越小越稳定。因此，液面有收缩到最小面积，也就是势能最小的趋势。

9.2　弯曲液面内外的压强差

通常所见，较大面积静止液体的表面是平面。但在有些情况下液面则不呈平面，如肥皂泡、水中的气泡、液滴和靠近容器边缘的那部分液面的形状，常呈弯曲的球面或球面的一部分。有时液面呈凸形，有时液面呈凹形。这时弯曲液面会存在附加压强。

9.2.1　弯曲液面的附加压强

如图 9-4 所示，在液面的某一部分，任意取一块小面积元 dS，dS 以外的液面对 dS 一定有

表面张力的作用。由于表面张力与液面相切，作用在 dS 周界上的所有表面张力，在平面情况下，亦为水平，恰好相互平衡，如图 9-4（a）所示；在曲面情况下，合成一个指向曲面曲率中心的合力。对凸面的情况，合力指向液体内部，如图 9-4（b）所示；对凹面的情况，合力指向液体外部，如图 9-4（c）所示。这就相当于弯曲液面上各处都受到一个额外的压强。这种**由于液面弯曲，因表面张力而产生的，指向弯曲液面曲率中心的压强**，称为弯曲液面的附加压强，用 p_S 表示。这一附加压强表现为**弯曲液面内外的压强差**。即：

$$p_S = p - p_0 \tag{9-3}$$

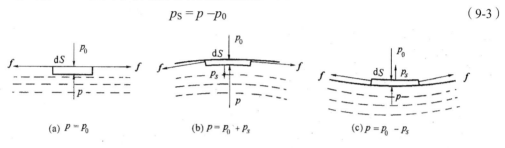

(a) $p = p_0$　　　　(b) $p = p_0 + p_s$　　　　(c) $p = p_0 - p_s$

图 9-4　弯曲液面的附加压强

在凸面情况下，附加压强计算时 p_S 取正，在凹面情况下，附加压强 p_S 为负值。

附加压强 p_S 的大小与曲面的曲率半径，以及液体的表面张力系数有关。

下面我们讨论曲率半径为 R 的球冠形液面所对应的附加压强。如图 9-5 所示，在呈凸状的弯曲液面上截出一个球冠形小液面 ΔS。然后，将其周界以 Δl 等分成许多个小段，由（9-1），通过每一小段 Δl 作用于 ΔS 上的表面张力的大小为

$$\Delta f = \alpha \, \Delta l$$

式中，α 为表面张力系数。Δf 的方向与 Δl 垂直且与液面相切，现将 Δf 分解为 Δf_1 和 Δf_2 两个相互垂直的分量，Δf_1 的方向指向液体内部，大小为

$$\Delta f_1 = \Delta f \sin\varphi = \alpha \, \Delta l \sin\varphi$$

Δf_2 的方向与球冠周界圆垂直且指向外，由于对称性，沿整个周界的合力 $\sum \Delta f_2$ 为零。

因为作用于所有小段上的 Δf_1 方向均指向液体内部，故其合力为

$$f_1 = \sum \Delta f_1 = \sum \alpha \, \Delta l \sin\varphi = 2\pi r \alpha \sin\varphi$$

将 $\sin\varphi = r/R$ 代入上式，得

$$f_1 = \frac{2\pi r^2 \alpha}{R}$$

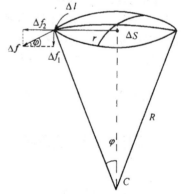

图 9-5　球冠形液面下的附加压强

由于球冠很小，其面积可认为是 πr^2，这样弯曲液面附加压强：

$$p_S = \frac{f_1}{\pi r^2} = \frac{2\alpha}{R} \tag{9-4}$$

上式表明，**弯曲液面的附加压强与表面张力系数成正比，与曲率半径成反比**。若液面呈凹面，公式（9-4）仍然成立，这时的曲率半径应理解为负值，$R < 0$，产生的附加压强也为负值，$p_S < 0$，即液体内部压强小于外部压强。

9.2.2 液膜表面的附加压强

对于图 9-6 所示球形液泡（如肥皂泡）来说，由于液膜有两个表面，而且膜很薄，$R_1 \approx R_2 \approx R$。O 点在液泡外，压强为 p_O；B 点在液膜中，压强为 p_B；A 点在液泡内，压强为 p_A。因此液泡内外的总压强差为

$$p_{S\blacklozenge} = p_A - p_O = (p_A - p_B) + (p_B - p_O) = \frac{2\alpha}{|R_1|} + \frac{2\alpha}{R_2} = \frac{4\alpha}{R} \tag{9-5}$$

应当注意的是，图中 A 点压强为

$$p_A = p_O + \frac{4\alpha}{R} \tag{9-6}$$

公式（9-6）所述结论可以通过图 9-7 的实验来验证。一连通管两端各有一个大小不等的液泡（如肥皂泡）A、B，中间由活门 S 隔开。当活门打开时，小泡 B 中的气体将被压而流入大泡 A 中，结果大泡越来越大，小泡逐渐缩小，直到变成半径与大泡的半径相等的球冠形液膜时，两端的压强相等,达到平衡。现对该实验进

行分析。A、B 两泡内的压强分别为：

$$p_A = p_0 + \frac{4\alpha}{R_A}, \qquad p_B = p_0 + \frac{4\alpha}{R_B}$$

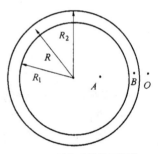

图 9-6　液泡内外的压强差

式中，p_0 为外部大气压强，R_A、R_B 为大小泡半径，由于 $R_A > R_B$，则 $p_A < p_B$，气体由 B 泡流入 A 泡，直到 $R_A = R_B$，这时有 $p_A = p_B$。

【例 9-1】有一半径 $r = 0.50 \times 10^{-4}$ m 的球形肥皂泡，在标准大气压中形成，泡膜的表面张力系数 $\alpha = 5.0 \times 10^{-2}$ N/m，问此时泡内的压强有多大？（标准大气压 $p_0 = 1.01 \times 10^5$ Pa）

解：设泡内的附加压强为 p_S，则泡内压强为

$$p = p_0 + p_S = p_0 + \frac{4\alpha}{r} = 1.01 \times 10^5 + \frac{4 \times 5.0 \times 10^{-2}}{0.5 \times 10^{-4}} = 1.05 \times 10^5 \text{ Pa}$$

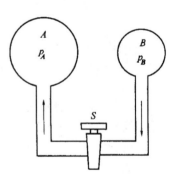

图 9-7　气体从小泡流入大泡

9.3　润湿和毛细现象

9.3.1　润湿现象

液体表面具有收缩到最小面积的趋势，小液滴似呈球形。但在一水平干净的玻璃板上放一滴水，它不但不缩成球形，反而在玻璃板面上展延成薄层，这种现象称为**润湿现象**或**浸润现象**。然而，将一滴水银放在干净的玻璃板上，它将缩成球形，且可以在板上任意滚动而不附在板上，这种现象称为**不润湿现象**或**不浸润现象**。

通常同一种液体能润湿某些固体的表面，但不能润湿另一些固体表面。例如水能润湿玻璃，但不能润湿石蜡；水银不能润湿玻璃，却能润湿干净的锌板、铜板、铁板。上述现象主要是由液体与固体分子间相互作用所引起。当液体分子间的相互作用力（称为内聚力）小于液体与固

体分子间的相互作用力（称为附着力）时，合力指向固体内部，表现为液体润湿固体；当内聚力大于附着力时，其合力指向液体内部，而表现成液体不润湿固体的现象。

设固体分子与液体分子间引力的有效作用距离为 l，液体分子间引力的有效距离为 d，在液体与固体接触处有一层液体，其厚度为 d 和 l 中的大者，称为附着层。只有在附着层内液体分子才受到接触面的影响。在附着层内的分子，当附着力大于内聚力时，该分子所受的合力垂直于附着层指向固体，如图 9-8（a）所示。这时分子的势能要比在附着层外（即液体内部）的势能要小，液体分子要尽量挤出附着层，结果使附着层扩展，增加了润湿固体的表面积，从而使液体润湿固体。

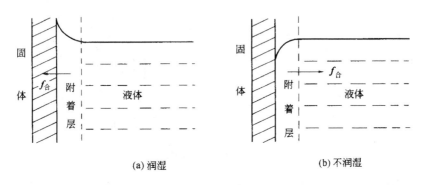

(a) 润湿　　　　　　　　　　(b) 不润湿

图 9-8　液体—固体边界的附着层

反之，当内聚力大于附着力时，分子受到垂直于附着层指向液体内部的合力，如图 9-8（b）所示。这时要将一个分子从液体内部移动到附着层，必须克服 $f_合$ 做功，这意味着附着层内分子的势能比附着层外液体分子的势能大。由于势能总是有减小的倾向，因此，附着层有缩小的趋势，液体不能润湿固体。

液体表面的切面经液体内部与固体表面之间所成的角 θ，称为接触角。θ 为锐角时，如图 9-9（a）所示，说明此时附着力大于内聚力，液体能润湿固体；$\theta = 0$ 时，液体将延展在全部固体表面上，这时液体完全润湿固体；θ 为钝角时，如图 9-9（b）所示，此时内聚力大于附着力，液体不能润湿固体；$\theta = \pi$ 时，液体完全不润湿固体。

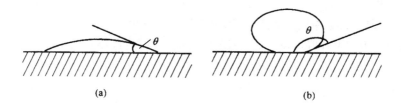

(a)　　　　　　　　　　(b)

图 9-9　液体—固体边界的接触角

9.3.2　毛细现象

将极细的玻璃管插入水中时，管中的水面会升高，并且管的内径越小，水面升得越高。相反，将这些玻璃管插入水银中，管中的水银面会下降。这种液体在细管中上升或下降的现象，称为毛细现象。

如图 9-10（a）所示。毛细管插入液体中时，由于接触角为锐角，液面为凹弯月面，而弯月面内外存在一个附加压强，方向指向凹方，使 B 点的压强比液面上方的大气压小，而在水平液面处与 B 点同高的 C 点的压强仍与液面上方的大气压相等。根据流体静力学原理，静止流体同高两点的压强应该相等，因此，液体不能平衡，一定要在管子中上升，直到 B 点和 C 点的压强相等为止。

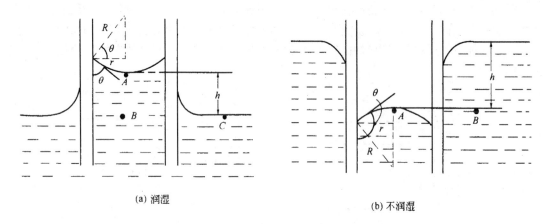

(a) 润湿   (b) 不润湿

图 9-10　毛细现象

设毛细管内截面为圆形，凹弯月面可以近似看作半径为 R 的球面。若液体表面张力系数为 α，则该弯曲液面产生的附加压强 p_S 大的小为 $2\alpha/R$，平衡时应等于液柱对应的压强，即

$$\rho g h = \frac{2\alpha}{R}$$

由图 9-10 可见

$$R = \frac{r}{\cos\theta}$$

式中，r 为毛细管半径，θ 为接触角。将上式代入前式，得

$$h = \frac{2\alpha\cos\theta}{\rho g r} \qquad (9\text{-}7a)$$

式（9-7a）说明毛细管中液面上升的高度与表面张力系数成正比，与毛细管的半径成反比。因此，管子越细，液面上升就越高。这一关系式可以用来测定液体的表面张力系数。当要求不算严格时，可认为 θ 角为 0，即完全润湿，这样，式（9-7a）变为

$$h = \frac{2\alpha}{\rho g r} \qquad (9\text{-}7b)$$

在液体不润湿管壁的情形下，如图 9-10（b）所示。管中液面为凸弯月面，附加压强是正的，因此液面要下降一段距离 h，直到同高的 A、B 两点压强相等为止。同理可以证明式（9-7a）仍适用。此时由于接触角是钝角，从式（9-7a）中算出的 h 是负的，表示管中液体不是上升，而是下降。

毛细现象在生物学和生理学中有很大作用，植物和动物内大部分组织都是以各种各样的管道连通起来吸收水分和养分的。常见的土壤吸水、灯芯吸油等都是毛细现象，将棉花脱脂的目的是使原来不能被水润湿的棉花变成能被水润湿的脱脂棉花，以便能吸附各种液体。

9.4　表面吸附和表面活性物质

液体Ⅰ在液体Ⅱ的表面上伸展成薄膜的现象称为液体Ⅱ对液体Ⅰ的表面吸附，而把液体Ⅱ称为对液体Ⅰ的吸附剂。**一种液体在另一种液体上伸展成薄膜的现象称为表面吸附现象。**水面上的油膜是日常很容易观察到的表面吸附现象。

9.4.1　表面吸附现象的解释

一种密度较小的液滴Ⅰ浮在另一种密度较大的液体Ⅱ的表面上，如图 9-11 所示。液滴Ⅰ的上表面与空气接触，其表面张力系数为 α_1；它的下表面与液体Ⅱ相接触，其表面张力系数为 $\alpha_{1,2}$；液体Ⅱ与空气接触的表面，其表面张力系数为 α_2。3 个界面会合处是一个圆周。在这个圆周上作用着 3 个表面张力 f_1、f_2 和 $f_{1,2}$，它们分别与对应的界面相切。表面张力 f_1 和 $f_{1,2}$ 有使液滴Ⅰ紧缩的趋势，而表面张力 f_2 有使液滴Ⅰ伸展的趋势。当液滴Ⅰ平衡时，力 f_1、f_2 和 $f_{1,2}$ 三者的矢量和应等于零。根据矢量和为零的三角形法则，显然只有当

$$|f_2| < |f_1| + |f_{1,2}|$$

时，液滴Ⅰ才有可能平衡，而保持液滴的形状。亦即当 f_1 与 $f_{1,2}$ 间夹角不大时，只有在

$$\alpha_2 < \alpha_1 + \alpha_{1,2}$$

的情况下，液滴Ⅰ才能在液体Ⅱ的表面上保持为液滴形状。

如果表面张力系数 α_2 比其他两个大，即

$$\alpha_2 > \alpha_1 + \alpha_{1,2}$$

在这种情况下，

$$|f_2| > |f_1| + |f_{1,2}|$$

于是液滴Ⅰ将在液体Ⅱ的表面上伸展开成为一薄膜。底层液体表面上有吸附层以后，表面张力系数就降低了。

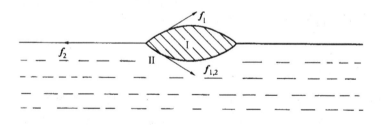

图 9-11　表面吸附现象的解释

9.4.2　表面活性物质

对于溶液，其表面张力系数通常都与纯溶剂的表面张力系数有差别，有的溶质使溶液的表面张力系数减小，则称为**表面活性物质**；有的溶质表面张力系数增大，则称为**表面非活性物质**。

水的表面活性物质常见的有胆盐、蛋黄素以及有机酸、酚、醛、酮、肥皂等。水的表面非活性物质常见的有氯化钠、糖类、淀粉等。

表面自由能是一种势能，由于势能有自动减少的趋势，所以溶液中表面活性物质的粒子自

动地向溶液表面聚集，因而使表面能达到最小值。溶质在表面层中的浓度远大于溶液内部的浓度，形成一个吸附层。由于溶质向表面聚集，所以很少的表面活性物质就能显著降低表面张力系数，例如肥皂水的表面张力系数大约只有纯水的一半。表面活性物质能够使液膜稳定，是因为当某处的液膜由于液体流动而变薄时，其中的表面活性物质减少，表面张力随之增加，从而使这里的液膜变厚而不至于破裂。

在固体表面上，气体很容易被吸附。当气体接近固体的表面层时，气体分子会粘附在固体的表面上。温度升高，吸附作用减弱。即便是非常光滑的无孔物体，也有被气体吸附。例如玻璃片，浸入很热的水中，不多久玻璃片上就覆盖了许多细小的气泡，这就是原先吸附在玻璃片上的空气，由于玻璃片温度升高而不能再被吸附，而从表面层释放出来的结果。

被吸附在固体表面上的气体量与固体的表面积成正比。固体在单位表面积吸附着的气体量称为**吸附度**。吸附度不但随温度的升高而降低，而且还与气体的压强、固体和气体性质等因素有关。往往多孔性物质的表面积很大，吸附力强。例如活性炭的吸附度很大，在低温时尤为显著。医疗中常用一种白色的粘土粉末——白陶土或活性炭给病人服用，用来吸附胃肠中的细菌、色素以及食物分解出来的毒素等有机物质。

固体不但会吸附气体，而且会吸附溶解在液体中的各种物质。常用的净水器就是让水流经过滤器中不同的多孔物质层滤出后，使水中的有害物质被多孔物质吸附，从而达到净化水的目的。

在自然界中，动植物都是一些非常复杂的物理化学系统，其中存在固、液、气三态共存的界面情况。生物机体内进行的多种物理化学过程都与吸附现象有关，因此，吸附现象在生物体内十分普遍。

9.5 肺泡中的压强　气体栓塞

肺是进行气体交换的主要器官。左右两肺分成若干叶。气管被分成两支分叉，通过支气管对每个肺叶提供空气。每一支气管再分支约 15 次以上，最后通过终末细支气管膨大成数百万个小囊，这种小囊叫做肺泡。肺泡像互相连通的小液泡，线度约 0.20 mm。其壁厚度仅有 0.40μm，每一肺泡周围分布着丰富的毛细血管，所以，氧能从肺泡扩散到红细胞中，二氧化碳则能从血液扩散到肺泡的空气中。

9.5.1　肺泡中的压强

从物理学角度，肺泡可看成相互连通、表面具有一层液体分子层的微小气囊。由于其液层的表面张力，它们具有变成较小形状的自然趋势。然而，**存在于这个液层中的表面活性物质，在调节表面张力，维持肺正常功能方面起着关键作用**。人在呼吸时，要让空气进入肺泡，必须使肺泡中的压强低于周围大气压一个 400 Pa（约-3 mmHg）的量。通常胸膜腔的压强约低于大气压 530 Pa（约-4 mmHg），比肺泡的压强低 130 Pa（约-1 mmHg）。正常吸气时，由于隔肌下降和胸腔扩张，可以形成-1200～-1330 Pa（约-9～-10 mmHg）的负压。这虽然看起来可以使肺泡扩张，进行吸气。但从另一方面看，肺泡内表面覆盖着一层粘液，其表面张力系数为 0.05 N/m，如果将肺泡看作半径为 5×10^{-5} m 的球面，表面要产生一个附加压强，肺泡内外的压强差为：

$$p_s = \frac{2\alpha}{R} = \frac{2 \times 0.05}{5 \times 10^{-5}} = 2000\,\text{Pa}$$

这样，隔肌下降和胸腔扩张所形成-1200～-1330 Pa（约-9～-10 mmHg)的负压不足以克服该附加压强以达到正常吸气。然而，实际上肺泡的呼吸仍能正常进行。原因是肺泡膜的上皮细胞分泌一种磷脂类的表面活性物质，它可以使肺泡的表面张力下降至原来的 1/7 ~ 1/4。并且各肺泡的表面活性物质总量不变。肺泡的大小发生变化时，表面活性物质的浓度随之改变，因而表面活性物质起着调节表面张力大小的作用。吸气时，肺泡扩张，肺泡表面积增加，表面活性物质的浓度减小，使表面张力系数 α 增加得比半径 R 增加快，附加压强相对增加，保证肺泡不过分扩大。呼气时，肺泡缩小，表面活性物质浓度增加，使表面张力系数 α 减少得比半径 R 减少快，附加压强相对减小，使肺泡不过分萎缩。如果没有表面活性物质对表面张力的调节，肺泡的表面张力系数将保持恒定，吸气时，附加压强随半径增大而变小，肺泡将不断扩大直至胀破为止。呼气时，附加压强随半径减小而增大，肺泡将不断缩小直至完全萎缩。上述两种情形会使呼吸无法正常进行。正常人的某些肺泡如有萎缩，做一次深呼吸会使它们充起。手术期间，麻醉师要偶尔向病人肺中充入大量气体，迫使已萎缩的肺泡重新张开。

人的肺泡总数约有 3 亿个，各肺泡大小不一，有的肺泡两者相通。若表面张力系数相等，小肺泡内的压强大于大肺泡内的压强，小肺泡内的气体就可能流向大肺泡，使小肺泡趋于萎缩而大肺泡趋于膨胀。这里也是表面活性物质起了重要的调节大小肺泡表面张力系数的作用，稳定了大小肺泡中的压强，使小肺泡不致萎缩，大肺泡不致膨胀。不然，很多肺泡因大小不等而无法稳定。在某些新生儿，特别是早产儿的肺中，缺少表面活性物质是引起自发呼吸困难综合征（RDS）（有时称为透明膜疾病）的原因。这类疾病每年造成成千上万婴儿的死亡，它所引起婴儿的死亡比其他任何疾病都多。

胎儿的肺泡为粘液所覆盖并且是萎陷的。临产时，虽然肺泡表面分泌表面活性物质，以降低粘液表面张力，但出生第一次呼吸仍需超过平常 10~15 倍的力量来克服肺泡的表面张力。这种力量从新生婴儿大声哭啼的剧烈动作而获得。

9.5.2　气体栓塞

当液体在细管中流动时，如果管中出现气泡，由于产生了附加压强液体的流动就会受到比没有气泡存在时更大的阻碍。气泡多了就可能堵塞管子，使液体不能流动，这种现象称为**气体栓塞**。该现象可用液体在毛细玻璃管中的流动来说明。

在图 9-12（a）中，管中有一气泡，在左右两端压强相等时，气泡与液体的交接面的两个曲面半径相等。两曲面所产生的附加压强大小相等方向相反，液体不流动。为了使液体向右流动，在其左边的压强略为增加，假设增加量为 Δp，如图 9-12（b）所示。这时左边曲面的半径就会变大，而右边曲面的半径就会变小，就使左边曲面附加压强 $p_{S左}$ 比右边曲面的附加压强 $p_{S右}$ 小。如果其压强差值恰好等于 Δp，即

$$\Delta p = p_{S右} - p_{S左}$$

此时液体仍处在平衡状态，不会向右移动。只有当左端增加的压强 Δp 超过某一 δ 值时，左右两曲面所产生向左的压强差 $(p_{S右} - p_{S左})$ 不足以抵消左端增加的压强，液体才会被向右推动。显然，管子越细，液体表面张力系数越大，δ 值也越大。另外，δ 值还与液体和管壁性质有关。

如图 9-12(c)所示，当管内有 n 个气泡时，只有在细管左右两端总压强差大于 $n\delta$ 的情况下，才能将液体和气泡一起向右推动。气泡数 n 越多，所需推动力也越大。

人体血管中若有气泡进入，尤其当气泡连成一串时，就有可能发生气体栓塞，导致生命危险。血管中产生气泡的原因一般有以下 4 种。

（1）输液或静脉注射时，不小心将空气与药液一起注入血管。

（2）颈静脉受损伤时，因该处静脉内压强为负压，空气由创口进入。

（3）外科手术过程中，空气可能进入开放的血管（脂肪也可能进入血管，产生脂肪栓塞，其后果比气体栓塞更严重）。

（4）气压突然降低时，原来溶于血液中的气体析出成气泡。

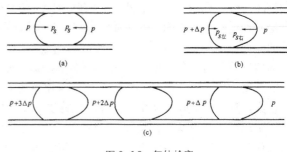

图 9-12　气体栓塞

人体处于高气压环境时，血液中氮和氧的血容量也随之增加，其溶解量与对应气体的分压成正比。由于氮在血液中不发生化学反应，仍以气体形式溶于血液。如果气压突然降低，将有大量氮和氧以气泡形式从血液中析出。因此，潜水员从深水上浮、病人从高压氧仓中出来时，都应有一个逐渐减压的缓冲过程，否则从血液中析出的气泡一时来不及被吸收，将在血管中产生气体栓塞。气体栓塞现象在微血管中尤为常见。

9.6　习题

一、思考题

1. 什么叫做液体的表面张力？能否说某种液体的表面张力比另一种液体的表面张力大？

2. 何谓接触角？何谓润湿与不润湿现象？请从微观角度加以说明。

3. 医院中所用的棉签、绷带等，为什么要用脱脂棉制成？

4. 将毛细管插入液体，在什么条件下管中液面上升？在什么条件下管中液面下降？上升或下降的高度由哪些因素决定？

5. 潜水员从深水处上浮时，为什么要控制上浮速度？

二、复习题

1. 毛细管的半径为 2.0×10^{-4} m，将它插入试管中的血液里。如果接触角为零，求血液在管中上升的高度（血液的密度 $\rho = 1050$ kg/m^3，表面张力系数 $\alpha = 58 \times 10^{-3}$ N/m）。

2. 求半径为 2.0×10^{-3} mm 的许多小水滴融合成一个半径为 2 mm 的大水滴时释放的能量。

3. 设液体中的压强为 $p = 1.1 \times 10^5$ Pa，表面张力系数为 $\alpha = 6.0 \times 10^{-2}$ N/m，问在液体中生成的、半径为 $r = 0.5 \times 10^{-6}$ m 的气泡中压强是多大？

4. 表面张力系数为 72.7×10^{-3} N/m 的水（$\rho_1 = 999$ kg/m^3），在毛细管中上升 2.5 cm，丙酮（$\rho_2 = 792$ kg/m^3）在同样的毛细管中上升 1.4 cm，假设二者都完全润湿毛细管，求丙酮的表面张力系数是多大？

5. 将 U 形管竖直放置并注入一些水，设 U 形管两竖管的内直径分别为 1.0 mm 和 0.1 mm，求两竖管中水面的高度差（水的表面张力系数取为 $\alpha = 70 \times 10^{-3}$ N/m）。

6. 试求把一个表面张力系数为 α 肥皂泡，由半径为 r 吹成半径为 $2r$ 的过程所做的功。

7. 将半径为 1.0×10^{-2} mm 的毛细管插入表面张力系数为 72×10^{-3} N/m 的水中。设接触角为零，求水在管中上升的高度。如果毛细管的长度只有 1.0 m，水是否会从毛细管的上端溢出？为什么？

模块 3

电 磁 学

第 **10** 章 真空中的静电场

相对于观察者静止的电荷产生的电场称为静电场。本章讨论真空中的静电场。从电荷在静电场中受力和电场力对电荷做功两个方面，引入电场强度与电势这两个描述电场性质的基本物理量，并且讨论电场强度和电势二者的关系。

10.1 电荷 库仑定律

库仑定律是电学中的一个基本定律，首先讨论最简单的概念——电荷。

10.1.1 电荷

物体能够产生电磁现象归因于物体所带的电荷以及电荷的运动。2000 多年前，古希腊哲学家泰勒斯发现用木块摩擦过的琥珀能吸引碎草等轻小物体；后来又发现，许多物体经过毛皮或丝绸等摩擦后，都能够吸引轻小的物体。这种情况，人们就称它们带了电，或者说它们有了电荷。

实验表明，无论用何种方法起电，自然界中只存在两类电荷，分别称为正电荷和负电荷，且同性电荷相互排斥、异性电荷相互吸引。历史上，美国物理学家富兰克林最早对电荷正负作了规定：用丝绸摩擦过的玻璃棒，棒上带电为正；用毛皮摩擦过的硬橡胶棒，棒上带电为负，这种方法也一直沿用至今。

物质由原子组成，原子由原子核和核外电子组成，原子核又由中子和质子组成。中子不带电，质子带正电，电子带负电。质子数和电子数相等，原子呈电中性，当物质的电子过多或过少时，物质就带有电。电荷是实物粒子的一种属性，它描述了实物粒子的电性质。物体带电的本质是两种物体间发生了电子的转移。即一个物体失去电子就带正电荷，另一个物体得到电子就带负电荷。

10.1.2 电荷的量子化

1913 年，密立根通过著名的油滴实验，测出所有电子都具有相同的电荷，而且带电体的电荷量是电子电荷的整数倍。一个电子的电量记作 e，则任何带电体的电荷量为

$$q=ne（n=1，2，\cdots）\tag{10-1}$$

电荷的这种只能取一系列离散的、不连续值的性质，称为**电荷的量子化**。电子的电荷 e 为

电荷的量子，式（10-1）中 n 称为量子数。

在国际单位制中，电荷的单位名称为库仑，符号为"C"，1986 年国际推荐的电子电荷绝对值为

$$e = 1.602\ 177\ 33（49）\times 10^{-19}\text{C}$$

通常在计算中取近似值

$$e = 1.602 \times 10^{-19}\text{C}$$

本模块所涉及的带电体的电荷量往往是基本电荷的许多倍，这时只从总体效果上认为电荷是连续地分布在带电体上的，而可以忽略电荷量子化引起的微观起伏。

10.1.3　电荷守恒定律

大量事实表明，任何使物体带电的过程或使带电体中和的过程，都是电荷从一个物体转移到另一物体，或从物体的一部分转移到另一部分的过程。对于一个系统，如果没有静电荷出入其边界，则不管系统中的电荷如何转移，系统中电荷的代数和保持不变，这就是**电荷守恒定律**。电荷守恒定律是自然界的基本守恒定律之一，无论在宏观领域还是在微观领域都是成立的。

近代物理研究已表明，在微观粒子的相互作用过程中，电荷是可以产生和消失的，但是电荷守恒定律仍然成立。

例如，一个高能光子与一个重原子核作用时，光子 γ 可以转化为一对正负电子（即 $\gamma \to e^+ + e^-$），称为电子对的"产生"；一对正负电子转化为两个不带电的光子（即 $e^+ + e^- \to 2\gamma$），这称为电子对的"湮灭"。光子不带电，正、负电子又各带有等量异号电荷，所以这种电荷的产生和湮灭并不改变系统中电荷的代数和，因而电荷守恒定律仍然是成立的。

10.1.4　库仑定律

当一个带电体的线度远小于作用距离时，可看作是**点电荷**。点电荷是一个理想化的物理模型，如果在研究的问题中，带电体的几何形状、大小及电荷分布都可以忽略不计，即可将它看作是一个几何点，则这样的带电体就是点电荷。实际的带电体（包括电子、质子等）都有一定大小，都不是点电荷。只有当电荷间距离大到可认为电荷大小、形状不起什么作用时，才可把电荷看成点电荷。

1785 年，法国物理学家库仑利用扭秤实验测量了两个带电球体之间的作用力。库仑在实验的基础上，总结出了两个点电荷之间相互作用的规律，即**库仑定律**。库仑定律的表述如下：

在真空中，两个静止的点电荷之间的相互作用力，其大小与这两点电荷电量的乘积成正比，与它们之间距离的平方成反比，作用力的方向在两点电荷之间的连线上，同号电荷互相排斥，异号电荷互相吸引。

如图 10-1 所示，设两点电荷的电量分别为 q_1、q_2，由电荷 q_1 指向电荷 q_2 的矢量为 $\vec{r}_{12}$，则电荷 q_2 受到电荷 q_1 的作用力 $\vec{F}_{12}$ 为

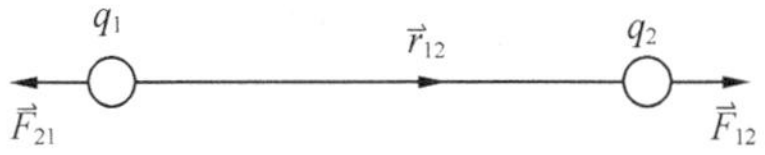

图 10-1　库仑定律

$$\vec{F}_{12} = k\frac{q_1 q_2}{r_{12}^2}\vec{r}_{12}^{\,0} \tag{10-2}$$

式中，$\vec{r}_{12}^{\,0}$ 为由电荷 q_1 指向电荷 q_2 的单位矢量，k 为比例系数，在国际单位制中 $k = 8.98755 \times 10^9\,\text{N} \cdot \text{m}^2 \cdot \text{C}^{-2} \approx 9.0 \times 10^9\,\text{N} \cdot \text{m}^2 \cdot \text{C}^{-2}$。为使其他电磁学方程简洁，引入真空电

容率 ε_0 来代替 k，令

$$k = \frac{1}{4\pi\varepsilon_0}$$

在国际单位制中真空电容率 ε_0 的数值和单位为

$$\varepsilon_0 = 8.8542 \times 10^{-12} \quad C^2 \cdot N^{-1} \cdot m^{-2}$$

于是，真空中的库仑定律可表示为

$$\vec{F}_{12} = \frac{q_1 q_2}{4\pi\varepsilon_0 r_{12}^2}\vec{r}_{12}^0 = \frac{q_1 q_2}{4\pi\varepsilon_0 r_{12}^3}\vec{r}_{12} \tag{10-3}$$

关于库仑定律的几点说明如下。

（1）库仑定律是真空、点电荷间作用力的规律。如果带电体不能抽象为点电荷，就不能用库仑定律求相互作用力。

（2）两静止点电荷之间的库仑力满足牛顿第三定律，即 $\vec{F}_{12} = -\vec{F}_{21}$。

（3）库仑定律是一条实验定律，是静电学的基础。库仑定律的距离平方反比律精度非常高。若 $F \propto r^{-2\pm\delta}$，则实验测出：$\delta \leqslant 2 \times 10^{-16}$。

（4）库仑定律的适用范围：r 大到 10^7 m、小到 10^{-15} m 的范围内，库仑定律非常精确地与实验相符合。

实验表明，当空间中存在两个以上的点电荷时，两个点电荷之间的作用力并不因为第三个电荷的存在而有所改变，作用在其中任意一个点电荷上的力是各个点电荷对其作用力的矢量和，这个结论叫**电场力的叠加原理**。

如果空间中有 N 个点电荷 q_1、q_2、q_3、$\cdots$、q_N，令 q_2、q_3、$\cdots$、q_N 作用在 q_1 上的力分别为 $\vec{F}_2$、$\vec{F}_3$、$\cdots$、$\vec{F}_N$，则电荷 q_1 受到的库仑力为

$$\vec{F}_1 = \vec{F}_2 + \vec{F}_3 + \cdots + \vec{F}_N = \sum_{i=2}^{N} \vec{F}_i \tag{10-4}$$

利用库仑定律和库仑力的叠加原理，可以求解任意带电体之间的静电场力。

10.2 电场 电场强度矢量

电荷之间存在相互作用力。在点电荷并不互相接触的前提下，这种作用力是依靠电场施加到彼此上面的。

10.2.1 电场

库仑定律给出了两个点电荷之间的相互作用力，但并未说明作用力的传递途径。历史上有两种观点：（1）超距作用观点，一个点电荷对另一电荷的作用无需经中间物体传递，而是超越空间直接地、瞬时地发生；（2）近距作用观点，一个电荷对另一电荷的作用通过空间某种中间媒介，以一定的有限速度传递过去。

近代物理学的发展证明，近距作用观点是正确的。但是，这个传递电荷作用力的中间媒介不是"以太"，而是通过电荷周围存在的一种"特殊"物质，即电场。

凡是有电荷的地方，围绕电荷的周围空间都存在**电场**，即电荷在其周围空间激发电场，且电场对处于其中的电荷会施加力的作用。该作用仅由该电荷所在处的电场决定，与其他地方的电场无关。

电场与实物一样具有能量、动量和质量等，可以脱离场源而单独存在，即电场是物质的一种形式。静止电荷产生的电场为**静电场**，运动电荷周围除有电场之外还有磁场，变化的电场会产生磁场，变化的磁场又会产生电场，变化的电场和磁场就构成了统一的电磁场。

10.2.2 电场的强度

在静止电荷周围存在着静电场，静电场对处于其中的电荷有电场力的作用，这是电场的一个重要的性质。这里，我们从电场对电荷的作用力入手，来研究电场的性质和规律，引入描述电场性质的物理量——电场强度。

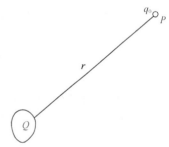

如图 10-2 所示，在相对静止的电荷 Q 周围的静电场中，放入试验电荷 q_0，讨论试验电荷的受力情况。试验电荷应满足如下条件：（1）试验电荷 q_0 的电量应足够小，以致对原来的电场影响很小，从而可以测定原来电场的性质；（2）试验电荷 q_0 的尺度应尽可能小，以致可以认为是点电荷。实验发现，试验电荷放在不同位置处受到的电场力的大小和方向都不同，说明电荷 Q 附近的不同点处，电场的强弱和方向都不同。在电场中的任一点 P（见图 10-2）处放置试验电荷时，实验表明：试验电荷受力与其电量的比值 $\vec{F}/q_0$ 是

图 10-2 点电荷的场强

确定的矢量，这个矢量只与电场中各点的位置有关，而与试验电荷的大小、带电正负无关。因此，这个矢量反映了电场本身的性质。我们把这个矢量定义为**电场强度**，简称**场强**，用 $\vec{E}$ 表示，

$$\vec{E} = \frac{\vec{F}}{q_0} \tag{10-5}$$

式（10-5）表明，电场中某点的电场强度在数值上等于位于该点的单位正试验电荷所受的电场力，电场强度的方向与正电荷在该点所受的电场力的方向一致。

电场强度既有大小，又有方向，在电场中各点的 $\vec{E}$ 一般不同。所以，电场强度是空间坐标的矢量函数，即 $\vec{E} = \vec{E}(x, y, z)$。

在国际单位制（SI）中，电场强度的单位是 N/C 或 V/m。

当电场强度分布已知时，电荷 q 在场强为 $\vec{E}$ 的电场中受的电场力为

$$\vec{F} = q\vec{E}$$

当 $q>0$ 时，电场力方向与电场强度方向相同；当 $q<0$ 时，电场力方向与电场强度方向相反。

10.2.3 电场强度叠加原理

若电场由一个电荷 Q 产生，电荷 Q 位于坐标原点，在距电荷 Q 为 r 处任取一点 P，设想把一个试验电荷 q_0 放在 P 点，由库仑定律可知试验电荷受到的电场力为

$$\vec{F} = \frac{Qq_0}{4\pi\varepsilon_0 r^2}\vec{r}^{\,0}$$

式中，$\vec{r}^{\,0}$ 是 Q 到场点的单位矢量。根据电场强度的定义式（10-5），则得到 P 点处的电场强度为

$$\vec{E} = \frac{\vec{F}}{q_0} = \frac{Q}{4\pi\varepsilon_0 r^2}\vec{r}^0 \qquad (10\text{-}6)$$

式（10-6）为点电荷产生的电场强度公式。Q 为正电荷时，$\vec{E}$ 的方向与 $\vec{r}^0$ 同向；Q 为负电荷时，$\vec{E}$ 的方向与 $\vec{r}^0$ 相反。场强 $\vec{E}$ 的大小与点电荷所带电量成正比，与距离 r 的平方成反比，在以 Q 为中心的各个球面上的场强大小相等，所以点电荷的电场具有球对称性。

若电场由点电荷系 Q_1、Q_2、$\cdots$、Q_N 产生，在 P 点放一个试验电荷 q_0，根据力的叠加原理，可知试验电荷受到的作用力为 $\vec{F} = \sum \vec{F}_i$，所以点电荷系在 P 点产生的电场强度为

$$\vec{E} = \frac{\vec{F}}{q_0} = \frac{\sum \vec{F}_i}{q_0} = \sum \frac{\vec{F}_i}{q_0} = \sum \vec{E}_i = \sum \frac{Q_i \vec{r}}{4\pi\varepsilon_0 r^3} \qquad (10\text{-}7)$$

即点电荷系电场中某点的电场强度等于各个点电荷单独存在时在该点的电场强度的矢量和，这就是电场强度的叠加原理。

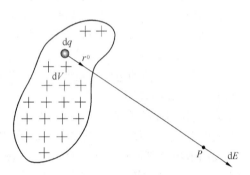

若电场由电荷连续分布的带电体产生，整个带电体不能看作点电荷，于是此时不能用式（10-7）来计算电场强度的分布。但是，可以将带电体分成许多电荷元 dq，每个电荷元可看作是点电荷，如图 10-3 所示。电荷元在 P 点处产生的电场强度为

图 10-3 带电体的场强

$$d\vec{E} = \frac{dq}{4\pi\varepsilon_0 r^2}\vec{r}^0$$

整个带电体在 P 点处产生的电场强度为各个电荷元在 P 点处产生的电场强度的矢量和。由于电荷是连续分布的，因此可应用积分来求和，有

$$\vec{E} = \int d\vec{E} = \int \frac{dq}{4\pi\varepsilon_0 r^2}\vec{r}^0 \qquad (10\text{-}8)$$

这是一个矢量积分，在具体计算时，往往需要先写出电荷元在待求点的场强 $d\vec{E}$ 在 x、y、z 3 个坐标轴上的分量 dE_x、dE_y、dE_z，然后对各分量积分，这样就得到总的电场强度的矢量表达式。

$$\vec{E} = E_x \vec{i} + E_y \vec{j} + E_z \vec{k}$$

其中，

$$E_x = \int dE_x, \quad E_y = \int dE_y, \quad E_z = \int dE_z$$

对于电荷体分布，可引入体电荷密度概念，即单位体积内的电量称为体电荷密度 ρ，$\rho = \dfrac{dq}{dV}$，则电荷元 dq 为 $dq = \rho dV$，体电荷产生的电场强度为 $\vec{E} = \displaystyle\int_v \frac{\rho dV}{4\pi\varepsilon_0 r^2}\vec{r}^0$。

对于电荷面分布，引入面电荷密度概念，即单位面积上的电量称为面电荷密度 σ，$\sigma = \dfrac{dq}{dS}$，则电荷元 dq 为 $dq = \sigma dS$，面电荷产生的电场强度为 $\vec{E} = \displaystyle\int_s \frac{\sigma ds}{4\pi\varepsilon_0 r^2}\vec{r}^0$。

对于电荷线分布，引入线电荷密度概念，单位面积上的电量称为线电荷密度 λ，$\lambda = \dfrac{\mathrm{d}q}{\mathrm{d}l}$，

则电荷元 $\mathrm{d}q$ 为 $\mathrm{d}q = \lambda \mathrm{d}l$，线电荷产生的电场强度为 $\vec{E} = \int_l \dfrac{\lambda \mathrm{d}l}{4\pi\varepsilon_0 r^2} \vec{r}^0$。

10.2.4　电场强度的计算

电场强度是反映电场性质的物理量，空间各点的电场强度完全取决于电荷在空间的分布情况。若已知电荷分布，则可计算出任意点的电场强度。计算的方法是利用点电荷在其周围激发场强的表达式与电场强度叠加原理。

下面通过几个例子来说明电场强度的计算方法。

【例 10-1】　两个电量相等、符号相反、相距为 l 的点电荷 $+q$ 和 $-q$，若场点到这两个电荷的距离比 l 大得多时，这两个点电荷系称为**电偶极子**。从 $-q$ 指向 $+q$ 的矢量记为 $\vec{l}$，定义 $\vec{p} = q\vec{l}$ 为电偶极子的**电偶极矩**。求电偶极子 $\vec{p} = q\vec{l}$ 的电场。

解：（1）电偶极子轴线延长线上一点的电场强度。

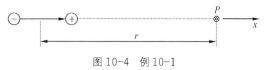

图 10-4　例 10-1

如图 10-4 所示，取电偶极子轴线的中点为坐标原点 O，沿轴线的延长线为 Ox 轴，轴上任意点 P 距原点的距离为 r，则正负电荷在场点 P 产生的场强为

$$\vec{E} = \vec{E}_+ + \vec{E}_- = \frac{q}{4\pi\varepsilon_0}\left[\frac{1}{\left(r-\dfrac{l}{2}\right)^2} - \frac{1}{\left(r+\dfrac{l}{2}\right)^2}\right]\vec{i} = \frac{q}{4\pi\varepsilon_0}\frac{2rl}{\left(r^2-\dfrac{l^2}{4}\right)^2}\vec{i}$$

当场点到电偶极子的距离 $r \gg l$ 时，则 $r^2 - l^2/4 \approx r^2$，于是上式可以写为

$$\vec{E} = \frac{2ql}{4\pi\varepsilon_0 r^3}\vec{i} = \frac{1}{4\pi\varepsilon_0}\frac{2\vec{p}}{r^3}$$

上式表明，在电偶极子轴线的延长线上任意点的电场强度的大小，与电偶极子的电偶极矩大小成正比，与电偶极子中心到该点的距离的三次方成反比；电场强度的方向与电偶极矩的方向相同。

（2）电偶极子轴线的中垂线上一点的电场强度。

如图 10-5 所示，取电偶极子轴线中点为坐标原点，因而中垂线上任意点 P 的场强为 $+q$ 和 $-q$ 在 P 点产生的电场的电场强度的矢量和。

由式（10-6），可得 $+q$ 和 $-q$ 在 P 点产生的电场强度分别为

$$\vec{E}_+ = \frac{q}{4\pi\varepsilon_0(r^2+\dfrac{l^2}{4})^{3/2}}\vec{e}_+$$

$$\vec{E}_- = -\frac{q}{4\pi\varepsilon_0(r^2+\dfrac{l^2}{4})^{3/2}}\vec{e}_-$$

式中，$\vec{e}_+$ 和 $\vec{e}_-$ 分别为从 $+q$ 和 $-q$ 指向 P 点的单位矢量，根据

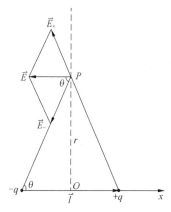

图 10-5　电偶极子

电场强度叠加原理，P 点的合电场强度 $\vec{E} = \vec{E}_+ + \vec{E}_-$，方向如图 10-5 所示，$P$ 点的合电场强度 $\vec{E}$ 的大小为

$$\vec{E} = -2E_+ \cos\theta \vec{i} = -2 \frac{ql/2}{4\pi\varepsilon_0 (r^2 + \frac{l^2}{4})^{3/2}} \vec{i} = -\frac{\vec{p}}{4\pi\varepsilon_0 (r^2 + \frac{l^2}{4})^{3/2}}$$

当 $r \gg l$ 时，$r^2 + l^2/4 \approx r^2$，上式可简化为

$$\vec{E} = -\frac{\vec{p}}{4\pi\varepsilon_0 r^3}$$

从上式可知，电偶极子中垂线上任意点的电场强度的大小，与电偶极子的电偶极矩大小成正比，与电偶极子中心到该点的距离的三次方成反比；电场强度的方向与电偶极矩的方向相反。

【例 10-2】 计算均匀带电圆环轴线上任一给定点 P 处的场强。该圆环半径为 R，圆环带电量为 q，P 点与环心距离为 x。

解： 在环上任取线元 $\mathrm{d}l$，其上电量为

$$\mathrm{d}q = \lambda \mathrm{d}l = \frac{q}{2\pi R} \mathrm{d}l$$

设 P 点与 $\mathrm{d}q$ 距离为 r，电荷元 $\mathrm{d}q$ 在 P 点所产生场强大小为

$$\mathrm{d}E = \frac{1}{4\pi\varepsilon_0} \frac{\mathrm{d}q}{r^2} = \frac{1}{4\pi\varepsilon_0} \frac{q}{2\pi R} \frac{\mathrm{d}l}{r^2}$$

$\mathrm{d}\vec{E}$ 的方向如图 10-6 所示。把场强分解为平行于轴线的分量 $\mathrm{d}\vec{E}_{/\!/}$ 和垂直于轴线的分量 $\mathrm{d}\vec{E}_\perp$。则由圆环上电荷分布的对称性可知，垂直分量 $\mathrm{d}\vec{E}_\perp$ 互相抵消，因而总的电场强度为平行分量之和，即

$$E = \int \mathrm{d}E_{/\!/} = \int \mathrm{d}E \cos\theta$$

式中，θ 为 $\mathrm{d}\vec{E}$ 与 x 轴的夹角。积分得

$$E = \oint_l \frac{1}{4\pi\varepsilon_0} \frac{q}{2\pi R r^2} \cdot \cos\theta = \frac{1}{4\pi\varepsilon_0} \frac{q}{2\pi R} \frac{\cos\theta}{r^2} \cdot \oint \mathrm{d}l = \frac{1}{4\pi\varepsilon_0} \frac{q\cos\theta}{r^2}$$

因为 $\cos\theta = R/r$，$r = \sqrt{R^2 + x^2}$，所以可得

$$E = \frac{qx}{4\pi\varepsilon_0 r^3} = \frac{qx}{4\pi\varepsilon_0 (R^2 + x^2)^{3/2}}$$

其方向沿 x 轴方向。

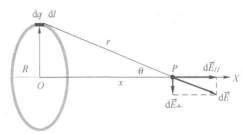

图 10-6 例 7-2

讨论：

（1）当 $x >> R$ 时，$(R^2 + x^2)^{3/2} \approx x^3$，于是有 $E \approx \dfrac{q}{4\pi\varepsilon_0 x^2}$，即在距圆环足够远处，环上电荷可看作电量全部集中在环心处的一个点电荷。

（2）$x = 0$ 时，$E = 0$，即圆环中心处的电场强度为零。

（3）由 $\dfrac{\mathrm{d}E}{\mathrm{d}x} = 0$，可以得到电场强度极大值位置在 $x = \pm \dfrac{R}{\sqrt{2}}$ 处。

【例 10-3】 设有一半径为 R、电荷均匀分布的薄圆盘，其电荷面密度为 σ。求通过盘心、垂直于盘面的轴线上任一点的场强。

解： 本题可由电场强度的定义，直接用式（10-5）计算。也可利用例 7-2 的结果，把均匀带电圆盘分成许多半径不同的同心细圆环，每个带电细圆环在轴线上产生的电场强度都可用上例所得结果表示。如图 10-7 所示，取一半径为 r、宽度为 $\mathrm{d}r$ 的圆环，其圆环的电量为

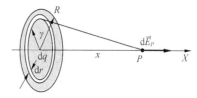

图 10-7 例 10-3 用图

$$\mathrm{d}q = \sigma\,\mathrm{d}s = \sigma 2\pi r\,\mathrm{d}r$$

此圆环在轴线上 x 处产生的场强大小为

$$\mathrm{d}E = \frac{x\,\mathrm{d}q}{4\pi\varepsilon_0(x^2 + r^2)^{3/2}} = \frac{\sigma}{2\varepsilon_0}\frac{xr\,\mathrm{d}r}{(x^2 + r^2)^{3/2}}$$

方向沿 x 轴方向。由于圆盘上所有的带电圆环在场点产生的场强都沿同一方向，所以整个带电圆盘在轴线上一点产生的电场强度为

$$E = \int_0^R \frac{\sigma}{2\varepsilon_0}\frac{xr\,\mathrm{d}r}{(x^2 + r^2)^{3/2}} = \frac{\sigma}{2\varepsilon_0}\left(1 - \frac{x}{\sqrt{x^2 + R^2}}\right)$$

其方向沿 x 轴方向。

讨论：

如果 $x << R$，即圆盘为无穷大的均匀带电平面，则其电场强度的大小为

$$E = \frac{\sigma}{2\varepsilon_0}$$

方向与带电平面垂直。可见，无限大均匀带电平板将产生匀强电场。这里"无限大"是一理想模型，实际上只在靠近盘面中心附近的空间才是匀强电场。

10.3 电场强度通量 高斯定理

前面我们讨论了静电场中的电场强度以及如何用计算方法确定电场中各点的电场强度。本节我们将在介绍电场线的基础上，引入电场强度通量的概念，并给出静电场的高斯定理。

10.3.1 电场线

为了形象地描述电场的分布，通常引入电场线的概念。电场线的概念是法拉第首先提出来的。可以在电场中画出许多曲线，使这些曲线上每一点的切线方向与该点的电场强度方向相同，

而且曲线箭头的指向为电场强度的方向，这种曲线称为**电场线**。

图 10-8 所示是几种典型的电场线分布。

为了能从电场线分布得出电场中各点电场强度的大小，我们规定：在电场中任一点处，曲线的疏密表示该点电场强度的大小。如图 10-9 所示，设想通过该点画一个垂直于电场方向的面积元 $dS_\perp$，通过此面积元的电场线条数 dN 满足 $E = \dfrac{dN}{dS_\perp}$ 的关系。

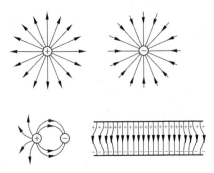

图 10-8　几种常见电场的电场线

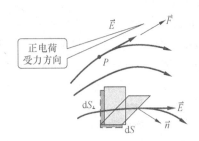

图 10-9　电场线密度与场强的关系

若某点的电场强度大，则 dN 大，电场线密度大，电场线密度应与场强成正比。这样就可用电场线密度表示电场强度的大小和方向。

对于匀强电场，电场线密度处处相等，而且方向处处一致。

静电场中的电场线有两个性质：（1）电场线总是起始于正电荷（或来自于无穷远），终止于负电荷（或终止于无穷远），不是闭合曲线，不会在没有电荷的地方中断；（2）任意两条电场线都不能相交，这是由于电场中各点处的场强具有特定的方向。

关于电场线的几点说明：（1）电场线是人为画出的，在实际电场中并不存在；（2）电场线可以形象、直观地表现电场的总体情况，对分析电场很有用处；（3）电场线图形可以用实验演示出来。

10.3.2　电场强度通量

通过电场中任意曲面的电场线的数目，叫做通过该面积的**电场强度通量**，简称**电通量**，用 Φ_e 表示。

下面我们分几种情况讨论：均匀电场和非均匀电场情况，以及闭合曲面和非闭合曲面情况。

在匀强电场中，取一平面 $\vec{S}$，若平面的空间方位与电场强度 $\vec{E}$ 垂直，即平面 $\vec{S}$ 与 $\vec{E}$ 平行，如图 10-10（a）所示，电场强度通量 Φ_e 可以表示为

$$\Phi_e = ES \tag{10-9}$$

若平面 $\vec{S}$ 与 $\vec{E}$ 有夹角 θ，即平面法线与 $\vec{E}$ 不平行，如图 10-10（b）所示，则

$$\Phi_e = ES\cos\theta = \vec{E} \cdot \vec{S} \tag{10-10}$$

对非均匀电场的情形，设 S 是曲面任意，如图 10-10（c）所示，要求出通过曲面 S 的电通量，可将 S 分成无限多个面积元 dS。先来计算通过任一小面积元 dS 的电通量，因为 dS 无限小，所以可视为平面，通过其面上的 $\vec{E}$ 可以认为是均匀的，则通过这个面积元 dS 的电通量为

$$d\Phi_e = E\,dS\cos\theta = \vec{E} \cdot d\vec{S} \tag{10-11}$$

式中，$d\vec{S} = dS \cdot \vec{n}$，通过任意曲面 S 的电通量 Φ_e 为通过所有面积元 dS 的电通量的总和，即

$$\Phi_e = \int d\Phi_e = \int_S \vec{E} \cdot d\vec{S} \tag{10-12}$$

若 S 为闭合曲面，曲面积分为闭合曲面的积分，通过闭合曲面 S 的电通量 Φ_e 为

$$\Phi_e = \oint_S \vec{E} \cdot d\vec{S} \tag{10-13}$$

无论是平面还是曲面，都有正反两面，于是面的法线正方向就有两种取法。对闭合曲面规定自内向外的方向为面元的法线正方向。这样，在电场线从曲面内穿出的地方，$\theta < 90°$，$d\Phi_e > 0$；在电场线向曲面内穿入的地方，$\theta > 90°$，$d\Phi_e < 0$。

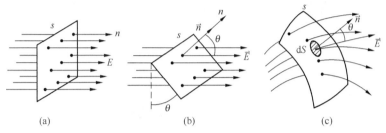

图 10-10　电场强度的通量

注意：电通量是标量，只有正、负，为代数叠加。

国际单位制中，电通量的单位为：韦伯（Wb）。

10.3.3　高斯定理

高斯（C·F·Gauss，1777.4.30 ~ 1855.2.23）是德国数学家、天文学家和物理学家，在数学上的建树颇丰，有"数学王子"美称。他导出的高斯定理是电磁学的基本定理之一。高斯定理给出了穿过任意闭合曲面的电通量与曲面所包围的所有电荷之间在量值上的关系。

现在我们从点电荷这一简单例子讲起。

如图 10-11 所示，q 为正点电荷，S 为以 q 为中心、以任意 r 为半径作的球面，S 上任一点 P 处的电场强度 $\vec{E}$ 的大小都相等，方向沿径向并处处与球面垂直，$\vec{E}$ 的大小为

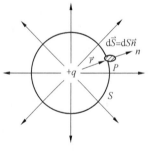

图 10-11　点电荷的高斯定理

$$E = \frac{q}{4\pi\varepsilon_0 r^2}$$

由式（10-13），则通过闭合曲面 S 的电场强度通量为

$$\Phi_e = \oint_S \vec{E} \cdot d\vec{S} = \oint_S \frac{q}{4\pi\varepsilon_0 r^2} dS = \frac{q}{4\pi\varepsilon_0 r^2} \oint_S dS = \frac{q}{\varepsilon_0} \tag{10-14}$$

这一结果与球面半径 r 无关，仅与曲面所包围的所有电荷 q 有关。也就是说，对以点电荷 q 为中心的任意球面来说，通过它们的电通量都等于 q/ε_0。这表示通过各球面的电场线条数相等，其电场线连续地延伸到无限远处。

我们再讨论点电荷电场中通过任意闭合曲面 S 的电场强度通量。

（1）$+q$ 在 S 内情形。

如图 10-12（a）所示，在 S 内做一个以 $+q$ 为中心、任意半径为 r 的闭合球面 S_1，由前面

可知，通过 S_1 的电场强度通量为 q/ε_0。由于电场线连续，所以通过 S_1 的电场线必通过 S，即此时 $\Phi_{eS_1} = \Phi_{eS}$，通过 S 的电场强度通量为

$$\Phi_e = \oint_S \vec{E} \cdot \mathrm{d}\vec{S} = \frac{q_0}{\varepsilon_0}$$

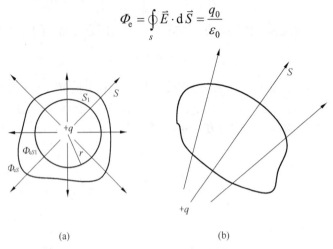

(a)　　　　　　　(b)

图 10-12　高斯定理推导用图

（2）$+q$ 在 S 外情形。

如图 10-12（b）所示，此时，进入 S 面内的电场线必穿出 S 面，即穿入与穿出 S 面的电场线数相等，通过 S 面的电通量为零，有

$$\Phi_e = \oint_S \vec{E} \cdot \mathrm{d}\vec{S} = 0$$

所以 S 外电荷对 Φ_e 无贡献。

下面进一步讨论点电荷系情况，在点电荷 q_1、q_2、q_3、$\cdots$、q_n 组成的点电荷系的电场中，根据场强叠加原理，任一点电场强度为

$$\vec{E} = \vec{E}_1 + \vec{E}_2 + \vec{E}_3 + \cdots + \vec{E}_n$$

通过任意闭合曲面电场强度通量为

$$\Phi_e = \oint_S \vec{E} \cdot \mathrm{d}\vec{S} = \oint_S \left(\vec{E}_1 + \vec{E}_2 + \vec{E}_3 + \cdots + \vec{E}_n \right) \cdot \mathrm{d}\vec{S}$$

$$= \oint_S \vec{E}_1 \cdot \mathrm{d}\vec{S} + \oint_S \vec{E}_2 \cdot \mathrm{d}\vec{S} + \oint_S \vec{E}_3 \cdot \mathrm{d}\vec{S} + \cdots + \oint_S \vec{E}_n \cdot \mathrm{d}\vec{S} = \frac{1}{\varepsilon_0} \sum_i q_i$$

即

$$\Phi_e = \oint_S \vec{E} \cdot \mathrm{d}\vec{S} = \frac{1}{\varepsilon_0} \sum_i q_i \qquad (10\text{-}15)$$

式（10-15）表示：**在真空中，通过任一闭合曲面的电场强度的通量，等于该曲面所包围的所有电荷的代数和除以 ε_0，与闭合曲面外的电荷无关。这就是真空中的高斯定理。**式（10-15）为高斯定理数学表达式，高斯定理中的闭合曲面称为高斯面。

高斯定理是在库仑定律基础上得到的，但是高斯定理适用范围比库仑定律更广泛。库仑定律只适用于真空中的静电场，而高斯定理适用于静电场和随时间变化的场，高斯定理是电磁理论的基本方程之一。若闭合曲面内存在正（负）电荷，则通过闭合曲面的电通量为正（负），表

明有电场线从面内（面外）穿出（穿入）；若闭合曲面内没有电荷，则通过闭合曲面的电通量为零，意味着有多少电场线穿入就有多少电场线穿出，说明在没有电荷的区域内电场线不会中断；若闭合曲面内电荷的代数和为零，则有多少电场线进入面内终止于负电荷，就会有相同数目的电场线从正电荷穿出面外。高斯定理的重要意义在于它把电场与产生电场的源电荷联系起来，它反映了静电场是有源场的这一基本性质。

10.3.4　高斯定理的应用

高斯定理的一个重要应用是计算某些具有对称性分布的电荷的电场强度。求解的方法一般为：首先进行对称性分析，即由电荷分布的对称性分析电场强度分布的对称性，判断能否用高斯定理来求电场强度的分布。然后根据电场强度分布的特点，选取合适的高斯面。一般情况下，选取的高斯面通过待求的电场强度的场点，高斯面上 $\vec{E}$ 的大小要求处处相等，同时各面元的法线矢量 $\vec{n}$ 与 $\vec{E}$ 平行或垂直，使得 $\vec{E}$ 能提到积分号外面。下面通过几个例子说明如何用高斯定理计算对称性电荷分布的电场强度。

【例 10-4】　一均匀带电球面，电荷为 $+q$，半径为 R，求：球面内外任一点的电场强度。

解： 由题意知，电荷分布是球对称的，所有产生的电场分布也是球对称的，场强方向沿半径向外，以 O 为球心任意球面上的各点场强 $\vec{E}$ 处处相等。

（1）球面内任一点 P_1 的场强。

如图 10-13 所示，以 O 为圆心，通过 P_1 点做半径为 r_1 的球面 S_1 为高斯面，由于 $\vec{E}$ 与 $\mathrm{d}\vec{S}$ 同向，且 S_1 上 $\vec{E}$ 值相等，所以

$$\oint_{S_1} \vec{E} \cdot \mathrm{d}\vec{S} = \oint_{S_1} E \mathrm{d}S = E \oint_{S_1} \mathrm{d}S = E 4\pi r_1^2$$

高斯面内无电荷，即 $\sum_{S_{1内}} q = 0$，所以由高斯定理有

$$E \cdot 4\pi r_1^2 = 0$$

由此得

$$E = 0$$

这表明均匀带电球面内任一点场强为零。

（2）球面外任一点的场强。

在图 10-13 中，仍以 O 为圆心，通过 P_2 点以半径 r_2 做一球面 S_2 作为高斯面，由高斯定理有

$$E \cdot 4\pi r_2^2 = \frac{1}{\varepsilon_0} q$$

即

$$E = \frac{q}{4\pi\varepsilon_0 r_2^2}$$

场强的方向沿 $\overrightarrow{OP_2}$ 方向（若 $q < 0$，则沿 $\overrightarrow{P_2O}$ 方向）上式表明均匀带电球面外任一点的场强，与电荷全部集中在球心处的点电荷在该点产生的场强一样。

根据以上的计算可知，均匀带电球面的电场分布为

$$\begin{cases} E = 0(r < R) \\ \dfrac{q}{4\pi\varepsilon_0 r^2}(r > R) \end{cases}$$

图 10-14 给出了场强随距离的变化 $E-r$ 分布曲线。可以看出，场强值在球面（$r = R$）上是不连续的。

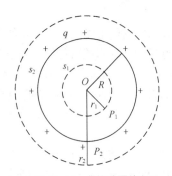

图 10-13　带电球面的电场

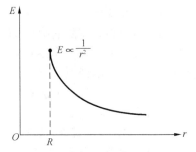

图 10-14　带电球面场强随距离的变化的曲线

【例 10-5】　均匀带电的球体，半径为 R，电荷密度为 ρ，求球内外场强。

解：由题可知，电荷分布具有球对称性，所以电荷产生的电场强度也具有对称性，场强方向由球心向外，在以 O 为圆心的任意球面上各点的 $\vec{E}$ 的大小相同。

（1）球内任一点的 $\vec{E}$。

以 O 为球心，过 P_1 点做半径为 r_1 的高斯球面 S_1，如图 10-15 所示，穿过高斯球面 S_1 的电通量为

$$\oint_{S_1} \vec{E} \cdot \mathrm{d}\vec{S} = \oint_{S_1} E \cdot \mathrm{d}S = E\oint_{S_1} \mathrm{d}S = E \cdot 4\pi r_1^2$$

包围在高斯面内的电荷为

$$\sum_{S_{1\text{内}}} q = \frac{4}{3}\pi r_1^3 \rho$$

所以，由高斯定理可得

$$E = \frac{\rho}{3\varepsilon_0} r_1$$

从上面结果可知，均匀带电的球体内各点的电场强度 $\vec{E}$ 正比于 r_1，$\vec{E}$ 的方向沿径向 $\overrightarrow{OP_1}$ 方向（若 $\rho < 0$，则 $\vec{E}$ 沿 $\overrightarrow{P_1 O}$ 方向）。

（2）球外任一点 P_2 的 $\vec{E}$。

以 O 为球心，过 P_2 点做半径为 r_2 的球形高斯面 S_2，由高斯定理可得

$$E \cdot 4\pi r_2^2 = \frac{1}{\varepsilon_0} q$$

即球外任一点的场强为

$$E = \frac{q}{4\pi\varepsilon_0 r_2^2}$$

$\vec{E}$ 的方向沿 $\overrightarrow{OP_2}$ 方向。上面的结果表明：均匀带电球体外任一点的场强，和电荷全部集中在球心处的点电荷产生的场强一样。

均匀带电球体的 $E - r$ 分布曲线如图 10-16 所示。

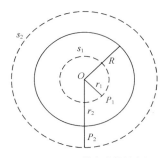

图 10-15 带电球体的电场

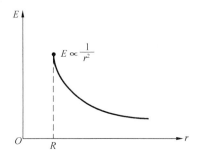

图 10-16 带电球体场强随距离的变化曲线

【例 10-6】 求无限长均匀带电直线的电场强度分布，设电荷线密度为 λ。

解：由题可知，无限长均匀带电直线产生的电场强度分布具有轴对称性，$\vec{E}$ 的方向垂直于直线。在以直线为轴的任一圆柱面上的各点场强大小都相等。如图 10-17 所示，以直线为轴线，过场点 P 做半径为 r、高为 h 的圆柱形高斯面，上底为 S_1，下底为 S_2，侧面为 S_3。

则通过闭合曲面的电通量为

$$\varPhi_e = \oint_S \vec{E} \cdot \mathrm{d}\vec{S} = \int_{S_1} \vec{E} \cdot \mathrm{d}\vec{S} + \int_{S_2} \vec{E} \cdot \mathrm{d}\vec{S} + \int_{S_3} \vec{E} \cdot \mathrm{d}\vec{S}$$

由于在 S_1、S_2 上各面元 $\mathrm{d}\vec{S} \perp \vec{E}$，所以前两项积分为零，又在 S_3 上 $\vec{E}$ 与 $\mathrm{d}\vec{S}$ 方向一致，且 $\vec{E}$ 的大小相等，所以

$$\oint_S \vec{E} \cdot \mathrm{d}\vec{S} = \int_{S_3} \vec{E} \cdot \mathrm{d}\vec{S} = \int_{S_3} E\,\mathrm{d}S = E \int_{S_3} \mathrm{d}S = E \cdot 2\pi rh$$

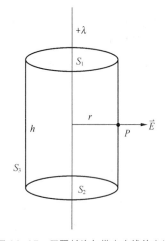

图 10-17 无限长均匀带电直线的电场

闭合曲面内所包围的电荷为 $\sum\limits_{S_内} q = \lambda h$，由高斯定理可得

$$E \cdot 2\pi rh = \frac{1}{\varepsilon_0} \lambda h$$

由此得

$$E = \frac{\lambda}{2\pi\varepsilon_0 r}$$

$\vec{E}$ 的方向由带电直线指向场点 P（若 $\lambda < 0$，则 $\vec{E}$ 由场点指向带电直线）。

【例 10-7】 无限大均匀带电平面，电荷面密度为 σ，求平面外任一点的场强。

解：由题意知，由于平面是无限大均匀带电平面，其产生的电场分布是关于平面对称的，场强方向垂直平面，距平面两侧等距离处 $\vec{E}$ 的大小相等。设 P 为场点，过 P 点做一底面平行于平面的关于平面对称的圆柱形高斯面，如图 10-18 所示。由高斯定理可得

$$\oint_S \vec{E} \cdot d\vec{S} = \int_{S_{左底面}} \vec{E} \cdot d\vec{S} + \int_{S_{右底面}} \vec{E} \cdot d\vec{S} + \int_{S_{侧面}} \vec{E} \cdot d\vec{S}$$

$$= E \int_{S_{左底面}} dS + E \int_{S_{右底面}} dS = 2ES$$

由于 $\sum_{S_内} q = \sigma S$，所以由高斯定理得

$$E \cdot 2S = \frac{1}{\varepsilon_0} \cdot \sigma S$$

从而

$$E = \frac{\sigma}{2\varepsilon_0}$$

结果说明无限大均匀带电平面产生的电场是均匀电场，$\vec{E}$ 的方向垂直平面，指向考察点（若 $\sigma < 0$，则 $\vec{E}$ 由考察点指向平面）。

利用本题结果可以得到两个带等量异号电荷的无限大平面的电场强度。如图 10-19 所示，设两无限大平面的电荷面密度分别为 $+\sigma$ 和 $-\sigma$。

设 P_1 为两板内任一点，根据电场强度叠加原理可得

$$\vec{E} = \vec{E}_A + \vec{E}_B$$

即

$$E = E_A + E_B = \frac{\sigma}{2\varepsilon_0} + \frac{\sigma}{2\varepsilon_0} = \frac{\sigma}{\varepsilon_0}$$

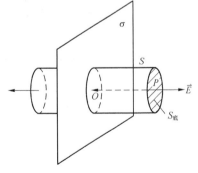

图 10-18　无限大带电平面的电场

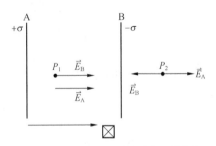

图 10-19　两无限大带电平面的电场

设 P_2 为 B 右侧任一点（也可取在 A 左侧），即有

$$E = E_A - E_B = \frac{\sigma}{2\varepsilon_0} - \frac{\sigma}{2\varepsilon_0} = 0$$

上面我们应用高斯定理求出了几种带电体产生的场强，从这几个例子看出，用高斯定理求

解场强是比较简单的。但是在用高斯定理求场强时，要求带电体必须具有一定的对称性，使高斯面上电场分布具有一定的对称性，只有在具有某种对称性时，才能选合适的高斯面，从而很方便地计算出电场强度。

10.4　静电场的环路定理　电势

前面我们从电荷在电场中受力作用出发，研究了静电场的性质，并引入电场强度作为描述电场特性的物理量，且知道静电场是有源场。本节，我们将进一步从静电场力对电荷做功出发来研究描述静电场的性质的物理量——电势。

10.4.1　静电场力的功

力学中引进了保守力和非保守力的概念。保守力的特征是其功只与始末两位置有关，而与路径无关。在保守力场中可以引进势能的概念。在此，我们研究一下静电力是否为保守力。

首先讨论点电荷产生电场的情况，如图 10-20 所示，点电荷 $+q$ 放置于 O 点，试验电荷 q_0 在点电荷所激发的电场中由 a 点运动到 b 点。在路径上任一点 c 处，任取一位移元 $\mathrm{d}\vec{l}$，静电场力 $\vec{F}$ 对 q_0 所做的功为

$$\mathrm{d}W = \vec{F} \cdot \mathrm{d}\vec{l} = q_0 \vec{E} \cdot \mathrm{d}\vec{l} = q_0 E \cos\theta \, \mathrm{d}l$$

式中，θ 是 $\vec{E}$ 与 $\mathrm{d}\vec{l}$ 之间的夹角，由图 10-20 可知 $\mathrm{d}l\cos\theta = \mathrm{d}r$，于是得到

$$\mathrm{d}W = \frac{qq_0}{4\pi\varepsilon_0 r^3}\cos\theta \, \mathrm{d}l = \frac{qq_0}{4\pi\varepsilon_0 r^2}\mathrm{d}r$$

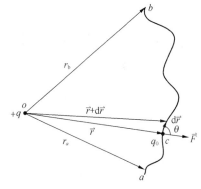

图 10-20　点电荷电场中电场力做功

当试验电荷 q_0 沿任意路径从点 a 移动到点 b，电场力所做的功为

$$W = \int_a^b \mathrm{d}W = \frac{qq_0}{4\pi\varepsilon_0}\int_{r_a}^{r_b}\frac{1}{r^2}\mathrm{d}r = \frac{qq_0}{4\pi\varepsilon_0}\left[\frac{1}{r_a} - \frac{1}{r_b}\right] \tag{10-16}$$

式中，r_a 和 r_b 分别为起点 a 和终点 b 的位矢的模。可见，在点电荷的电场中，电场力对试验电荷所做的功只与试验电荷 q_0 的始末两位置有关，而与其路径过程无关。

再来看任意带电体系产生的电场的情况。

电场一般是由点电荷系或任意带电体激发的，而任意带电体可以分割成无限多个点电荷。根据电场的叠加原理可知，点电荷系的场强为各点电荷单独存在时，在该点产生的场强的矢量和，即

$$\vec{E} = \vec{E}_1 + \vec{E}_2 + \cdots$$

当试验电荷 q_0 沿任意路径从点 a 移动到点 b，任意点电荷系的电场力所做的功为

$$W = \int \vec{F} \cdot \mathrm{d}\vec{l} = q_0\int_l \vec{E} \cdot \mathrm{d}\vec{l} = q_0\int_l \vec{E}_1 \cdot \mathrm{d}\vec{l} + q_0\int_l \vec{E}_2 \cdot \mathrm{d}\vec{l} + \cdots$$

上式中每一项均与路径无关，故它们的代数和也必然与路径无关。由此得出结论，**在真空**

中，当试验电荷在静电场中移动时，静电场力对它所做的功只与试验电荷的电量及起点和终点的位置有关，而与试验电荷所经过的路径无关。因而，静电场力也是保守力，静电场是保守场。

10.4.2　静电场的环路定理

静电场力所做的功与路径无关这一结论还可以表述成另一种形式。如图 10-21 所示，当试验电荷 q_0 从电场中的 a 点沿路径 acb 移动到 b 点，再沿路径 bda 返回 a 点，作用在试验电荷 q_0 上的静电场力在整个闭合路径上所做的功为

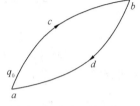

图 10-21　静电场的环路定理

$$W = q_0 \oint \vec{E} \cdot \mathrm{d}\vec{l} = q_0 \int_{acb} \vec{E} \cdot \mathrm{d}\vec{l} + q_0 \int_{bda} \vec{E} \cdot \mathrm{d}\vec{l}$$

由于

$$\int_{bda} \vec{E} \cdot \mathrm{d}\vec{l} = -\int_{adb} \vec{E} \cdot \mathrm{d}\vec{l}$$

且电场力做功与路径无关，即

$$q_0 \int_{acb} \vec{E} \cdot \mathrm{d}\vec{l} = q_0 \int_{adb} \vec{E} \cdot \mathrm{d}\vec{l} \qquad （10-17）$$

所以

$$W = q_0 \oint \vec{E} \cdot \mathrm{d}\vec{l} = 0$$

又因为 $q_0 \neq 0$，所以

$$\oint \vec{E} \cdot \mathrm{d}\vec{l} = 0 \qquad （10-18）$$

任何矢量沿闭合路径的线积分称为该矢量的环流，式（10-18）表明，**静电场中的环流等于零**，这一结论称为**静电场的环路定律**。

静电场的环路定律表明，静电场的电场线不可能是闭合的，静电场是有源场。静电场的这一性质决定了在静电场中可以引入电势的概念。

10.4.3　电势能

力学中，重力是保守力，可以引入重力势能的概念；弹性力是保守力，可以引入弹性势能的概念；同样静电力也是保守力，可以引入电势能的概念。由于在保守力场中，保守力所做的功等于相应势能增量的负值，所以静电场力对电荷所做的功等于电势能增量的负值。

用 E_{Pa} 和 E_{Pb} 表示试验电荷在 a 点和 b 点的电势能，则试验电荷从 a 点移动到 b 点，静电场力做功为

$$W = \int_a^b q_0 \vec{E} \cdot \mathrm{d}\vec{l} = -(E_{Pb} - E_{Pa}) = E_{Pa} - E_{Pb} \qquad （10-19）$$

电势能与重力势能及弹性势能类似，是一个相对的量。为确定电荷在电场中某点的电势能，必须选一个参考点作为电势能的零点。电势能的零点与其他势能零点一样，也是可以任意选的，对于有限带电体，一般选无限远处电势能为零，选 $E_{Pb} = 0$。令 b 点在无穷远，由式（10-19），

试验电荷 q_0 在 a 点处具有的电势能为

$$E_{Pa} = q_0 \int_a^\infty \vec{E} \cdot \mathrm{d}\vec{l} \qquad （10-20）$$

这表明，电荷 q_0 在电场中某点的电势能等于电荷 q_0 从该点移到无穷远处（或者电势能零点）电场力所做的功。

在国际单位制中，电势能的单位为焦耳（J）；还可以用电子伏特（eV）表示。1eV 表示 1 个电子通过 1 伏特电势差时所获得的能量，1eV=1.602×10^{-19}J。

10.4.4　电势　电势差

由于电势能的大小与试验电荷的电量 q_0 有关，因而电势能不能直接用来描述某一给定点电场的性质。但是比值 $(E_{Pa} - E_{Pb})/q_0$ 与 q_0 无关，只决定于电场的性质及场点的位置，所以这个比值是反映电场本身性质的物理量，称为**电势**，用 V 来表示。即

$$V_a = \frac{E_{Pa}}{q_0} = \int_a^\infty \vec{E} \cdot \mathrm{d}\vec{l} \qquad （10-21）$$

上式表明，电场中某点的电势，数值上等于放在该点的单位正电荷的电势能，或者说电场中某点的电势在数值上等于把单位正电荷从该点移到电势能零点时，电场力所做的功。

由电势定义可知，电势是标量，有正有负，把单位正电荷从某点移到无穷远点时，若静电场力做正功，则该点的电势为正；若静电场力做负功，则该点的电势为负。为确定电场中各点的电势，也必须选一个参考点作为电势零点。电势零点的选择是任意的，可以根据研究问题的具体情况确定。在具体计算中，当电荷分布在有限区域时，通常选择无穷远处的电势为零；在实际工作中，通常选择地面的电势为零。但是对于"无限大"或"无限长"的带电体，就不能将无穷远点作为电势的零点，这时只能在有限的范围内选取某点为电势的零点。

在国际单位制中，电势的单位是伏特，用符号 V 表示。

在静电场中，任意两点 a 和 b 之间的电势之差称为**电势差**，也叫**电压**，用 U_{ab} 表示。a、b 两点之间的电势差为

$$U_{ab} = V_a - V_b = \int_a^\infty \vec{E} \cdot \mathrm{d}\vec{l} - \int_b^\infty \vec{E} \cdot \mathrm{d}\vec{l} = \int_a^\infty \vec{E} \cdot \mathrm{d}\vec{l} + \int_\infty^b \vec{E} \cdot \mathrm{d}\vec{l} = \int_a^b \vec{E} \cdot \mathrm{d}\vec{l} \qquad （10-22）$$

即静电场中任意两点 a、b 之间的电势差，在数值上等于把单位正电荷从 a 点移到 b 点时，静电场力所做的功。

引入电势差后，静电场力所做的功可以用电势差表示为

$$W = q_0 \int_a^b \vec{E} \cdot \mathrm{d}\vec{l} = q_0 U_{ab} = q_0 (V_a - V_b) \qquad （10-23）$$

10.4.5　电势叠加原理

对带电量为 q 的点电荷电势，取无穷远处为电势参考点，则由电势定义可以得到电场中任一点 a 的电势为

$$V_a = \int_a^\infty \vec{E} \cdot \mathrm{d}\vec{l} = \int_r^\infty \frac{q}{4\pi\varepsilon_0 r^2} \mathrm{d}r = \frac{q}{4\pi\varepsilon_0 r} \qquad （10-24）$$

当电荷 q 为正电荷时，把单位正电荷从 a 点移到无穷远处时，静电场力做正功，所以电势为正值；当电荷 q 为负电荷时，把单位正电荷从 a 点移到无穷远处时，静电场力做负功，所以电势为负值。

设电场由 n 个点电荷 q_1、q_2、$\cdots$、q_n 所组成的点电荷系产生，每个点电荷单独存在时产生的电场为 $\vec{E}_1$、$\vec{E}_2$、$\cdots$、$\vec{E}_n$。由场强叠加原理可知电场强度为

$$\vec{E} = \sum \vec{E}_i$$

由电势定义式（10-21），点电荷系电场中某点 a 的电势为

$$V_a = \int_a^\infty \vec{E} \cdot \mathrm{d}\vec{l} = \int_a^\infty \sum \vec{E}_i \cdot \mathrm{d}\vec{l} = \sum \int_a^\infty \vec{E}_i \cdot \mathrm{d}\vec{l} = \sum V_i \qquad （10\text{-}25）$$

从式（10-25）可以看出：**点电荷系电场中某点 a 的电势，等于各点电荷单独存在时在该点的电势的代数和**。这个结论称为静电场的**电势叠加原理**。

对连续分布带电体，如图 10-22 所示，可以把它分割为无穷多个电荷元 $\mathrm{d}q$，每个电荷元都可以看成点电荷，电荷元 $\mathrm{d}q$ 在电场中某点产生的电势为

$$\mathrm{d}V = \frac{\mathrm{d}q}{4\pi\varepsilon_0 r}$$

根据电势叠加原理，连续分布带电体在该点的电势为这些电荷元电势之和，即

$$V = \int \frac{\mathrm{d}q}{4\pi\varepsilon_0 r} \qquad （10\text{-}26）$$

积分区域遍及带电体所在的区域。

计算电势的方法有以下两种。

（1）已知场强分布，由电势与电场强度的积分关系 $V_a = \int_a^b \vec{E} \cdot \mathrm{d}\vec{l} + V_b$ 来计算。

（2）已知电荷分布，由电势的定义和电势叠加原理，利用公式 $V = \int_V \frac{\mathrm{d}q}{4\pi\varepsilon_0 r}$ 来计算。

由于电势是标量，积分是标量积分，所以电势计算要比电场强度计算简单得多。下面通过几个例子来说明电势的计算方法。

【例 10-8】 均匀带电圆环，半径为 R，电荷为 q，求其轴线上任一点电势。

解： 如图 10-23 所示，取圆环轴线为 x 轴，圆心 O 为原点，在轴线上任取一点 P，其坐标为 x。把圆环分成许多元 $\mathrm{d}q$，每个电荷元视为点电荷，$\mathrm{d}q = \lambda \mathrm{d}l$，每个电荷元到场点的距离都为 $r = \sqrt{R^2 + x^2}$，电荷元在 P 点产生的电势为

$$\mathrm{d}V_P = \frac{\mathrm{d}q}{4\pi\varepsilon_0 r} = \frac{\mathrm{d}q}{4\pi\varepsilon_0 \sqrt{R^2 + x^2}}$$

整个圆环在 P 点产生电势为

$$V_P = \int \mathrm{d}V_P = \int_q \frac{\mathrm{d}q}{4\pi\varepsilon_0 \sqrt{R^2 + x^2}} = \frac{q}{4\pi\varepsilon_0 \sqrt{R^2 + x^2}}$$

当 $x = 0$ 时，即圆环中心处的电势为

$$V_0 = \frac{q}{4\pi\varepsilon_0 R}$$

当 $x \gg R$ 时，$(R^2 + x^2)^{1/2} \approx x$，所以

$$V_P = \frac{q}{4\pi\varepsilon_0 x}$$

相当于把圆环带电量集中在环心处的点电荷产生的电势。

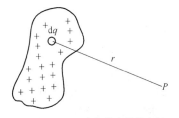

图 10-22 连续带电体的电势

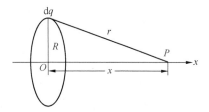

图 10-23 例 10-8

【例 10-9】 一均匀带电球面，半径为 R，电荷为 q，求球面内外任一点的电势。

解： 由于电荷分布具有球对称性，应用高斯定理很容易求出电场强度分布为

$$\begin{cases} \vec{E} = 0 & (r < R) \\ \vec{E} = \dfrac{q}{4\pi\varepsilon_0 r^3}\vec{r} & (r > R) \end{cases}$$

由电势定义，球面外任一点 P_1 处电势为

$$V_{P1} = \int_{r_1}^{\infty} \vec{E} \cdot \mathrm{d}\vec{r} = \int_{r_1}^{\infty} E\,\mathrm{d}r = \int_{r_1}^{\infty} \frac{q}{4\pi\varepsilon_0 r^2}\,\mathrm{d}r = \frac{q}{4\pi\varepsilon_0 r_1}$$

如图 10-24 所示。

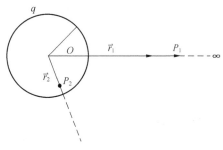

图 10-24 例 10-9 用图

结果表明，均匀带电球面外任一点电势，如同全部电荷都集中在球心的点电荷一样。

根据电势定义式（10-21），球面内任一点 P_2 电势为

$$V_{P2} = \int_{r_2}^{\infty} \vec{E} \cdot \mathrm{d}\vec{r} = \int_{r_2}^{R} \vec{E} \cdot \mathrm{d}\vec{r} + \int_{R}^{\infty} \vec{E} \cdot \mathrm{d}\vec{r}$$

$$= \int_{R}^{\infty} \vec{E} \cdot \mathrm{d}\vec{r} = \int_{R}^{\infty} \frac{q}{4\pi\varepsilon_0 r^2}\,\mathrm{d}r = \frac{q}{4\pi\varepsilon_0 R}$$

可见，球面内任一点电势与球面上电势相等。这是由于球面内任一点 $\vec{E} = 0$，所以在球面内移动试验电荷时，电场力不做功，即电势差等于零，因此有上面的结论。

10.5 等势面

前面我们通过电场线形象地描绘了电场强度的分布情况，现在我们用另一种形象方法描绘电势分布。

在电场中，电势相等的点连接起来构成的曲面称为**等势面**。

例如，在距点电荷距离相等的点处电势是相等的，这些点构成的曲面是以点电荷为球心的球面。可见点电荷电场中的等势面是一系列同心的球面，如图 10-25（a）所示。

由前面的内容可知，电场线的疏密程度可用来表示电场的强弱，这里我们也可以用等势面的疏密程度来表示电场强度的强弱。为此，对等势面的疏密作这样的规定：电场中任意两个相邻等势面之间的电势差相等。根据这个规定，图 10-25 中画出了一些典型带电系统电场的等势面和电场线，图中实线表示电场线，虚线表示等势面。从图中可以看出，等势面越密的地方，电场强度越大。

现在我们来讨论电场中等势面的性质。

如图 10-26 所示，设点电荷 q_0 沿等势面从 a 点运动到 b 点电场力做功为

$$W_{ab} = -\left(E_{Pb} - E_{Pa}\right) = -q_0\left(V_b - V_a\right) = 0$$

即得到结论：在静电场中，沿等势面上移动电荷时，电场力不做功。

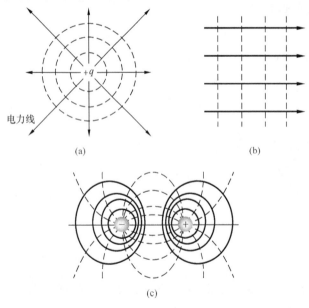

图 10-25　电场线与等势面

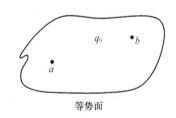

图 10-26　沿等势面电场力做功为零

还可以证明在静电场中，电场线总是与等势面正交。

如图 10-27 所示，设点电荷 q_0 自 a 沿等势面发生位移 $\mathrm{d}\vec{l}$，电场力做功为

$$\mathrm{d}W = q_0\vec{E} \cdot \mathrm{d}\vec{l} = q_0 E\,\mathrm{d}l\cos\theta$$

因为是在等势面上运动，所以 $\mathrm{d}W = 0$，得到

$$q_0 E \, \mathrm{d}l \cos\theta = 0$$

又因为 $q_0 \neq 0$，$E \neq 0$，$\mathrm{d}l \neq 0$，所以有

$$\cos\theta = 0$$

即

$$\theta = \frac{\pi}{2}$$

所以电场线与等势面正交，$\vec{E}$ 垂直于等势面。

在实际应用中，由于电势差容易测量，可先测量电势分布，得到等势面，再根据等势面与电场线垂直的关系，画出电场线，从而对电场有一个定性的、直观的了解。

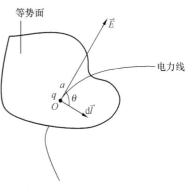

图 10-27　电场线与等势面正交

10.6　习题

一、思考题

1. 根据点电荷场强公式 $E = \dfrac{q}{4\pi\varepsilon_0 r^2}$，当被考察的场点距源点电荷很近（$r \to 0$）时，则场强趋近于无穷，这是没有物理意义的，对此应如何题理解？

2. 在真空中有 A、B 两平行板，相对距离为 d，板面积为 S，其带电量分别为 $+q$ 和 $-q$，则这两板之间有相互作用力 f。有人说，$f = \dfrac{q^2}{4\pi\varepsilon_0 d^2}$，又有人说，因为 $f = qE$，$E = \dfrac{q}{\varepsilon_0 S}$，所以 $f = \dfrac{q^2}{\varepsilon_0 S}$，试问这两种说法对吗？为什么？$f$ 到底应等于多少？

3. 如果在封闭面 S，E 处处为零，能否肯定此封闭面一定没有包围静电荷？

4. 如果通过闭合曲面 S 的电通量 Φ_e 为零，能否肯定面 S 上每一点的场强都等于零？

5. 在电场中，电场强度为零的点，电势是否一定为零？电势为零的点，电场强度是否一定为零？试举例说明。

二、复习题

1. 两小球的质量都是 m，都用长为 l 的细绳挂在同一点，它们带有相同电量，静止时两线夹角为 2θ，如图 10-28 所示。小球的半径和线的质量都可以忽略不计，求每个小球所带的电量。

2. 如图 10-29 所示，长 $l = 15.0\mathrm{cm}$ 的直导线 AB 上均匀地分布着线密度 $\lambda = 5.0 \times 10^{-9}\mathrm{C \cdot m^{-1}}$ 的正电荷。试求：（1）在导线的延长线上与导线 B 端相距 $a_1 = 5.0\mathrm{cm}$ 处 P 点的场强；（2）在导线的垂直平分线上与导线中点相距 $d_2 = 5.0\mathrm{cm}$ 处 Q 点的场强。

3. 如图 10-30 所示，一个半径为 R 的均匀带电半圆环，电荷线密度为 λ，求环心 O 点处的场强。

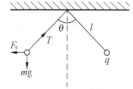

图 10-28　复习题 1

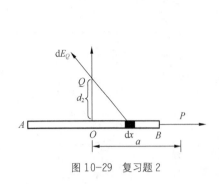

图 10-29 复习题 2

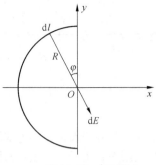

图 10-30 复习题 3

4. 如图 10-31 所示，均匀带电的细线弯成正方形，边长为 l，总电量为 q。

（1）求这正方形轴线上离中心为 r 处的场强 E。

（2）证明：在 $r \gg l$ 处，它相当于点电荷 q 产生的场强 E。

5.（1）点电荷 q 位于一边长为 a 的立方体中心，如图 10-32（a）所示，试求在该点电荷电场中穿过立方体的一个面的电通量。（2）如果该场源点电荷移动到该立方体的一个顶点上，这时穿过立方体各面的电通量是多少?*（3）如图 10-32（b）所示，在点电荷 q 的电场中取半径为 R 的圆平面，q 在该平面轴线上的 A 点处，求：通过圆平面的电通量（ $\alpha = \arctan \dfrac{R}{x}$ ）。

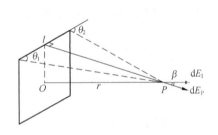

图 10-31 复习题 4

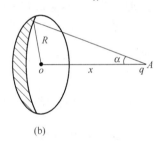

图 10-32 复习题 5

6. 均匀带电球壳内半径为 6cm，外半径为 10cm，电荷体密度为 2×10^{-5} C·m^{-3}，求距球心 5cm、8cm 及 12cm 各点的场强。

7. 半径为 R_1 和 R_2（ $R_2 > R_1$ ）的两无限长同轴圆柱面，单位长度上分别带有电量 λ 和 $-\lambda$，试求：（1）$r < R_1$；（2）$R_1 < r < R_2$；（3）$r > R_2$ 处各点的场强。

8. 两个无限大的平行平面都均匀带电，电荷的面密度分别为 σ_1 和 σ_2，试求空间各处场强。

9. 有一对点电荷，所带电量的大小都为 q，它们间的距离为 $2l$。试就下述两种情形求这两点电荷连线中点的场强和电势：（1）两点电荷带同种电荷；（2）两点电荷带异种电荷。

10. 半径为 R 的均匀带电球体内的电荷体密度为 ρ，若在球内挖去一块半径为 $r < R$ 的小球体，如图 10-33 所示。试求：两球心 O 与 O' 点的场强，并证明小球空腔内的电场是均匀的。

11. 两点电荷 $q_1 = 1.5 \times 10^{-8}$ C，$q_2 = 3.0 \times 10^{-8}$ C，相距 $r_1 = 42$cm，要把它们之间的距离变为 $r_2 = 25$cm，需做多少功?

12. 如图 10-34 所示，在 A、B 两点处放有电量分别为 $+q$、$-q$ 的点电荷，AB 间距离为 $2R$，现将另一正试验点电荷 q_0 从 O 点经过半圆弧移到 C 点，求移动过程中电场力做的功。

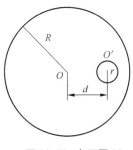

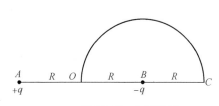

图 10-33　复习题 10　　　　　　　　　　　　图 10-34　复习题 12

13．如图 10-35 所示，绝缘细线上均匀分布着线密度为 λ 的正电荷，两直导线的长度和半圆环的半径都等于 R。试求环中心 O 点处的场强和电势。

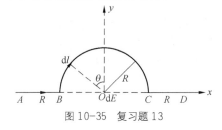

图 10-35　复习题 13

14．一电子绕一带均匀电荷的长直导线以 2×10^{4}m·s^{-1} 的匀速率做圆周运动。求带电直线上的线电荷密度（电子质量 $m_0 =9.1\times10^{-31}$kg，电子电量 $e=1.60\times10^{-19}$C ）。

15．电荷 Q 均匀分布在半径为 R 的球体内，试证明离球心 $r(r<R)$ 处的电势为

$$V=\frac{Q(3R^2-r^2)}{8\pi\varepsilon_0 R^3}$$

16．如图 10-36 所示，3 块平行金属板 A、B 和 C，面积都是 20cm^3，A 和 B 相距 4.0mm，A 和 C 相距 2.0mm，B 和 C 两板都接地。如果使 A 板带正电，电量为 3.0×10^{-7}C，并忽略边际效应，试求：（1）金属板 B 和 C 上的感应电量；（2）A 板相对于地的电势。

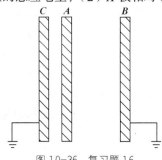

图 10-36　复习题 16

运动电荷在其周围不仅会产生电场，而且会产生磁场。稳恒电流产生的不随时间变化的磁场称为稳恒磁场。本章讨论稳恒磁场的性质和规律。虽然稳恒磁场与静电场的性质、规律不同，但在研究方法上却有类似之处。因此，学习时注意和静电场对比，将有助于理解和掌握有关概念。

11.1 磁感应强度

前面我们学习静电场的内容时，引入了电场强度的概念。与之对应，在稳恒磁场中，有磁感应强度的概念。

11.1.1 基本磁现象

我国是发现天然磁体最早的国家。春秋战国时期，《吕氏春秋》一书中已有"磁石召铁"的记载。公元前 250 年《韩非子·有度》中记载了"司南"，"司南"的勺形磁性指向器被认为是最早的磁性指南器具。11 世纪沈括发明指南针，并发现地磁偏角。12 世纪，我国已有关于指南针用于航海的记录。磁铁矿石的成分为四氧化三铁（Fe_3O_4），此外还有人工制成的磁铁，如铁氧体是氧化铁（Fe_2O_3）与二价金属氧化物 CuO、ZnO、MnO 等的一种烧结物。无论天然磁铁还是人工磁铁，都能吸引铁（Fe）、钴（Co）、镍（Ni）等物质，这种性质称为**磁性**。磁体上磁性最强的部分叫**磁极**。一个磁体无论多小都有两个磁极，可以在水平面内自由转动的磁体静止时总是一个磁极指向南方，另一个磁极指向北方。指向南的叫做南极（S 极），指向北的叫做北极（N 极）。磁极之间呈现同性磁极相互排斥、异性磁极相互吸引的现象。

把磁铁任意分割，每一小块都有南北两极，任意磁铁总是南北两极同时存在的，自然界中没有单独的 N 极与 S 极存在。

在历史上很长的一段时间内，电学与磁学的研究一直是彼此独立地发展的，直到 19 世纪 20 年代，人们才认识到电与磁之间的联系。

1820 年 4 月，丹麦物理学家奥斯特在讲课时发现，如果在直导线附近放置一枚小磁针，则当导线中有电流通过时，磁针将发生偏转。奥斯特随后又做了数月的研究，于 1820 年 7 月 21 日发表了他的研究结果。结果表明，电流周围存在着磁场，正是这种磁场导致了小磁针的偏转，从而揭示了电流与磁场的联系。奥斯特的论文发表后，在欧洲科学界引起了强烈的反响，当时许多著名的科学家，如安培、阿拉果、毕奥和萨伐尔等一大批科学家都投身于探索磁与电的关系之中。1820 年 10 月 30 日，法国物理学家毕奥和萨伐尔发表了长直导线通有电流时产生磁场的实验，并从数学上找出了电流元产生磁场的公式。1821 年，英国物理学家法拉第开始研究如何"把磁变成电"，经过十年的努力，在 1831 年发现了电磁感应现象。

人们是逐渐认识到电与磁之间联系的，20 世纪初，由于科学技术的进步和原子结构理论的建立与发展，人们认识到磁场也是物质存在的一种形式，磁力是运动电荷之间的一种作用力。此时，人们进一步认识到磁场现象起源于电荷的运动，磁力就是运动电荷之间的一种相互作用力。磁现象与电现象之间有密切的联系。从磁场的观点看，电流与电流、磁铁与磁铁、运动电荷与运动电荷之间的相互作用都是通过磁场来传递的，如图 11-1 所示。

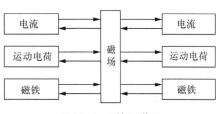

图 11-1　磁相互作用

安培首先利用分子电流的假设解释了物质磁性的起因。1931 年，安培提出了分子电流的假设。安培认为一切磁现象都起源于电流。在磁性物质的分子中，存在着小的回路电流，称为**分子电流**，它相当于最小的基元磁体。物质的磁性就是决定于这些分子电流对外磁效应的总和。如果这些分子电流毫无规则地取各种方向，它们对外界引起的磁效应就会互相抵消，整个物质就不会显磁性。当这些分子电流的取向出现某种有规则的排列时，就会对外界产生一定的磁效应，显示出物质的磁化状态。用近代的观点看，安培假说中的分子电流，可以看成是由分子中电子绕原子核的运动和电子与核本身的自旋运动产生的。

11.1.2　磁感应强度矢量

在静电场中，根据试验电荷在电场中的受力情况引入了电场强度 $\vec{E}$，来描述电场的性质。运动电荷在磁场中要受到磁场力的作用，这个力的大小和方向与磁场中各点的性质有关。在运动电荷的周围空间，除了产生电场外，还要产生磁场。运动电荷之间的相互作用是通过磁场进行的。与引入电场强度类似，通过研究磁场对运动试验电荷的作用力，引入描述磁场性质的物理量——磁感应强度 $\vec{B}$。

如图 11-2 所示，一电荷 q 以速度 $\vec{v}$ 通过磁场中某点，实验表明了以下结果。

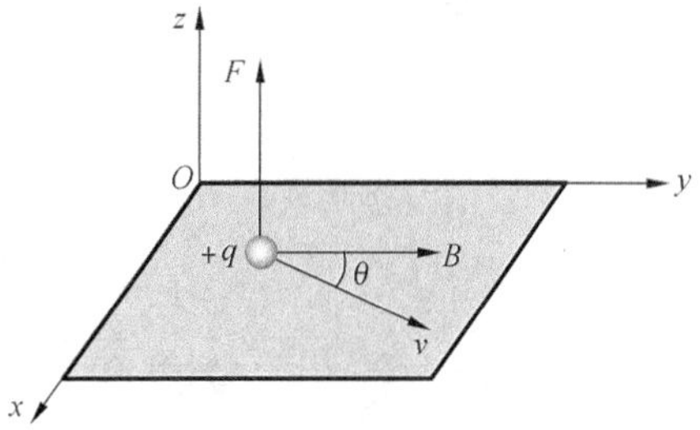

（1）运动电荷所受的磁场力不仅与运动电荷的电量 q 和速度有关，而且还与运动电荷的运动方向有关，且磁场力总是垂直于速度方向的。

图 11-2　磁感应强度的定义

在磁场中的任一点存在一个特殊的方向，当电荷沿此方向或其反方向运动时所受的磁力为零，与电荷本身的性质无关，而且这个方向就是自由小磁针在该点平衡时北极的指向。

（2）在磁场中的任一点，当电荷沿与上述方向垂直的方向运动时，电荷所受到的磁场力最大，并且最大磁场力 F_{max} 与电荷 q 和速度 v 的乘积的比值是与 q、v 无关的确定值，比值 F_{max}/qv 是位置的函数。

根据上述实验结果，为了描述磁场的性质，定义磁感应强度 $\vec{B}$。

磁感应强度 $\vec{B}$ 的大小为运动试验电荷所受的最大磁场力 F_{max} 与运动电荷 q 和速度 v 的乘积的比值，即

$$B = \frac{F_{max}}{qv} \tag{11-1}$$

为以单位速率运动的单位正电荷所受到的磁力。磁感应强度 $\vec{B}$ 的方向为放在该点的小磁针平衡时 **N** 极的指向。

国际单位制中，磁感应强度的单位为特斯拉，用 T 表示，1T=1N·A^{-1}·m^{-1}。

在工程中，磁感应强度的单位有时还用高斯，用符号 G 表示，它和 T 的关系为

$$1T = 10^4 G$$

11.2 电流的磁场 毕奥－萨伐尔定律

下面介绍载流导线电流产生的磁场。

11.2.1 毕奥－萨伐尔定律

在静电场中，计算任意带电体在空间某点的电场强度 $\vec{E}$ 时，可把带电体分成无限多个电荷元 dq，求出每个电荷元在该点产生的电场强度 $d\vec{E}$，按场强叠加原理就可以计算出带电体在该点产生的电场强度 $\vec{E}$。与此类似，对于载流导线产生磁场的计算问题，也可把载流导线看成是由无限多个电流元 $Id\vec{l}$ 组成的，先求出每个电流元在该点产生的磁感应强度 $d\vec{B}$，再按场强叠加原理就可以计算出带电体在该点产生的磁感应强度 $\vec{B}$。

法国物理学家毕奥和萨伐尔等人在大量实验的基础上，总结出电流元 $Id\vec{l}$ 所产生的磁感应强度 $d\vec{B}$ 所遵循的规律，称为毕奥－萨伐尔定律。

如图 11-3 所示，任一电流元 $Id\vec{l}$，在真空中任一点 P 产生的磁感应强度 $d\vec{B}$ 的大小与电流元的大小 $Id\vec{l}$ 成正比，与电流元 $Id\vec{l}$ 的方向和由电流元到点 P 的矢径 $\vec{r}$ 之间的夹角 θ 的正弦成正比，与电流元到点 P 的距离 r 的平方成反比，方向为 $Id\vec{l} \times \vec{r}$ 的方向（由右手螺旋法则确定）。其数值为

$$dB = k \frac{Idl \sin\theta}{r^2}$$

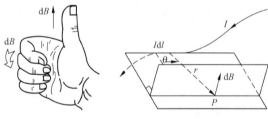

图 11-3 电流元的磁场

在国际单位制中，$k = \frac{\mu_0}{4\pi}$，其中，$\mu_0 = 4\pi \times 10^{-7} N \cdot A^{-2}$，叫做真空磁导率。故

$$dB = \frac{\mu_0}{4\pi} \frac{Idl \sin\theta}{r^2} \tag{11-2}$$

写成矢量形式为

$$d\vec{B} = \frac{\mu_0}{4\pi} \frac{Id\vec{l} \times \vec{r}}{r^3}$$

或

$$d\vec{B} = \frac{\mu_0}{4\pi} \frac{I \, d\vec{l} \times \vec{r}_0}{r^2}$$ （11-3）

这就是**毕奥 – 萨伐尔定律**，其中，$\vec{r}_0 = \vec{r}/r$ 为矢径 $\vec{r}$ 方向上的单位矢量。任意载流导线在 P 点产生的磁感应强度 $\vec{B}$ 为

$$\vec{B} = \int d\vec{B} = \int \frac{\mu_0}{4\pi} \frac{I \, d\vec{l} \times \vec{r}}{r^3}$$ （11- 4）

需要说明的是，毕奥 – 萨伐尔定律是在实验的基础上抽象出来的，不能由实验直接加以证明，但是由该定律出发得出的一些结果却能很好地与实验符合，这就间接地证明了其正确性。

11.2.2　毕奥 – 萨伐尔定律的应用

应用毕奥 – 萨伐尔定律可以计算不同电流分布所产生磁场的磁感应强度。解题一般步骤如下。

（1）根据已知电流的分布与待求场点的位置，选取合适的电流元 $I d\vec{l}$。

（2）根据电流的分布与磁场分布的特点来选取合适的坐标系。

（3）根据所选择的坐标系，按照毕奥 – 萨伐尔定律写出电流元产生的磁感应强度 $d\vec{B}$。

（4）由叠加原理求出整个载流导线在场点的磁感应强度 $\vec{B}$ 的分布。

（5）一般说来，需要将磁感应强度的矢量积分变为标量积分，并选取合适的积分变量，来统一积分变量。

下面用毕奥 – 萨伐尔定律计算几个基本而又典型的载流导线电流产生的磁感应强度。

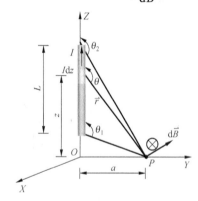

图 11-4　长直导线的电场　例 11-1 用图

【例 11-1】　在长为 L 的载流导线中，通有电流 I，求导线附近任一点的磁感应强度。

解：建立如图 11-4 所示的坐标系，在载流直导线上，任取一电流元 $I dz$，由毕奥 – 萨伐尔定律得电流元在 P 点产生的磁感应强度大小为

$$dB = \frac{\mu_0}{4\pi} \frac{I \, dz \sin\theta}{r^2}$$

$d\vec{B}$ 的方向为垂直于电流元与矢径所决定的平面，垂直纸面向里，用 $\otimes$ 表示。由于直导线上所有电流元在 P 点产生的磁感应强度 $d\vec{B}$ 方向相同，所以计算总磁感强度的矢量积分就归结为标量积分，即

$$B = \int dB = \int \frac{\mu_0}{4\pi} \frac{I \, dz \sin\theta}{r^2}$$ （11-5）

式中，z、r、θ 都是变量，必须统一到同一变量才能积分。由图 11-4 可知

$$z = a\tan(\pi - \theta) = -a\tan\theta, \quad r = \frac{a}{\sin(\pi - \theta)} = \frac{a}{\sin\theta}$$

所以

$$\mathrm{d}z = a\csc^2\theta\,\mathrm{d}\theta = \frac{a\,\mathrm{d}\theta}{\sin^2\theta} , \quad \frac{\mathrm{d}z}{r^2} = \frac{\mathrm{d}\theta}{a}$$

代入式（11-5），可得

$$B = \int \mathrm{d}B = \frac{\mu_0 I}{4\pi a}\int_{\theta_1}^{\theta_2}\sin\theta\,\mathrm{d}\theta = \frac{\mu_0 I}{4\pi a}(\cos\theta_1 - \cos\theta_2) \qquad (11\text{-}6)$$

讨论：

（1）如果载流导线为无限长时，则 $\theta_1 = 0$，$\theta_2 = \pi$，有

$$B = \frac{\mu_0 I}{2\pi a} \qquad (11\text{-}7)$$

由此可见，无限长载流直导线周围各点的磁感应强度的大小与各点到导线的距离成反比。

（2）若 P 点处于距半无限长载流直导线一端为 a 处的垂面上，则因 $\theta_1 = \dfrac{\pi}{2}$，$\theta_2 = \pi$，而有

$$B = \frac{\mu_0 I}{4\pi a} \qquad (11\text{-}8)$$

解题的关键：确定电流起点的 θ_1 和电流终点的 θ_2。

【例 11-2】 半径为 R 的载流圆线圈，电流为 I，求轴线上任一点 P 的磁感应强度 $\vec{B}$。

解：如图 11-5 所示，取 x 轴为线圈轴线，O 在线圈中心，电流元 $I\mathrm{d}\vec{l}$ 在 P 点产生的 $\mathrm{d}\vec{B}$ 大小为

$$\mathrm{d}B = \frac{\mu_0}{4\pi}\frac{I\mathrm{d}l\sin\theta}{r^2} = \frac{\mu_0 I\mathrm{d}l}{4\pi r^2}$$

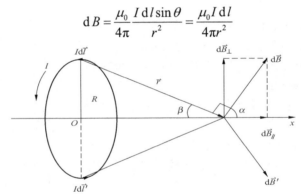

图 11-5 载流圆线圈的磁场 例 11-2

式中用到了 $I\mathrm{d}\vec{l}$ 与 $\vec{r}$ 的夹角为 $90°$。设 $\mathrm{d}\vec{l}$ 垂直于纸面，则 $\mathrm{d}\vec{B}$ 在纸面内。将 $\mathrm{d}\vec{B}$ 分成平行 x 轴的分量 $\mathrm{d}\vec{B}_{//}$ 与垂直于 x 轴的分量 $\mathrm{d}\vec{B}_{\perp}$。考虑与 $I\mathrm{d}\vec{l}$ 在同一直径上的电流元 $I\mathrm{d}\vec{l}'$ 在 P 点产生的磁场，其平行 x 轴的分量为 $\mathrm{d}\vec{B}'_{//}$，垂直 x 轴的分量为 $\mathrm{d}\vec{B}'_{\perp}$。由对称性可知，$\mathrm{d}\vec{B}'_{\perp}$ 与 $\mathrm{d}\vec{B}_{\perp}$ 相抵消。可见，线圈在 P 点产生垂直 x 轴的分量由于两两抵消而为零，故只有平行于 x 轴的分量。即有

$$\vec{B}_{\perp} = 0$$

$$B = B_{//} = \int_l \mathrm{d}B\cos\alpha = \int_0^{2\pi R}\frac{\mu_0 I\mathrm{d}l}{4\pi r^2}\cos\alpha$$

$$= \frac{\mu_0}{4\pi}\int_0^{2\pi R}\frac{\mathrm{d}l}{r^2}\sin\beta = \frac{\mu_0 IR^2}{2r^3} = \frac{\mu_0 IR^2}{2(x^2 + R^2)^{3/2}}$$

$$\qquad (11\text{-}9)$$

$\overrightarrow{B}$ 的方向沿 x 轴正向。

从式（11-9）可以得出在两种特殊位置时的磁感应强度。

（1）在 $x=0$ 处，则圆电流在圆心处的磁感应强度为

$$B = \frac{\mu_0 I}{2R} \qquad (11\text{-}10)$$

（2）当 $x \gg R$ 时，$(x^2 + R^2) \approx x^2$，则在轴线上远离圆心处的磁感应强度为

$$B = \frac{\mu_0 R^2 I}{2x^3}$$

（3）线圈左侧轴线上任一点 $\overrightarrow{B}$ 方向仍向右。

如果线圈是 N 匝线圈紧靠在一起的，则

$$B = \frac{\mu_0 R^2 N I}{2\left(x^2 + R^2\right)^{\frac{3}{2}}}$$

11.3 磁通量 磁场的高斯定理

与电场中的电通量对应，在磁场中引入了磁通量的概念。

11.3.1 磁感应线和磁通量

在静电场中，可以用电场线来形象描述电场的分布情况；与此类似，在稳恒磁场中也可以用磁场线来形象描述磁场的分布情况，磁场线也称磁感应线。规定：（1）磁感应线上任一点切线的方向即为磁感应强度 $\overrightarrow{B}$ 的方向；（2）磁感应强度 $\overrightarrow{B}$ 的大小可用磁感应线的疏密程度表示。

图 11-6（a）、（b）、（c）所示分别是载流长直导线、圆电流、载流长螺线管等典型电流的磁感应线分布的示意图。

从图中可以看出，磁感应线的绕行方向与电流流向都遵守右手螺旋法则，磁感应线有以下特性。

（1）磁感应线是环绕电流的无头尾的闭合曲线，没有起点和终点。这与静电场的电场线不同，原因在于正负电荷可以分离，而磁铁的两极不可分离，即没有磁单极子存在。

（2）任意两条磁感应线不相交，这一性质与电场线相同。

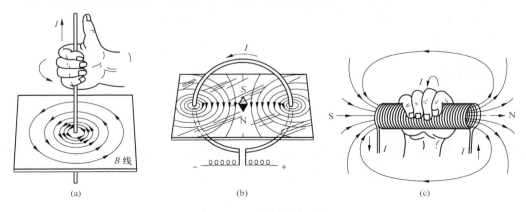

(a)　　　　　(b)　　　　　(c)

图 11-6　几种磁感应线示意图

与电场中引入电通量概念相似，磁场中引入磁通量的概念。磁通量表示磁场中通过某一曲面的磁感应线的数目，用 Φ_m 表示。

如图 11-7 所示，在曲面上取面元 $d\vec{S}$，其单位法线矢量 $\vec{n}$，$\vec{n}$ 与磁感应强度 $\vec{B}$ 的夹角为 θ，通过面积元 dS 的磁通量为

$$d\Phi_m = B\,dS\cos\theta$$

通过有限曲面 S 的磁通量为

$$\Phi_m = \iint_S d\Phi_m = \iint_S B\,dS\cos\theta$$

或写为

$$\Phi_m = \iint_S \vec{B}\cdot d\vec{S} \qquad (11\text{-}11)$$

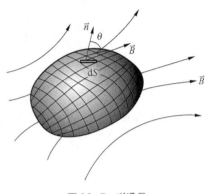

图 11-7　磁通量

与电通量一样，对闭合曲面，规定单位法线矢量 $\vec{n}$ 的方向垂直于曲面向外。磁感应线从曲面内穿出时，磁通量为正（ $\theta < \dfrac{\pi}{2}, \cos\theta > 0$ ）；磁感应线从曲面外穿入时，磁通量为负（ $\theta > \dfrac{\pi}{2}, \cos\theta < 0$ ）。

在国际单位制中，磁通量 Φ_m 的单位为韦伯，用符号 Wb 表示。$1\text{Wb}=1\text{T}\cdot\text{m}^2$。

11.3.2　磁场的高斯定理

由于磁感应线是闭合的，因此对任意一闭合曲面来说，有多少条磁感应线进入闭合曲面，就一定有多少条磁感应线穿出该曲面，也就是说通过任意闭合曲面的磁通量必等于零，即

$$\oiint_S \vec{B}\cdot d\vec{S} = 0 \qquad (11\text{-}12)$$

这就是磁场中的高斯定理，与静电场的高斯定理相类似，但本质上不同。在静电场中，有单独存在的正负电荷，因此通过任意闭合曲面的电通量可以不等于零；而在磁场中，由于不存在单独的磁单极子，所以通过任意闭合曲面的磁通量一定等于零。

1931 年，狄拉克在理论上预言了磁单极子的存在。当时他认为既然带有基本电荷的电子在宇宙中存在，那么理应带有基本"磁荷"的粒子存在。这一预言启发许多物理学家开始了他们寻找磁单极子的工作。尽管在 1975 年和 1982 年曾有实验室宣称探测到了磁单极子，但都没有得到科学界的确认。

11.4　安培环路定理

在静电场中，电场强度 $\vec{E}$ 的环流（沿任一闭合回路的线积分）恒等于零，即 $\oint_L \vec{E}\cdot d\vec{l} = 0$，它反映了静电场是保守场的性质。对于稳恒磁场，磁感应强度矢量 $\vec{B}$ 沿任一闭合回路的线积分 $\oint_L \vec{B}\cdot d\vec{l}$（$\vec{B}$ 的环流）是否等于零？稳恒磁场是否为保守场？

11.4.1 安培环路定理

以长直载流导线的磁场为例，计算 $\oint_L \vec{B} \cdot d\vec{l}$，我们将看到 $\oint_L \vec{B} \cdot d\vec{l}$ 一般不为零。

如图 11-8（a）所示，对于长直载流导线，其周围的磁感应线是一系列圆心在导线上且垂直于导线平面内的同心圆。磁感应强度 $\vec{B}$ 的大小为

$$B = \frac{\mu_0 I}{2\pi r}$$

式中，I 为长直载流导线的电流，r 为场点到导线的垂直距离。

在垂直于导线的平面内，过场点取一回路 L，绕行方向为逆时针方向。如图 11-8（b）所示，在场点处取一线元 $d\vec{l}$，$d\vec{l}$ 与 $\vec{B}$ 之间的夹角为 θ，由于 $dl\cos\theta \approx r\,d\varphi$，则沿回路 L，磁感应强度 $\vec{B}$ 的环流为

$$\oint_L \vec{B} \cdot d\vec{l} = \oint_L B\cos\theta\, dl = \int_L \frac{\mu_0 I}{2\pi r}\cos\theta\, dl = \frac{\mu_0 I}{2\pi}\int_0^{2\pi} d\varphi = \mu_0 I \qquad (11\text{-}13)$$

上式表明：磁感应强度 $\vec{B}$ 沿任一闭合路径的线积分，等于该闭合路径所包围的电流的 μ_0 倍，这就是**磁场的安培环路定理**。

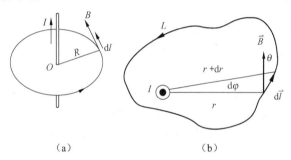

（a）　　　　　　　　　（b）

图 11-8　安培环路定理

当闭合路径反向绕行，即积分方向反向时，$d\vec{l}$ 与 $\vec{B}$ 之间的夹角为 $\pi - \theta$，$dl\cos(\pi - \theta) \approx -r\,d\varphi$，于是有

$$\oint_L \vec{B} \cdot d\vec{l} = -\mu_0 I = \mu_0(-I) \qquad (11\text{-}14)$$

当积分绕向与 I 的流向遵守右手螺旋定则时，式（11-13）中的电流 I 取正值；当积分绕向与 I 的流向遵守左手螺旋定则时，式（11-13）中的电流 I 取负值。

如果闭合路径不包围电流，可以证明

$$\oint_L \vec{B} \cdot d\vec{l} = 0$$

式（11-13）虽然是从无限长载流导线这一特例的磁场中导出的，但是对闭合回路为任意形状且回路包围有任意电流的情况，都是成立的。

如果闭合路径包围多个电流，由于

$$\oint_L \vec{B}_i \cdot d\vec{l} = \mu_0 I_i$$

因而有

$$\oint_L \vec{B} \cdot \mathrm{d}\vec{l} = \mu_0 \sum_i I_i \qquad (11\text{-}15)$$

式中，$I = \sum_i I_i$ 为闭合回路包围的电流的代数和，如图 11-9 所示。

为了更好地理解安培环路定理，有以下几点需要说明。

（1）安培环路定律对于稳恒电流的任一形状的闭合回路均成立，反映了稳恒电流产生磁场的规律。稳恒电流本身是闭合的，故安培环路定律仅适用于闭合的载流导线，而对于任意设想的一段载流导线则不成立。

（2）电流的正负规定：若电流流向与积分回路的绕向方向满足右手螺旋关系，式中的电流取正值；反之取负值。

（3）$\oint_l \vec{B} \cdot \mathrm{d}\vec{l}$ 只与闭合回路所包围的电流有关，但路径上磁感应强度 $\vec{B}$ 是闭合路径内外电流分别产生的磁感应强度的矢量和。

（4）磁场中 $\vec{B}$ 的环流一般不等于零，说明稳恒磁场与静电场不同，稳恒磁场是非保守场，不能引入与静电场中与电势相应的物理量。

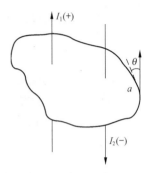

图 11-9　回路包围多个电流

11.4.2　安培环路定理的应用

【例 11-3】　求无限长均匀载流圆柱导体的磁场。设圆柱导体的半径为 R，电流为 I，沿轴线方向。

解： 由于电流分布有轴对称性，而且圆柱体很长，所以磁场对圆柱导体轴线同样是有对称性的。磁场线是在垂直于轴线平面内以该平面与轴线交点为圆心的一系列同心圆，如图 11-10 所示。因此可以选取通过场点 P 的圆作为积分回路，圆的半径为 r，使电流方向与积分回路绕行方向满足右手螺旋法则，在每一个圆周上 $\vec{B}$ 的大小是相同的，方向与每点的 $\mathrm{d}\vec{l}$ 的方向相同，这时有 $\vec{B} \cdot \mathrm{d}\vec{l} = B\,\mathrm{d}l$。利用安培环路定理，对半径为 r 的环路有

$$\oint_l \vec{B} \cdot \mathrm{d}\vec{l} = B \cdot 2\pi r = \mu_0 \sum_i I_i$$

对于圆柱体外部一点，闭合积分路径包围的电流为 $\sum_i I_i = I$，可得

$$B = \frac{\mu_0 I}{2\pi r} \qquad (r > R)$$

结果表明，在圆柱体外部，磁场分布与全部电流集中在圆柱导体轴线上的无限长直载流导线磁场分布相同。

对于圆柱体内部一点，闭合积分路径包围的电流为总电流 I 的一部分，由于电流均匀分布，所以得

$$I' = \sum_i I_i = \frac{I}{\pi R^2} \pi r^2 = \frac{r^2}{R^2} I$$

于是有

$$B = \frac{\mu_0}{2\pi r} \cdot \frac{r^2}{R^2} I = \frac{\mu_0 r I}{2\pi R^2} \qquad (r < R)$$

结果表明，在圆柱体内部，磁感应强度 $\vec{B}$ 的大小与 r 成正比。$B \sim r$ 曲线如图 11-10 所示。

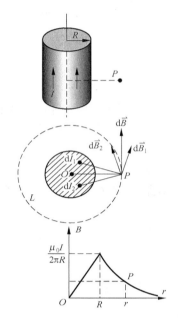

图 11-10　无限长均匀载流圆柱导体的磁场　例 11-3

【例 11-4】　求载流无限长直螺线管内的磁场分布。设此螺线管线圈中通电流 I，单位长度密绕 n 匝线圈。

解：图 11-11 所示为一个密绕长直螺线管的一段，其单位长度匝数为 n，通过的电流为 I，管内的磁感应强度为 $\vec{B}$，方向与轴线平行，大小相等，管内的磁场可视为均匀磁场。管外靠近管壁处磁感应强度为零。如图 11-11 所示，过管内一点做一矩形闭合回路 $abcda$，则磁感应强度 $\vec{B}$ 沿此回路积分为

$$\oint_l \vec{B} \cdot d\vec{l} = \int_{ab} \vec{B} \cdot d\vec{l} + \int_{bc} \vec{B} \cdot d\vec{l} + \int_{cd} \vec{B} \cdot d\vec{l} + \int_{da} \vec{B} \cdot d\vec{l}$$

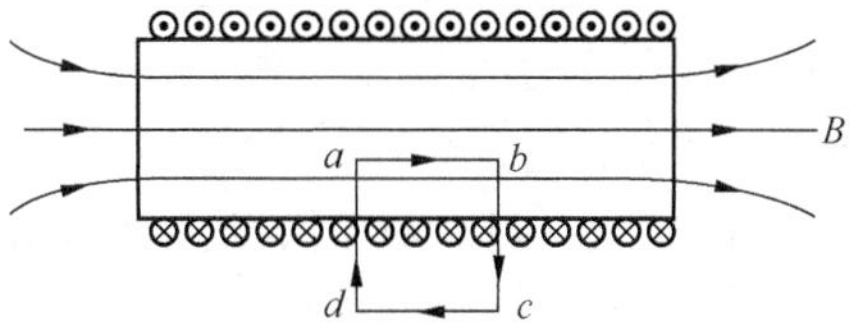

图 11-11　长直螺线管内的磁场　例 11-4

在 cd 段，由于管外磁感应强度为零，所以 $\int_{cd} \vec{B} \cdot d\vec{l} = 0$。在 bc 和 da 段，一部分在管外，一部分在管内，虽然管内部分 $B \neq 0$，但 $\vec{B}$ 与 $d\vec{l}$ 垂直，管外部分 $B = 0$，所以有

$$\int_{bc} \vec{B} \cdot d\vec{l} = \int_{da} \vec{B} \cdot d\vec{l} = 0$$

在 ab 段，磁感应强度为 $\vec{B}$，方向与轴线平行，大小相等，所以

$$\int_{ab} \vec{B} \cdot \mathrm{d}\vec{l} = B\overline{ab}$$

再根据安培定理可得

$$\oint_L \vec{B} \cdot \mathrm{d}\vec{L} = \mu_0 \overline{ab}nI$$

比较两式可得

$$B = \mu_0 nI$$

上式表明，无限长直螺线管内任一点的磁感应强度的大小与通过螺线管的电流和单位长度线圈的匝数成正比。这一结论与用毕奥—萨伐尔定律计算结果相同，但却简单多了。

与应用高斯定理可以求电场强度类似，应用安培环路定律可以求出某些有对称分布的电流的磁感应强度分布。计算的一般步骤如下。

（1）根据电流分布的对称性分析磁场分布是否具有对称性。

（2）过场点选取合适的闭合积分路径，即在此闭合路径的各点磁感应强度 $\vec{B}$ 的大小应相等，使得 $\vec{B}$ 的环流容易计算。

（3）利用 $\oint_L \vec{B} \cdot \mathrm{d}\vec{l} = \mu_0 \sum_{L内} I_i$，求出磁感应强度 $\vec{B}$ 的值。

11.5 带电粒子在电场和磁场中的运动

带电粒子在磁场中运动时要受到洛伦兹力的作用。

11.5.1 洛伦兹力

在均匀磁场 $\vec{B}$ 中，运动电荷 $+q$，其速度为 $\vec{v}$，由磁感应强度 $\vec{B}$ 的定义式可知 $\vec{v}$ 与 $\vec{B}$ 的关系式为

$$\vec{F} = q\vec{v} \times \vec{B} \tag{11-16}$$

这个力称为**洛伦兹力**，洛伦兹力的大小为

$$F = qvB\sin\theta$$

式中，θ 为 $\vec{v}$ 与 $\vec{B}$ 之间的夹角，$\vec{F}$ 的方向垂直于 $\vec{v}$ 和 $\vec{B}$ 组成的平面，$\vec{v}$、$\vec{B}$ 和 $\vec{F}$ 满足右手螺旋关系，即右手四指由 $\vec{v}$ 经小于 180° 的角度弯向 $\vec{B}$，此时大拇指指向的就是正电荷受力的方向，如图 11-12 所示。

磁场只对运动电荷有作用力。洛伦兹力与电荷正负有关，当 $q > 0$ 时，洛伦兹力的方向与 $\vec{v} \times \vec{B}$ 的方向相同；当 $q < 0$ 时，洛伦兹力的方向与 $\vec{v} \times \vec{B}$ 的方向相反。

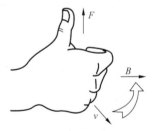

图 11-12 右手螺旋

由于洛伦兹力的方向总是与运动电荷的方向垂直，即 $\vec{F} \perp \vec{v}$，因而洛伦兹力只改变带电粒子运动的方向，而不改变其运动速度的大小，故洛伦兹力对带电粒子不做功。

11.5.2 带电粒子在电磁场中的运动和应用

一个带电荷为 q、质量为 m 的粒子，在电场强度为 $\vec{E}$ 的电场中所受到的电场力为 $\vec{F_e} = q\vec{E}$。

一个带电荷为 q、质量为 m 的粒子，以速度 $\vec{v}$ 进入磁感应强度为 $\vec{B}$ 的均匀磁场中，它所受到的洛伦兹力为 $\vec{F}_{\mathrm{m}} = q\vec{v} \times \vec{B}$。

一般情况下，带电粒子如果既在电场又在磁场中运动时，则带电粒子在电场和磁场中所受的力应为电场力和洛伦兹力的和，即

$$\vec{F} = \vec{F_{\mathrm{e}}} + \vec{F_{\mathrm{m}}} = q\vec{E} + q\vec{v} \times \vec{B} \qquad （11\text{-}17）$$

下面讨论带电粒子在均匀磁场中的运动情形。

如果有一个带电粒子电荷为 q，质量为 m，以初速度 $\vec{v}$ 进入磁感应强度为 $\vec{B}$ 的均匀磁场中，根据 $\vec{v}$ 与 $\vec{B}$ 之间的方向关系，我们分 3 种情况讨论带电粒子在磁场中的运动。

（1）粒子的初速度 $\vec{v}$ 与磁场平行或反平行，即 $\vec{v} /\!/ \vec{B}$，磁场对运动粒子的作用力 $\vec{F}=0$，带电粒子做速度 $\vec{v}$ 的匀速直线运动，不受磁场的影响。

（2）粒子的初速度 $\vec{v}$ 与磁场垂直，即 $\vec{v} \perp \vec{B}$，带电粒子所受的洛伦兹力的大小为 $F = qvB$，方向与速度 $\vec{v}$ 垂直，所以洛伦兹力只能改变速度的方向，不改变速度的大小。带电粒子进入磁场后，将做匀速圆周运动，洛伦兹力提供了向心力，如图 11-13 所示。

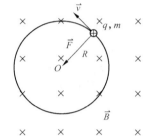

图 11-13　带电粒子在均匀磁场的圆周运动

由牛顿第二定律，得

$$qvB = m\frac{v^2}{R}$$

所以圆轨道半径为

$$R = \frac{mv}{qB} \qquad （11\text{-}18）$$

从式（11-18）可以看出，粒子运动半径 R 与带电粒子的速率成正比，与磁感应强度 $\vec{B}$ 的大小成反比。

粒子运动一周所需的时间，即回旋周期为

$$T = \frac{2\pi R}{v} = \frac{2\pi}{v}\frac{mv}{qB} = \frac{2\pi m}{qB} \qquad （11\text{-}19）$$

带电粒子在单位时间内运行的周数，即频率为

$$f = \frac{1}{T} = \frac{qB}{2\pi m} \qquad （11\text{-}20）$$

从式（11-19）和式（11-20）可以看出回旋周期 T、频率 f 与带电粒子的速率和回旋半径无关。

（3）带电粒子的速度 $\vec{v}$ 与磁场 $\vec{B}$ 之间的夹角为 θ 时，则可以把速度 $\vec{v}$ 分解为平行于磁感应强度 $\vec{B}$ 的分量 $\vec{v_{/\!/}}$ 和垂直于磁感应强度 $\vec{B}$ 的分量 $\vec{v_{\perp}}$，如图 11-14（a）所示，它们的大小分别为

$$v_{//} = v\cos\theta$$

$$v_{\perp} = v\sin\theta$$

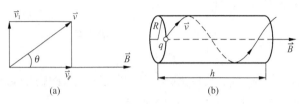

图 11-14 螺旋运动

若带电粒子在平行于磁场 $\vec{B}$ 的方向或其反方向运动，有 $F_{//} = 0$，则带电粒子做匀速直线运动；若带电粒子在垂直于磁场 $\vec{B}$ 的方向运动，有 $F_{\perp} = qvB\sin\theta$，则带电粒子在垂直于 $\vec{B}$ 的平面内做匀速圆周运动。

当两个分量同时存在时，带电粒子同时参与两个运动，结果粒子做螺旋线向前运动，轨迹是螺旋线。粒子的回转半径为

$$R = \frac{mv_{\perp}}{qB} \tag{11-21}$$

粒子的回旋周期为

$$T = \frac{2\pi R}{v_{\perp}} = \frac{2\pi m}{qB} \tag{11-22}$$

粒子回转一周前进的距离称为螺距，螺距为

$$h = v_{//}T = \frac{2\pi mv_{//}}{qB} \tag{11-23}$$

式（11-23）表明，螺距 h 与 $v_{\perp}$ 无关，只与 $v_{//}$ 成正比。从磁场中某点发射一束很窄的带电粒子流时，如果它们的速率大小相近，则这些粒子的沿磁场方向的 $v_{//}$ 近似相等，尽管它们在做不同半径的螺旋线运动，但其螺距是近似相等的。每转一周，粒子又会重新汇聚在一起，这种现象称为磁聚焦，如图 11-15 所示。在实际中用得更多的是短线圈产生的非均匀磁场的磁聚焦作用，这种线圈称为磁透镜，它在电子显微镜中起了与透镜相类似的作用。

如果带电粒子是在非均匀磁场中的运动的，则带电粒子进入磁场，由于磁场的不均匀，洛伦兹力的大小变化，所以不是匀速圆周运动，但带电粒子同样要做螺旋运动，只是回旋半径和螺距是不断变化的。当带电粒子向磁场较强的方向运动时，回旋半径较小。如图 11-16 所示，若粒子在非均匀磁场中所受洛伦兹力恒有一指向磁场较弱方向的分量阻碍其继续前进，可能使粒子前进的速度减小到零，并沿反方向运动，就像遇到反射镜一样，这种磁场称为磁镜。

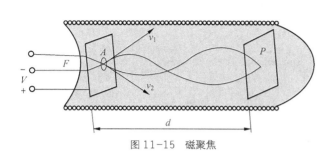

图 11-15 磁聚焦

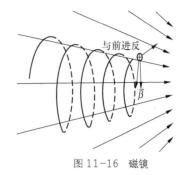

图 11-16 磁镜

11.5.3 霍尔效应

霍尔效应是 1879 年由霍耳首先观察到的。把一块宽为 b、厚为 d 的导体板，放在磁感应强度为 $\vec{B}$ 的均匀磁场中，导体板通有电流 I，若使磁场方向与电流方向垂直，则在导体板的横向两侧就会出现一定的电势差（如图 11-17 所示）。这种现象叫**霍耳效应**，产生的电势差称为霍耳电势差。

实验表明，在磁场不太强时，霍耳电势差 U_H 与电流 I 和磁感应强度 B 成正比，而与导电板的厚度 d 成反比，即

$$U_H = R_H \frac{BI}{d} \tag{11-24}$$

式中，R_H 为比例系数，称为霍耳系数。

霍耳效应产生的原因是由于导体中的载流子（做定向运动的带电粒子）在磁场中受到洛伦兹力而发生横向漂移。设载流子是正电荷，其定向运动方向与电流方向相同，载流子以平均速度 $\vec{v}$ 运动，则在磁场中载流子所受的洛伦兹力的大小为 $F_m = qvB$，洛伦兹力的方向向右，载流子在洛伦兹力的作用下，电荷产生横向漂移，使图 11-17 中的右端面积累正电荷，左端面积累负电荷，在两端面之间产生一个由右指向左的电场 $\vec{E}$。这样载流子还将受到电场力 $\vec{F}_e$ 的作用。电场力 $\vec{F}_e$ 的方向与洛伦兹力方向相反，阻碍载流子向右端面积累。当两端面电荷积累到一定的程度，使得 $\vec{F}_m + \vec{F}_e = 0$，就达到了平衡，此时两端面载流子停止积累，两端面上的电荷不发生变化，于是，两端面间产生了一个恒定的电势差。端面间的电场达到稳定，我们把这个电场叫霍耳电场，用 $\vec{E}_H$ 表示。

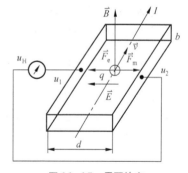

图 11-17 霍耳效应

设载流子的电荷为 q，载流子的定向运动平均速度为 v，磁感应强度为 B，于是在平衡时有

$$qE_H = qvB$$

所以有

$$E_H = Bv$$

用霍耳电压 U_H 表示，则

$$\frac{U_H}{d} = Bv \tag{11-25}$$

设单位体积内载流子数为 n，则根据电流的定义有

$$I = nqvbd$$

则可得

$$v = \frac{I}{nqbd}$$

代入式（11-25），得霍耳电势差为

$$U_{\mathrm{H}} = \frac{BI}{nqd} \qquad\qquad (11\text{-}26)$$

上式与式（11-24）比较，可得霍耳系数为

$$R_{\mathrm{H}} = \frac{1}{nq} \qquad\qquad (11\text{-}27)$$

由上式可知，霍耳系数的正负取决于载流子的正负。利用霍耳电势差（或霍耳系数）的正负，可以判断半导体中载流子的正负性质。由于式（11-27）中各个量都可以由实验测定，从而可以确定霍耳系数，就可计算出载流子的浓度。

霍耳效应在工业生产中也有许多应用。根据霍耳效应，利用半导体材料制成多种霍耳元件，可以用来测量磁感应强度、电流和功率等。在半导体中，载流子浓度要小于金属电子的浓度，且容易受温度、杂质的影响，所以霍耳系数是研究半导体的重要方法之一。

11.6 磁场对载流导线的作用

导线中的电流是电子做定向运动形成的，当把载流导线置于磁场中时，运动的载流子要受到洛伦兹力的作用，所以载流导线在磁场中受到的磁力本质上是在洛伦兹力作用下，导体中做定向运动的电子与金属导体中晶格上的正离子不断地碰撞，把动量传给了导体，从而使整个载流导体在磁场中受到磁力的作用。

11.6.1 磁场对载流导线的作用力——安培力

如图 11-18（a）所示，在载流导线上取一电流元 $I\,\mathrm{d}\vec{l}$ ，此电流元与磁感应强度 $\vec{B}$ 之间的夹角为 φ ，假设电流元中自由电子的定向漂移速度为 $\vec{v}$ ，且 $\vec{v}$ 与磁感应强度 $\vec{B}$ 之间的夹角为 θ ，则 $\theta = \pi - \varphi$ 。

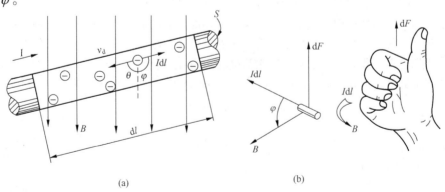

(a)　　　　　　　　　(b)

图 11-18　安培力

电流元中的每一个自由电子受到的洛伦兹力的大小均为 $f = evB\sin\theta$ 。由于电子带负电，

这个力的方向为垂直纸面向里。若电流元的截面积为 S，单位体积内的自由电子数为 n，则电流元中共有的电子数为 $nS\mathrm{d}l$。所以，电流元所受的力为这些电子所受洛伦兹力的总和。由于作用在每个电子上的力的大小及方向都相同，所以，磁场作用于电流元上的力为

$$\mathrm{d}F = nS\,\mathrm{d}l \cdot f = nS\,\mathrm{d}l \cdot evB\sin\theta$$

又因为 $I = neSv$，所以得到

$$\mathrm{d}F = I\,\mathrm{d}lB\sin\theta$$

由于 $\theta = \pi - \varphi$，则 $\sin\theta = \sin(\pi - \varphi) = \sin\varphi$，

因此

$$\mathrm{d}F = I\,\mathrm{d}lB\sin\varphi$$

把上式写成矢量形式

$$\mathrm{d}\vec{F} = I\,\mathrm{d}\vec{l} \times \vec{B} \tag{11-28}$$

方向由右手螺旋法则来确定，如图 11-18（b）所示。这就是磁场对电流元的作用力，称为**安培力**，式（11-28）为**安培定律**的数学表达形式。

利用安培定律可以计算任一段载流导线在磁场中受到的安培力，对于有限长载流导线在磁场中受的安培力，等于磁场作用在各电流元上的安培力的矢量和，即

$$\vec{F} = \int \mathrm{d}\vec{F} = \int_L I\,\mathrm{d}\vec{l} \times \vec{B} \tag{11-29}$$

式中，$\vec{B}$ 为各电流元所在处的磁感应强度。

下面看几个例子。

【例 11-5】 如图 11-19 所示，一段长为 L 的载流直导线，置于磁感应强度为 $\vec{B}$ 的均匀磁场中，$\vec{B}$ 的方向在纸面内，电流流向与 $\vec{B}$ 夹角为 θ，求导线受力 $\vec{F} = ?$

解：取电流元 $I\mathrm{d}\vec{l}$，则电流元受到的安培力为

$$\mathrm{d}\vec{F} = I\,\mathrm{d}\vec{l} \times \vec{B}$$

方向为垂直指向纸面，且导线上所有电流元受力方向相同。

整段导线受到安培力为

$$\vec{F} = \int \mathrm{d}\vec{F} = \int_L I\,\mathrm{d}\vec{l} \times \vec{B}$$

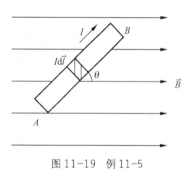

图 11-19 例 11-5

化为标量积分，力 $\vec{F}$ 的大小为

$$F = \int_A^B IB\sin\theta\,\mathrm{d}l = \int_0^L IB\sin\theta\,\mathrm{d}l = IBL\sin\theta$$

$\vec{F}$ 的方向垂直指向纸面。

当 $\theta = 0$ 时，$\vec{F} = 0$。当 $\theta = \dfrac{\pi}{2}$ 时，$F = F_{\max} = BIL$。 $\tag{11-30}$

以上是载流直导线在均匀磁场中的受力情况，一般情况下，磁场是不均匀的，这可从下面例子中看到。

【例 11-6】 一无限长载流直导线 AB，载电流为 I_1，在它的一侧有一长为 l 的有限长载流导线 CD，其电流为 I_2，AB 与 CD 共面，且 $CD \perp AB$，C 端距 AB 为 a。求直导线 CD 受到的安培力。

解：如图 11-20 所示，取 x 轴与 CD 重合，原点在 AB 上。由题意可知，载流导线 CD 处于一个非均匀场中，磁感应强度随位置变化，在 x 处 $\vec{B}$ 方向垂直纸面向里，大小为

$$B = \frac{\mu_0 I_1}{2\pi x}$$

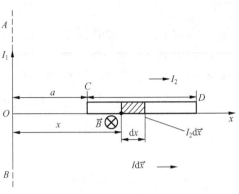

在 CD 上距离 AB 为 x 处取电流元 $I_2 \mathrm{d} x$，则其所受到的安培力为

$$\mathrm{d}\vec{F} = I_2 \mathrm{d}\vec{x} \times \vec{B}$$

图 11-20 例 11-6

由于 CD 上各电流元受到的安培力方向相同，所以 CD 段受到安培力 $\vec{F} = \int \mathrm{d}\vec{F}$ 可简化为标量积分，CD 段受到安培力的大小为

$$F = \int \mathrm{d} F = \int_a^{a+l} \frac{\mu_0 I_1}{2\pi x} I_2 \mathrm{d} x = \frac{\mu_0 I_1 I_2}{2\pi} \ln \frac{a+l}{a}$$

$\vec{F}$ 的方向为沿纸面向上，即沿 $\overrightarrow{BA}$ 方向。

上面结果用矢量表示为

$$\vec{F} = \frac{\mu_0 I_1 I_2}{2\pi} \ln \frac{a+l}{a} \vec{j}$$

【例 11-7】   一根形状不规则的载流导线，两端点的距离为 L，通有电流为 I，导线置于磁感应强度为 $\vec{B}$ 的均匀磁场中，磁感应强度 $\vec{B}$ 的方向垂直于导线所在平面，求作用在此导线上的磁场力。

解：建立坐标如图 11-21 所示，在导线上取电流元 $I\mathrm{d}\vec{l}$，其所受安培力

$$\mathrm{d}\vec{F} = I\mathrm{d}\vec{l} \times \vec{B}$$

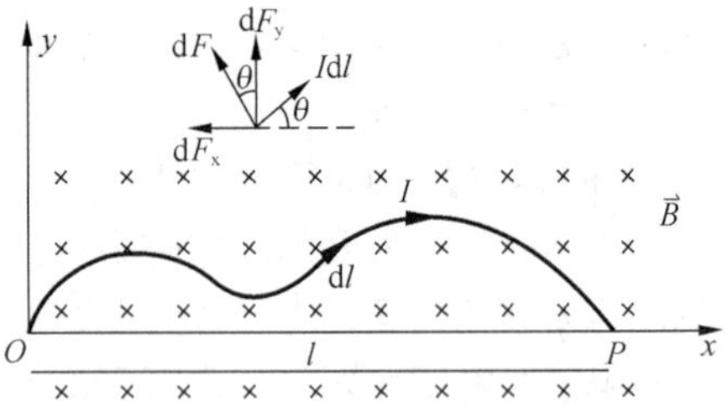

$\mathrm{d}\vec{F}$ 的大小为 $\mathrm{d} F = IB\mathrm{d} l$，方向如图 11-21 所示。

图 11-21 例 11-7

设 $\mathrm{d}\vec{F}$ 与 y 轴的夹角为 θ，因而 $\mathrm{d}\vec{F}$ 在 x 方向和 y 方向的分力的大小分别为

$$\mathrm{d} F_x = \mathrm{d} F \sin\theta = BI \mathrm{d} l \sin\theta$$
$$\mathrm{d} F_y = \mathrm{d} F \cos\theta = BI \mathrm{d} l \cos\theta$$

因为

$$\mathrm{d} l \sin\theta = \mathrm{d} y$$
$$\mathrm{d} l \cos\theta = \mathrm{d} x$$

所以有

$$\mathrm{d} F_x = BI \mathrm{d} y$$
$$\mathrm{d} F_y = BI \mathrm{d} x$$

积分可得

$$F_x = \int_0^0 BI \mathrm{d} y = 0$$
$$F_y = \int_0^l BI \mathrm{d} x = BIl$$

故载流导线所受的磁力的大小为 $F = BIl$，方向沿 y 轴方向。

用矢量表示为

$$\vec{F} = BIl\,\vec{j}$$

结果表明，在均匀磁场中，任意形状的载流导线所受的磁力，与始点和终点相连的载流直导线所受的磁力相等。

11.6.2　载流线圈的磁矩　磁场对载流线圈的作用

在磁电式电流计和直流电动机内，一般都有处在磁场中的线圈。当线圈中有电流通过时，它们将在磁场的作用下发生转动，因而讨论磁场对载流线圈的作用有重要的实际意义。

如图 11-22 所示，在磁感应强度为 $\vec{B}$ 的均匀强磁场中，有一刚性矩形载流线圈 $abcd$，边长分别为 l_1 和 l_2，线圈通过的电流为 I，方向如图所示，磁感应强度 $\vec{B}$ 的方向沿水平方向，与线圈平面成 φ 角。现分别求磁场对 4 个载流导线边的作用力。由式（11-30），作用于导线 ab、cd 两边的磁场力大小为

$$F_2 = BIl_2$$
$$F_2' = BIl_2$$

两者大小相等，方向相反，但作用线不在一条线上。

作用在导线 bc、ad 两边的力的情况为

$$F_1 = BIl_1 \sin\varphi$$
$$F_1' = BIl_1 \sin(\pi - \varphi) = BIl_1 \sin\varphi$$

两者大小相等，方向相反，且在同一直线上，相互抵消，故对于线圈来说，它们的合力矩为零。而 F_2 与 F_2' 形成一个力偶，其力偶臂为 $l_1 \cos\varphi$。所以线圈所受磁力矩为

$$M = F_2 l_1 \cos\varphi$$

又因为 $\theta = \dfrac{\pi}{2} - \varphi$，所以 $\cos\varphi = \sin\theta$，因此线圈所受磁力矩为

$$M = F_2 l_1 \cos\varphi = BIl_2 l_1 \sin\theta = BIS \sin\theta \tag{11-31}$$

式中，$S = l_1 l_2$ 是矩形线圈的面积，θ 是线圈法线 $\vec{n}$（规定 $\vec{n}$ 的方向与线圈电流的方向之间满足右手螺旋关系，即四指与电流方向相同，大拇指方向即为法线方向，如图 11-23 所示）与磁感应强度 $\vec{B}$ 之间的夹角。当线圈有 N 匝时，则线圈所受磁力矩为

$$M = NBIS \sin\theta$$

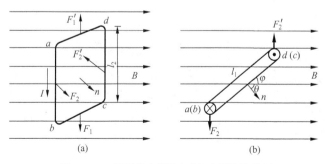

图 11-22　矩形载流线圈在磁场中所受的磁力矩　　　　　图 11-23　载流线圈的正法线

这里引入磁矩 $\vec{m}$ 概念，定义线圈磁矩 $\vec{m} = I\vec{S} = NIS\vec{n}$，因此，引入磁矩后上式可以写成矢量形式为

$$\vec{M} = \vec{m} \times \vec{B} \tag{11-32}$$

力矩 $\vec{M}$ 的大小为 $M = mB\sin\theta$，方向由磁矩 $\vec{m}$ 与 $\vec{B}$ 的矢量积确定。

式（11-32）虽然是从矩形线圈推导出来的，但可以证明对任意形状的平面载流线圈都成立。下面分几种情况讨论。

（1）如图 11-24（a）所示，当 $\theta = 0$ 时，线圈平面与磁场 $\vec{B}$ 垂直，线圈所受的磁力矩 $M = 0$，此时线圈处于稳定平衡状态。

（2）如图 11-24（b）所示，当 $\theta = \dfrac{\pi}{2}$ 时，即线圈平面与磁场 $\vec{B}$ 平行，线圈所受的磁力矩最大，$M_{\max} = ISB$。

（3）如图 11-24（c）所示，当 $\theta = \pi$ 时，线圈平面与磁场 $\vec{B}$ 垂直，线圈所受的磁力矩 $M = 0$，这时线圈处于不稳定平衡状态，即此时只要线圈稍受扰动，就不再回到原平衡位置。

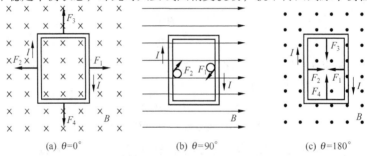

(a) $\theta = 0°$ (b) $\theta = 90°$ (c) $\theta = 180°$

图 11-24　载流线圈法线方向与磁场方向成不同角度时所受的磁力矩

如果载流线圈处于非匀强磁场中，线圈除受磁力矩作用外，还要受到安培力的作用，因此，线圈除了转动外，还有平动，向磁场强的地方移动。

磁电式电流计就是通过载流线圈在磁场中受磁力矩的作用发生偏转而制作的。磁电式电流计的结构如图 11-25 所示。在永久磁铁的两极和圆柱体铁心之间的空气隙内，放一可绕固定转轴 OO' 转动的铝制框架，框架上绕有线圈，转轴的两端各有一个旋丝，且在一端上固定一针。当电流通过线圈时，由于磁场对载流线圈的磁力矩作用，指针跟随线圈一起发生偏转，从偏转角的大小就可以测出通过线圈的电流。

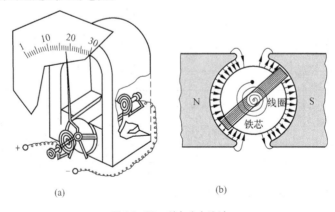

(a)   (b)

图 11-25　磁电式电流计

在永久磁铁与圆柱之间空隙内的磁场是径向的，所以线圈平面的法线方向总是与线圈所在处的磁场垂直，因而线圈所受的磁力矩为

$$M = NBIS$$

当线圈转动时，旋丝卷紧，产生一个反抗力矩

$$M' = \alpha\theta$$

式中，α 为游丝的扭转常数，θ 为线圈转过的角度。平衡时有

$$M = NBIS = \alpha\theta$$

所以

$$I = \frac{\alpha}{NBS}\theta = k\theta$$

式中，$k = \dfrac{\alpha}{NBS}$ 为常量，因而根据线圈偏转角度 θ，就可以测出通过线圈的电流 I。

11.6.3 磁力的功

载流导线或载流线圈在磁力和磁力矩的作用下运动时，磁力就要做功。下面从两个特例出发，导出磁力做功的一般公式。

（1）载流导线在磁场中运动时磁力所做的功。

设在磁感应强度为 $\vec{B}$ 的均匀磁场中，有一载流闭合回路 $abcda$，其中，ab 长度为 l，可以沿 da 和 cb 滑动，如图 11-26 所示。设 ab 滑动时，回路中电流不变，则载流导线 ab 在磁场中所受的安培力 $\vec{F}$ 的大小为 $F = IBl$，方向向右，在 $\vec{F}$ 的作用下将向右运动。当由初始位置 ab 移动到位置 $a'b'$ 时，磁力 $\vec{F}$ 所做的功为

$$W = F(\overline{aa'}) = IBl(\overline{aa'}) = BI\Delta S = I\Delta\Phi$$

上式说明，当载流导线在磁场中运动时，若电流保持不变，磁力所做的功等于电流乘以通过回路所包围面积内磁通量的增量，即：磁力所做的功等于电流乘以载流导线在移动中所切割的磁感应线数。

（2）载流线圈在磁场内转动时磁力所做的功。

如图 11-27 所示，设载流线圈在均匀磁场中做顺时针转动，若设法使线圈中电流维持不变，线圈所受磁力矩为 $M = BIS\sin\varphi$，当线圈转过小角度 $\mathrm{d}\varphi$ 时，使线圈法向 $\vec{n}$ 与磁感应强度 $\vec{B}$ 之间的夹角由 φ 变为 $\varphi + \mathrm{d}\varphi$，磁力矩所做的元功为

$$\mathrm{d}W = -M\mathrm{d}\varphi = -BIS\sin\varphi\mathrm{d}\varphi = BIS\,\mathrm{d}(\cos\varphi) = I\,\mathrm{d}(BS\cos\varphi)$$

式中的负号表示磁力矩做正功时将使 φ 减小，$\mathrm{d}\varphi$ 为负值。

由于 $BS\cos\varphi$ 为通过线圈的磁通量，所以 $\mathrm{d}(BS\cos\varphi)$ 表示线圈转过 $\mathrm{d}\varphi$ 后磁通量的增量。所以有 $\mathrm{d}W = I\mathrm{d}\Phi$。

当线圈从 φ_1 转到 φ_2 时，磁力矩所做的总功为

$$W = \int_{\varphi_1}^{\varphi_2} I\,\mathrm{d}\Phi = I(\Phi_2 - \Phi_1) = I\Delta\Phi \tag{11-33}$$

式中，Φ_1 和 Φ_2 分别为线圈在 φ_1 和 φ_2 时通过线圈的磁通量。

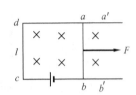

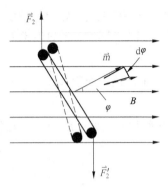

图 11-26　磁力对载流导线的功　　　　　图 11-27　磁力对载流线圈的功

11.7　习题

一、思考题

1. 在同一磁感应线上，各点磁感应强度 $\vec{B}$ 的数值是否都相等？为何不把作用于运动电荷的磁力方向定义为磁感应强度 $\vec{B}$ 的方向？

2. （1）在没有电流的空间区域里，如果磁感应线是平行直线，磁感应强度 $\vec{B}$ 的大小在沿磁感应线和垂直它的方向上是否可能变化（即磁场是否一定是均匀的）？（2）若存在电流，上述结论是否还对？

3. 如果一个电子在通过空间某一区域时不偏转，能否肯定这个区域中没有磁场？如果它发生偏转能否肯定那个区域中存在着磁场？

4. 磁场是不是保守场？

5. 在无电流的空间区域内，如果磁感应线是平行直线，那么磁场一定是均匀场。试证明之。

二、复习题

1. 一电子以速度 v 射入如图 11-28 所示的均匀磁场中，它所受的洛伦兹力 $F=$＿＿＿＿＿＿，其大小为＿＿＿＿＿＿，方向为＿＿＿＿＿＿，该电子在此力的作用下将做＿＿＿＿＿＿运动。

2. 磁场环路定理的表达式为＿＿＿＿＿＿，它表明磁场是＿＿＿＿＿＿场，在图 11-29（a）中 $\oint B \cdot \mathrm{d}l =$＿＿＿＿＿＿；在图 11-29（b）中 $\oint B \cdot \mathrm{d}l =$＿＿＿＿＿＿。

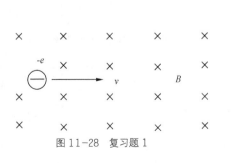

图 11-28　复习题 1

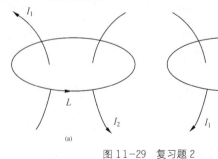

图 11-29　复习题 2

3. 一条无限长直导线在一处弯折成半径为 R 的圆弧，如图 11-30 所示，若已知导线中电流强度为 I，试利用毕奥—萨伐尔定律求：（1）当圆弧为半圆周时，圆心 O 处的磁感应强度；（2）当圆弧为 1/4 圆周时，圆心 O 处的磁感应强度。

4. 如图 11-31 所示，有一被折成直角的无限长直导线载有 20A 电流，P 点在折线的延长线上，设 a 为 5cm，试求 P 点磁感应强度。

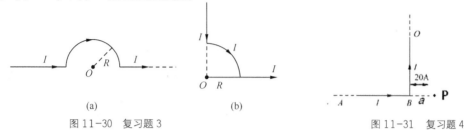

图 11-30 复习题 3   图 11-31 复习题 4

5. 一无限长载流导线弯成图 11-32 所示的形状，则环心 O 点处的磁感应强度 B 的大小为_____，方向_____。

6. 如图 11-33 所示，3 根直载流导线 A、B 和 C 平行地放置于同一平面内，分别载有恒定电流 I、$2I$ 和 $3I$，电流方向相同，导线 A 与 C 的距离为 d，要使导线 B 所受力为零，则导线 B 与 A 之间的距离应为_____。

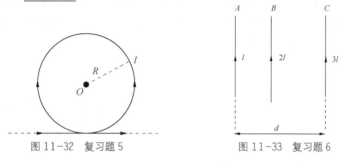

图 11-32 复习题 5   图 11-33 复习题 6

7. 如图 11-34 所示，用毕奥-萨伐尔定律计算图中 O 点的磁感应强度。

8. 一载流无限长直圆筒，内半径为 a，外半径为 b，传导电流为 I，电流沿轴线方向流动并均匀地分布在管的横截面上，求磁感应强度的分布。

9. 已知磁感应强度 $B=2.0 \text{Wb} \cdot \text{m}^{-2}$ 的均匀磁场，方向沿 x 轴正方向，如图 11-35 所示。试求：

（1）通过图中 $abcd$ 面的磁通量。

（2）通过图中 $befc$ 面的磁通量。

（3）通过图中 $aefd$ 面的磁通量。

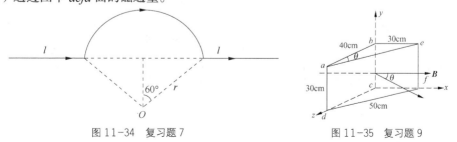

图 11-34 复习题 7   图 11-35 复习题 9

10. 在真空中，有两根互相平行的无限长直导线 L_1 和 L_2，相距 0.1m，通有方向相反的电流，其中 I_1=20A，I_2=10A，如图 11-36 所示。A、B 两点与导线在同一平面内。这两点与导线 L_2 的距离均为 5.0cm。试求 A、B 两点处的磁感应强度，以及磁感应强度为零的点的位置。

11. 如图 11-37 所示，两根导线沿半径方向引向铁环上的 A、B 两点，并在很远处与电源相连，已知圆环的粗细均匀，求环中心 O 的磁感应强度。

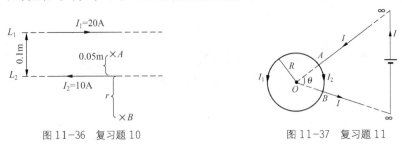

图 11-36 复习题 10   图 11-37 复习题 11

12. 设图 11-38 中两导线中的电流均为 8A，对图示的 3 条闭合曲线 a、b、c，分别写出安培环路定理等式右边电流的代数和。并讨论：

（1）在各条闭合曲线上，各点的磁感应强度 $\vec{B}$ 的大小是否相等？

（2）在闭合曲线 c 上各点的 $\vec{B}$ 是否为零？为什么？

13. 图 11-39 所示是一根很长的长直圆管形导体的横截面，内、外半径分别为 a、b，导体内载有沿轴线方向的电流 I，且 I 均匀地分布在管的横截面上。设导体的磁导率 $\mu \approx \mu_0$，试求导体内部各点$(a < r < b)$的磁感应强度的大小。

图 11-38 复习题 12   图 11-39 复习题 13

14. 一根很长的同轴电缆，由一导体圆柱（半径为 a）和一同轴的导体圆管（内、外半径分别为 b、c）构成，如图 11-40 所示。使用时，电流 I 从一导体流去，从另一导体流回。设电流都是均匀地分布在导体的横截面上，求：（1）导体圆柱内（$r<a$）；（2）两导体之间（$a<r<b$）；（3）导体圆筒内（$b<r<c$）；（4）电缆外（$r>c$）各点处磁感应强度的大小。

15. 在磁感应强度为 $\vec{B}$ 的均匀磁场中，垂直于磁场方向的平面内有一段载流弯曲导线，电流为 I，如图 11-41 所示。求其所受的安培力。

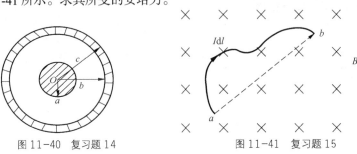

图 11-40 复习题 14   图 11-41 复习题 15

16. 如图 11-42 所示，一根弯曲的刚性导线 $abcd$ 载有电流 I，导线放在磁感应强度为 B 的均匀磁场中，B 的方向垂直纸面向外。设 bc 部分是半径为 R 的半圆，$ab=cd=l$。求该导线所受的合力。

17. 如图 11-43 所示，在长直导线 AB 内通以电流 $I_1=20A$，在矩形线圈 $CDEF$ 中通有电流 $I_2=10A$，AB 与线圈共面，且 CD、EF 都与 AB 平行。已知 $a=9.0cm$，$b=20.0cm$，$d=1.0cm$，求：

（1）导线 AB 的磁场对矩形线圈每边所作用的力。

（2）矩形线圈所受合力和合力矩。

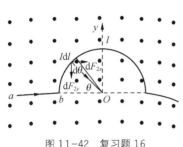

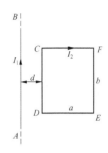

图 11-42　复习题 16　　　　　　　　　　图 11-43　复习题 17

18. 如图 11-44 所示，电子在 $B=70\times10^{-4}T$ 的匀强磁场中做圆周运动，圆周半径 $r=3.0cm$。已知 $\vec{B}$ 垂直于纸面向外，某时刻电子在 A 点，速度 $\vec{v}$ 向上。

（1）试画出此电子运动的轨道。

（2）求此电子速度 $\vec{v}$ 的大小。

（3）求此电子的动能 E_k。

19. 如图 11-45 所示，一电子在 $B=20\times10^{-4}$ 的磁场中沿半径为 $R=2.0cm$ 的螺旋线运动，螺距 $h=5.0cm$。

（1）求这电子的速度。

（2）磁场 $\vec{B}$ 的方向如何？

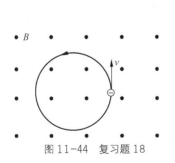

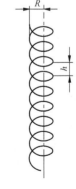

图 11-44　复习题 18　　　　　　　　图 11-45　复习题 19

20. 一铁制的螺绕环，其平均圆周长 $L=30cm$，截面积为 $1.0cm^2$，在环上均匀绕以 300 匝导线，当绕组内的电流为 0.032A 时，环内的磁通量为 $2.0\times10^{-6}Wb$，试计算：

（1）环内的平均磁通量密度。

（2）圆环截面中心处的磁场强度。

模块 4

机械振动和机械波

第 **12** 章 **机械振动**

机械振动是常见的最直观的一种振动。物体或物体的某一部分在一定位置附近来回往复的运动，称为**机械振动**。机械振动在生产和生活实际中普遍存在。如钟摆、气缸中活塞的运动、心脏的跳动等。电路中的电流、电压，电磁场中的电场强度和磁场强度也都可能随时间做周期性变化。这种变化也是振动——电磁振动或电磁振荡。这种振动虽然和机械振动有本质的不同，但它们随时间变化的情况以及许多其他性质在形式上都遵从相同的规律。

振动已广泛应用于建筑学、机械学、地震学、造船学、声学等领域，所以研究机械振动也是学习其他形式的振动的基础。

12.1 简谐振动

在振动中，物体相对于平衡位置的位移随时间按正弦函数或余弦函数的规律变化，这种运动称为**简谐振动**，简称**谐振动**。简谐振动是最基本、最简单的振动。其他复杂的振动都可以看作是由若干个简谐振动合成的结果。下面将对简谐振动的运动规律进行研究分析。

如图 12-1 所示，一个劲度系数为 k 的轻弹簧的一端固定；另一端系一质量为 m 的物体，将其置于光滑的水平面上，弹簧的质量和物体所受到的阻力可忽略不计。当弹簧是原长 l_0 时，物体所受到的合力为零，此时物体处于平衡状态，所处的位置 O 为平衡位置。若让物体向右略微移动后释放，由于弹簧被拉长，物体将受到一指向平衡位置的弹性力的作用，迫使物体向左做一变加速运动；当到达平衡位置 O 时，弹簧处于自然长度，物体所受的弹性力为零，速度达到最大；此后，由

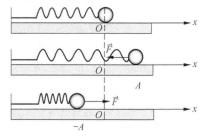

图 12-1　弹簧振子的简谐振动

于惯性它将继续向左运动，弹簧随之被压缩，但由于弹性力的方向还是指向平衡位置，物体将向左做变减速运动，一直到其速度为零为止；然后物体由于仍受到弹性力，因此将反向向右运动……物体将在平衡位置附近做往返运动。这一包含弹簧和物体的振动系统叫做**弹簧振子**。

12.1.1　简谐振动的特征及其表达式

在图 12-1 中，取平衡位置 O 为坐标原点，水平向右为 Ox 轴正向。根据胡克定律可知，物体所受到的弹性力 F 与物体偏离平衡位置的位移 x 成正比，即

$$F = -kx \tag{12-1}$$

式中，负号表示弹性力与位移的方向相反，劲度系数 k 的大小取决于弹簧的固有性质（材料、形状、大小等）。由牛顿第二定律，得

$$a = \frac{F}{m} = -\frac{k}{m}x$$

对于给定的弹簧振子，k 和 m 都是正值常量，令 $\omega^2 = \frac{k}{m}$ ，得

$$\frac{\mathrm{d}^2 x}{\mathrm{d}t^2} = -\omega^2 x \tag{12-2}$$

求解式（12-2），得

$$x = A\cos(\omega t + \varphi) \tag{12-3}$$

可知，弹簧振子做简谐振动。

式（12-2）为弹簧振子做简谐振动的动力学特征——物体加速度 a 与位移的大小成正比，而方向与其相反。

式（12-3）为弹簧振子做简谐振动的运动学特征——物体离开平衡位置的位移 x 按余弦（或正弦）函数的规律随时间变化。这里 A 和 φ 由初始条件来决定。只要某运动能整理出形如式（12-2）或式（12-3）的方程，都可认为该运动为简谐振动。

将式（12-3）对时间求导，可得到简谐振动的速度

$$v = \frac{\mathrm{d}x}{\mathrm{d}t} = -A\omega\sin(\omega t + \varphi) \tag{12-4}$$

将式（12-4）对时间求导，则可得简谐振动的加速度

$$a = \frac{\mathrm{d}^2 x}{\mathrm{d}t^2} = -A\omega^2 \cos(\omega t + \varphi) \tag{12-5}$$

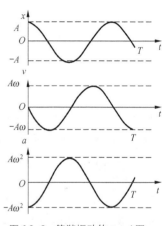

图 12-2　简谐振动的 $x - t$ 图、
$v - t$ 图与 $a - t$ 图

式（12-3）、式（12-4）、式（12-5）分别为做简谐振动的质点的位移、速度和加速度与时间 t 的关系式。从图 12-2 中，可以看到位移、速度和加速度都随时间做周期性变化（图中取 $\varphi = 0$ ）。

12.1.2　振幅　周期和频率　相位

1. 振幅 A

式（12-3）中，A 表示质点离开平衡位置的最大距离的绝对值，或者质点运动范围的最大幅度，我们将其称为**振幅**。同理，$A\omega$ 称为速度振幅，$A\omega^2$ 称为加速度振幅。国际单位制中，振幅的单位是米（m）。其量值由初始条件决定。

2. 周期 T

物体做一次完全振动所需要的时间称为**振动周期**，常用 T 表示，单位是秒（s）。根据此定义，则对于任意时刻 t 的运动状态和在时刻 $t + T$ 的运动状态完全相同，即

$$x = A\cos(\omega t + \varphi) = A\cos[\omega(t + T) + \varphi]$$

我们知道余弦函数的周期为 2π ，故

$$T = \frac{2\pi}{\omega}$$

和周期密切相关的另一个物理量是频率，它是物体在单位时间内做完全振动的次数，用 ν 表示，单位是赫兹（Hz）。显然有

$$\nu = \frac{1}{T}$$

于是可得到 ω、T、ν 三者的关系为

$$\omega = 2\pi\nu = \frac{2\pi}{T} \tag{12-6}$$

从式（12-6）可以看出，ω 表示的是物体在 2π 时间内所做的完全振动的次数，称为振动的**角频率**，又称圆频率，单位为弧度每秒（rad/s）。

对于弹簧振子的频率，有 $\omega = \sqrt{\dfrac{k}{m}}$，故其振动周期和频率分别为

$$T = 2\pi\sqrt{\frac{m}{k}}$$

$$\nu = \frac{1}{2\pi}\sqrt{\frac{k}{m}}$$

并且，ω、T 和 ν 三者的量值均由振动系统本身的固有属性所决定，与其他因素无关，故又称为固有角频率、固有周期和固有频率。

3. 相位 $\omega t + \varphi$

我们把式（12-3）中 $\omega t + \varphi$ 称为**相位**。φ 是 $t = 0$ 时的相位，称为初相位。在角频率 ω 和振幅 A 已知的简谐振动中，通过相位 $\omega t + \varphi$ 可确定物体的位移 x 和速度 v，即相位 $\omega t + \varphi$ 可以完全确定物体的运动状态。表 12-1 列出了不同的相位和运动状态的关系。可见，相位可以确切地描绘物体的运动状态，当相位变化为 2π 时，物体的运动状态完全相同，所以相位的变化也反应了振动过程中物体运动的周期性。

表 12-1　不同的相位和运动状态的关系

$\omega t + \varphi$	0	$\pi/2$	π	$3\pi/2$	2π
$x(t)$	A	0	$-A$	0	A
$v(t)$	0	$-\omega A$	0	ωA	0
$a(t)$	$-\omega^2 A$	0	$\omega^2 A$	0	$-\omega^2 A$

在实际中，经常用到的是两个具有相同频率的简谐振动的相位差，用来反映两简谐振动的步调差异。顾名思义，相位差就是指两个相位之差。设两个同频率的简谐振动的振动方程分别为

$$x_1 = A_1 \cos(\omega t + \varphi_1)$$

$$x_2 = A_2 \cos(\omega t + \varphi_2)$$

它们的相位差为

$$\Delta\varphi = (\omega t + \varphi_2) - (\omega t + \varphi_1) = \varphi_2 - \varphi_1$$

可见，任意时刻它们的相位差都等于它们的初相之差，所以，对于同频率的两个简谐振动有确定的相位差。

若 $\Delta\varphi = 2k\pi$，则表示两振动的步调完全相同，称为两个振动**同相**。它们将同时通过平衡位置向同方向运动，同时到达同方向各自的最大位移处。如图 12-3（a）所示。

若 $\Delta\varphi = (2k+1)\pi$，则表示两振动的步调完全相反，称为两个振动**反相**。它们将同时通过平衡位置，但向相反方向运动，同时到达相反方向各自的最大位移处，如图 12-3（b）所示。

$\Delta\varphi$ 为其他值时，则表示两个振动不同相或反相。常用相位超前或相位落后来描述，如图 12-3（c）所示。相位差 $\Delta\varphi < 0$，表示 x_1 的振动要超前于 x_2 的振动 $\Delta\varphi$ 的相位，或 x_2 的振动要落后于 x_1 的振动 $\Delta\varphi$ 的相位。

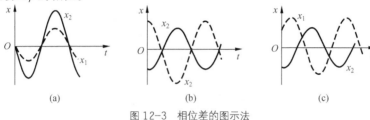

图 12-3　相位差的图示法

4．常量 A 和 φ 的确定

在简谐振动方程 $x = A\cos(\omega t + \varphi)$ 中，角频率 ω 是由系统本身的固有性质决定的，那么在解微分方程时所引入的两个常量 A 和 φ 的量值又是由什么决定的呢？设振动的初始时刻（即 $t=0$ 时），物体相对于平衡位置的位移和速度分别为 x_0 和 v_0，带入式（12-3）和式（12-4），可得

$$x_0 = A\cos\varphi$$

$$v_0 = -A\omega\sin\varphi$$

联立两式，可得

$$A = \sqrt{x_0^2 + \frac{v_0^2}{\omega^2}} \tag{12-7}$$

$$\tan\varphi = -\frac{v_0}{\omega x_0} \tag{12-8}$$

上述结果表明，简谐振动方程中的 A 和 φ 是由初始条件决定的，且初相位 φ 的取值范围一般为 $0 \sim 2\pi$。

【**例 12-1**】　已知一个简谐振子的振动曲线如图 12-4 所示。

（1）求和 a、b、c、d、e 状态相应的相位。

（2）写出振动表达式。

解：（1）由图可知，$A = 5\text{m}$。设质点的振动方程为

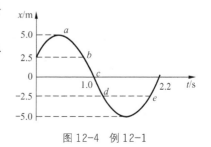

图 12-4　例 12-1

$$x = 5\cos(\omega t + \varphi)$$

则

$$v = -5\omega\sin(\omega t + \varphi)$$

a 点时，$x = 5, v = 0$，带入表达式可得相位为 0；同理可得 b、c、d 和 e 点所对应的相位分别为 $\pi/3$、$\pi/2$、$2\pi/3$ 和 $-2\pi/3$。

（2）当 $t = 0$ 时，有

$$x_0 = 5\cos\varphi = 2.5 \tag{①}$$

$$v_0 = -5\omega\sin\varphi > 0 \tag{②}$$

由式①得 $\varphi = \pm\dfrac{\pi}{3}$，由式②得，$\sin\varphi < 0$，故

$$\varphi = -\frac{\pi}{3}$$

当 $t = 1\text{s}$ 时，有

$$x_1 = 5\cos\left(\omega - \frac{\pi}{3}\right) = 0 \tag{③}$$

$$v_1 = -5\omega\sin\left(\omega - \frac{\pi}{3}\right) < 0 \tag{④}$$

联立式③和式④，解得 $\omega = \dfrac{5\pi}{6}$，则质点的简谐振动的表达式为

$$x = 5\cos\left(\frac{5\pi}{6}t - \frac{\pi}{3}\right)$$

【例 12-2】 原长为 0.50m 的弹簧上端固定，下端挂一质量为 0.1kg 的砝码。当砝码静止时，弹簧的长度为 0.60m，若将砝码向上推，使弹簧回到原长，然后放手，则砝码做上下振动。

（1）证明砝码的运动为简谐振动。

（2）求此简谐振动的振幅、角频率和频率。

（3）若从放手时开始计时，求此简谐振动的振动方程。

解：（1）以振动物体的平衡位置为坐标原点，建立如图 12-5(b) 所示的 Ox 坐标系。设 t 时刻砝码位于 x 处，由牛顿第二定律，得

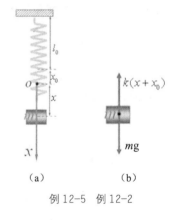

例 12-5　例 12-2

$$mg - k(x + x_0) = m\frac{d^2 x}{d t^2}$$

上式中，x_0 为砝码处于平衡时弹簧的伸长量，有 $mg = kx_0$

两式合并，化简，得

$$\frac{d^2 x}{d t^2} + \frac{k}{m}x = 0$$

因此，砝码的运动为简谐振动。

（2）砝码振动的角频率和频率分别为 $\omega = \sqrt{\dfrac{k}{m}} = \sqrt{\dfrac{g}{x_0}} = \sqrt{\dfrac{9.8}{0.1}}\,\text{rad}\cdot\text{s}^{-1} = 9.9\,\text{rad}\cdot\text{s}^{-1}$

$\nu = \dfrac{\omega}{2\pi} = 1.58\,\text{Hz}$

设砝码的谐振动方程 $x = A\cos(\omega t + \alpha)$

则其速度公式为 $v = -A\omega\sin(\omega t + \alpha)$

由初始条件，$t=0$ 时，$x=-x_0=-0.1\,\text{m}$，$v=0$，得 $A = 0.1\,\text{m}$，　　$\alpha = \pi$

（3）简谐振动的振动方程为 $x = 0.1\cos(9.9t + \pi)$　m

12.2　旋转矢量表示法

前面我们分别用数学表达式法和振动图像来描述简谐振动，下面介绍一种更直观更为方便的描述方法——旋转矢量法。

如图 12-6 所示，在平面内作一坐标轴 Ox，由原点 O 作矢量 $\vec{A}$，其大小等于简谐振动的振幅 A，$\vec{A}$ 在平面内以角速度 ω 绕 O 点逆时针匀速转动，那么矢量 $\vec{A}$ 就称为旋转矢量。设 $t=0$ 时，$\vec{A}$ 与 Ox 轴的夹角为 φ，t 时刻，矢量 $\vec{A}$ 的端点在 x 轴上的投影点 P 的坐标为

$$x = A\cos(\omega t + \varphi)$$

可见，当矢量 $\vec{A}$ 做匀速旋转时，其端点在 x 轴上的投影点 P 的运动与简谐振动的运动规律相同。由简谐振动的旋转矢量图可以看出，$\vec{A}$ 转动一周，相当于简谐振动的一个振动周期。所以，每一个简谐振动都可以用相应的旋转矢量来表示。

为了更好地展现简谐振动的规律，我们将旋转矢量图和位移－时间图像对应起来分析，如图 12-7 所示，取 $\varphi_0 = 0$，$t=0$ 时矢量 $\vec{A}$ 的矢端为 M_0 点，相位为 0，在 $x-t$ 图中对应正的最大位移处；经过 $T/4$ 后，矢量 $\vec{A}$ 的矢端为 M_1 点，相位为 $\pi/2$，$x-t$ 图中对应平衡位置，且速度方向为负向；经过 $3T/4$ 后，矢量 $\vec{A}$ 的矢端为 M_3 点，相位为 $3\pi/2$，$x-t$ 图中对应平衡位置，且速度方向为正向；经过 T 后，矢量 $\vec{A}$ 的矢端为 M_4 点，相位为 2π，$x-t$ 图中对应正的最大位移处。可见矢量 $\vec{A}$ 转动一圈后，相位变化了 2π，对简谐振动来说为一个周期的时间。

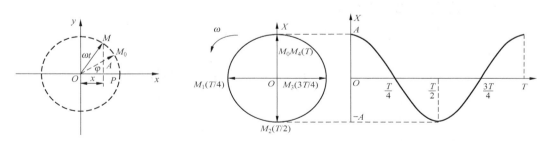

图 12-6　旋转矢量图　　　　　图 12-7　旋转矢量图和简谐振动的 $x-t$ 图

借助于旋转矢量法，我们还可获得简谐振动的速度矢量和加速度矢量。如图 12-8 所示，M 点的速率为 ωA，在任一时刻 t，速度矢量在 Ox 轴上的投影为

$$v = A\omega\cos\left(\omega t + \varphi + \frac{\pi}{2}\right) = -A\omega\sin(\omega t + \varphi)$$

这正是物体做简谐振动的速度表达式。M 点的加速率为 $\omega^2 A$，方向指向原点，在任一时刻 t，加速度矢量在 Ox 轴上的投影 a 为

$$a = A\omega^2\cos(\omega t + \varphi + \pi) = -A\omega^2\cos(\omega t + \varphi)$$

这正是物体做简谐振动的加速度表达式。

可见，旋转矢量法可以很直观地描述简谐振动。但是应注意的是：引进旋转矢量 $\vec{A}$ 来描述简谐振动，并不意味着做简谐振动的物体本身在旋转。

前面我们通过相位差来比较两简谐振动的步调的差异。用旋转矢量图进行比较则更为直观。图 12-9 所示为不同相位的两个简谐振动，$\vec{A}_1$ 和 $\vec{A}_2$ 的夹角是相位差 $\Delta\varphi$，且 x_2 的振动相位比 x_1 的振动相位超前 $\Delta\varphi$。当 $\Delta\varphi = 0$ 时，两振动同向如图 12-10（a）所示；当 $\Delta\varphi = \pi$ 时，两振动反向，如图 12-10（b）所示。

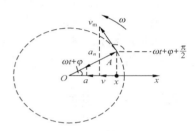

图 12-8　旋转矢量图中的速度和加速度

【例 12-3】　一水平弹簧振子做简谐振动，振幅 A，周期为 T，（1）$t=0$ 时，$x_0 = A/2$，且向 x 轴正方向运动；（2）$t=0$ 时，$x_0 = -A/\sqrt{2}$，且向 x 轴负方向运动。

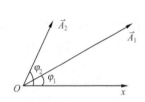

图 12-9　两个简谐振动的相位差

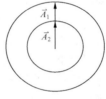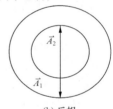

(a) 同相　　　　(b) 反相

图 12-10　两个简谐振动的旋转矢量图

分别写出这两种情况下的初相位。

解：设振动方程为

$$x = A\cos(\omega t + \varphi_0)$$

（1）运用旋转矢量法，如图 12-11 所示，由 $x_0 = A/2$，可得到

$$\varphi_0 = -\pi/3 \text{ 或 } \varphi_0 = \pi/3$$

又振子向正方向运动，故 $\varphi_0 = -\pi/3$。

（2）同理，运用旋转矢量法，如图 12-12 所示，可得 $\varphi_0 = 3\pi/4$。

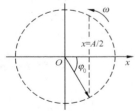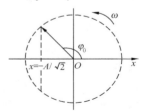

图 12-11　例 12-3（a）　　　　图 12-12　例 12-3（b）

12.3 几种常见的简谐振动

弹簧振子是一种理想运动模型。实际的振动大多比较复杂，振子受到的回复力可能是重力、拉力或浮力等性质的力。下面讨论两个实际振动问题——单摆和复摆。

12.3.1 单摆

一根质量可忽略且长度为 l 的细线上端固定，下端系一小球，细线的长度不会发生变化，小球可看作是质点，且忽略空气阻力，即形成单摆的结构，如图 12-13 所示。

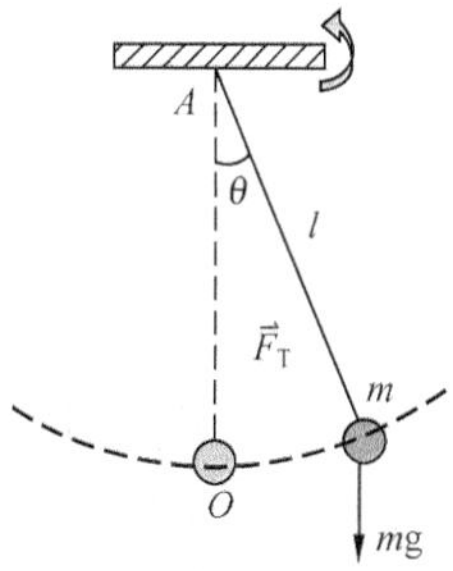

设小球的平衡位置为 O，当细线与竖直方向成 θ 角时，小球受到重力和拉力的作用。小球只能沿着圆弧运动，沿其切线方向 $F = mg\sin\theta$，因 $\theta(<5°)$ 很小，故 $\sin\theta \approx \theta$，根据牛顿第二定律有

$$ml\frac{\mathrm{d}^2\theta}{\mathrm{d}t^2} = -mg\sin\theta \approx -mg\theta$$

即

$$\frac{\mathrm{d}^2\theta}{\mathrm{d}t^2} = -\frac{g}{l}\theta \qquad (12\text{-}9)$$

图 12-13 单摆

式中，负号表示力的方向与所规定的方向相反。令 $\omega^2 = \dfrac{g}{l}$，式（12-9）又可写为

$$\frac{\mathrm{d}^2\theta}{\mathrm{d}t^2} = -\omega^2\theta$$

解得

$$\theta = \theta_m \cos(\omega t + \varphi)$$

即单摆在摆角很小时，其运动过程中的动力学和运动学特征满足简谐振动，因此可以看作是简谐振动，振动的周期为

$$T = 2\pi\sqrt{\frac{l}{g}} \qquad (12\text{-}10)$$

式（12-10）表明单摆的振动周期和振幅无关，它决定于系统本身的属性，即决定于摆线的长度和重力加速度。故可用式（12-10），利用单摆长度和周期测量某地点的重力加速度。

12.3.2 复摆

如图 12-14 所示，一任意形状的物体可绕转轴 O 在竖直平面内转动，将其拉开一个微小角度后释放，若阻力和摩擦力忽略不计，物体将绕轴 O 做微小的自由摆动，这样的装置称为复摆。设物体的质量为 m，复摆对轴 O 的转动惯量为 J，质心 C 到 O 轴的距离为 l。

设某一时刻，复摆偏离平衡位置的角度为 θ，且 θ 很小，有 $\sin\theta \approx \theta$，由转动定律，得

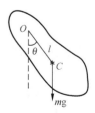

图 12-14 复摆

$$M = -mgl\sin\theta = J\beta = J\frac{\mathrm{d}^2\theta}{\mathrm{d}t^2}$$

即

$$-mgl\theta = J\frac{d^2\theta}{dt^2} \tag{12-11}$$

式中，负号表示力矩的方向与角位移的方向相反；J 和 mgl 为常量，若令 $\omega^2 = \dfrac{mgl}{J}$，则有

$$\frac{d^2\theta}{dt^2} = -\omega^2\theta$$

可见，当摆角很小时，复摆的运动可以看作是简谐振动，其周期为

$$T = \frac{2\pi}{\omega} = 2\pi\sqrt{\frac{J}{mgl}} \tag{12-12}$$

式（12-12）为我们提供了测量物体对转轴的转动惯量的一种方法。

【例 12-4】 一质量为 m、直径为 D 的塑料圆柱体一部分进入密度为 ρ 的液体中；另一部分浮在液面上，如果用手轻轻向下按动圆柱体，放手后圆柱体将上下振动，圆柱体表面与液体的摩擦力忽略不计。试证明该系统为简谐振动，并求振动周期。

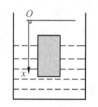

图 12-15　例 12-4

解： 以圆柱体平衡时的顶端为坐标原点，向下为正方向，建立坐标轴 Ox 轴。如图 12-15 所示。假设平衡时圆柱体排开液体的体积为 V，则 $\rho Vg = mg$，若圆柱体向下移动一微小距离 x，其所受合力为

$$F = mg - [V + \pi(\frac{D}{2})^2 x]\rho g = -\pi\rho g(\frac{D}{2})^2 x$$

根据牛顿第二定律

$$F = ma = -\pi\rho g(\frac{D}{2})^2 x$$

整理，得

$$a = -\pi\rho g(\frac{D}{2})^2 x / m = -\omega^2 x$$

式中，$\omega = \dfrac{D}{2}\sqrt{\pi\rho g / m}$，即圆柱体所受合外力与位移成正比，而方向相反，因此，圆柱体做的是简谐振动。其振动周期为

$$T = \frac{2\pi}{\omega} = \frac{4}{D}\sqrt{\frac{\pi m}{\rho g}}$$

12.4　简谐振动的能量

物体做简谐振动时其能量既有动能，也有势能。以弹簧振子为例，振动过程中振子的位移 x 和速度 v 的方程分别为

$$x = A\cos(\omega t + \varphi_0)$$

$$v = -A\omega\cos(\omega t + \varphi_0)$$

若以弹簧原长为势能零点，t 时刻，系统的动能 E_k 和势能 E_p 分别为

$$E_k = \frac{1}{2}mv^2 = \frac{1}{2}m\omega^2 A^2 \sin^2(\omega t + \varphi) \tag{12-13}$$

$$E_p = \frac{1}{2}kx^2 = \frac{1}{2}kA^2 \cos^2(\omega t + \varphi) \tag{12-14}$$

式（12-13）和式（12-14）说明，系统的动能和势能随时间 t 做周期性的变化。变化频率是弹簧振子的两倍。当弹簧振子通过平衡位置时，动能达到最大，势能为零；通过最大位移时，势能达到最大，动能为零。从图 12-16 中（这里取 $\varphi = 0$）可以看到，在运动过程中，动能和势能相互转化，系统的总能量为

$$E = E_k + E_p = \frac{1}{2}m\omega^2 A^2 = \frac{1}{2}kA^2 \tag{12-15}$$

式（12-15）说明系统的总能量是一恒定值。这是因为在振动过程中，系统受到的回复力为保守力，故系统总的机械能守恒。总的机械能 E 与振幅平方成正比，振动的振幅越大，系统的总机械能也越大。这一结论对所有的简谐振动都具有普遍意义。

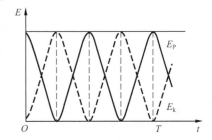

图 12-16 弹簧振子的能量和时间关系曲线

在忽略阻力时，系统的总能量是常量，则有

$$\frac{d(E_k + E_p)}{dt} = \frac{d}{dt}(\frac{1}{2}mv^2 + \frac{1}{2}kx^2) = 0$$

即

$$mv\frac{dv}{dt} + kx\frac{dx}{dt} = 0$$

又 $v = \dfrac{dx}{dt}$，$\dfrac{dv}{dt} = \dfrac{d^2 x}{dt^2}$，故

$$\frac{d^2 x}{dt^2} + \frac{k}{m} = 0$$

上面分析表明，在具体问题中，可以通过能量守恒推导简谐振动的运动学方程以及振动周期和频率等。

【例 12-5】 一弹簧振子做简谐振动，当其偏离平衡位置的位移大小是振幅的 $\dfrac{1}{4}$ 时，其动能占总能量的多少？在什么位置，其动能和势能相等？

解：（1） $$E_p = \frac{1}{2}kx^2$$

将 $x = \dfrac{1}{4}A$ 代入上式，得

$$E_p = \frac{1}{2}k(\frac{1}{4}A)^2 = \frac{1}{16}(\frac{1}{2}kA^2)$$

$$E_k = \frac{1}{2}kA^2 - E_p = \frac{15}{16}(\frac{1}{2}kA^2)$$

即动能占总能量的 $\dfrac{15}{16}$。

（2） $$E_{\mathrm{P}} = \frac{1}{2}kx^2 = \frac{1}{2}(\frac{1}{2}kA^2)$$

当 $x = \pm\dfrac{\sqrt{2}}{2}A$ 时，振子的动能和势能相等。

12.5　简谐振动的合成

在实际问题的具体过程中，振动往往是由好几个振动合成的。例如，在凹凸不平的路面上行驶的小汽车，车轮相对地面在振动，车身相对车轮也在振动，而车身相对地面的振动就是这两个振动的合振动。在车厢中的人坐在垫子上，当车身振动时，人便参与两个振动，一个为人对车身的振动；另一个为车身对地的振动。现在的汽车通过巧妙设计减振系统，可以使车身相对地面的振动不至于太剧烈。下面对几种简单的振动合成进行分析。

12.5.1　两个同方向同频率简谐振动的合成

设某质点同时参与两独立的同方向、同频率的简谐振动，任一时刻 t，质点在两简谐振动中的位移分别为

$$x_1 = A_1 \cos(\omega t + \varphi_1)$$
$$x_2 = A_2 \cos(\omega t + \varphi_2)$$

其中，A_1、A_2 与 φ_1、φ_2 分别表示两个简谐振动的振幅与初相位，角频率均为 ω。质点的合振动的位移 x 就是这两个位移的代数和，即

$$x = x_1 + x_2 = A_1 \cos(\omega t + \varphi_1) + A_2 \cos(\omega t + \varphi_2) \tag{12-16}$$

我们可利用三角形公式得到合成结果，其合振动仍是频率为 ω 的简谐振动。

$$x = A\cos(\omega t + \varphi)$$

其中，$A = \sqrt{A_1^2 + A_2^2 + 2A_1 A_2 \cos(\varphi_2 - \varphi_1)}$，$\tan\varphi = \dfrac{A_1 \sin\varphi_1 + A_2 \sin\varphi_2}{A_1 \cos\varphi_1 + A_2 \cos\varphi_2}$

即同方向同频率的简谐振动的合成振动仍为简谐振动，其频率与分振动频率相同，合振动的振幅、相位则由两分振动的振幅及初相决定。

另外，我们也可以利用旋转矢量法来获得合成结果，如图 12-17（a）所示，取坐标轴 Ox，$t = 0$ 时刻，两个振动的旋转矢量 $\vec{A}_1$ 和 $\vec{A}_2$ 与坐标轴的夹角分别为 φ_1 和 φ_2，两个矢量以相同的角速度转动，故它们之间的角度保持恒定，则合矢量的大小也保持恒定，且以同样的角速度转动。任意 t 时刻，合矢量 $\vec{A}$ 在 x 轴上的投影为 $x = x_1 + x_2$。如图 12-17（b）所示，在 $\triangle OMM_1$ 中，合振动的振幅 A 用余弦定理即可求得，在 $\triangle OMP$ 中，也可求得初相的正切。

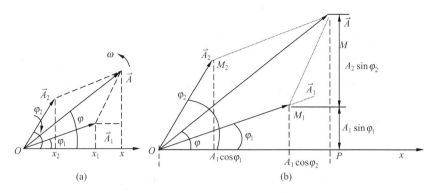

图 12-17 用旋转矢量法求振动的合成

下面我们讨论合振动的振幅与两分振动相位差之间的关系。

（1）相位差 $\Delta\varphi = \varphi_2 - \varphi_1 = 2k\pi$ $(k = 0, \pm1, \pm2, \cdots)$，表明这两个振动在任意时刻，运动状态都相同，步调是一致的。

此时 $\cos(\varphi_2 - \varphi_1) = 1$，则振幅 A 达到最大，即 $A_{\max} = A_1 + A_2$。

（2）相位差 $\Delta\varphi = \varphi_2 - \varphi_1 = (2k+1)\pi$ $(k = 0, \pm1, \pm2, \cdots)$，表明这两个振动在任意时刻，运动状态都是相反的，即步调是相反的。

此时 $\cos(\varphi_2 - \varphi_1) = -1$，则振幅 A 达到最小，即 $A_{\min} = |A_1 - A_2|$。

（3）其他情况，振幅 A 介于 $A_1 + A_2$ 和 $|A_1 - A_2|$ 之间。

若 $\Delta\varphi = \varphi_2 - \varphi_1 > 0$，则表明振动 2 的相位比振动 1 的相位超前 $\Delta\varphi$；若 $\Delta\varphi = \varphi_2 - \varphi_1 < 0$，则表明振动 2 的相位比振动 1 的相位落后 $\Delta\varphi$。

【例 12-6】 两质点做同方向、同频率的简谐振动，它们的振幅相等，当质点 1 在 $x_1 = A/2$ 处向左运动时，质点 2 在 $x_2 = A/2$ 处向右运动，试用矢量图示法求两质点的相位差。

解： 设两质点的运动方程为

$$x_1 = A\cos(\omega t + \varphi_1)$$
$$x_2 = A\cos(\omega t + \varphi_2)$$

设旋转矢量 $\vec{A}_1$ 描述质点 1，旋转矢量 $\vec{A}_2$ 描述质点 2，如图 12-18 所示，可得

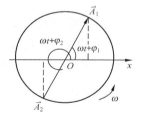

$$\omega t + \varphi_1 = 2k\pi + \pi/3$$
$$\omega t + \varphi_2 = 2k\pi + 4\pi/3$$

图 12-18 例 12-6

则两质点的相位差为 $(\omega t + \varphi_2) - (\omega t + \varphi_1) = \pi$，两者反相。

12.5.2 两个同方向不同频率简谐振动的合成 拍

当质点同时参与两个同方向不同频率的简谐振动时，设两简谐振动的振动表达式为

$$x_1 = A_1\cos(2\pi\nu_1 t + \varphi_1)$$
$$x_2 = A_2\cos(2\pi\nu_2 t + \varphi_2)$$

它们的相位差为

$$\Delta\varphi = 2\pi(v_2 - v_1)t + (\varphi_2 - \varphi_1)$$

即相位差 $\Delta\varphi$ 随时间而改变，合振动不再是简谐振动，而是比较复杂的周期运动。在旋转矢量图上表现为合矢量 $\vec{A_1}$ 和 $\vec{A_2}$ 之间的夹角随时间在改变，即合矢量 $\vec{A}$ 的大小和转动角速度都在不断地变化。现在，我们讨论两个简谐振动的频率较大又极为接近的情况。为简化计算，这里取 $A_1 = A_2 = A$，$\varphi_1 = \varphi_2 = \varphi$，且 $|v_2 - v_1| \ll v_1 + v_2$。

合振动的位移为

$$x = x_1 + x_2 = (2A\cos 2\pi\frac{v_2 - v_1}{2}t)\cos(2\pi\frac{v_2 + v_1}{2}t + \varphi) \qquad (12\text{-}17)$$

因 $|v_2 - v_1| \ll v_1 + v_2$，则第一项因子的周期要比第二项因子的周期大，因此，我们可以把合振动看成是振幅为 $\left|2A\cos 2\pi\frac{v_2 - v_1}{2}t\right|$，频率为 $\frac{v_2 + v_1}{2} \approx v_1 \approx v_2$ 的简谐振动。这里合振动振幅随时间按照余弦函数缓慢地由 $2A$ 变化到 0，再变化到 $2A$，做周期性变化。图 12-19 所示为两个分振动和合振动的图形。当两个分振动的相位相同时，合振幅最大；当两个分振动的相位相反时，合振幅最小。这种频率较大而频率之差很小的两个同方向简谐振动合成时，所产生的合振幅时而加强时而减弱的现象称为"拍"。

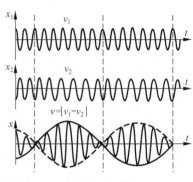

图 12-19　拍

我们把合振幅从一次极大到相邻的极大所需的时间称为拍的周期，合振幅变化的频率称为拍频。根据余弦函数的周期性，得

$$\left|2A\cos 2\pi\frac{v_2 - v_1}{2}t\right| = \left|2A\cos(2\pi\frac{v_2 - v_1}{2}t + \pi)\right| = \left|2A\cos 2\pi\frac{v_2 - v_1}{2}(t + \frac{1}{v_2 - v_1})\right|$$

则拍的周期为 $T = \dfrac{1}{v_2 - v_1}$，拍频为 $v = v_2 - v_1$。

拍现象有着许多重要的应用。例如，双簧管的悠扬的颤音就是利用同一音的两个簧片的振动频率有微小差别而产生的；通过与标准音叉比较，可对钢琴进行调音。拍现象在无线电技术和卫星跟踪等也有着重要的应用。

12.5.3　两个相互垂直的同频率的简谐振动的合成

设两个同频率的简谐振动分别在 x 轴和 y 轴，其振动方程为

$$x = A_1\cos(\omega t + \varphi_1)$$
$$y = A_2\cos(\omega t + \varphi_2)$$

消掉时间参量 t，可得到质点的运动轨迹

$$\frac{x^2}{A_1^2} + \frac{y^2}{A_2^2} - \frac{2xy}{A_1 A_2}\cos(\varphi_2 - \varphi_1) = \sin^2(\varphi_2 - \varphi_1) \qquad (12\text{-}18)$$

（1）若 $\varphi_2 - \varphi_1 = 0$，式（12-18）为

$$y = \frac{A_2}{A_1}x$$

说明此时质点的运动轨迹是一条通过坐标原点直线, 斜率为 $\dfrac{A_2}{A_1}$, 如图 12-20 (a) 所示, 在任一时刻 t, 质点离开原点的位移为

$$S = \sqrt{x^2 + y^2} = \sqrt{A_1^2 + A_2^2}\cos(\omega t + \varphi) \qquad (12\text{-}19)$$

式 (12-19) 说明合振动仍为简谐振动, 且圆频率为 ω, 振幅为 $\sqrt{A_1^2 + A_2^2}$。

(2) 若 $\varphi_2 - \varphi_1 = \pi$, 式 (12-18) 为

$$y = -\frac{A_2}{A_1}x$$

说明此时质点的运动轨迹是一条通过坐标原点直线, 斜率为 $-\dfrac{A_2}{A_1}$, 与情况 (1) 相同, 合振动仍为简谐振动, 如图 12-20 (b) 所示。

(3) 若 $\varphi_2 - \varphi_1 = \pm\pi/2$, 式 (12-18) 为

$$\frac{x^2}{A_1^2} + \frac{y^2}{A_2^2} = 1$$

此时质点的运动轨迹是一个以坐标轴为长短轴的正椭圆, 合振动不再是简谐振动。如图 12-20 (c)、(d) 所示。可以认为图 12-20 (c) 是右旋椭圆运动, 图 12-20 (d) 是左旋椭圆运动。

综上所述, 只有当两个相互垂直的同频率的简谐振动是同相或是反相时, 其合振动才是简谐振动。其他的情况, 合振动的运动不再是简谐振动, 其轨迹将是不同方位的椭圆。图 12-21 所示为两个相互垂直的同频率而不同相位差的简谐振动的合成运动轨迹。

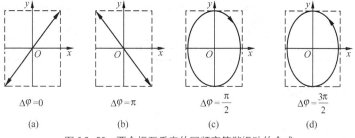

图 12-20　两个相互垂直的同频率简谐振动的合成

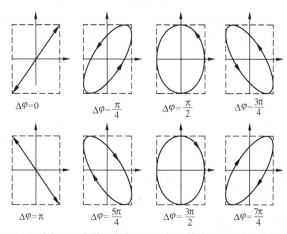

图 12-21　两个相互垂直的同频率而不同相位差的简谐振动的合成运动轨迹

当一个质点同时参与了两个振动方向相互垂直频率不同的简谐振动时，合成的振动一般是较复杂的。其运动轨迹不能形成稳定的曲线。如果两个互相垂直的振动频率成整数比，合振动的轨迹是稳定的曲线，运动也具有周期性，曲线的形状和分振动的频率比、初相位有关，得到的图形称为李萨如图形。表 12-2 和表 12-3 分别给出了频率比为 $1:1$、$1:2$、$1:3$ 和 $2:3$ 的简谐振动的合成。

在示波器上，垂直方向与水平方向同时输入两个振动，已知其中一个频率，则可根据所成图形与已知标准的李萨如图形比较，就可得知另一个未知的频率。在无线电技术中，可用李萨如图形来测量未知频率。

表 12-2　简谐振动的合成（a）

	$\varphi_2 - \varphi_1 = 0$	$\varphi_2 - \varphi_1 = \pi/4$	$\varphi_2 - \varphi_1 = \pi/2$	$\varphi_2 - \varphi_1 = 3\pi/4$	$\varphi_2 - \varphi_1 = \pi$
1:1					
1:2					
1:3					

表 12-3　简谐振动的合成（b）

	$\varphi_2 - \varphi_1 = 0$	$\varphi_2 - \varphi_1 = \pi/8$	$\varphi_2 - \varphi_1 = \pi/4$	$\varphi_2 - \varphi_1 = 3\pi/8$	$\varphi_2 - \varphi_1 = \pi/2$
2:3					

12.6　阻尼振动　受迫振动　共振

前面所讨论的简谐振动是一种理想情形，运动中只有回复力的作用，不考虑任何阻力，也不对外做功，系统没有能量输出和输入，总的能量守恒，振幅保持不变，我们称之为**无阻尼自由振动**。实际的振动系统总会受到外界的阻力作用或是系统向外辐射能量，若是振动系统受到阻力作用，系统将克服阻力做功，能量逐渐减少，振幅逐渐减小，这种振幅随时间而减小的振动称为**阻尼振动**，如单摆的摆动。

12.6.1　阻尼振动

阻尼振动使能量逐渐减少，有两种阻尼振动，一种是由于摩擦阻力的作用，振动系统的能量逐渐转化为热运动的能量，这种振动称为摩擦阻尼。如实际的单摆摆动，系统的阻力作用使得摆的机械能转化为空气的内能，能量逐渐减少，振幅也会逐渐减小。另一种是由于振动系统引起周围物质的振动，使能量以波的形式向外辐射，这种振动称为辐射阻尼。如琴弦发出声音，是由于受到空气的阻力要消耗能量，同时也以波的形式向外辐射。

本小节只讨论振动系统受摩擦阻力的情形。一般来说，振动时所受的摩擦阻力往往是考虑

介质的黏滞阻力。实验指出，在物体运动速度较小的情况下，物体受到的阻力与速度大小成正比，若用 f_r 表示阻力，则

$$f_r = -\gamma v = -\gamma \frac{\mathrm{d}x}{\mathrm{d}t} \qquad （12\text{-}20）$$

式中，负号表示力的方向与速度方向相反，比例系数 γ 为阻力系数，它与物体的形状、大小和周围介质的性质有关。

以弹簧振子为例，将其放在油中或较黏稠液体中缓慢运动时，弹簧振子将受到阻力作用。如图 12-22 所示，根据牛顿第二定律，有

$$m\frac{\mathrm{d}^2 x}{\mathrm{d}t^2} = -kx - \gamma \frac{\mathrm{d}x}{\mathrm{d}t} \qquad （12\text{-}21）$$

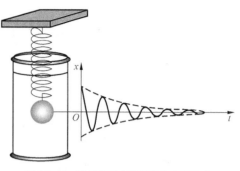

图 12-22　弹簧振子在黏稠液体中的振动

令 $\omega_0^2 = k/m$，$\beta = \gamma/2m$，则式（12-21）为

$$\frac{\mathrm{d}^2 x}{\mathrm{d}t^2} + 2\beta \frac{\mathrm{d}x}{\mathrm{d}t} + \omega_0^2 x = 0 \qquad （12\text{-}22）$$

式中，β 称为阻尼因子，表征阻尼的强弱，它与系统本身的质量和介质的阻力系数有关；ω_0 是振动系统的固有角频率，由系统本身的性质决定。

当阻尼较小时，即 $\beta < \omega_0$ 时，叫做**欠阻尼**。式（12-22）的解为

$$x = A_0 e^{-\beta t} \cos(\omega t + \varphi) \qquad （12\text{-}23）$$

式中，A_0 和 φ 为积分常数，可由初始条件决定。$\omega = \sqrt{\omega^2 - \beta^2}$，称为阻尼振动的角频率。图 12-23 所示为阻尼振动的位移随时间变化的曲线，此时的振动不是严格意义上的周期运动，它的振幅 $A_0 e^{-\beta t}$ 随时间做指数衰减，阻尼越大，衰减的越快，通常称之为准周期振动。振幅衰减的周期为

$$T = \frac{2\pi}{\omega} = \frac{2\pi}{\sqrt{\omega^2 - \beta^2}}$$

若阻力很大，即 $\beta > \omega_0$，可解得

$$x = C_1 e^{-(\beta - \sqrt{\beta^2 - \omega_0^2})t} + C_2 e^{-(\beta + \sqrt{\beta^2 - \omega_0^2})t}$$

式中，C_1 和 C_2 是常数，由初始条件决定。随着时间的变化，弹簧振子的位移单调地减小，且该运动不是周期的，也不是往复的。若将物体偏离平衡位置而后释放，物体慢慢地回到平衡位置停下来，这种情形称为**过阻尼**。

若阻尼介于前二者之间，即 $\beta = \omega_0$，微分方程的解为

$$x = (C_1 + C_2 t)e^{-\beta t}$$

式中，C_1 和 C_2 是常数，由初始条件决定。若将物体偏离平衡位置而后释放，物体受到的阻尼较过阻尼时小，则物体将很快回到平衡位置并停下来，这时振子恰好从准周期振动变为非周期振动，这种状态称为**临界阻尼**。图 12-24 所示为上面几种阻尼的位移 – 时间曲线。

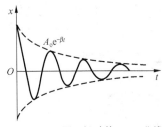

图 12-23　阻尼振动的 $x-t$ 曲线

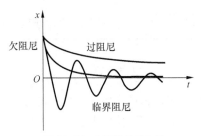

图 12-24　3 种阻尼的比较

在工程技术设备中，经常通过阻尼来控制系统的振动。例如精密天平、灵敏电流计和心电图机等，在使用过程中往往希望其指针尽快到达平衡位置，设计时就会让系统处在临界阻尼状态下工作，以节约时间，便于测量。

12.6.2　受迫振动

阻尼总是客观存在的，振动系统受到阻尼作用最终会停止振动。为使振动持续不断地进行，必须对系统施加一周期性外力。在周期性的外力作用下，系统所发生的振动称为**受迫振动**，这个周期性的外力称为驱动力。受迫振动也称强迫振动。例如，跳水运动员在跳板上行走时跳板所发生的振动、录音机耳机中膜片的振动、机器运转时引起的基座的振动等，都是受到外界驱动力作用所做的受迫振动。

设驱动力为 $F\cos\omega_{\mathrm{p}}t$ ，则受迫振动的方程可写为

$$m\frac{\mathrm{d}^2x}{\mathrm{d}t^2}=-kx-C\frac{\mathrm{d}x}{\mathrm{d}t}+F\cos\omega_{\mathrm{p}}t \tag{12-24}$$

令 $\omega_0=\sqrt{\dfrac{k}{m}}$ ， $2\beta=C/m$ ， $f=F/m$ ，则式（12-24）又可写为

$$\frac{\mathrm{d}^2x}{\mathrm{d}t^2}+2\beta\frac{\mathrm{d}x}{\mathrm{d}t}+\omega_0^2x=f\cos\omega_{\mathrm{p}}t \tag{12-25}$$

在阻尼较小的情况下，式（12-25）的解为

$$x=A_0\mathrm{e}^{-\beta t}\cos(\omega t+\varphi)+A\cos(\omega_{\mathrm{p}}t+\psi)$$

式中，等号右边的第 1 部分是阻尼振动，第 2 部分为等幅振动。一段时间后，阻尼振动的振幅衰减到可以近似为零，此时系统将达到稳定状态，系统将以角频率 ω_{p} 做等幅振动，其振动表达式为

$$x=A\cos(\omega_{\mathrm{p}}t+\psi) \tag{12-26}$$

整个受迫振动过程中，系统一方面因为阻尼振动而损失能量；另一方面外界通过驱动力对系统做功，不断对系统补充能量，如果补充的能量正好弥补了由于阻尼所引起的振动能量的损失，振动就得以维持并会达到稳定状态。系统所做等幅振动的振幅和初相与系统的初始条件无关，而是依赖于系统的性质、阻尼的大小和驱动力的特征。将式（12-26）代入式（12-25），计算得系统达到稳定时的振幅和相位分别为

$$A=\frac{f}{\sqrt{(\omega_0^2-\omega_{\mathrm{p}}^2)^2+4\beta^2\omega_{\mathrm{p}}^2}} \tag{12-27}$$

$$\tan\psi=-\frac{2\beta\omega_{\mathrm{p}}}{\omega_0^2-\omega_{\mathrm{p}}^2} \tag{12-28}$$

12.6.3 共振

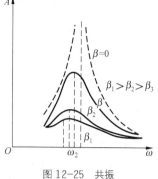

图 12-25 所示为不同阻尼时，振幅 A 和驱动力的角频率 ω_P 之间的关系曲线。可以看出：阻尼越小，振幅 A 越大；驱动力的角频率 ω_P 越接近固有角频率 ω_0，受迫振动的振幅 A 越大，当 ω_P 为某一特定值时，振幅 A 出现极大值。我们把受迫振动的振幅达到最大值的现象称为**位移共振**。共振时的驱动力的角频率称为共振角频率，用 ω_r 来表示。将式对 ω_P 求导，令其一阶导数为零，即

图 12-25 共振

$$\frac{\mathrm{d} A}{\mathrm{d} \omega_P} = \frac{\mathrm{d}}{\mathrm{d} \omega_P}\left(\frac{f}{\sqrt{(\omega_0^2 - \omega_P^2)^2 + 4\beta^2 \omega_P^2}} \right) = 0$$

$$\frac{1}{2} \frac{f}{[(\omega_0^2 - \omega_P^2)^2 + 4\beta^2 \omega_P^2]^{\frac{3}{2}}} (-4\omega_0^2 \omega_P + 4\omega_P^3 + 8\beta^2 \omega_P) = 0$$

可得共振角频率为

$$\omega_r = \sqrt{\omega_0^2 - 2\beta^2} \qquad (12\text{-}29)$$

将 ω_r 值代入式（12-27）中，可得共振时的振幅为

$$A = \frac{f}{2\beta \sqrt{\omega_0^2 - \beta^2}}$$

共振现象普遍存在于机械、化学、力学、电磁学、光学及分子、原子物理学、工程技术等几乎所有的科技领域，如一些乐器利用共振来发出响亮、悦耳动听的乐曲；收音机则通过电磁共振来进行选台；核磁共振可应用于医学诊断。在某些情况下，共振也可能造成危害。当军队或火车过轿时，整齐的步伐或车轮对铁轨接头处的撞击可对桥梁产生周期性的驱动力，如果驱动力的频率接近桥梁的固有频率，就可能使桥梁的振幅显著增大，以致桥梁发生断裂。又如机器运转时，零部件的运动会产生周期性的驱动力，如果驱动力的频率接近机器本身或支持物的固有频率，就会发生共振，使机器受到损坏。

因此，在需要利用共振时，应使驱动力的频率接近或等于振动物体的固有频率。而在需要防止共振时，应尽量使驱动力的频率与物体的固有频率不同。由式（12-29）可知，避免共振的方法，可以是破坏驱动力的周期性，或改变系统的固有频率，或改变驱动力的频率，或改变系统的阻尼等。

12.7 习题

一、思考题

1. 劲度系数为 k_1 和 k_2 的两根弹簧，与质量为 m 的小球按如图 12-26 所示的两种方式连接，试说明它们的振动是否为简谐振动，并分别求出它们的振动周期。

(a)   (b)

图 12-26 思考题 1

2．说明下列运动是否简谐振动。

（1）拍皮球时球的上下运动。

（2）如图 12-27 所示，一个小球沿着半径很大的光滑凹球面往返滚动，小球所经过的弧线很短，如图所示。

（3）竖直悬挂的轻弹簧的下端系一重物，把重物从静止位置拉下一段距离（在弹簧的弹性限度内），然后放手任其运动（忽略阻力影响）。

3．一物体做简谐振动，振动的频率越高，则物体的运动速度越大，这种说法对吗？

4．周期为 T、最大摆角为 α_0 的单摆在 $t=0$ 时刻分别处于如图 12-28 所示的状态，若以向右方向为正，写出它们的振动表达式。

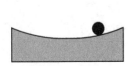

图 12-27　思考题 2

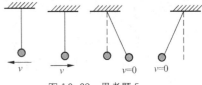

图 12-28　思考题 5

5．3 个完全相等的单摆，在下列各种情况，它们的周期是否相同？如不相同，哪个大，哪个小？

（1）第 1 个在教室里，第 2 个在匀速前进的火车上，第 3 个在匀加速水平前进的火车上。

（2）第 1 个在匀速上升的升降机中，第 2 个在匀加速上升的升降机中，第 3 个在匀减速上升的升降机中。

（3）第 1 个在地球上，第 2 个在绕地球的同步卫星上，第 3 个在月球上。

6．小孩荡秋千属于什么运动？

7．什么是拍？什么情况下会产生拍现象？拍频等于什么？

8．"受迫振动达到稳定时，其运动学方程可写为 $x = A\cos(\omega t + \varphi)$，其中，$A$ 和 φ 由初始条件决定，ω 即为驱动力的频率。"这句话是否正确？

9．在 LC 电磁振荡中，电场能量和磁场能量是怎样交替转换的？

10．为什么只含有电阻和电容的电路或只含有电阻和自感线圈的电路都不可能产生电磁振荡？试从能量观点说明。

二、复习题

1．一弹簧振子竖直挂在电梯内，当电梯静止时，振子的谐振频率为 ν，现使电梯以加速度 a 向上匀加速运动，则其简谐振动的频率将（　　）。

（A）不变　　　　　（B）变大　　　　　（C）变小　　　　　（D）如何变化不能确定

2．一简谐振动的速度 v 和时间 t 的关系曲线如图 12-29 所示，则振动的初相位为（　　）。

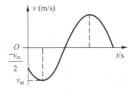

图 12-29　复习题 2

（A）$\dfrac{\pi}{6}$ （B）$\dfrac{\pi}{3}$ （C）$\dfrac{2}{3}\pi$ （D）$\dfrac{5}{6}\pi$

3．两个质点各自做简谐振动，它们的振幅相同，周期相同。第 1 个质点的振动方程为 $x_1 = A\cos(\omega t + \alpha)$。当第 1 个质点从相对于其平衡位置的正位移处回到平衡位置时，第 2 个质点正在最大正位移处。则第 2 个质点的振动方程为（　　）。

（A）$x_2 = A\cos\left(\omega t + \alpha + \dfrac{1}{2}\pi\right)$ （B）$x_2 = A\cos\left(\omega t + \alpha - \dfrac{1}{2}\pi\right)$

（C）$x_2 = A\cos\left(\omega t + \alpha - \dfrac{3}{2}\pi\right)$ （D）$x_2 = A\cos\left(\omega t + \alpha + \pi\right)$

4．一弹簧振子总能量为 E，如果简谐振动的振幅增加为原来的 2 倍，则总能量变为原来的（　　）倍。

（A）2   （B）4   （C）1/2   （D）1/4

5．如图 12-30 所示，两个简谐振动的 $x-t$ 曲线，若这两个简谐振动可叠加，则合振动的初相位（　　）。

（A）0   （B）$\dfrac{3}{2}\pi$ （C）π （D）$\dfrac{1}{2}\pi$

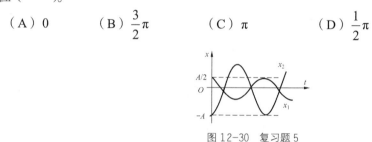

图 12-30　复习题 5

6．已知两简谐运动的振动方程为 $x_1 = 4\cos\left(\pi t + \dfrac{\pi}{6}\right)\text{cm}$，$x_2 = 2\cos\left(\pi t + \dfrac{5\pi}{6}\right)\text{cm}$，则合振动的振动方程为 _____。

7．在气垫导轨上质量为 m 的物体由两个轻弹簧分别固定在气垫导轨的两端，如图 12-31 所示，试证明物体 m 的左右运动为简谐振动，并求其振动周期。设弹簧的倔强系数分别为 k_1 和 k_2。

图 12-31　复习题 7

8．一放置在水平桌面上的弹簧振子，振幅 $A = 2 \times 10^{-2}\text{m}$，周期 $T = 0.50\text{s}$，当 $t = 0$ 时，求以下各种情况的振动方程。

（1）物体在正方向的端点；（2）物体在负方向的端点；（3）物体在平衡位置，向负方向运动；（4）物体在平衡位置，向正方向运动；（5）物体在 $x = 1.0 \times 10^{-2}\text{m}$ 处向负方向运动；（6）物体在 $x = -1.0 \times 10^{-2}\text{m}$ 处向正方向运动。

9．一质点沿 x 轴做简谐振动，振幅为 0.12m，周期为 2s，当 $t = 0$ 时，质点的位置在 0.06m 处，且向 x 轴正方向运动，求：（1）质点振动的运动方程；（2）$t = 0.5\text{s}$ 时，质点的位置、速度、加速度；（3）质点在 $x = -0.06\text{m}$ 处，且向 x 轴负方向运动，再回到平衡位置所需的最短时间。

10. 有一个弹簧振子，振幅 $A=2\times10^{-2}$m，周期 $T=1$s，初相位 $\varphi=\frac{3}{4}\pi$ 。（1）写出它的振动方程；（2）利用旋转矢量图，作 x–t 图、v–t 图和 a–t 图。

11. 一物体做简谐振动，（1）当它的位置在振幅一半处时，试利用旋转矢量计算它的相位可能为哪几个值？并作出这些旋转矢量；（2）谐振子在这些位置时，其动能、势能各占总能量的百分比是多少？

12. 汽车的重量一般支承在固定于轴承的若干根弹簧上，成为一倒置的弹簧振子。汽车在开动时，上下自由振动的频率应保持在 $\nu=1.3$Hz 附近，与人的步行频率接近，才能使乘客没有不适之感。问汽车正常载重时，每根弹簧比松弛状态下压缩了多少距离？

13. 如图 12-32 所示，一劲度系数为 k 的轻弹簧的一端固定，另一端用细绳与质量为 m 的物体 B 连接，细绳跨过固定于桌边的定滑轮 P 上，物体 B 悬于细绳下端，定滑轮 P 为均质圆盘，其半径为 R，质量为 M。求证：物体 B 在运动时做简谐振动；并求其角频率。所有摩擦阻力均不计。

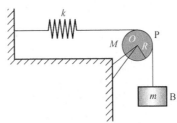

图 12-32 复习题 13

14. 一简谐振动的运动规律为 $x=10\cos(8t+\frac{\pi}{4})$ （SI），若计时起点提前 0.5s，其运动学方程如何表示？欲使其初相位为零，计时起点应提前或推迟多少？

15. 一轻弹簧在 60N 的拉力下伸长了 0.3m，现把质量为 4kg 的物体悬挂在弹簧的下端并使之静止，再把物体向下拉 0.1m，然后释放物体并开始计时，试求：

（1）物体的振动方程。

（2）物体在平衡位置上方 0.05m 时弹簧对物体的拉力。

（3）物体从第 1 次越过平衡位置时刻起到它运动到上方 0.05m 处所需要的最短时间。

16. 质量为 10g 的物体做简谐振动，其振幅为 24cm，周期为 4s。当 $t=0$ 时，位移为 24cm。试求：

（1）$t=0.5$s 时，物体所在的位置；

（2）$t=0.5$s 时，物体所受力的大小和方向；

（3）由起始位置运动到 $x=12$cm 处所需的最短时间；

（4）在 $x=12$cm 处，物体的速度、动能、势能和总能量。

17. 手持一块平板，平板上放一质量为 0.5kg 的砝码，现使平板在竖直方向做简谐振动，其频率为 2Hz，其振幅为 0.04m，试求：

（1）位移为最大时，砝码对平板的压力为多大？

（2）以多大振幅振动时，会使砝码脱离平板？

（3）如果振动频率加大 1 倍，则砝码随板一起振动的振幅上限为多少？

18. 有两个同方向、同频率的简谐振动，其合成振动的振幅为 0.20m，位相与第 1 个振动的相位差为 $\dfrac{\pi}{6}$，已知第 1 振动的振幅为 0.173m，求第 2 个振动的振幅以及第 1 个、第 2 个两振动的相位差。

19. 3 个同方向、同频率的简谐振动为

$$x_1 = 0.08\cos\left(314t + \frac{\pi}{6}\right)$$

$$x_2 = 0.08\cos\left(314t + \frac{\pi}{2}\right)$$

$$x_3 = 0.08\cos\left(314t + \frac{5\pi}{6}\right)$$

试求：

（1）合振动的圆频率、振幅、初相及振动表达式。

（2）合振动由初始位置运动到 $x = \dfrac{\sqrt{2}}{2}A$ 所需最短时间（A 为合振动振幅）。

20. 有两个同向的简谐振动，它们的表达式分别为

$$x_1 = 0.05\cos\left(10t + \frac{3\pi}{4}\right)\ (\text{SI}), \qquad x_2 = 0.06\cos\left(10t + \frac{\pi}{4}\right)\ (\text{SI})$$

试求：

（1）它们的合振动的振幅和初相位。

（2）若另有一振动 $x_3 = 0.07\cos(10t + \varphi)$，当 φ 为何值时，$x_1 + x_3$ 的振幅达到最大；φ 为何值时，$x_1 + x_3$ 的振幅达到最小。

第 **13** 章 机械波

振动的传播过程称为波动。机械振动在弹性介质中进行传播的过程称为机械波，如水波、绳波、声波和地震波等。交变的电场与磁场在空间传播的过程称为电磁波，如光波、无线电波和 X 射线等。本章着重讨论机械波的主要特征和基本规律。

13.1 机械波的一般概念

机械波是机械振动在介质中的传播。机械波形成的首要条件是有能做机械振动的物体作为波源，其次还要有能够传播振动的弹性介质。为了具体说明机械波在传播时质点运动的特点，现以绳波为例进行介绍，其他形式的机械波同理。

13.1.1 机械波产生的条件

绳波是一种简单的机械波，在日常生活中，我们拿起一根绳子的一端进行抖动，就可以看见绳子上出现一个波形在传播，如果连续不断地进行周期性上下抖动，就形成了绳波。

把绳分成许多小部分，每一小部分都看成一个质点，相邻两个质点间，存在弹力的相互作用。第一个质点在外力作用下振动后，就会带动第二个质点振动，只是第二个质点的振动比前者要落后。这样，前一个质点的振动带动后一个质点的振动，依次带动下去，振动也就完成了向远处的传播，从而形成绳波，如图 13-1 所示。

由此，我们可以发现，介质中的每个质点在波传播时，都只做简谐振动（可以是上下，也可以是左右），机械波

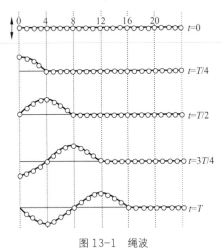

图 13-1 绳波

可以看成是"振动"这种运动形式的传播，但质点本身不会沿着波的传播方向移动，质点"随波逐流"的现象不会发生。

13.1.2 横波和纵波

随着机械波的传播，介质中的质点只在平衡位置附近做振动，并不随波前进。根据质点的

振动方向和波的传播方向之间的关系，可以把机械波分为横波和纵波两类。

在波动中，质点的振动方向与波的传播方向相垂直的波，叫做**横波**。绳波是常见的横波，如图 13-1 所示。在横波中，凸起的最高处称为波峰，凹下的最低处称为波谷。

质点的振动方向与波的传播方向相平行的波，叫做**纵波**。如我们将一根长弹簧水平放置，其一端固定，在另一端用手压缩或拉伸一下，使其端部沿弹簧的长度方向振动。由于弹簧各部分之间弹性力的作用，端部的振动带动了其相邻部分的振动，而相邻部分又带动它附近部分的振动，因而弹簧各部分将相继振动起来。沿着传播方向，纵波表现为疏密相间，其中质点分布最密集的地方称为密部，质点分布最稀疏的地方称为疏部，如图 13-2 所示。

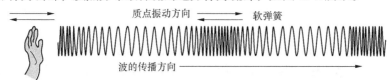

图 13-2　纵波

横波传播时使得介质产生切向形变。只有固体介质切变时才能产生切向弹性力，故横波只能在固体中传播，而纵波则可以在固体、液体和气体中传播。常见的声波是纵波，可以在空气，水中传播，也可以在固体中传播。还有一些波形成原因较复杂，如水面波，由于水面上各质点受到重力和表面张力的共同作用，使得它沿着椭圆轨道运行，既有横向运动，也有纵向运动。所以水波不是横波也不是纵波。

13.1.3　波面　波前　波线

为了形象地描述波在空间的传播情况，引入下面几个物理概念。

1. 波面

波传播时，介质中各质点都在各自平衡位置附近振动。由振动相位相同的点组成的面称为波面。某一时刻的波面可以有任意多个，常画几个作为代表。

生活中，我们若将一小石子扔进宁静的水里，将激起以石子落水点为圆心，一个个向外扩展的同心圆环状的水波。沿每一个圆环，各点的振动状态是完全相同的。同理，声波中空气分子振动相位相同的各点将构成以声源为球心的同心球面，这些面就是波面，如图 13-3（b）所示。

2. 波前

某一时刻，最前方的波面称为波前，如图 13-3 所示。

3. 波线

沿波的传播方向画一条带箭头的线，称为波线。

在各向同性的均匀介质中，波线总是与波面垂直。对于平面波，波线是相互平行的，如图 13-3（a）所示。对于球面波，波线为由点波源发出的沿半径方向的直线，如图 13-3（b）所示。

4. 波长　波的周期和频率　波速

除了上述概念以外，描述波的传播还需要知道波长、周期（或频率）、波速等概念，这些概念合成波传播的要素，如图 13-4 所示。

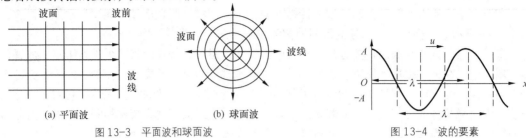

(a) 平面波	(b) 球面波	

图 13-3　平面波和球面波　　　　　　　　图 13-4　波的要素

（1）波长。

同一波线上两个相邻的振动状态相同点之间的距离称为**波长**，常用λ来表示，单位是米（m）。波长体现了波的空间周期性。例如，在横波中，波长等于相邻"波峰—波峰"的长度或相邻"波谷—波谷"的长度；在纵波中，波长等于相邻"密部—密部"或相邻"疏部—疏部"的长度。

（2）周期和频率。

介质中任一质点完成一次全振动所需要的时间称为波的**周期**，常用 T 来表示。周期体现了波的时间周期性。

介质中任一质点单位时间里完成全振动的次数称为波的**频率**，常用 v 来表示，单位是赫兹（Hz）。频率是周期的倒数，即 $v = \dfrac{1}{T}$。

在波的传播过程中，波源的振动经过一个周期，沿波线方向传播一个完整的波形，所以波的周期和频率等同于波源的周期和频率。波在不同的介质中传播时，它的周期和频率是不变的。

（3）波速。

单位时间里振动状态所传的距离称为**波速**，常用 u 来表示。单位是米/秒（m/s）。波速体现了振动状态在介质中传播的快慢程度。对于不同的介质，波速是不同的。对于弹性波而言，波速的大小决定于介质的特性。例如，声波在空气中的传播速度为 334.8 m/s（22℃），在水中为 1 440m/s。表 13-1 给出了不同介质中的声速。

波长、周期（频率）和波速是描述波动的重要物理量，有如下关系式

$$u = v\lambda = \frac{\lambda}{T} \tag{13-1}$$

式中，通过"波速"这一概念将波的空间周期性和时间周期性联系到一起，它表明，质点每完成一次完全振动，波就向前移动一个波长的距离。式（13-1）适用于所有的波。

表 13-1　不同介质中的声速

介质	温度（单位：K）	声速（单位：m/s）
空气（1atm）	273	331
空气（1atm）	293	343
氢（1atm）	273	1 270

续表

介质	温度（单位：K）	声速（单位：m/s）
玻璃	273	5 500
花岗岩	273	3 950
冰	273	5 100
水	293	1 460
铝	293	5 100
黄铜	293	3 500

机械波的波速决定于传播介质的弹性和惯性。下面介绍几个在各向同性的均匀介质中的波速公式。

① 固体中的波速

$$u = \sqrt{G/\rho} \quad （横波）$$

$$u = \sqrt{Y/\rho} \quad （纵波）$$

式中，G 和 Y 分别为介质的切变模量和杨氏模量，ρ 为介质的质量密度。

② 绳或线上横波的波速

$$u = \sqrt{T/\rho}$$

式中，T 为绳或弦中的张力，ρ 为单位长度的绳或弦的质量。

③ 液体和气体中纵波的波速

$$u = \sqrt{B/\rho}$$

式中，B 为介质的体变模量，ρ 为介质的密度。

对于理想气体，根据分子动力学和热力学，可得

$$u = \sqrt{\gamma RT/M_{mol}} = \sqrt{\gamma p/\rho}$$

式中，γ 为气体的比热容比，R 为普适常量，p 为气体的压强，T 为热力学温度，M_{mol} 为气体的摩尔质量，ρ 为气体的密度。

【例 13-1】 一列横波沿直线向右传播，某时刻在介质中形成的波动图像如图 13-5（a）所示。试画出当质点 a 第一次回到负向最大位移时在介质中形成的波动图像。

分析：由于此时质点 a 位于平衡位置，波向右传播，则质点 a 的速度的方向向下，当它第一次到达负向最大位移处时，相当于经过 1/4 周期。原来处于峰、谷的质点正好回到平衡位置，原来处于平衡位置的质点分别到达正向或负向最大位移处。这样依次画出它们在新的时刻的位置，连成光滑曲线即得新的波形图，如图 13-5（b）所示。

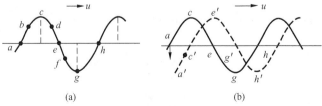

(a)　　　　　　　(b)

图 13-5 例 13-1

【**例 13-2**】 频率为 2 000Hz 的机械波，以 1 200m/s 的速度在介质中传播，由 A 点传到 B 点，两点之间的距离为 0.6m，质点振动振幅为 2cm。求：

（1）B 点的振动落后于 A 点的时间及相位。

（2）两点之间相当于多少个波长。

（3）振动速度的最大值是多少。

解：伪餄砑 $T = \dfrac{1}{2\,000}$ s，$\lambda = uT = 1\,200 / 2\,000 = 0.6$ m。

（1）$\Delta t = \dfrac{x_B - x_A}{u} = \dfrac{0.6}{1\,200} = \dfrac{1}{2} T$，故 $\Delta\varphi = \pi$。

（2）$\Delta x = 0.3 = \dfrac{1}{2}\lambda$，即两点之间的距离为半个波长。

（3）$v_{\max} = A\omega = 0.02 \times 2\pi \times 2\,000 = 251.2$ m/s。

注意：振动速度和传播速度的不同，即 $v \neq u$。

13.2 平面简谐波的波函数

波动是介质中大量质点参与的一种集体运动。如何定量地描述一个波动过程？沿着传播方向各质点的位移和时间又有什么样的联系？一般情况下的波是很复杂的，本节讨论最简单的情况，即波源做简谐振动所引起的介质各点也做简谐振动而形成的波，这种波称为简谐波。任何一种复杂的波都可以表示为若干简谐波的合成。波面为平面的简谐波称为平面简谐波，如图 13-6 所示。

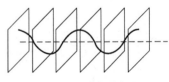

图 13-6 简谐波

13.2.1 平面简谐波的波函数

设有一平面简谐波，以速度 u 在均匀无吸收的介质中传播。如图 13-7 所示，取任一波线为 x 轴，O 点为原点。t 时刻 O 点处质点的振动表达式为

$$y_O = A\cos(\omega t + \varphi) \qquad (13\text{-}2)$$

式中，A 是振幅，ω 是圆频率，φ 是初相位。

现在，我们考虑任一点 P 点的振动，显然，t 时刻 P 点的振动状态等同于 O 点在 $\left(t - \dfrac{x}{u}\right)$ 时刻的状态，即 O

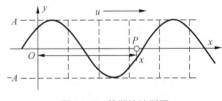

图 13-7 简谐波波形图

点在 $t - \dfrac{x}{u}$ 时刻的振动状态经过 $\dfrac{x_P}{u}$ 时间后，传递给 P 点；或者说 O 点的相位超前于 P 点的相位 $\dfrac{2\pi x}{\lambda}$。故 t 时刻 P 点的振动方程是

$$y_P = A\cos\left[\omega\left(t - \dfrac{x}{u}\right) + \varphi\right] \qquad (13\text{-}2)$$

因 P 点为任意的，所以，任一点的振动方程为

$$y = A\cos[\omega(t - \frac{x}{u}) + \varphi] \qquad (13\text{-}3)$$

式（13-3）表示的是任一质点在 t 时刻的位移，也就是描述平面简谐波的波动方程，也称为波函数。

若我们知道的是任一点 M 的振动方程

$$y_M = A\cos(\omega t + \varphi)$$

同理，可得平面简谐波的波函数方程是

$$y = A\cos[\omega(t - \frac{x - x_M}{u}) + \varphi] \qquad (13\text{-}4)$$

式（13-3）和式（13-4）是以不同的参考点来求解波动方程的，虽然得到的结果形式上有所差异，但是对于每一个质点，振动表达式是完全一致的。

因为 $\omega = \dfrac{2\pi}{T} = 2\pi v$，$\lambda = uT$。式（13-3）又可写为

$$y = A\cos(\omega t - \frac{2\pi x}{\lambda} + \varphi) = A\cos[2\pi(\frac{t}{T} - \frac{x}{\lambda}) + \varphi]$$
$$= A\cos[2\pi(vt - \frac{x}{\lambda}) + \varphi]$$

将式（13-3）对时间求导，即得任一质点在 t 时刻的振动速度和加速度

$$v = \frac{\partial y}{\partial t} = -\omega A\sin[\omega(t - \frac{x}{u}) + \varphi]$$

$$a = \frac{\partial^2 y}{\partial t^2} = -\omega^2 A\cos[\omega(t - \frac{x}{u}) + \varphi]$$

注意：质点的振动速度 v 和波速 u 是两个完全不同的概念，振动速度 v 是对于某一质点而言的，不同质点在同一时刻 v 是不一样的；波速 u 是相对于介质而言的。

若平面简谐波在无吸收的均匀介质中沿 x 轴负向传播，同理可得其波函数表达式为

$$y = A\cos\left[\omega\left(t + \frac{x}{u}\right) + \varphi\right]$$

13.2.2　波函数的物理含义

这里以正向传播为例，取 $\varphi = 0$，分析波函数 $y = A\cos\left(\omega t - \dfrac{2\pi x}{\lambda}\right)$ 的物理意义。

（1）若 x 给定。这时对于某一点 $x = x_0$，有振动方程

$$y = A\cos\left(\omega t - \frac{2\pi x_0}{\lambda}\right)$$

位移 y 只是时间 t 的函数，上式描述的是 x_0 处质点在不同时刻偏离平衡位置的位移。如图 13-8 所示，相当于给该质点录像，描述出它在不同时刻的所有振动状态。

（2）若 t 一定。在某一时刻 $t = t_0$ 时，有

$$y = A\cos\left(\omega t_0 - \frac{2\pi x}{\lambda}\right)$$

此时，振动位移 y 是位置坐标 x 的函数。波函数所描述的是在 t_0 时刻波线上所有质点偏离各自平衡位置的位移，如图 13-9 所示，相当于 t_0 时刻所有的质点的集体照。

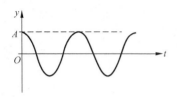

图 13-8　位移一定时波形图

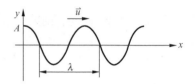

图 13-9　时间一定时位移和平衡位置的关系

（3）若 x 和 t 都在变化。y、x 和 t 有如下关系

$$y = A\cos\left(\omega t - \frac{2\pi x}{\lambda}\right)$$

上式表示的是波线上所有质点在不同时刻的位移变化。如图 13-10 所示，实线表示 t_1 时刻的波形，经过 Δt 时间后（即 t_2 时刻），各个质点的位移和 t_1 时刻的位移不同，如图虚线所示。从图中可以看出，Δt 时间内，沿着传播方向，整个波形向前移动了 $\Delta x = u\Delta t$ 的距离，即波的传播过程可以看作是波形以速度 u 向前传播。

【例 13-3】　一平面简谐波 $t = 0$ 时的波形如图 13-11 所示，已知 $u = 20\,\text{m/s}$，$v = 2\,\text{Hz}$，$A = 0.1\,\text{m}$。则：

（1）写出波的波函数表达式。

（2）求距 O 点 2.5m 和 5m 处质点的振动方程。

（3）求二者与 O 点的相位差及其二者之间的相位差。

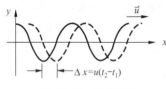

图 13-10　波的传播

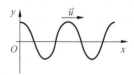

图 13-11　例 13-3

解：（1）以 O 点为研究对象，由图可知，初始时刻有

$$y_O = A\cos\varphi_0 = 0$$

$$v_O = -A\sin\varphi_0 < 0$$

故 $\varphi_0 = \pi/2$，则 O 点的振动方程为

$$y_O = A\cos\left(\omega t + \frac{\pi}{2}\right)$$

波函数表达式为

$$y = A\cos\left[\omega\left(t - \frac{x}{u}\right) + \frac{\pi}{2}\right] = 0.1\cos\left[4\pi\left(t - \frac{x}{20}\right) + \frac{\pi}{2}\right]$$

（2）将 $x_1 = 2.5\,\text{m}$ 和 $x_2 = 5\,\text{m}$ 分别代入上式，得

$$y_{2.5} = 0.1\cos\left[4\pi\left(t - \frac{2.5}{20}\right) + \frac{\pi}{2}\right]$$

$$y_5 = 0.1\cos\left[4\pi\left(t - \frac{5}{20}\right) + \frac{\pi}{2}\right]$$

（3）$x_1 = 2.5\,\text{m}$ 与 O 点的相位差

$$-2\pi\frac{x}{\lambda} = -2\pi\frac{2.5}{10} = -\frac{\pi}{2}$$

$x_2 = 5\,\text{m}$ 与 O 点的相位差

$$-2\pi\frac{x}{\lambda} = -2\pi\frac{5}{10} = -\pi$$

即 x_1 要滞后与 O 点相位 $\frac{\pi}{2}$，x_2 要滞后与 O 点相位 π。

x_1 和 x_2 之间的相位差为

$$-2\pi\frac{x_1 - x_2}{\lambda} = -2\pi\frac{-2.5}{10} = \frac{\pi}{2}$$

即 x_1 比 x_2 的相位超前 $\frac{\pi}{2}$。

【**例 13-4**】 一列机械波沿 x 轴正向传播，$t = 0$ 时刻的波形如图 13-12 所示，已知波速为 $10\,\text{m·s}^{-1}$，波长为 2m，求：

（1）波动方程。

（2）P 点的振动方程及振动曲线。

（3）P 点的坐标。

（4）P 点回到平衡位置所需的最短时间。

解： 由图可知 $A = 0.1\,\text{m}$，$t = 0$ 时，$y_0 = \frac{A}{2}$，$v_0 < 0$，$\therefore \varphi = \frac{\pi}{3}$；

由题知 $\lambda = 2\,\text{m}$，$u = 10\,\text{m·s}^{-1}$，则 $v = \frac{u}{\lambda} = \frac{10}{2} = 5\,\text{Hz}$，$\therefore \omega = 2\pi v = 10\pi$。

（1）波函数方程为 $y = 0.1 \times \cos[10\pi(t - \frac{x}{10}) + \frac{\pi}{3}]\,\text{m}$。

（2）由图知，$t=0$ 时，$y_P = -\dfrac{A}{2}$，$v_P < 0$，$\therefore \varphi_P = -\dfrac{4\pi}{3}$，

则 P 点振动方程为 $y_P = 0.1\cos(10\pi t - \dfrac{4}{3}\pi)$。

（3）因 $10\pi(t - \dfrac{x}{10}) + \dfrac{\pi}{3}\big|_{t=0} = -\dfrac{4}{3}\pi$，解得 $x = \dfrac{5}{3} = 1.67\,\text{m}$。

（4）根据（2）的结果可作出旋转矢量图，如图 13-13 所示，则由 P 点回到平衡位置应经历的相位差为 $\Delta\varphi = \dfrac{\pi}{3} + \dfrac{\pi}{2} = \dfrac{5}{6}\pi$，$\therefore$ 所需最短时间为 $\Delta t = \dfrac{\Delta\varphi}{\omega} = \dfrac{5\pi/6}{10\pi} = \dfrac{1}{12}$ s。

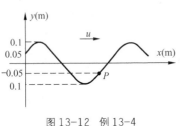

图 13-12　例 13-4 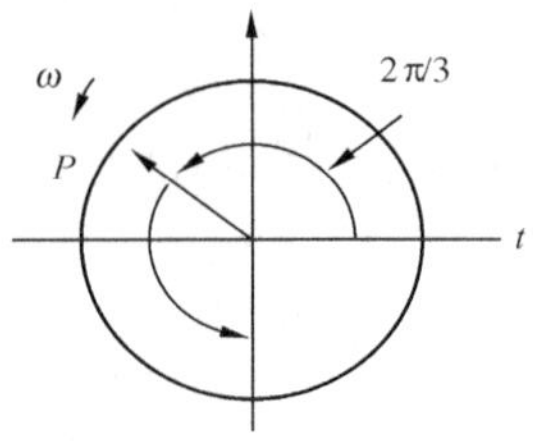　　　　　　　　　图 13-13　旋转矢量

13.3　波的能量　能流密度

我们知道，机械波在弹性介质中传播时，介质中的每一个质元都在各自的平衡位置附近振动，所以这些质元具有一定的振动动能；同时，各质元之间要发生相对形变，从而又具有一定的弹性势能。现以纵波为例，简单介绍传播过程中波的动能、势能以及总的能量的变化规律。

13.3.1　波的能量

以细棒中的纵波为例，如图 13-14 所示，取细棒的左端为原点 O，向右方向为 x 轴的正向，设平面纵波以波速 u 沿 Ox 轴正向传播，其波函数表达式为

$$y = A\cos\omega\left(t - \frac{x}{u}\right) \qquad (13\text{-}5)$$

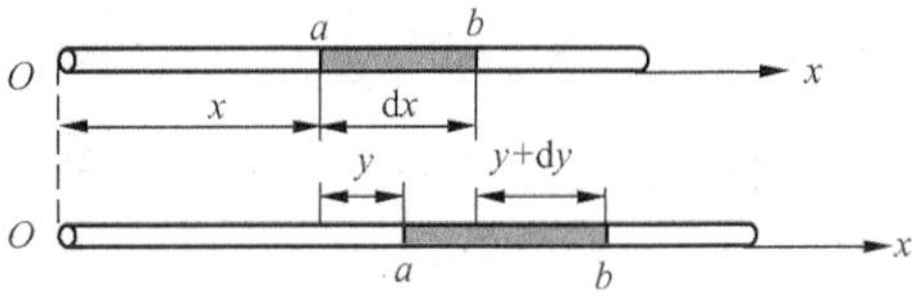

图 13-14　细棒中的纵波

设棒的横截面积为 S，质量密度为 ρ，距原点 O 为 x 处取一长为 $\mathrm{d}x$ 的质元 ab，则质元的体积为 $\mathrm{d}V = S\mathrm{d}x$，质量为 $\mathrm{d}m = \rho S\mathrm{d}x$。当波传播到这个质元时，其振动速度为

$$v = \frac{\mathrm{d}y}{\mathrm{d}t} = -\omega A\sin\omega\left(t - \frac{x}{u}\right)$$

则质元的振动动能为

$$\mathrm{d}W_k = \frac{1}{2}v^2\,\mathrm{d}m = \frac{1}{2}(\rho\,\mathrm{d}V)A^2\omega^2\sin^2\omega\left(t - \frac{x}{u}\right) \qquad (13\text{-}6)$$

同时，质元发生形变，两端点 a 和 b 的位移分别为 y 和 $y + \mathrm{d}y$，即质元被拉长了 $\mathrm{d}y$。根据胡克定律有 $F = k(\mathrm{d}y)$，又根据杨氏弹性模量定义，得质元发生形变产生的弹性回复力为

$$F = YS \frac{\mathrm{d}y}{\mathrm{d}x}$$

式中，Y 是杨氏弹性模量，其值随材料而异，$\frac{\mathrm{d}y}{\mathrm{d}x}$ 是质元在回复力 F 作用下的变化率，所以

$$k = SY/\mathrm{d}x$$

则质元的形变势能为

$$\mathrm{d}W_{\mathrm{P}} = \frac{1}{2}k(\mathrm{d}y)^2 = \frac{1}{2}\frac{YS}{\mathrm{d}x}(\mathrm{d}y)^2 = \frac{1}{2}YS\,\mathrm{d}x\left(\frac{\mathrm{d}y}{\mathrm{d}x}\right)^2 \tag{13-7}$$

得

$$\frac{\mathrm{d}y}{\mathrm{d}x} = \frac{A\omega}{u}\sin\omega\left(t - \frac{x}{u}\right) \tag{13-8}$$

将式（13-6）和 $u = \sqrt{Y/\rho}$ 代入式（13-5），可得质元的形变势能为

$$\begin{aligned}
\mathrm{d}W_{\mathrm{P}} &= \frac{1}{2}YS\,\mathrm{d}x\frac{A^2\omega^2}{u^2}\sin^2\omega\left(t - \frac{x}{u}\right) \\
&= \frac{1}{2}(\rho\,\mathrm{d}V)A^2\omega^2\sin^2\omega\left(t - \frac{x}{u}\right)
\end{aligned} \tag{13-9}$$

故质元的总能量为

$$\begin{aligned}
\mathrm{d}E &= \mathrm{d}E_{\mathrm{k}} + \mathrm{d}E_{\mathrm{P}} \\
&= (\rho\,\mathrm{d}V)A^2\omega^2\sin^2\omega\left(t - \frac{x}{u}\right)
\end{aligned} \tag{13-10}$$

从上面的结论可以得知：在波的传播过程中，每一个质元的动能和势能都随时间 t 做周期性变化，且在任意时刻两者都是相等的，同时达到最大，同时达到最小。在平衡位置时，质元的速度最大，动能达到最大，则势能也达到最大；在最大位移处，质元的动能为零，势能也为零。即波动中，每一个质元的能量是不守恒的，它不是独立地做简谐振动，它与相邻的质元间有着相互作用，该质元不断地从后方介质获得能量，又不断地将能量释放到前方的介质，所以说波动过程就是能量的传递过程。例如，炸弹爆炸时，在弹片射程以外的建筑物上的玻璃窗，也能够在声波的作用下碎裂；又如利用超声波可以加工材料。这些都表明波动过程伴随着能量的传播。

我们把介质中单位体积中波的能量称为波的能量密度，它可以精确地描述介质中的能量分布，常用 w 来表示，即

$$w = \frac{\mathrm{d}W}{\mathrm{d}V} = \rho A^2\omega^2\sin^2\omega\left(t - \frac{x}{u}\right) \tag{13-11}$$

即对于介质中任一点处，波的能量密度随时间做周期性的变化。能量密度在一个周期内的平均值称为平均能量密度，常用 $\overline{w}$ 来表示，即

$$\overline{w} = \frac{1}{T}\int_0^T w\,\mathrm{d}t = \frac{1}{T}\int_0^T \rho A^2\omega^2\sin^2\omega\left(t - \frac{x}{u}\right)\mathrm{d}t = \frac{1}{2}\rho A^2\omega^2 \tag{13-12}$$

即对于一定的介质，波的平均能量密度与介质的密度、振幅和角频率有关。

13.3.2　能流　能流密度

波动中的能量的传播犹如能量在介质中流动一样。我们将 P 定义为能流。设想取一个垂直于波的传播方向（即波速 u 的方向）的面积 S ，如图 13-15 所示。在单位时间内通过 S 的能量 P 等于体积 uS 中的能量，即

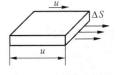

图 13-15　波的能量推导用

$$P = wu\Delta S$$

因为单位体积内的平均能量（即平均能量密度）为 $\bar{w}$ ，因此，在单位时间内平均通过面积 S 的能量为

$$\bar{p} = \bar{w}u\Delta S \tag{13-13}$$

在单位时间内通过垂直于波传播方向的单位面积上的平均能量，称为能流密度，常以 I 表示，单位为 $W\cdot m^{-2}$ ，即

$$I = \frac{\bar{p}}{\Delta S} = \bar{w}u = \frac{1}{2}\rho A^2 \omega^2 u \tag{13-14}$$

能流密度是波强弱的一种量度，因而也称为波的强度。能流密度越大，单位时间内通过垂直于波传播方向的单位面积的能量越多，波就越强。例如，声音的强弱决定于声波的能流密度（**声强**）的大小，光的强弱决定于光波的能流密度（称为光强度）的大小。

下面以平面波和球面波为例，讨论不同的波在传播过程中振幅的特点。

1．平面波

设在均匀无吸收的介质中传播平面简谐波的波函数表达式为

$$y = A\cos\omega\left(t - \frac{x}{u}\right)$$

如图 13-16 所示，沿着垂直于传播方向取两个面积相等的平面 S ，由定义可知通过两个平面的平均能流分别为

$$\bar{P}_1 = I_1 S = \frac{1}{2}\rho\omega^2 A_1^2 uS$$

$$\bar{P}_2 = I_2 S = \frac{1}{2}\rho\omega^2 A_2^2 uS$$

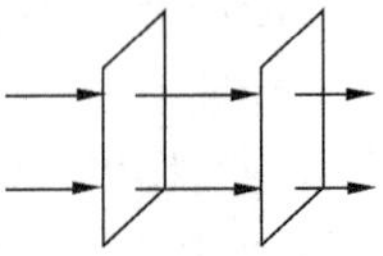

图 13-16　平面波的平均能流

显然，若过两个平面的平均能流是相等的，则振幅保持不变。即：对于平面简谐波在均匀无吸收的介质中传播时将保持振幅不变。

2．球面波

一点波源在均匀介质中振动，该振动沿各个方向的传播速度是相等的，形成球面波。如图 13-17 所示，以波源为球心做半径分别为 r_1 、r_2 的两个同心球，这两个球面就是波面。则在单位时间里通过这两个球面的平均能量（即平均能流）分别为

图 13-17　球面波的能量推导用图

$$\bar{P}_1 = I_1 S = \frac{1}{2}\rho\omega^2 A_1^2 u \cdot 4\pi r_1^2$$

$$\bar{P}_2 = I_2 S = \frac{1}{2}\rho\omega^2 A_2^2 u \cdot 4\pi r_2^2$$

根据定义可知，若通过两个平面的平均能流是相等的，则 $A_1r_1 = A_2r_2$，即球面简谐波在均匀无吸收的介质中传播时，某点的振幅与其离波源的距离成反比。所以球面波的波函数为

$$y = \frac{A}{r}\cos\left[\omega\left(t - \frac{r}{u}\right) + \varphi\right]$$

13.4 惠更斯原理 波的衍射 反射和折射

我们知道，波在均匀的各向同性介质中传播时，波速、波面及波前的形状不变，波线也保持为直线，波的传播方向也保持不变。如图 13-18 所示，波在水面上传播时，只要沿途不遇到什么障碍物，波前的形状总是相似的，当波遇到障碍物（如小孔）时，其波面的形状和传播方向都发生了改变。惠更斯原理提供了一种便捷的方法来解释这种现象。在其他的波动现象中，如波的反射、折射和衍射等，惠更斯原理也有着重要的意义。

图 13-18 水波

13.4.1 惠更斯原理

惠更斯（Christiaan Huygens，1629~1695 年），如图 13-19 所示，荷兰物理学家、天文学家、数学家。他善于把科学和理论研究结合起来，透彻地解决问题，因此在摆钟的发明、天文仪器的设计、弹性体碰撞和光的波动理论等方面都有突出成就。

当波在弹性介质中传播时，介质中任一点 O 的振动都会引起邻近其他质点的振动，该点就可以看作是最新的波源。惠更斯在总结了许多实验的基础上，提出了一条新的理论，被称为**惠更斯原理：介质中波阵面上每一个点（有无数个）都可以看成发出球面子波的新波源，经过一定时间后，这些子波的包络面就构成下一时刻的波面。**

图 13-19 惠更斯

根据惠更斯原理，我们就可以解释平面波的波面是如何形成的。如图 13-20（a）所示，一平面简谐波以速度 u 向前传播，t 时刻波面为 S_1。依据原理，S_1 面上的任一点都可以作为子波波源，以各点为中心，$u\Delta t$ 为半径，可画出许多半球形子波，这些子波的波前的包络面就是 $t + \Delta t$ 时刻的波面 S_2，且 S_2 是和 S_1 平行的平面，相距距离为 $u\Delta t$。同理，对于球面波或其他形式的波，根据惠更斯原理，用同样的方式也可画出 $t + \Delta t$ 时刻的波面 S_2，如图 13-20（b）和图 13-20（c）所示。

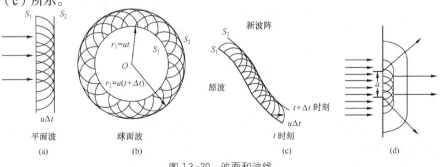

图 13-20 波面和波线

对于任何波动过程，惠更斯原理都是适用的，不仅适用于机械波，也适用于电磁波。无论波

是在均匀介质或是非均匀介质，是各向同性介质或是各向异性介质中传播，惠更斯原理都适用。

13.4.2 波的衍射

波在传播过程中遇到障碍物时，能绕过障碍物的边缘而继续传播，这种偏离原来的直线传播的现象称作**波的衍射**。衍射是波的特有现象，一切波都能发生衍射。例如，声波可以绕过门窗，无限电波可绕过高山，这些都是波的衍射现象。用惠更斯原理很容易解释这一现象。如图13-20（d）所示，当平面波到达某障碍物上的一狭缝时，狭缝的宽度与波长差不多，缝上每一点可看成是发射球面子波的新波源，这些子波的包络面就是新的波面。从图中可以看出，新的波面不再是平面，靠近狭缝边缘处，波面弯曲，即波绕过障碍物继续前进。实验证明：只有当障碍物的尺寸跟波长相差不多或者比波长更小时，才能观察到明显的衍射现象。波的衍射在光学部分有具体的介绍。

13.4.3 波的反射和折射

波传播到两种介质的分界面时，一部分从界面上返回原介质，形成反射波；另一部分进入另一种介质，形成折射波。下面用惠更斯原理分析波反射和折射时的特点。

1. 反射现象

如图 13-21（a）所示，一平面波以波速 u_1 入射到两种介质的界面 AB_3 上，$t = t_0$ 时刻，入射波的波前为 AA_3，随后，波面上 A_1、A_2…各点先后到达界面上 B_1、B_2…各点，在 $t = t_0 + \Delta t$ 时刻，点 A_3 到达 B_3 点。

这里我们取 $AB_1 = B_1B_2 = B_2B_3$，在 $t_0 + \Delta t$ 时刻，A、B_1、B_2 各点所发射的球面子波与图面的交线，分别是半径为 $u_1\Delta t$、$\dfrac{2u_1\Delta t}{3}$、$\dfrac{u_1\Delta t}{3}$ 的圆弧，如图 13-21（b）所示。这些圆弧的包络面显然是过 B_3 点与这些圆弧相切的直线，为 B_3B，则过 B_3B 直线并与图面相垂直的平面就是反射波的波面，做波面的垂线，即为反射线。

从图 13-21 中可以看出，入射线、反射线和界面法线都在同一平面内；且有和两个直角三角形是全等的，$i = i'$，即入射角等于反射角。这就是波的反射定律。

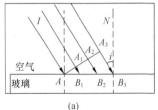
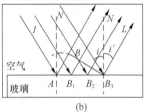

图 13-21 波的反射

2. 折射现象

同理，用惠更斯原理也可解释波的折射定律，读者可以自己分析。注意，折射波和入射波在不同的介质中传播时，波速是不同的，这不同于反射现象。

从上面的分析，可知在解释波的传播方向问题上，惠更斯原理较直观和形象。但是对于子波的强度分布，以及子波为什么不向后传播，惠更斯原理并没有提到，它有一定的局限性。后来菲涅耳对其作了重要补充，解决了波的强度分布问题，这就是惠更斯—菲涅尔原理。相关内容将在光学部分做详细介绍。

13.5 波的叠加原理 波的干涉

介质中同时存在几列波时，每一列波的传播情况以及介质中的每一个质元的运动情况又将如何？下面我们对这种情况进行简单介绍。

1．波的叠加原理

平静的水面上两个石子激起水波，当它们彼此相遇之后又分开，仍能各自保持原有的波形；播放着音乐的房间里，同时又有人在谈话，我们仍能分辨出音乐和每个人的谈话。大量事实证明，几列波在介质中同时传播时，有如下特点。

（1）各波源所激发的波可以在同一介质中独立地传播，它们相遇后再分开，其传播情况（频率、波长、传播方向、周相等）与未遇时相同，互不干扰，就好像其他波不存在一样。

（2）在相遇区域里各点的振动是各个波在该点所引起的振动的矢量和。

我们把这一规律称为**波的叠加原理**。波的叠加原理只适用于线性波，即振幅较小的波，若波的振幅较大（或者说波的强度较大），此时波不再是线性波，波的叠加原理就不再适用了。例如，爆炸产生的冲击波在介质中传播时，相遇波之间有相互作用，叠加原理不再适用。

2．波的干涉

当两列波在介质中传播且相遇时，由波的叠加原理知，相遇区间各点的振动为两列波在该点所引起的振动的矢量和。如果两列波叠加后，使某些区域的振动加强，某些区域的振动减弱，而且振动加强的区域和振动减弱的区域相互隔开。这种现象叫做**波的干涉**。图 13-22 所示为水波盘中水波的干涉。当两列波满足频率相同、振动方向相同、相位相同或相位差恒定时，就能形成稳定的干涉图像。能产生干涉现象的两列波称为相干波，相应的波源称为相干波源。

图 13-22　水波的干涉

设有两个相干波源 S_1、S_2 产生的波，在介质中相遇产生干涉现象，如图 13-23 所示。设波源的振动方程分别为

$$y_1 = A_1 \cos(\omega t + \varphi_1)$$
$$y_2 = A_2 \cos(\omega t + \varphi_2)$$

式中，ω 是圆频率，A_1、A_2 分别是两波源的振幅，φ_1、φ_2 是两波源的初相位。两波在同一介质中传播，相遇后发生叠加。这里我们考察相遇点 P（如图 13-24）的振动情况。

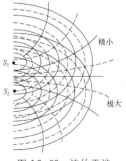

图 13-23　波的干涉

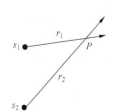

图 13-24　波的干涉推导用图

由两波源的振动，可写出 P 点的两个分振动为

$$y_{1P} = A_1 \cos\left(\omega t + \varphi_1 - 2\pi\frac{r_1}{\lambda}\right)$$

$$y_{2P} = A_2 \cos\left(\omega t + \varphi_2 - 2\pi\frac{r_2}{\lambda}\right)$$

从上两式可看出，这是两个同方向、同频率的简谐振动的叠加，根据前面知识，可知 P 点的合振动还是简谐振动，为

$$y_P = y_{1P} + y_{2P} = A\cos(\omega t + \varphi)$$

且合振动的初相为

$$\tan\varphi = \frac{A_1 \sin\left(\varphi_1 - \dfrac{2\pi r_1}{\lambda}\right) + A_2 \sin\left(\varphi_2 - \dfrac{2\pi r_2}{\lambda}\right)}{A_1 \cos\left(\varphi_1 - \dfrac{2\pi r_1}{\lambda}\right) + A_2 \cos\left(\varphi_2 - \dfrac{2\pi r_1}{\lambda}\right)}$$

其振幅为

$$A = \sqrt{A_1^2 + A_2^2 + 2A_1 A_2 \cos\Delta\varphi}$$

这里相位差为

$$\Delta\varphi = \varphi_2 - \varphi_1 - 2\pi\frac{r_2 - r_1}{\lambda}$$

当 $\Delta\varphi = 2k\pi$（$k = 0, \pm1, \pm2, \pm3, \cdots$）时，合振幅最大，$A_{\max} = A_1 + A_2$，这些点的振动最强，称为干涉加强。

当 $\Delta\varphi = (2k+1)\pi$（$k = 0, \pm1, \pm2, \pm3, \cdots$）时，合振幅最小，$A_{\min} = |A_1 - A_2|$，这些点的振动最弱，称为干涉减弱。

当 $\Delta\varphi$ 为其他值时，合振幅介于 $A_1 + A_2$ 和 $|A_1 - A_2|$ 之间。

若 $\varphi_1 = \varphi_2$，即两波源的初相位相同，$\Delta\varphi = -2\pi\dfrac{r_2 - r_1}{\lambda}$，$P$ 点的振动完全决定于两波源到达 P 点的波程差。若用 $\delta = r_2 - r_1$ 表示波程差，上两式变为

$$\delta = r_2 - r_1 = k\lambda \text{ 时,} \quad k = 0, \pm1, \pm2, \pm3, \cdots \text{干涉加强}$$

$$\delta = r_2 - r_1 = (2k+1)\frac{\lambda}{2} \text{时,} \quad k = 0, \pm1, \pm2, \pm3, \cdots \text{干涉减弱}$$

上两式表明当两相干波源的初相位相同时，在两列波相遇的空间，波程差满足半波长偶数倍的各点为干涉加强点；波程差满足半波长的奇数倍的点为干涉减弱点。

【例 13-5】 如图 13-25 所示，相距 $l=30\text{m}$ 的两个相干波源 a 和 b，振动频率为 100Hz，b 超前于 a 的相位为 π，波速为 400m/s，设两波源的振幅均为 A，试求：（1）a、b 连线外侧的任一点 P 和 Q 的合振幅；（2）a、b 连线上因干涉而静止的各点的坐标（取波源 a 所在处为坐标原点）。

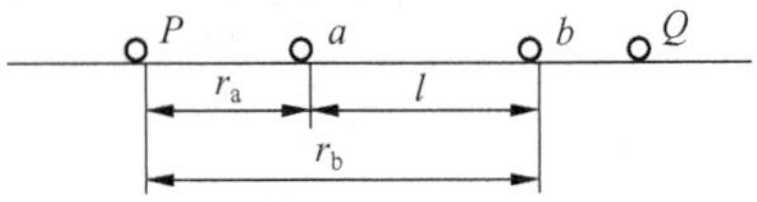

解：（1）P 点的合振幅为

图 13-25　例 13-5

$$A_P = \sqrt{A_1^2 + A_2^2 + 2A_1A_2 \cos\Delta\varphi} \qquad ①$$

式中

$$\Delta\varphi = \varphi_b - \varphi_a - 2\pi\frac{r_b - r_a}{\lambda} \qquad ②$$

由题知 $\varphi_b - \varphi_a = \pi$，$r_b - r_a = 30\text{m}$，$\lambda = \dfrac{u}{v} = 4\text{m}$，带入式②，求得 $\Delta\varphi = -14\pi$，将 $\Delta\varphi$ 带入式①，即得 $A_P = 2A$。

对于 Q 点的合振幅，计算方法完全相同，可得 $A_Q = 2A$。

（2）由以上讨论可知，a、b 两外侧的合振幅都是 $2A$。因此，因干涉而静止的各点应在 a、b 之间，其位置应满足

$$\Delta\varphi = (2k+1)\pi$$

又

$$\Delta\varphi = \pi - \frac{2\pi}{\lambda}[(30-x) - x]$$

式中，x 为任一点的坐标，取上述两式相等即得 $x = 2k+15$（$0 \leqslant x \leqslant 30$），取 $k = 0, \pm1, \pm2, \cdots$ 代入式得所求坐标为 $x = 1,3,5,\cdots,29\text{m}$。

13.6 驻波

在海岸和海湾内，海波（前进波）遇到海岸时便反射回来，形成反射波，它与前进波互相干涉，便形成波形不再推进的波浪。即同一介质中，频率和振幅均相同，振动方向一致，传播方向相反的两列波叠加后形成的波称为**驻波**。驻波是一种特殊的干涉现象。乐器中的管、弦和膜的振动都是由驻波形成的振动。

13.6.1 驻波方程

如图 13-26 所示，虚线和实现分别表示沿着 x 轴正向和反向传播的简谐波，粗实线表示两波叠加的结果。设 $t=0$ 时，两个简谐波的波形刚好重合，其合成波的波形则表现为在各点振动加强；$t = T/4$ 时，两波分别向右、向左传播了 $\lambda/4$，则合成波为一振幅为零的直线；$t = T/2$ 时，其合成波的波形和 $t = 0$ 时的合位移大小相等，方向相反；$t = 3T/4$ 时，其波形和 $t = T/4$ 的波形完全一样；$t = T$ 时的波形则和 $t = 0$ 时的一样。这样在空间上表现为分段振动，形成驻波。

设沿 x 轴正反方向传播的两相干波的波函数表达式分别为

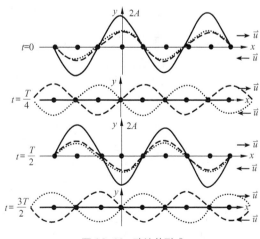

图 13-26 驻波的形成

$$y_1 = A\cos 2\pi \left(\frac{t}{T} - \frac{x}{\lambda} \right)$$

$$y_2 = A\cos 2\pi \left(\frac{t}{T} + \frac{x}{\lambda} \right)$$

则合成波方程为

$$y = y_1 + y_2 = A\left[\cos 2\pi \left(\frac{t}{T} - \frac{x}{\lambda} \right) + \cos 2\pi \left(\frac{t}{T} + \frac{x}{\lambda} \right) \right]$$

$$= \left(2A\cos \frac{2\pi}{\lambda}x \right) \cos \frac{2\pi}{T}t$$

从上式可知，两振幅相同、沿相反方向传播的相干波叠加后，不同位置的质点都在做同频率、不同振幅的简谐振动。振幅大小由 $\left| 2A\cos \frac{2\pi}{\lambda}x \right|$ 决定。故严格地讲，驻波实质上是一种振动，不是机械波，没有波形的向前传播，振动相位和能量均没有传播。

下面讨论驻波的振动特点。

1. 振幅分布

各质元的振幅由 $\left| 2A\cos \frac{2\pi}{\lambda}x \right|$ 确定，且呈现周期性变化。振幅最大的点称为波腹。振幅最小的点称为波节。

振幅 $\left. \left| 2A\cos \frac{2\pi}{\lambda}x \right| \right|_{\max} = 2A$ 时，得波腹的坐标位置为

$$\frac{2\pi}{\lambda}x = k\pi$$

$$x = k\frac{\lambda}{2} \qquad (k = 0, \pm 1, \pm 2, \cdots)$$

相邻波腹间的距离为

$$\Delta x = x_{k+1} - x_k = \frac{\lambda}{2} \tag{13-15}$$

振幅 $\left. \left| 2A\cos \frac{2\pi}{\lambda}x \right| \right|_{\min} = 0$ 时，得波节的坐标位置为

$$\frac{2\pi}{\lambda}x = (2k+1)\frac{\pi}{2}$$

$$x = (2k+1)\frac{\lambda}{4} \qquad (k = 0, \pm 1, \pm 2, \cdots)$$

相邻波节间的距离

$$\Delta x = x_{k+1} - x_k = \frac{\lambda}{2} \tag{13-16}$$

式（13-13）和式（13-14）表明，相邻的波腹之间和相邻的波节之间的距离均为 $\lambda/2$，而相邻的波腹和波节之间的距离为 $\lambda/4$，驻波的这一特征也提供了一种测量波长的方法。

2. 相位分布

驻波表达式不同于波动表达式,因子 $\cos 2\pi\dfrac{t}{T}$ 与质元的位置无关,只与时间 t 有关,似乎任一时刻所有质点都具有相同的相位,所有质点都是同步振动。其实,因子 $\cos 2\pi x/\lambda$ 可正可负,在波节处为零,在波节两边符号相反。因此,在驻波中,**两波节之间的各点有相同的相位**,它们同时通过相同方向的平衡位置,同时达到相同方向的最大位移。**同一波节两侧的各点相位是相反的**,振动步调完全相反,同时以相反速度达到平衡位置,同时沿相反方向达到最大位移。所以,驻波中没有相位的传播。

13.6.2 半波损失

如图 13-27 所示实验,弦线的一段系在一个固定的音叉 A 上,弦线通过定滑轮 P,另一端系着一质量为 m 的物体,使得弦线拉紧,不同的 m 可改变弦线内张力,可以实现调节波速,从而在弦线上得到不同波长的驻波,B 为一支点,使得弦线在该点不能振动。当音叉振动时,弦线左端自 A 有一向右传播的入射波,当入射波传到 B 点时,在该点发生发反射,形成自 B 向左传播的反射波,入射波和反射波在同一弦线上沿着相反方向传播,在弦线上互相叠加形成驻波。且在支点 B(即波在固定端)反射时,只能形成波节。若弦线在 B 点可自由振动,此时 B 点为自由端,波在此反射时,会在反射点形成波腹。在第一种情况中,反射点 B 点形成波节,说明入射波和反射波在该点的振动状态相反,相位差为 π,即反射波在该点的相位较入射波突变了 π。相当于损失(或增加)了半个波长的波程。我们把这种现象称为相位突变 π,有时又称为半波损失。

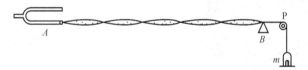

图 13-27 驻波实验

一般情况下,波从一均匀介质向另一均匀介质传播时,在两介质的界面会发生反射现象。对于入射波和反射波,在反射点的振动状态取决于两介质的性质以及入射角的大小。研究证实,对于弹性波,通常定义介质的密度 ρ 与波速 u 的乘积 ρu 较大的介质为**波密介质**,ρu 较小的介质为**波疏介质**。若波从波疏介质垂直入射到波密介质界面上,相对于入射波在反射点的相位,反射波在反射点的相位有 π 的突变,在反射点形成波节;当波从波密介质垂直入射到波疏介质界面上,入射波和反射波在反射点的相位完全相同,在反射点形成波腹,如图 13-28 所示。

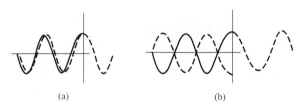

(a)　　　　　　　　　(b)

图 13-28 入射波和反射波在反射点的相位情况

13.7　多普勒效应

生活中，当疾驰的火车鸣笛而来时，我们可以听到汽笛的声调变高，当它鸣笛而去时，我们听到的声调变低。这种由于波源或观察者相对于介质运动，或两者均相对于介质运动，从而使波的频率或接收到的频率发生变化或两者均变化的现象，称为**多普勒效应**。多普勒效应是奥地利物理学家克里斯琴·约翰·多普勒（Christian Johann Doppler）于 1842 年首先提出的。而且多普勒现象不限于声波，图 13-29 所示为水波的多普勒效应。当波源在水中向右运动时，在波源运动的前方波面被挤压，波长变短；而在波源运动的后方，波面相互远离，波长变长。

下面分几种情况分析多普勒效应，假定波源与观察者在同一直线上运动。

（1）波源 S 相对于介质静止，观察者 O 相对于介质以速度 v_0 运动。

如图 13-30 所示，S 点表示点波源，v 为波源的频率，波以速度 u 向着观察者 O 传播，同心圆表示波面，两相邻的波面间的距离为一个波长。当观察者 O 向着波源运动时，单位时间内，波传播距离为 u，即在 O 点的波面向右传播了 u 的距离，同时，观察者又相对于介质向左运动了 v_0 的距离，故单位时间内观察者接收的完整波数是 $u + v_0$ 距离内的波，或者说，观察者所接收到的频率为

$$v' = \frac{u + v_O}{\lambda} = \frac{u + v_O}{u} v \tag{13-17}$$

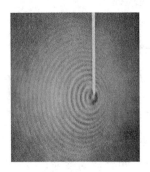

图 13-29　水波的多普勒效应

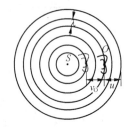

图 13-30　观察者向着波源运动

式（13-15）表明，当波源相对于介质静止时，观察者接收到的频率比波源的频率高。同理，当观察者背离波源运动时，可通过分析得到观察者接收到的频率，为

$$v' = \frac{u - v_O}{\lambda} = \frac{u - v_O}{u} v$$

显然，这时观察者接收到的频率要低于波源的频率。

（2）观察者 O 不动，波源 S 相对于介质以 v_S 运动。

如图 13-31 所示，观察者 O 相对于介质不动，波源 S 向着观察者 O 运动。在介质中波源以球面波的形式向四周传播，经过一个周期 T 后，波源向前移动了一段距离 $v_S T$，即下一个波面的球心向右移动了距离 $v_S T$。这段时间内，由于波源的运动，则传播一个完整的

波形所需时间变短了，或者说介质中的波长变小了，如图 13-32 所示，实际波长为

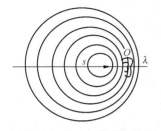

图 13-31 波源向着观察者运动

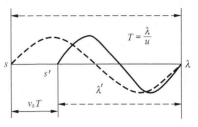

图 13-32 多普勒效应

$$\lambda' = \lambda - v_S T = \frac{u - u_S}{v}$$

因此，观察者接收到的频率就是波的频率 v'。

$$v' = \frac{u}{\lambda - v_S T} = \frac{u}{u - v_S} v \tag{13-18}$$

显然，观察者接收到的频率是波源的频率的 $\dfrac{u}{u - v_S}$ 倍，即 $v' > v$。同理，当波源背离观察者运动时，观察者接受到的频率 v' 为

$$v' = \frac{u}{\lambda + v_S T} = \frac{u}{u + v_S} v$$

这时观察者接收到的频率要低于波源的频率。

（3）波源与观察者同时相对介质运动（v_S, v_O）。

根据前面的分析，当观察者运动时，观察者接收到的频率与波源的频率的关系为

$$v'' = \frac{u \pm v_O}{u} v$$

当波源运动时，介质中波的频率为

$$v' = \frac{u}{u \mp v_S} v''$$

故观察者所接收到的频率为

$$v' = \frac{u \pm v_O}{u \mp v_S} v \tag{13-19}$$

式中，观察者和波源相向运动时，v_O 前取正号，v_S 前取负号；观察者和波源背离运动时，v_O 前取负号，v_S 前取正号。

如果波源与观察者不在二者连线上运动，如图 13-33 所示，只需将速度在连线上的分量带入上述公式即可。当波源和观察者沿着它们的垂直方向运动时，是没有多普勒效应的。

飞机作为波源飞行时的 v_S 大于波速 u，由式（13-16）可知，地面观察者将接收到 $v' < 0$，式（13-16）将不再适用。地面观察者会先看到飞机无声地飞过，然后才听到轰轰巨响。即此时，任一时刻波源本身将超过它所发出的波前，又波前是最前方的波面，其前方没有任何的波动，所有的波前只能被挤压而聚集在一圆锥面上，波的能量高度集中，如图 13-34 所示，这种波称为冲击波。如炮弹超音速飞行、核爆炸等，在空中都会激发冲击波。

多普勒效应有着许多应用，在交通上可用于监测车辆的速度。当雷达发送器发出的电磁波到达正在行驶的车辆时，车既是运动着的接收器，也是运动的波源。它可使雷达波反射，重新返回雷达的接收器。在医学上，可利用超声波的多普勒效应来测量人体血管内血液的流速等。另外，多普勒效应也可用于贵重物品、机密室的防盗系统，还可用于卫星跟踪系统等。

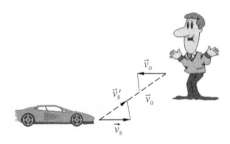

图 13-33 波源与观察者不在二者连线上

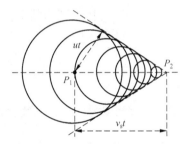

图 13-34 冲击波

在天体物理学中，多普勒效应也有着许多重要应用。例如，用这种效应可以确定发光天体是向着还是背离地球而运动，运动速率有多大。通过对多普勒效应所引起的天体光波波长偏移的测定，发现所有进行这种测定的星系光波波长都向长波方向偏移，这就是光谱线的多普勒红移，从而可以确定所有星系都在背离地球运动。这一结果成为宇宙演变的所谓"宇宙大爆炸"理论的基础。"宇宙大爆炸"理论认为，现在的宇宙是从大约 150 亿年以前发生的一次剧烈的爆发活动演变而来的，此爆发活动就称为"宇宙大爆炸"。"大爆炸"以其巨大的力量使宇宙中的物质彼此远离，它们之间的空间在不断增大，因而原来占据的空间在膨胀，也就是整个宇宙在膨胀，并且现在还在继续膨胀着。

【例 13-6】 利用多普勒效应可以监测汽车行驶的速度，现有一固定波源，发出频率为 $v = 100\text{kHz}$ 的超声波，当汽车迎着波源行驶时，与波源安装在一起的接收器接收到从汽车反射回来的超声波频率为 $v' = 110\text{kHz}$，已知空气中的声速为 $u = 300 \text{ m/s}$。求汽车行驶的速度。

解： 设汽车行驶速度为 v，波源发的频率为 v，因为波源不动，汽车接收的频率为

$$v_1 = \frac{u + v}{u} v$$

当波从汽车表面反射回来时，汽车作为波源向着接收器运动，汽车发出的频率即是它接收到的频率 v_1，而接收器作为观察者接收到的频率为

$$v' = \frac{u}{u - v} v_1$$

联立两式，求解得 $v = \dfrac{v' - v}{v' + v} u = \dfrac{110 \times 10^3 - 100 \times 10^3}{110 \times 10^3 + 100 \times 10^3} \times 330 = 15.7 \ \text{m/s}$ 。

【例 13-7】 A、B 两船沿相反方向行驶，航速分别为 $30 \ \text{m} \cdot \text{s}^{-1}$ 和 $60 \ \text{m} \cdot \text{s}^{-1}$，已知 A 船上的汽笛频率为 500Hz，空气中声速为 $340 \ \text{m} \cdot \text{s}^{-1}$，求 B 船上的人听到 A 船汽笛的频率？

解： 设 A 船上汽笛为波源，B 船上的人为接收者，代入公式得

$$v_B = \frac{u - v_O}{u + v_S} v_S = \frac{340 - 60}{340 + 30} \times 500 = 452 \ \text{Hz}$$

即 B 船上的人听到汽笛的频率变低了。

13.8 习题

一、思考题

1. 在月球表面两个宇航员要相互传递信息，他们能通过对话进行吗？
2. 波动和振动有什么区别和联系？具备什么条件才能形成机械波？
3. 关于波长有如下说法，试说明它们是否一致。
（1）同一波线上，相位差为 2π 的两个质点之间的距离。
（2）在一个周期内，波所传播的距离。
（3）在同一波线上，相邻的振动状态相同的两点之间的距离。
（4）两个相邻波峰（或波谷）之间的距离，或两个相邻密部（或疏部）对应点间的距离。
4. 如何理解波速和振动速度？
5. 用手抖动张紧的弹性绳的一端，手抖得越快，幅度越大，波在绳上传播得越快，又弱又慢地抖动，传播得较慢，对不对？为什么？
6. 俗话说"隔墙有耳"，你是如何理解的？
7. 如图 13-35 所示，如果你家住在大山右面，广播台和电视台都在山左侧时，听广播和看电视哪一个会更容易接收？试解释。
8. 驻波有什么特点？驻波是波吗？试举出驻波和行波不同的地方。
9. 我国古代有一种称为"鱼洗"的铜面盆，如图 13-36 所示，盆地雕刻着两条鱼，在盆中放水，用手轻轻摩擦盆边两环，就能在两条鱼的嘴上方激起很高的水柱。试解释这一现象。

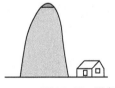

图 13-35　思考题 7

图 13-36　思考题 9

10. 若观察者与波源均保持静止，但正在刮风，问有无多普勒效应？
11. 如果在你做操时，头顶有飞机飞过，你会发现在做向下弯腰和向上直起的动作时听到飞机的声音音调不同，这是为什么？何时听到的音调高一些？

12．当你在湖面荡双桨时，不远处有一高速机动船驶过，你会有何感觉？

二、复习题

1．一列横波沿绳子向右传播，某时刻波形如图 13-37 所示。此时绳上 A、B、C、D、E、F 6 个质点（　　）。

（A）B、C 点下一时刻向下运动　　（B）质点 D 和 F 的速度方向相同

（C）质点 A 和 C 的速度方向相同　　（D）从此时算起，质点 B 比 C 先回到平衡位置

2．一平面简谐波以速度 u 沿 x 轴正方向传播，在 $t = t'$ 时波形曲线如图 13-38 所示，则坐标原点 O 的振动方程为（　　）。

（A）$y = a\cos\left[\dfrac{u}{b}(t - t') + \dfrac{\pi}{2}\right]$　　（B）$y = a\cos\left[2\pi\dfrac{u}{b}(t - t') - \dfrac{\pi}{2}\right]$

（C）$y = a\cos\left[\pi\dfrac{u}{b}(t + t') + \dfrac{\pi}{2}\right]$　　（D）$y = a\cos\left[\pi\dfrac{u}{b}(t - t') - \dfrac{\pi}{2}\right]$

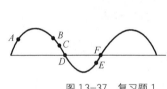

图 13-37　复习题 1

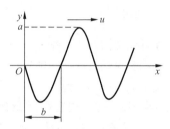

图 13-38　复习题 2

3．一平面简谐机械波在弹性介质中传播，下述各结论哪个正确？（　　）

（A）介质质元的振动动能增大时，其弹性势能减小，总机械能守恒。

（B）介质质元的振动动能和弹性势能都在做周期性变化，但两者相位不相同。

（C）介质质元的振动动能和弹性势能的相位在任一时刻都相同，但两者数值不同。

（D）介质质元在其平衡位置处弹性势能最大。

4．两相干波源 S_1 和 S_2 相距 $\lambda/4$，S_1 的相位比 S_2 的相位超前 $\pi/2$，如图 13-39 所示，在两波源的连线上，S_1 外侧一点 P，两列波引起的合振动的相位差为（　　）。

图 13-39　复习题 4

（A）0　　（B）π　　（C）$\pi/2$　　（D）$3\pi/2$

5．当波源以速度 v 向静止的观察者运动时，测得频率为 v_1，当观察者以速度 v 向静止的波源运动时，测得频率为 v_2，其结论正确的是（　　）。

（A）$v_1 < v_2$　　（B）$v_1 = v_2$　　（C）$v_1 > v_2$　　（D）要视波速大小决定 v_1、v_2 大小

6．一列横波沿着绳传播，其波动方程为

$$y = 0.05\cos(10\pi t - 4\pi x) \quad (\text{SI})$$

试求：

（1）波的振幅、波速、频率和波长。

（2）绳上各点振动时的最大速度和最大加速度。

（3）$x = 0.2\,\text{m}$ 处质点在 $t = 1\,\text{s}$ 时的相位；此相位是原点处质点在哪一时刻的相位？这一相位在 $t = 1.25\,\text{s}$ 时传到了哪一点？

7. 波源做简谐振动，周期为 0.01s，振幅为 1.0×10^{-2}m，经平衡位置向 y 轴正方向运动时，作为计时起点，设此振动以 $u=400$m $\cdot$ s^{-1} 的速度沿 x 轴的正方向传播，试写出波动方程。

8. 一平面简谐波的波动方程为 $y=0.05\cos(4\pi x-10\pi t)$m，求（1）此波的频率、周期、波长、波速和振幅；（2）x 轴上各质元振动的最大速度和最大加速度。

9. 一沿负 x 方向传播的平面简谐波在 $t=0$ 时的波形曲线如图 13-40 所示。

（1）说明在 $t=0$ 时，图中 a、b、c、d 各点的运动趋势。

（2）画出 $t=\dfrac{3}{4}T$ 时的波形曲线。

（3）画出 b、c、d 各点的振动曲线。

（4）如 A、λ、ω 已知，写出此波的表达式。

10. 如图 13-41 所示，已知 $t=0$ 时和 $t=0.5$s 时的波形曲线分别为图中曲线（a）和（b），波沿 x 轴正向传播，试根据图中绘出的条件，试求：

（1）波动方程。

（2）P 点的振动方程。

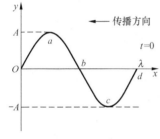
图 13-40　复习题 9

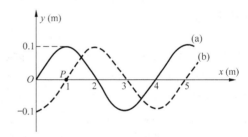
图 13-41　复习题 10

11. 如图 13-42 所示是干涉型消声器的原理图，利用这一结构可以消除噪声，当发动机排气噪声波经过管道的 A 点时，分成两路而在 B 点相遇，声波因干涉而相消，如果要消除频率为 300Hz 的发动机排气噪声，求图中弯道与直管长度差 $\Delta r = r_2 - r_1$ 至少应为多少？（设声速为 340m/s）

12. 如图 13-43 所示，一平面波 $y = 2\cos 600\pi(t - \dfrac{x}{330})$ （SI），传到 A、B 两个小孔上，A、B 相距 $d = 1$m，$AP \perp AB$。若从 A、B 传出的子波到达 P 点，两波叠加刚好发生第一次减弱，求 $\overline{AP}$。

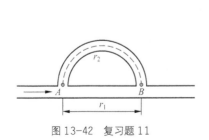
图 13-42　复习题 11

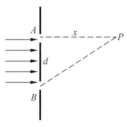
图 13-43　复习题 12

13. 同一介质中有两个平面简谐波波源做同频率、同方向、同振幅的振动。两列波相对传播，波长为 8m。波线上 A、B 两点相距为 20m。一波在 A 处为波峰时；另一波在 B 处相位为 $-\dfrac{\pi}{2}$，求 AB 连线上因干涉而静止的各点的位置。

14. 测定气体中声速的孔脱（Kundt）法如下：一细棒，其中部夹住，一端有盘 D 伸入玻璃管，如图 13-44 所示。管中撒有软木屑，管的另一端有活塞 P，使棒纵向振动，移动活塞位置直至软木屑形成波节和波腹图案（在声压波腹处木屑形成凸峰）若已知棒中纵波的频率 v，量度相邻波腹间的平均距离 d，可求得管内气体中的声速 u，试证：$u = 2vd$。

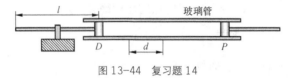

图 13-44 复习题 14

15. 过节播放的钟声是一种气流扬声器，它发声的总功率为 2×10^4 W。这声音传到 12km 远的地方还可以听到。设空气不吸收声波能量并按球形波计算，这声音传到 12km 处的声强级是多大？

16. 装于海底的超声波探测器发出一束频率为 30kHz 的超声波，被迎面驶来的潜水艇反射回来，反射波与原来的波合成后，得到频率为 241Hz 的拍，求潜水艇的速率。设超声波在海水中的传播速度为 1 500m/s。

17. 正在报警的警钟，每隔 0.5s 钟响一声，一声接一声地响着，有一个人在以 60km/h 的速度向警钟行驶的火车中，问这个人在 1min 内听到几响？

18. 设空气中声速为 330 m/s，一列火车以 30 m/s 的速度行驶，机车上汽笛的频率为 600 Hz。一静止的观察者在机车的正前方和机车驶过其身边后所听到的声音的频率分别为多少？如果观察者以速度 10 m/s 与这列火车相向运动，在上述两个位置，他听到的声音频率分别为多少？

19. 一波源做简谐振动，周期为 0.01s，振幅为 0.1m，经平衡位置向正方向运动时为计时起点。设此振动以 400m·s^{-1} 的速度沿直线传播。（1）写出波动方程；（2）求距波源 16m 处和 20m 处的质元的振动方程和初相位；（3）求距波源 15m 处和 16m 处的两质元的相位差是多少？

20. 两相干波源分别在 P、Q 两处，它们相距 $\frac{3}{2}\lambda$，如图 13-45 所示。由 P、Q 发出频率为 v，波长为λ的相干波。R 为 PQ 连线上的一点，求下列两种情况下，两波在 R 点的合振幅。（1）设两波源有相同的初相位；（2）两波源初相位差为π。

图 13-45 复习题 20

模块 5

波 动 光 学

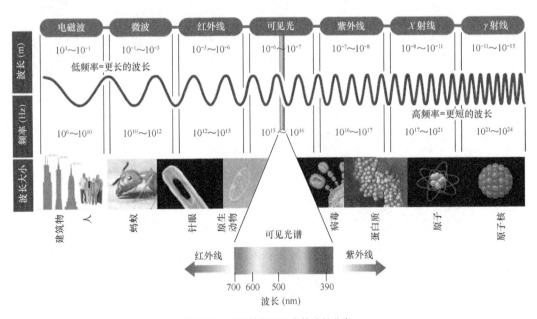

第 **14** 章 **光的干涉**

14.1 光源 单色性 光程 相干光

在研究光的干涉之前，先来学习关于光的一些基本概念。

14.1.1 光源

所有温度高于绝对零度的物体都具有能够向外辐射能量的能力。物体靠加热保持一定温度使内能不变而持续辐射能量，称为热辐射。也有一些物体是靠外部能量激发而产生辐射，如光致辐射（日光灯中 Hg 蒸汽发射紫外光使管壁上的荧光物质发出可见荧光）、化学辐射（磷在空气中氧化发光）、电致辐射（气体放电中的辉光放电现象）等。这几种辐射都是以电磁波的形式向外发出能量的，人的肉眼可以感知其中波长为 312 ~ 1 050nm 的电磁波。通常把波长在 390 ~ 770nm 的电磁波称为可见光，而波长大于 770nm 的称为红外光，小于 390nm 的称为紫外光，如图 14-1 所示。一般情况下把能够发射光波的物体统称为**光源**。

图 14-1　电磁波与可见光的波长分布

大部分的光源发光的原理是由于原子或分子在吸收了外界能量后处于激发态，而激发态并不稳定，原子或分子就会自发跃迁回到基态或较低的激发态。整个过程持续的时间大约为 $10^{-9} \sim 10^{-8}$s。同时原子或分子会向外辐射频率一定、振动方向一定、长度一定的电磁波，如图 14-2 所示。光源所发出的光波是由光源中原子或分子所发射的大量的有限长度的电磁波组成的。这些电磁波称为**波列**。对于普通光源，即使同一个原子发射的波列，相互之间都是相互独立的。所以各个波列的振动、频率、振动和长度都不尽相同。目前，激光光源是已知光源中能够满足相干条件的一种光源。

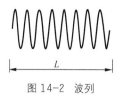

图 14-2 波列

14.1.2 光源单色性

由于在确定的介质中光波传播的速度是确定的，所以已知频率和波长其中之一就可以确定另外一个。通常称具有单一波长的光波为**单色光**。严格的单色光是不存在的，任何光源所发出的光波都对应一定的波长范围。在这样一个范围内，不同波长所对应的强度也是不同的。以光波波长为横坐标，强度为纵坐标，就可以得到**光谱分布曲线**，如图 14-3 所示。对于某一光源，光谱分布曲线对应波长范围越窄，其单色性越好。通常以半高全宽来表示光源单色性的好坏，即当谱线中心强度为 I_0 时，以强度为 $I_0/2$ 处对应的宽度来评价单色性。如图 14-3 所示，半高全宽 $\Delta \lambda$ 的值越小，单色性越好，反之越差。常见的热辐射光源如白炽灯等单色性就较差。而汞灯、钠光灯等单色性较好，半高全宽可以达到 $10^{-3} \sim 0.1$nm，激光器的半高全宽则能达到 10^{-9}nm，甚至更小。

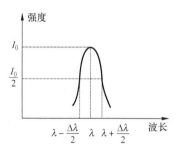

图 14-3 光谱分布曲线

14.1.3 光程与光程差

光束在同一种介质中传播的时候，利用传播过程中两点间的距离很容易就可以算出光束在该两点处的相位差。比如，若在光束空气中从 A 点传播到 B 点，AB 两点间的距离为 l，则光束在 AB 两点处的相位差可以写为

$$\Delta \phi = \frac{l}{\lambda} \cdot 2\pi$$

然而，当光束在不同介质中传播时，由于不同介质折射率不同，在介质中波长也不同。因此无法直接利用长度进行相位差的计算。为了解决这个问题，可以引入光程和光程差的概念。

设有一频率为 ν，真空中波长为 λ 的光在折射率为 n 的介质中传播。光在介质中传播速度为 $\frac{c}{n}$，其中，c 为真空中的光速。由于在不同介质中传播不会引起频率的变化，所以可以求出介质中光的波长

$$\lambda' = \frac{c}{n\nu} = \frac{\lambda}{n}$$

若在介质中光束所传播的几何距离为 l，其引起的相位差为

$$\Delta \phi = \frac{l}{\lambda'} 2\pi = n\frac{l}{\lambda} 2\pi$$

显然，在介质中传播引起的相位差是在真空中传播同样距离引起的相位差的 n 倍。反过来说，光束在折射率为 n 的介质中传播 l 路程，相当于其在真空中传播了 nl 的路程，可以把这一路程称为**光程**。

引入光程的概念，就可以将所有的传播过程都折算成在真空中的传播过程，从而较为方便地进行计算。

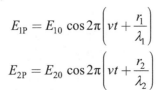

图 14-4 光程与光程差

如图 14-4 所示，假设光源 S_1 和 S_2 为频率为 ν 的光源，它们初始相位也相同，两束光分别经历折射率为 n_1 和 n_2 的介质，经历路程 r_1 和 r_2 到达空间某点 P 并相遇。

可以写出两束光在 P 点的振动

$$E_{1P} = E_{10} \cos 2\pi \left(\nu t + \frac{r_1}{\lambda_1} \right)$$

$$E_{2P} = E_{20} \cos 2\pi \left(\nu t + \frac{r_2}{\lambda_2} \right)$$

两者在 P 点的相位差为

$$\Delta \phi = \frac{2\pi r_2}{\lambda_2} - \frac{2\pi r_1}{\lambda_1}$$

将上式中的波长折算为真空中的波长

$$\Delta \phi = \frac{2\pi n_2 r_2}{\lambda_0} - \frac{2\pi n_1 r_1}{\lambda_0} = \frac{2\pi}{\lambda_0} (n_2 r_2 - n_1 r_1)$$

式中，$n_2 r_2$ 和 $n_1 r_1$ 两项正是两束光的光程，而两者之差值决定了相位之差，称为**光程差**，常用 δ 表示。因此相位差和光程差之间的关系可以写为

$$\Delta \phi = \frac{\delta}{\lambda_0} 2\pi$$

式中，λ_0 为光束在真空中的波长。

下面举例说明直接利用光程差进行计算的过程，设一束波长为 λ 的平面光垂直照射到同一平面上的两个狭缝 S_1 和 S_2 上，其中，透过 S_1 的光经路程 r_1 照射到 P 点，透过 S_2 的光则经一块折射率为 n、长度为 d 的晶体照射到 P 点，走过总路程为 r_2，如图 14-5 所示。试求 P 点相遇时两束光的相位差是多少？

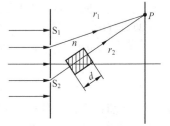

图 14-5 光程与光程差

由于是平面光垂直照射到 S_1 和 S_2 上，所以两束光有相同的初始相位。直接利用光程差进行计算，设 S_1 的光程为 L_1，S_2 的光程为 L_2，则

$$L_1 = r_1, \quad L_2 = (r_2 - d) + nd$$

因此光程差

$$\delta = L_2 - L_1 = (r_2 - d) + nd - r_1$$

得相位差

$$\Delta\phi = \frac{\delta}{\lambda}2\pi = \frac{2\pi}{\lambda}\big[(r_2 - r_1) + (n-1)d\big]$$

可见直接利用光程差求解相位差的过程较为简便。

14.1.4 光的相干现象

在讨论机械波时已经说明，两列机械波相遇，在振动频率相同、振动方向相同和具有固定相位差的前提下能够发生干涉现象。其实，当两束光波相互叠加并满足上述条件时，也能够发生干涉现象。

如前所述，光是以电磁波形式传播由交变的电磁场组成的。电场强度矢量用 $\vec{E}$ 表示，磁场强度矢量用 $\vec{B}$ 表示。研究表明，对人眼或探测器起作用的主要为其中的电矢量 $\vec{E}$。因此，也把电矢量 $\vec{E}$ 称为**光矢量**。下面就围绕光矢量来讨论光的相干现象。

设两束单色光光矢量振动方向相同，且频率 $\omega_1 = \omega_2 = \omega$，其光矢量分别为 $\vec{E}_1$ 和 $\vec{E}_2$，数值表达式为

$$E_1 = E_{10}\cos(\omega_1 t + \phi_{10})$$
$$E_2 = E_{20}\cos(\omega_2 t + \phi_{20})$$

当两束光叠加时，合成的光矢量的值为

$$E = E_1 + E_2 = E_0\cos(\omega t + \phi_0)$$

式中，

$$E_0^2 = E_{10}^2 + E_{20}^2 + 2E_{10}E_{20}\cos\Delta\phi$$
$$\phi_0 = \arctan\frac{A_1\sin\phi_{10} + A_2\sin\phi_{20}}{A_1\cos\phi_{10} + A_2\cos\phi_{20}}$$
$$\Delta\phi = \phi_{20} - \phi_{10}$$

在观测时间内，平均光强

$$\overline{I} \propto \overline{E_0^2} = E_{10}^2 + E_{20}^2 + 2E_{10}E_{20}\overline{\cos\Delta\phi}$$

若光矢量为 $\vec{E}_1$ 和 $\vec{E}_2$ 的光源是两个相互独立的普通光源。在观测时间足够长（对于光矢量的振动频率来讲很容易满足）时，则 $\Delta\phi$ 取到 $0 \sim 2\pi$ 中任何值的概率都是相同的，所以有 $\overline{\cos\Delta\phi} = 0$。

从而

$$\overline{E_0^2} == E_{10}^2 + E_{20}^2$$

以光强来表示，则有

$$I = I_1 + I_2$$

上式表明，两束光叠加后光强 I 等于两束光分别照射时的光强 I_1 和 I_2 之和，这种叠加称为**非相干叠加**。

若 $\vec{E}_1$ 和 $\vec{E}_2$ 所发出的光在叠加的位置具有固定的相位差，即 $\Delta\phi$ 为恒定常量，则叠加后光强为

$$I = I_1 + I_2 + 2\sqrt{I_1 I_2}\cos\Delta\phi \tag{14-1}$$

这种情况下，叠加之后光强 I 不仅为叠加前两束光光强 I_1 和 I_2 的函数，同时也随着两束光的相位差 $\Delta\phi$ 变化，这种叠加称为**相干叠加**。假设两束光光强 I_1 和 I_2 不变，则叠加后总光强 I 随相位差 $\Delta\phi$ 的变化如图 14-6 所示。

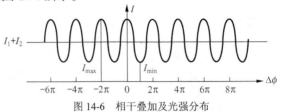

图 14-6　相干叠加及光强分布

当 $\Delta\phi = \pm 2k\pi\ (k = 0,1,2,\cdots)$ 时，$\cos\Delta\phi = 1$。代入式（14-1），得

$$I = I_1 + I_2 + 2\sqrt{I_1 I_2}$$

此时，两束光合成的光强值最大，称为**干涉相长**。

当 $\Delta\phi = \pm(2k+1)\pi\ (k = 0,1,2,\cdots)$ 时，$\cos\Delta\phi = -1$。代入式（14-1），得

$$I = I_1 + I_2 - 2\sqrt{I_1 I_2}$$

此时，两束光合成的光强值最小，称为**干涉相消**。

通过上述分析可以知道，同机械波的振动叠加原理相同，只有当两束光满足相干条件，即频率相同、振动方向相同和具有固定的相位差的时候才能够发生光的干涉现象。能够满足上述条件的光称为**相干光**。然而，对于普通光源，即使是同一光源所发射出来的光也是由无数的波列组成。这些波列相互之间是独立的，因此无法满足干涉所需的 3 个条件。

通过分束的方法能够从普通光源处获得相干光。其基本的思想是，将光源上同一点处发出的光分开，其中一束光中的每个波列都能够在另一束光中找到同一个原子同一次发射出的对应波列，因此这两束光能够满足相干条件。通过这一原理获得相干光的具体方法通常有两种：分波阵面法和分振幅法。由同一波阵面上取出两点作为光源得到两束光的方法称为**分波阵面法**，如杨氏双缝干涉等实验就用了这种方法。当一束光投射到两种介质的界面上，经过透射和反射，将光分为两束或多束的方法，称为**分振幅法**，如牛顿环等实验就用了这种方法。

14.2　双缝干涉

双缝干涉所需要的相干光是由分波阵面法得到的。

14.2.1　杨氏双缝干涉实验

1801 年，英国医生托马斯·杨（T·Young）向英国皇家学会报告了其研究的光的波动学说论文及他所做的干涉实验。虽然当时并没有得到学会的认可，但这也无法阻挡其成为光的波动理论最早的实验证据。

杨氏实验采用分波振面法，其实验装置如图 14-7（a）所示。S、S_1、S_2 分别为 3 个狭缝。单色光源经过狭缝 S 形成线光源，在与其距离很近的位置有狭缝 S_1 和 S_2，且它们与 S 的距离相等。根据惠更斯原理，线光源 S 发射的光经过两狭缝后形成线光源 S_1 和 S_2。由于两条线光源由同一光源 S 形成，所以满足振动频率相同、振动方向相同和相位差固定（为零）的相干条件，即线光源 S_1 和 S_2 为相干光源。在两狭缝前放一屏幕 P，则屏幕上将出现明暗相间的干涉条纹，如图 14-7（b）所示。

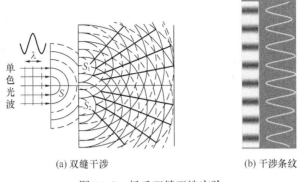

(a) 双缝干涉　　　　　(b) 干涉条纹

图 14-7　杨氏双缝干涉实验

14.2.2　干涉条纹的分布

下面对杨氏双缝实验进行定量分析。设相干光源 S_1、S_2 之间的距离为 d，S_1、S_2 的中点为 O。屏幕与 S_1、S_2 所在平面相平行且距离为 D，屏幕中心为 O'，连线 OO' 垂直于屏幕。屏幕上任取一点 P，P 点到 S_1、S_2 的距离分别为 r_1、r_2，如图 14-8 所示。

设从 S_1、S_2 发出的光到达 P 点时的光程差为 δ，则有

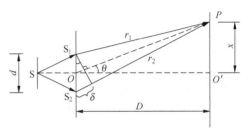

图 14-8　干涉条纹的分布

$$\delta = r_2 - r_1$$

点 P 到屏幕中心 O' 的距离为 x，直线 PO 与 OO' 之间的夹角为 θ。在通常的观察情况下 $D \gg x, D \gg d$，即 θ 的值很小，所以可由几何关系得

$$\delta = r_2 - r_1 \approx d \sin\theta \approx d\tan\theta = d \cdot \frac{x}{D}$$

由振动叠加理论可以得知，当振动频率相同、振动方向相同时，合成振幅由相位差决定。若相位差 $\delta = d \cdot \dfrac{x}{D} = \pm k\lambda$，则 P 点处将为明条纹，即各级明条纹中心到 O 点的距离 x 满足

$$x_{\pm k} = \pm k \frac{D}{d}\lambda \qquad (k = 0, 1, 2, 3, \cdots) \tag{14-2}$$

式中的 k 对应的一系列值对应了不同级次的明条纹。当 $k=0$ 时，所对应的明条纹为零级明条纹，也称为中央明条纹。其他各条条纹 $k=1$、$k=2$、…依次分别称为第一级明条纹、第二级明条纹……

若相位差 $\delta = d \cdot \dfrac{x}{D} = \pm(2k+1)\dfrac{\lambda}{2}$，则 P 点处为暗条纹，即各级暗条纹中心距 O 点距离 x 满足

$$x_{\pm k} = \pm(2k+1)\frac{D}{2d}\lambda \qquad (k = 0, 1, 2, 3, \cdots) \tag{14-3}$$

由式（14-2）和式（14-3）可知，无论是明条纹之间的间距还是暗条纹之间的间距都是相等

的，且与波长 λ 成正比。

【例 14-1】 以单色光照射到相距为 0.2mm 的双缝上，双缝与屏幕的垂直距离为 1m，求：

（1）若从第一级明纹到同侧的第四级明纹间的距离为 7.5mm，求单色光的波长。

（2）若入射光的波长为 600nm，中央明纹中心到最邻近的暗纹中心的距离是多少？

解：已知 $d = 0.2$ mm，$D = 1$ m

（1）各级明纹到距离中心的距离满足

$$x_{\pm k} = \pm k \frac{D}{d} \lambda \qquad (k = 0, 1, 2, 3, \cdots)$$

则

$$\Delta x_{14} = x_4 - x_1 = \frac{D}{d}(k_4 - k_1)\lambda$$

即

$$\lambda = \frac{D}{d} \frac{\Delta x_{14}}{(4-1)}$$

带入数据得 $\lambda = 500$ nm。

（2）各级暗纹距离中心的满足

$$x_{\pm k} = \pm(2k+1)\frac{D}{2d}\lambda \qquad (k = 0, 1, 2, 3, \cdots)$$

距中央明纹最近的暗纹为第零级暗纹，有 $x_0 = \frac{D}{2d}\lambda = 1.5$ mm。

【例 14-2】 用白光做双缝干涉实验时，能观察到几级清晰可辨的彩色光谱？

解：用白光照射时，除中央明纹为白光外，两侧形成内紫外红的对称彩色光谱。当 k 级红色明纹位置 $x_{k红}$ 大于 $k+1$ 级紫色明纹位置 $x_{(k+1)紫}$ 时，光谱就发生重叠。

据前述内容有

$$x_{k红} = k\frac{D}{d}\lambda_{红}$$

$$x_{(k+1)紫} = (k+1)\frac{D}{d}\lambda_{紫}$$

由 $x_{k红} = x_{(k+1)紫}$ 的临界情况可得

$$k\lambda_{红} = (k+1)\lambda_{紫}$$

将 $\lambda_{红} = 7\,600$Å，$\lambda_{紫} = 4\,000$Å 代入得 $k = 1.1$。因为 k 只能取整数，所以应取 $k = 1$。

这一结果表明：在中央白色明纹两侧，只有第一级彩色光谱是清晰可辨的。

14.3 薄膜干涉

日常生活中也存在着许多干涉现象，如水面上的油膜在太阳光的照射下呈现出五彩缤纷的美丽图像，儿童吹起的肥皂泡在阳光下也显出五光十色的彩色条纹，还有许多昆虫的翅膀在阳光下也能显现彩色的花纹等。这一系列的现象是由于光波经薄膜的两个表面反射后再次相遇时相互叠加而形成，称为**薄膜干涉**。薄膜干涉分为等倾干涉和等厚干涉，下面分别进行介绍。

14.3.1　等倾干涉

在介绍薄膜干涉之前，首先需要了解半波损失和附加光程差的概念。所谓半波损失，就是当光从折射率较小的介质（光疏介质）射向折射率较大的介质（光密介质）并在界面上发生反射时，反射光相对于入射光有相位突变 π，由于相位差 π 与光程差 $\lambda/2$ 相对应，相当于反射光多走了半个波长的光程，故这种现象叫做**半波损失**，多走的光程差称为**附加光程差**。半波损失仅存在于光从光疏介质射向光密介质时的反射光中，折射光没有半波损失。而当光从光密介质射向光疏介质时，反射光也没有半波损失。对于薄膜干涉，在满足薄膜折射率大于两面介质折射率，或薄膜折射率小于两面介质折射率时（如图 14-6 所示），$n_1 < n_2$ 且 $n_3 < n_2$，或 $n_1 > n_2$ 且 $n_3 > n_2$，将需要考虑附加光程差。

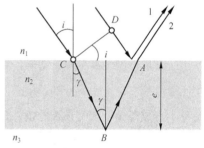

图 14-9　等倾干涉

如图 14-9 所示，一束平行光入射到厚度均匀为 e 的透明薄膜表面上，将有一部分光在上表面上发生反射，另一部分在下表面上发生反射并透射出上表面。虽然光线在薄膜内部会发生多次反射，但是由于其强度是逐渐减小的，所以，这里只考虑在下表面发生一次反射时的干涉情况。设光线在上表面上 A 点处发生反射形成光线 1，光线由 C 点入射，在下表面 B 点反射形成光线 2，两束光线在 A 点处叠加。

设光线在上表面入射角为 i，下表面的入射角为 γ，B 点附近薄膜厚度为 e，而薄膜介质及两面介质的折射率分别为 n_2、n_1 和 n_3。则光线 1 和光线 2 在 A 点相遇时的光程差为

$$\delta = n_2(\overline{AB} + \overline{BC}) - n_1\overline{AD} + \delta' \tag{14-4}$$

式中，δ' 为附加光程差，由几何关系，得

$$\overline{AB} = \overline{BC} = \frac{e}{\cos\gamma}$$

$$\overline{AD} = \overline{AC} \cdot \sin i = 2e \cdot \tan\gamma \cdot \sin i$$

则光程差

$$\delta = \frac{2n_2 e}{\cos\gamma} - \frac{2n_1 e \cdot \sin\gamma \cdot \sin i}{\cos\gamma} + \delta'$$

将折射定律 $n_1 \sin i = n_2 \sin\gamma$ 代入上式，得

$$\delta = 2n_2 e\cos\gamma + \delta' \tag{14-5}$$

或

$$\delta = 2e\sqrt{n_2^2 - n_1^2\sin^2 i} + \delta' \tag{14-6}$$

由式（14-6）可见，对于等厚度的均匀薄膜，光程差与入射角的角度 i 有关。当以相同角度入射时，光线具有固定的光程差，对应恒定的相位差，进而满足相干条件。因倾角不同而形成的一系列的明暗相间的条纹，每一条纹都对应了某一固定的倾角，这种干涉称为**等倾干涉**。

观察等倾干涉的装置如图 14-10 所示，光源 S 发出的光经入射到薄膜表面，在薄膜上下两个表面发生反射，反射光经焦距为 f 的聚焦透镜 L 会聚照射到位于焦平面的屏幕上。

以相同倾角 i 入射到薄膜表面的光线应在同一圆锥面上,其反射光在屏幕上会聚到同一个圆周上。因此,整个干涉图样是由一系列明暗相间的同心圆环组成的。

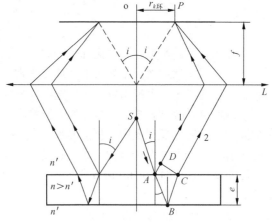

图 14-10 等倾干涉观察装置

形成等倾干涉明条纹的条件是

$$\delta = 2e\sqrt{n_2^2 - n_1^2\sin^2 i} + \delta' = k\lambda \qquad (k = 0, 1, 2, 3, \cdots)$$

形成等倾干涉暗条纹的条件是

$$\delta = 2e\sqrt{n_2^2 - n_1^2\sin^2 i} + \delta' = (2k+1)\frac{\lambda}{2} \qquad (k = 0, 1, 2, 3, \cdots)$$

由上面两个式子可以看出,随着入射角 i 增大,光程差 δ 减小,对应干涉的级次也降低。在等倾干涉的条纹中,半径越小的条纹对应的入射角 i 也越小,对应的级次也越低。条纹之间的间距也同倾角有关,倾角越大,条纹的间距越小,反之越大,如图 14-11 所示。

实际观察等倾条纹的时候,也经常使用面光源,这里不再解释。

上述讨论是适合于单色光的等倾干涉分布。对于非单色光的等倾干涉,每一个波长都按照上述规律在屏幕上分布,所以看到的是彩色条纹的图样。

利用等倾干涉原理可以制造增透膜和高反膜。如图 14-12 所示为增透膜,光垂直入射时,薄膜两表面反射光的光程差等于 $2n_2e$,通常设计增透膜的折射率满足 $n_1 < n_2 < n_3$,此时在上下两个表面都会产生附加光程差 $\lambda/2$,故而不存在附加相位差。要使透射增加,必须让反射光相消,而发生干涉相消的条件为

$$2n_2e = (2k+1)\frac{\lambda}{2} \qquad (k = 0, 1, 2, 3, \cdots) \tag{14-7}$$

因此,要使膜达到增透的目的就必须满足上式。膜的最小厚度为 $k = 0$ 时,$e = \dfrac{\lambda}{4n_2}$。

图 14-11 等倾干涉条纹

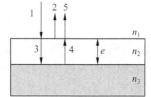

图 14-12 增透膜

在镀膜的工艺中，通常把 ne 称为薄膜的**光学厚度**。镀膜时控制厚度 e 满足式（14-7），可以增加对应波长的透射率。与其相近的波长，透射率也得到一定的增强，但是无法达到最强。这种增透膜的应用十分广泛，日常较为常见的是应用于照相机镜头、光学眼镜的镜片等。这些器件的增透膜通常选用人眼最为敏感的波长 550nm 的光作为主波长。因此，在白光下观察薄膜的反射光时，波长距离 550nm 越远，光的反射率越高。一般好的照相机镜头呈现蓝紫色就是这个原因。

在另外一些情况下，则要求光学器件具有较高的反射率，例如，在激光器中形成谐振腔的全反射镜就要求反射率达到 99% 以上。通过控制薄膜光学厚度的方法，也可以设计高反膜达到提高发射率的目的。此时，要求在薄膜两个表面的反射光满足干涉相长条件，必要的时候可以使用多层高反膜的结构。

【例 14-3】 已知人眼最为敏感的波长 $\lambda = 550\text{nm}$，照相机镜头折射率 $n_3 = 1.5$，其上涂一层折射率 $n_2 = 1.38$ 的氟化镁增透膜，光线垂直入射。若反射光干涉相消的条件中取 $k = 1$，膜的厚度为多少？此增透膜在可见光范围内有无增反（空气折射率为 1）？

解： 因为 $n_1 < n_2 < n_3$，所以反射光经历两次半波损失。反射光干涉相消的条件是

$$2n_2 e = (2k+1)\lambda/2$$

代入 k 和 n_2，求得

$$e = \frac{3\lambda}{4n_2} = \frac{3 \times 550 \times 10^{-9}}{4 \times 1.38} = 2.982 \times 10^{-7}\,\text{m}$$

此膜对反射光干涉相长的条件

$$2n_2 e = k\lambda$$

$$k = 1, \quad \lambda_1 = 855\text{nm}$$

$$k = 2, \quad \lambda_2 = 412.5\text{nm}$$

$$k = 3, \quad \lambda_3 = 275\text{nm}$$

可见光波长范围为 390~700nm，所以，波长为 412.5nm 的可见光有增反。

【例 14-4】 一油轮漏出的油（折射率 $n_1 = 1.20$）污染了某海域，在海水（$n_2 = 1.30$）表面形成一层薄薄的油污。问：

（1）如果太阳位于海域正上空，一直升飞机的驾驶员从机上向正下方观察，他所正对的油层厚度为 460nm，则他将观察到油层呈什么颜色？

（2）如果一潜水员潜入该区域水下，并向正上方观察，又将看到油层呈什么颜色？

解：（1）驾驶员看到的是反射光，设光程差为 δ_r 时反射增强，根据薄膜干涉的推论

$$\delta_r = 2en_1 = k\lambda$$

即当波长 λ 满足

$$\lambda = \frac{2n_1 e}{k} \qquad (k = 1,\ 2,\ 3,\ \cdots)$$

时，反射增强。k 取不同值时，

$$k = 1, \quad \lambda = 2n_1 e = 1\,104\ \text{nm}$$

$$k = 2, \quad \lambda = n_1 e = 552\ \text{nm}$$

$$k = 3, \quad \lambda = \frac{2}{3}n_1 e = 368\ \text{nm}$$

···

可见，只有当 $k = 2$ 时，绿色的光反射增强，所以驾驶员将看到绿色。

（2）潜水员看到的是透射光，设光程差为 δ_r 时反射增强，根据薄膜干涉的推论，透射光若要干涉相长，需

$$2n_2e = (2k+1)\frac{\lambda}{2} \qquad （k = 0, 1, 2, 3, \cdots）$$

同理

$$k = 1, \qquad \lambda = \frac{2n_1e}{1 - 1/2} = 2\,208\text{ nm}$$

$$k = 2, \qquad \lambda = \frac{2n_1e}{2 - 1/2} = 736\text{ nm}$$

$$k = 3, \qquad \lambda = \frac{2n_1e}{3 - 1/2} = 441.6\text{ nm}$$

$$k = 4, \qquad \lambda = \frac{2n_1e}{4 - 1/2} = 315.4\text{ nm}$$

···

可见，$k = 2$ 时的红色光（736nm）和 $k = 3$ 时的紫色光（441.6nm）透射光增强，所以潜水员将看到紫红色的光。

14.3.2 等厚干涉

等倾干涉是在薄膜厚度均匀的前提下发生的干涉现象，下面讨论薄膜厚度不均匀时的干涉现象。如图 14-13 所示，一束平行光入射到厚度不均匀的薄膜表面，A 点入射的光在下表面 C 点反射，经 B 点透射出来，形成光线 1。照射在 B 点的光线经反射形成光线 2。

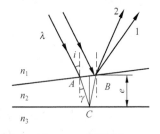

图 14-13 等厚干涉

由于薄膜厚度不均匀，光线 1 和 2 并不平行，其相位差也难以确定。但是，在薄膜很薄的前提下，AB 两点的距离很短，所以可近似认为该处厚度 e 相等。因此，可以利用与计算等倾条纹的光程差的方法，得

$$\delta \approx 2n_2e\cos r + \delta' = 2e\sqrt{n_2^2 - n_1^2\sin^2 i} + \delta'$$

由上式可知，当入射角 i 不变时，光程差同薄膜厚度有关。对于厚度连续变化的薄膜，将会在薄膜表面产生一系列干涉条纹，称为等厚干涉条纹。等厚干涉条纹上同一条纹表示薄膜的同一厚度。

若只考虑垂直入射的情况，即 $i = \gamma = 0$ 时，光线 1 和 2 的光程差可以表示为

$$\delta = 2n_2e\cos\gamma + \delta'$$

此时，明暗条纹出现的条件为

$$\delta = 2n_2e + \delta' = \begin{cases} 2k\dfrac{\lambda}{2} & （k = 1,\ 2,\ 3,\ \cdots\ \text{明纹}） \\[2mm] (2k+1)\dfrac{\lambda}{2} & （k = 0,\ 1,\ 2,\ \cdots\ \text{暗纹}） \end{cases}$$

日常生活中看到油膜在日光照耀下展现的五彩花纹就是等厚干涉条纹。实验室常用劈尖实

验和牛顿环实验来观察等厚干涉条纹。

首先介绍劈尖干涉实验。如图 14-14（a）所示，两块平行玻璃板，一端相接触，另一端夹一纸片。此时，两片玻璃间便形成楔形空气薄膜，称为空气劈尖，接触的交线称为棱边。平行于棱边的线上，各点空气劈尖厚度是相等的。入射光垂直入射于玻璃片时，将在劈尖上下两个表面上反射，形成相干光 1 和相干光 2，如图 14-14（b）所示。

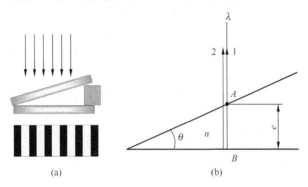

图 14-14　劈尖等厚干涉

由于空气的折射率（$n=1$）小于玻璃折射率，所以，空气劈尖上下表面发生的反射将形成附加的光程差，因此

$$\delta = 2e + \frac{\lambda}{2}$$

因此，空气劈尖产生明暗条纹的条件为

$$\delta = 2e + \frac{\lambda}{2} = \begin{cases} k\lambda & （k=1,\ 2,\ 3,\ \cdots\ 明纹） \\ (2k+1)\dfrac{\lambda}{2} & （k=0,\ 1,\ 2,\ \cdots\ 暗纹） \end{cases} \tag{14-8}$$

可见，当劈尖厚度 e 恰好满足明条纹的条件时，将发生干涉相长，这时能够观察到与棱边相平行的明条纹。同样，劈尖厚度 e 恰好满足暗条纹的条件时，将发生干涉相消，能够观察到与棱边相平行的暗条纹。式（14-8）中 k 取 0 时，光程差为 $\frac{\lambda}{2}$，对应于暗条纹，实验也证实了这一推论，从而进一步证实了半波损失现象的存在。

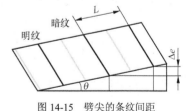

图 14-15　劈尖的条纹间距

如图 14-15 所示，两玻璃夹角（即劈尖的）角度为 θ，则任意相邻两条明条纹或任意相邻两条暗条纹的间距 L 满足

$$L = \frac{\Delta e}{\sin\theta} = \frac{\lambda}{2\sin\theta} \tag{14-9}$$

显然，劈尖明暗条纹的间距相等，并且随 θ 值的变化而变化。θ 值越大，干涉条纹越密，反之越疏。当 θ 值很大时，干涉条纹无法分开，所以劈尖干涉实验只能在角度很小的劈尖上进行。

式（14-9）可以变形为

$$\lambda = 2L\sin\theta \ 或 \sin\theta = 2L\lambda$$

因此，对于某一劈尖（θ 值一定），若能测出其条纹间距 L，就能得到入射光的波长。或者对于某一单色光（λ 值一定），若能测出其在劈尖上干涉产生的条纹间距，就能得到劈尖的夹角。

工程技术上常通过劈尖实验来测量细丝的直径或薄片的厚度。例如，把金属丝夹在两块平玻璃之间，形成劈尖，此时用单色光垂直照射，就可得到等厚干涉条纹。测出干涉条纹的间距，就可以算出金属丝的直径。

劈尖实验也可以用来检测物体表面平整度。例如，一块标准玻璃片加一块平整度待检验的玻璃片。两玻璃片一端接触，另一端垫上薄纸片，形成空气劈尖。如果待检查平面是一理想平面，干涉条纹将为互相平行的直线。被检验平面与理想平面的任何光波长数量级的差别都将引起干涉条纹的弯曲，由条纹的弯曲方向和程度可判定被检验表面在该处的局部偏差情况。

牛顿环实验也是等厚干涉的典型实验。如图 14-16（a）所示，将一平凸透镜放在一个平面玻璃片上，将形成四周较厚、向中心逐渐变薄的空气薄层。当平行光垂直入射时，可以观测到如图 14-16（b）所示的干涉图样。图样为中心为一暗斑，四周为明暗相间的同心圆环状条纹。所产生的环状条纹是由于干涉形成的，称为**牛顿环**。

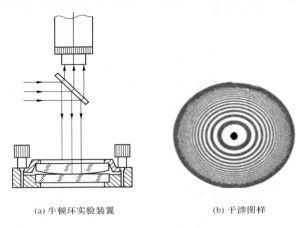

(a) 牛顿环实验装置　　　　(b) 干涉图样

图 14-16　牛顿环实验

牛顿环为等厚干涉条纹，下面来讨论牛顿环的条纹分布规律。设平凸透镜曲率半径为 R，距中心 O 为 r 处的空气膜厚度为 e，则明暗条纹与厚度 e 之间的关系应满足

$$\delta = 2e + \frac{\lambda}{2} = \begin{cases} k\lambda & (k = 1,\ 2,\ 3,\ \cdots\ \text{明纹}) \\ (2k+1)\dfrac{\lambda}{2} & (k = 0,\ 1,\ 2,\ \cdots\ \text{暗纹}) \end{cases} \tag{14-10}$$

由几何关系可得

$$(R - e)^2 + r^2 = R^2$$

由于空气厚度 e 通常远远小于平凸透镜曲率半径 R，所以可将上式展开，略去其中高阶小量，可得

$$e = r^2 / 2R$$

代入式（14-10），得

$$r = \begin{cases} \sqrt{\left(k - \dfrac{1}{2}\right)R\lambda} & (k = 1,\ 2,\ 3,\ \ldots\ \text{明环}) \\ \sqrt{kR\lambda} & (k = 0,\ 1,\ 2,\ \ldots\ \text{暗环}) \end{cases}$$

由上式可知，随着级数 k 的增大，干涉条纹之间的间距变小。条纹中心（$k=0$）为一暗斑，这是由于半波损失引起的附加光程差造成的。

【例 14-5】 波长为 680nm 的平行光照射到 $L=12$cm 长的两块玻璃片上，两玻璃片的一边相互接触，另一边被厚度 $D=0.048$mm 的纸片隔开。试问在这 12cm 长度内会呈现多少条暗条纹？

解：劈尖暗纹的条件为

$$2e + \frac{\lambda}{2} = (2k+1)\frac{\lambda}{2} \qquad (k = 0,\ 1,\ 2,\ \cdots)$$

则在纸片处

$$2D + \frac{\lambda}{2} = (2k_{\mathrm{m}}+1)\frac{\lambda}{2}$$

得

$$k_{\mathrm{m}} = \frac{2D}{\lambda} = 141.2$$

由于 k 只能取整数，所以可以看到 141 条暗条纹。

则 k 级往上数第 16 个明环半径为

$$r_{k+16} = \sqrt{\frac{[2\times(k+16)-1]R\lambda}{2}}$$

根据牛顿环透镜曲率半径和明条纹之间的关系，得

$$r_{k+16}^2 - r_k^2 = 16R\lambda$$

代入数值得 $\lambda = \dfrac{(5.5\times10^{-3})^2 - (3.0\times10^{-3})^2}{16\times2.50} = 532\,\mathrm{nm}$。

14.4 迈克尔孙干涉仪

1881 年，为了研究光速问题，迈克尔孙（A·A·Michelson，1852~1931 年）根据光干涉相关原理设计了迈克尔孙干涉仪。现在常见的许多干涉仪都是以迈克尔孙干涉仪为基础衍生而成的，其在物理学发展史上也扮演过重要的角色。

迈克尔孙干涉仪实物图如图 14-17（a）所示，迈克尔孙干涉仪结构由两块平面镜 M_1 和 M_2，两块玻璃片 G_1 和 G_2 组成，如图 14-17（b）所示。玻璃片 G_1 上镀有一层半透半反光学薄膜，平面镜 M_1 和 M_2 相互垂直，并与 G_1 和 G_2 成 45° 角。光束入射时，经玻璃片 G_1 照射在光学薄膜上，在薄膜上光束被分为两部分，一部分透射得到光束 1，一部分反射得到光束 2。光束 1 经 G_2 在平面镜 M_1 上反射，并再次经 G_2 照射到光学薄膜上，在薄膜上发生反射得到光束 1′。光束 2 经 G_1 在平面镜 M_2 上反射，并再次经 G_1 照射到光学薄膜上，在薄膜上发生透射得到光束 2′，光束 1′ 和 2′ 相重叠。

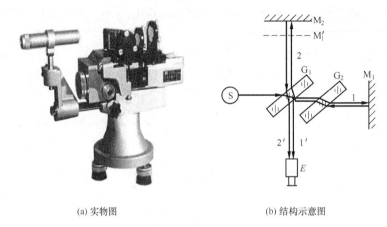

(a) 实物图　　　　　　　　(b) 结构示意图

图 14-17　迈克尔孙干涉仪

在这里之所以加入玻璃片 G_2，是因为光束 1 在传播过程中 3 次经过玻璃片 G_1，而光束 2 只经过 G_1 一次，为了补偿光束 2 不足的光程差，所以加入 G_2，于是也把 G_2 称为补偿玻璃。因此，在考虑补偿玻璃后，将干涉的效果看作是由 M_1 的虚像 M_1' 和 M_2 之间所夹空气膜形成的薄膜干涉。

若两个平面镜呈一定的倾角，则相当于 M_1' 和 M_2 间夹了一个空气劈尖，条纹为等厚干涉条纹。此时移动平面镜 M_1，相当于改变空气劈尖厚度，条纹也会随之移动。设已知入射光的波长为 λ，则每当有一条条纹移过，表示平面镜的 M_1 移动了 $\lambda/2$ 的距离。根据条纹移动的方向，可以判断平面镜的 M_1 的移动方向。所以，利用迈克尔孙干涉仪，可在已知单色光波长的情况下测量位移，或在已知位移的情况下测量单色光的波长。

若两个平面镜严格地垂直，即 M_1' 和 M_2 平行，此时条纹为等倾干涉条纹。此时移动平面镜 M_1，相当于改变薄膜的厚度，条纹也会随之变化。

迈克尔孙干涉仪作为一种用来观察各种干涉现象及相关变化下条纹移动情况的仪器，是许多近代干涉仪器的原型。一些测量长度、谱线波长和精密结构的设备也运用了迈克尔孙干涉仪的相关原理。

14.5　习题

一、思考题

1. 两盏独立的钠光灯发出相同频率的光照射到同一点时，两束光叠加之后能否产生干涉现象？若以同一盏钠光灯的不同两个部分作为光源，照射到同一点时呢？

2. 在杨氏双缝实验中，下述情况能否看到干涉条纹？

（1）使用同样频率的两个单色光源分别照射双缝。

（2）使用白色照明光源，其中一个狭缝前放置红色滤光片，另一个狭缝前放置绿色滤光片。

（3）使用白色照明光源，将一块蓝色的滤光片放置在双缝前面。

3. 吹肥皂泡时，随着肥皂泡的体积变大，肥皂泡将呈现出颜色，当肥皂泡快要破裂时，膜上将出现黑色，请问这是为什么？

4. 为什么在观察窗户上的玻璃时没有看到干涉现象？

5. 在劈尖干涉实验中，劈尖上方玻璃为标准平板玻璃，下方为待测样品，看到如图 14-18 所示的条纹图样，请问样品的表面为什么发生弯曲？

6. 在牛顿环实验中，将平凸透镜向上移动，则看到的条纹会发生怎样的变化？为什么？

图 14-18 思考题 5

二、复习题

1. 单色平行光垂直照射在薄膜上，经上下两表面反射的两束光发生干涉，如图 14-19 所示。若薄膜的厚度为 e，$n_1 < n_2$ 且 $n_3 < n_2$，λ_1 为入射光在 n_1 中的波长，则两束反射光的光程差为（　　）。

（A）$2n_2 e$

（B）$2n_2 e - \lambda_1/(2n_1)$

（C）$2n_2 e - \lambda_1 n_1/2$

（D）$2n_2 e - \lambda_1 n_2/2$

2. 如图 14-20 所示，$n_1 > n_2 > n_3$，则两束反射光在相遇点的位相差为（　　）。

（A）$4\pi n_2 e/\lambda$

（B）$2\pi n_2 e/\lambda$

（C）$4\pi n_2 e/\lambda + \pi$

（D）$2\pi n_2 e/\lambda - \pi$

图 14-19 复习题 1

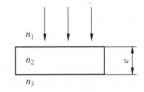

图 14-20 复习题 2

3. 如图 14-21 所示，S_1、S_2 是两个相干光源，它们到 P 点的距离分别为 r_1 和 r_2，路径 S_1P 垂直穿过一块厚度为 t_1、折射率为 n_1 的介质板，路径 S_2P 垂直穿过厚度为 t_2、折射率为 n_2 的另一介质板，其余部分可看作真空，这两条路径的光程差等于（　　）。

（A）$(r_2 + n_2 t_2) - (r_1 + n_1 t_1)$

（B）$[r_2 + (n_2 - 1)t_2] - [r_1 + (n_1 - 1)t_2]$

（C）$(r_2 - n_2 t_2) - (r_1 - n_1 t_1)$

（D）$n_2 t_2 - n_1 t_1$

4. 如图 14-22 所示，两个直径有微小差别的彼此平行的滚柱之间的距离为 L，夹在两块平晶的中间，形成空气劈形膜，当单色光垂直入射时，产生等厚干涉条纹。如果滚柱之间的距离 L 变小，则在 L 范围内干涉条纹的（　　）。

（A）数目减少，间距变大

（B）数目不变，间距变小

（C）数目增加，间距变小

（D）数目减少，间距不变

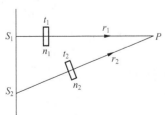

图 14-21 复习题 3

图 14-22 复习题 4

5. 在双缝干涉实验中，屏幕 E 上的 P 点处是明条纹。若将缝 S_2 盖住，并在 S_1、S_2 连线的垂直平分面处放一高折射率介质反射面 M，如图 14-23 所示，则此时（ ）。

（A）P 点处仍为明条纹　　　　　　　　　（B）P 点处为暗条纹

（C）不能确定 P 点处是明条纹还是暗条纹　　（D）无干涉条纹

6. 在杨氏双缝干涉实验中，用波长 $\lambda=589.3$nm 的钠灯作光源，屏幕距双缝的距离 $d'=800$ nm，问：

（1）当双缝间距 1 mm 时，两相邻明条纹中心间距是多少？

（2）假设双缝间距 10mm，两相邻明条纹中心间距又是多少？

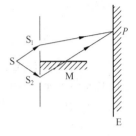

图 14-23　复习题 5

7. 在杨氏双缝干涉实验装置中，屏幕到双缝的距离 D 远大于双缝之间的距离 d，对于钠黄光（$\lambda=589.3$nm）产生的干涉条纹，相邻两条明条纹的角距离（即相邻两明纹对双缝处的张角）为 0.200°。对于什么波长的光，这个双缝装置所得相邻两条纹的角距离比用钠黄光测得的角距离大 10%？

8. 在杨氏双缝干涉实验中，采用的单色光光源波长为 550nm。若用一片折射率为 1.58 的晶体挡在其中一条狭缝上，发现零级条纹移动到原先的第 7 条明纹的位置，求此晶体的厚度。

9. 白光垂直照射到空气中一厚度为 380nm 的肥皂水膜上，若肥皂水的折射率为 1.33，试问水膜表面呈现什么颜色？

10. 增透膜例子中，为了增加透射率，求氟化镁膜的最小厚度。已知空气 $n_1=1.00$，氟化镁 $n_2=1.38$，$\lambda=550$nm。

11. 使用单色光来观察牛顿环，测得某一明环的直径为 3.00mm，在它外面第 5 个明环的直径为 4.60mm，所用平凸透镜的曲率半径为 1.03m，求此单色光的波长。

12. 在半导体元件生产中，为了测定硅片上 SiO_2 薄膜的厚度，将该膜的一端腐蚀成劈尖状，已知 SiO_2 的折射率 $n=1.46$，用波长 $\lambda=5\,893$ 的钠光照射后，观察到劈尖上出现 9 条暗纹，且第 9 条在劈尖斜坡上端点 M 处，Si 的折射率为 3.42。试求 SiO_2 薄膜的厚度。

13. 将一个平凸透镜的顶点和一块平晶玻璃接触，用某波长的单色光垂直照射，观察反射光形成的牛顿环，测得中央暗纹向外第 k 个暗纹半径为 r_1，将透镜和玻璃板浸入某种折射率小于玻璃的液体中，第 k 个暗纹半径为 r_2，求该液体的折射率。

14. 一柱面平凹透镜 A，曲率半径为 R，放在平玻璃片 B 上，如图 14-24 所示。现用波长为 λ 的单色平行光自上方垂直往下照射，观察 A 和 B 间空气薄膜反射光的干涉条纹，如空气膜的最大厚度 $d=2\lambda$，求：

（1）分析干涉条纹的特点（形状、分布、级次高低），作图表示明条纹。

（2）求明条纹距中心线的距离。

（3）共能看到多少条明条纹。

（4）若将玻璃片 B 向下平移，条纹如何移动?若玻璃片移动了 $\lambda/4$，问这时还能看到几条明条纹?

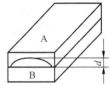

图 14-24　复习题 14

15. 迈克尔孙干涉仪可用来测量单色光的波长，当 M_2 移动距离 $d=0.322\,0$mm 时，测得某单色光的干涉条纹移过 $N=752$ 条，试求该单色光的波长。

第**15**章 **光的衍射**

与干涉一样，衍射也是光的波动性的典型特征。因此，研究光的衍射特性有助于更好地了解光的波动性质。

15.1 惠更斯—菲涅尔原理

菲涅尔在惠更斯原理上加入了新的假设，从而可以解释光衍射时发生的现象。我们先从这些现象入手。

15.1.1 光的衍射现象

同机械波和电磁波能够发生衍射现象一样，光因其波动性也能够发生衍射现象。当光遇到与其波长相近的障碍物时，能够绕开障碍物向前传播，这就是**光的衍射**。图 15-1 所示为当光分别遇到（a）圆孔、（b）圆盘、（c）方孔、（d）狭缝时所产生的衍射条纹。

(a) 圆孔的衍射条纹

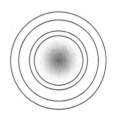

(b) 圆盘的衍射条纹

(c) 方孔的衍射条纹

(d) 狭缝的衍射条纹

图 15-1　衍射条纹

15.1.2 惠更斯—菲涅尔原理

利用惠更斯原理可以定性地解释光的衍射现象，但在解释衍射条纹分布时遇到了困难。菲涅尔在惠更斯原理的基础上，提出了一个新的假定：**波在传播的过程中，从同一波阵面上各点发出的子波在空间某一点相遇时，产生相干叠加**。这一假设发展了惠更斯原理，更好地解释了衍射的过程，称为**惠更斯—菲涅尔原理**。

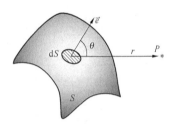

菲涅尔还给出了光线传播时振幅的变化规律。如图 15-2 所示，某一波阵面 S 上一面元 dS 发出的子波在波阵面前方某点 P 所引起的光振动的振幅大小与面元 dS 的面积成正比，与面元到 P 点的距离 r 成反比，并且随面元法线与 r 间的夹角 θ 增大而减小。因此，计算整个波阵面上所有面元发出的子波在 P 点引发的光振动的总和，就可以得到 P 点处的光强。

图 15-2　惠更斯—菲涅尔原理

设 $t = 0$ 时刻波阵面上各点相位为零，则波阵面上某面元 dS 发出的光经时间 t 照射在 P 点处引起的振动为

$$dE = CK(\theta)\frac{dS}{r}\cos(\omega t - \frac{2\pi r}{\lambda}) \qquad (15\text{-}1)$$

式中，C 为比例系数，$K(\theta)$ 为一随法线与 r 夹角 θ 变化而变化的函数，称为**倾斜因子**，其值随着 θ 的增大而缓慢减小。菲涅尔指出，沿法线方向传播的子波振幅最大，即 $\theta = 0$ 时 $K(\theta)$ 取最大值。同时，由于光线无法向后传播，因此当 $\theta \geq \frac{\pi}{2}$ 时，$K(\theta)$ 应为零。而 dS 在 P 点引起振动的相位则与两者之间的光程有关。

整个波阵面在 P 点引起的振动就可以写为

$$E(P) = \int_S \frac{CK(\theta)}{r}\cos(\omega t - \frac{2\pi r}{\lambda})dS \qquad (15\text{-}2)$$

这就是惠更斯—菲涅尔原理的数学表达式。一般的衍射问题都可利用它来解决。然而式（15-2）的计算是较为复杂的，简单的情况下可以求解，对于较为复杂的情况则需要利用计算机进行数值运算。

15.1.3 菲涅尔衍射和夫琅禾费衍射

观察衍射现象的实验装置一般都是由光源、衍射屏和接收屏 3 部分组成。通常把衍射分为菲涅尔衍射和夫琅禾费衍射。其中，**菲涅尔衍射**是指光源按照一定发散角度入射到衍射屏上时产生的衍射，此时衍射装置中的光源同衍射屏或衍射屏与接收屏之间的距离为有限远，如图 15-3（a）所示。若衍射是**夫琅禾费衍射**时，光源发出的光为平行光，此时衍射装置中的光源同衍射屏或衍射屏与接收屏之间的距离为无限远，如图 15-3（b）所示。

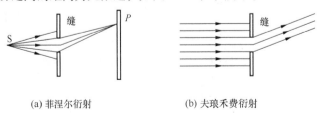

(a) 菲涅尔衍射　　　　　　　　　　　(b) 夫琅禾费衍射

图 15-3　两种衍射

由于夫琅禾费衍射对于理论和实际应用都十分重要，而且其实验装置（见图 15-4）和分析计算都较为简便，因此后面的内容主要介绍夫琅禾费衍射。

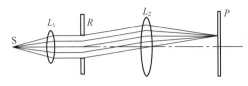

图 15-4 夫琅禾费衍射实验装置

15.2 单缝衍射

作为一种基本的衍射现象，单缝衍射反映了光的衍射的基本特征和实质。

15.2.1 单缝夫琅禾费衍射

单缝夫琅禾费衍射的实验装置如图 15-5 所示，线光源 S 发射的光经焦平面上的透镜聚焦形成平行光束，该平行光束经狭缝 G 形成缝光源，根据惠更斯—菲涅尔原理，该缝光源为相干光源。该缝光源发射的光经透镜聚焦后，在屏幕上形成明暗相间的条纹。

实验观测到的单缝夫琅禾费衍射条纹的中央为明条纹，两侧条纹宽度逐渐减小，条纹的间距逐渐增加。通常使用菲涅尔半波带法来解释单缝夫琅禾费衍射条纹分布规律。

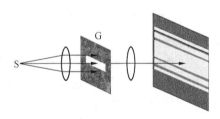

图 15-5 单缝夫琅禾费衍射实验

15.2.2 单峰衍射的条纹空间分布

如图 15-6 所示，两狭缝两边 A、B 之间的宽度为 a，光线经过狭缝后沿不同的方向进行传播，其中某一传播方向与屏幕（屏幕与狭缝所在平面平行）之间的夹角为 θ，称为**衍射角**。沿衍射角 θ 传播的光线经透镜聚焦后，将在屏幕上 P 点叠加。

此时，条纹的明暗与缝的两个边缘 A、B 处光线到达 P 点时的光程差 δ 有关，光程差 δ 可以写成

$$\delta = a\sin\theta$$

根据惠更斯—菲涅尔原理，可以将同一波阵面分割成许多等面积的小波阵面，每一个波阵面都可以看作是相干光源。在单缝夫琅禾费衍射中，可将狭缝处的波阵面分割成多个条状波阵面带，使每个波阵带上下两边缘发出的光在屏上 P 处的光程差为 $\lambda/2$，此带称为**半波带**，如图15-7 所示。

由于透镜并不能引起附加的光程差，因此当相邻两个半波带发射的光线在屏幕上相叠加时，所有光线对应的相位差均为 π，因此能够相互抵消。于是，要判断屏幕上 P 点处条纹是明是暗，只需分析 P 点对应半波带的情况即可。

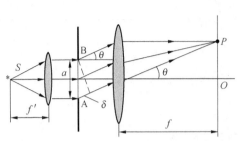 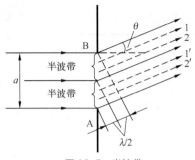

图 15-6 单缝夫琅禾费衍射条纹空间分布的计算   图 15-7 半波带

对应于某一衍射角 θ，总光程差 δ 为偶数个半波长时，能够分为偶数个半波带，在屏幕上 P 点形成暗条纹；总光程差 δ 为奇数个半波长时，能够分为奇数个半波带，在屏幕上 P 点形成明条纹，即当

$$a\sin\theta = \pm 2k \cdot \frac{\lambda}{2} \qquad (k=1,2,3,\cdots) \qquad (15\text{-}3)$$

时为暗条纹；当

$$a\sin\theta = (2k+1) \cdot \frac{\lambda}{2} \qquad (k=\pm 1, \pm 2, \pm 3, \cdots) \qquad (15\text{-}4)$$

时为明条纹。

从上面两个式子中也可以看出明暗条纹在空间上交替分布。而在相邻明暗条纹之间的位置上，衍射角波阵面不能分割为整数倍的半波带，所以其亮度在明暗条纹之间，且其强度也是不均匀的，称为次极大，如图 15-8 所示。

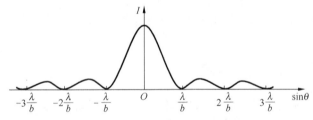

图 15-8 单缝夫琅禾费衍射光强分布

可见，中央明纹处强度最大。两侧明纹的强度逐渐减小，这是由于随着衍射角 θ 的增大，狭缝处波阵面分割成的半波带数量越来越多，对应波阵面面积也越来越小的缘故。

通常把 $k=\pm 1$ 时，两条暗纹中心对应的角度称为中央明纹的**角宽度**。对于暗纹，$k=1$ 时对应的衍射角为 θ_1，称为**半角宽度**，可以写成

$$\theta_1 = \arcsin\frac{\lambda}{a}$$

当 θ_1 很小时

$$\theta_1 \approx \frac{\lambda}{a}$$

$2\theta_1$ 即中央明纹所对应的**角宽度**，为

$$\theta_0 = 2\theta_1 \approx 2\frac{\lambda}{a}$$

于是可得中央明纹的宽度为

$$\Delta x_0 = 2f \cdot \tan\theta_1 \approx 2f \cdot \theta_1 = 2f \cdot \frac{\lambda}{a} \propto \frac{\lambda}{a}$$

这里 f 为透镜焦距。

通过计算，也可求出各级次极大对应的宽度

$$\Delta x = f \cdot \frac{\lambda}{a} = \frac{1}{2}\Delta x_0$$

为中央明纹宽度的一半。

式（15-3）和式（15-4）可以说明，对于特定波长的单色光来说，狭缝宽度 a 越大，各级条纹对应的 θ 角越小，即各级条纹将向中心靠拢。若 a 值较大（$a \gg \lambda$）时，各级衍射条纹将聚在一起形成一条亮线。这是从单缝射出的平行光束沿直线传播所引起的，也就是几何光学中所描述的光沿直线传播的现象，其形成原因是由于障碍物尺寸远大于光波长的时候，其衍射现象并不明显的情况。

需要说明的是，上面的描述都是在单色光的情况下做出的。当入射光为白光的时候，从狭缝发射出各种波长的光到达屏幕中央光程差相同，所以在屏幕中央看到的是白色的明条纹。中央明纹两侧，由式（15-3）和式（15-4）所示，$\sin\theta$ 同 λ 成正比。所以，不同波长的同一级明条纹会略微错开分布。每一级明条纹中，靠近中心的为波长最短的紫色条纹，最远的为波长最长的红色条纹。

【例 15-1】 使用波长为 632.8nm 的激光器作为光源垂直入射到宽为 0.3mm 的狭缝上，进行单缝衍射实验，狭缝后设置一个焦距为 30cm 的透镜，求衍射条纹中中央明纹的宽度是多少？

解： 根据单缝衍射特点，相邻两条暗纹之间的距离即明条纹的宽度，暗条纹公式为

$$a\sin\theta = \pm 2k \cdot \frac{\lambda}{2} \qquad\qquad (k = 1,2,3,\cdots)$$

中央明纹两侧为 k 取值 1 时对应的暗条纹，得

$$a\sin\theta \approx a\theta = \pm\lambda$$

因此，中央明纹对应的半角宽度为

$$\theta = \frac{\lambda}{a}$$

所以中央明条纹的宽度 W 为

$$W = 2(\tan\theta)f \approx \frac{2\lambda}{a}f$$

代入数值，得 $W = 1.264\,\text{mm}$。

15.3 圆孔衍射

下面讨论另外一种衍射——圆孔衍射。

如图 15-9 所示，如果将单缝夫琅禾费衍射中的狭缝换成圆孔，同样可以看到衍射现象。此

时在透镜的聚焦平面上的中央将出现亮斑，周围是以亮斑为圆心、明暗交替的环状条纹。

圆孔衍射条纹的中央亮斑称为**爱里斑**。设圆孔衍射中，圆孔直径为 D，透镜的焦距为 f，使用波长为 λ 的单色光入射，爱里斑的直径为 d，对应透镜光心的张角为 2θ，如图 15-10 所示。

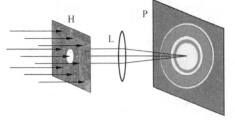

图 15-9　圆孔夫琅禾费衍射实验

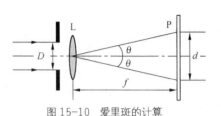

图 15-10　爱里斑的计算

通过计算可以得到

$$\theta \approx \sin\theta = 0.61\frac{\lambda}{d} = 1.22\frac{\lambda}{D} \qquad (15\text{-}5)$$

因此，可以得到爱里斑的直径 d 表示为

$$d = 2\theta f = 2.44\frac{\lambda}{D}f$$

也就是说，单色光波长 λ 越大，或圆孔直径 D 越小，衍射现象越明显；反之，当圆孔直径 D 非常大（$\dfrac{\lambda}{D} \ll 1$）时，衍射现象就可以忽略，此时就为几何光学所描述的"光沿直线传播"现象。

15.4　光栅衍射

若玻璃上刻有大量平行等间距且等宽度的刻痕，平行光透过该玻璃时会具有特殊的衍射现象。这种刻有大量平行等间距刻痕的光学器件称为**光栅**。刻痕一般刻在玻璃或石英上，刻痕不透光，光线能够透过没有刻痕的地方，这种光栅称为透射光栅，也可把刻痕刻在反射界面上，如镜面或金属表面，这种光栅称为反射光栅。常见的光栅在很窄的宽度往往可以刻有很多条刻痕，如在 1mm 的宽度里有几百甚至上千条刻痕。

当光束垂直入射到透射光栅上时，每条透光的部分都相当于一个狭缝。光栅衍射相当于衍射和干涉同时作用的结果。因为光透过这些狭缝时将会发生衍射，并通过透镜在前方的屏幕上产生衍射条纹；与此同时，来自不同狭缝的光也会发生相干叠加。下面我们来讨论光栅衍射条纹的分布。

如图 15-11 所示，若光栅相邻两条刻痕之间透光的部分宽度为 a，一条刻痕的宽度为 b，则把它们的和 $(a+b) = d$ 称为光栅常数。

从干涉的角度出发，若从两相邻狭缝发出的光束之间光程差为波长的整数倍，即相位差为 2π 的整数倍时，在屏幕上叠加，将会干涉相长，产生明条纹。所以，产生干涉明条纹的条件为

$$(a+b)\sin\theta = \pm k\lambda \qquad (k = 0,1,2,3,\cdots) \qquad (15\text{-}6)$$

或

$$\frac{2\pi(a+b)\sin\theta}{\lambda} = \pm 2k\pi \qquad (k = 0,1,2,3,\cdots) \qquad (15\text{-}7)$$

式（15-7）称为**光栅方程**，满足光栅方程的明条纹称为**主明条纹**或**主极大**。

在两相邻主极大之间，会有暗条纹和次级的明条纹，这些条纹可以用振动合成的方法进行解释。

产生暗条纹的条件是参与叠加的振动矢量能够组成一个闭合的多边形，如图 15-12 所示。

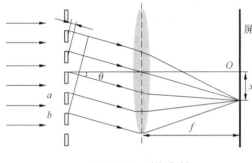

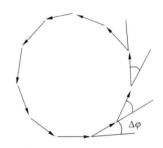

图 15-11　光栅衍射　　　　　　　　　图 15-12　多峰振动合成形成暗条纹

所以当光栅有 N 条狭缝时，满足暗条纹的条件为

$$N\varphi = \pm 2m\pi \qquad (m = 1,2,3,\cdots)$$

需要注意的是，m 取值时并不能包括 N 或 N 的整数倍。相位差 $\Delta\varphi$ 可以表示为

$$\Delta\varphi = \frac{2\pi(a+b)\sin\theta}{\lambda}$$

于是可以得到产生暗条纹的条件为

$$(a+b)\cdot\sin\theta = \frac{\pm m}{N}\lambda$$

式中，m 的取值为 $m = 1,2,3,\cdots,(N-1),(N+1),\cdots,(2N-1),(2N+1),\cdots$。从条纹的位置来看，在两个相邻的主极大之间，会有 $N-1$ 条暗条纹。

既然在相邻的两个主极大之间有 $N-1$ 条暗条纹，那么，除了主极大的明条纹之外，在暗条纹之间一定还存在着 $N-2$ 条明条纹。但是实际上，这些条纹是振动没有完全抵消的较暗的条纹，其亮度是主极大的几十分之一，因此不是很明显。这些条纹称为**次级明纹**或**次极大**。由于光栅的条纹数很多，且次极大的强度很低，所以通常观察到的光栅衍射条纹是亮度较大而宽度较窄的主极大明条纹，以及存在于主极大之间由次极大和暗条纹构成的亮度很低的背景构成的。

根据前面的分析，光栅衍射条纹是由每个狭缝的衍射光相互干涉形成的，也就是说必须先有衍射光才能形成干涉，这也就是通常称为"光栅衍射"而不是"光栅干涉"的原因。在单缝衍射中已经分析过，当狭缝衍射角满足一定条件时，衍射光将形成暗条纹。当发生光栅衍射时，若衍射角满足单缝衍射的暗纹条件（式（15-3））的同时，又满足光栅衍射的主极大的条件（式（15-7）），将只能形成暗条纹。这种现象称为**缺级现象**。联立两式

$$\frac{2\pi(a+b)\sin\theta}{\lambda} = \pm 2k\pi \qquad (k = 0,1,2,3,\cdots)$$

$$a\sin\theta = \pm 2k' \cdot \frac{\lambda}{2} \qquad\qquad (k' = 1,2,3,\cdots)$$

所以在缺级处有

$$\frac{a+b}{a} = \frac{k}{k'} \qquad\qquad (15\text{-}8)$$

即，若光栅常数 $a+b$ 与光栅的缝宽 a 的比值可以化为整数之间的比值时，就会发生缺级现象。例如若 $a+b$ 与 a 的比值为 4∶1，则在 k 取值 4、8、12⋯时发生缺级，此时将无法观测到这些级次的主极大，如图 15-13 所示。

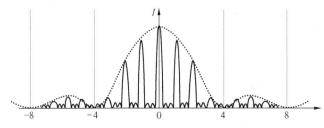

图 15-13　缺级现象

利用光栅衍射时衍射条纹的衍射角与波长有关，且具有主极大条纹亮度较高而宽度较窄的特点，可以用光栅来制成光谱仪，其结构如图 15-14 所示。光源发出的光进入光谱仪狭缝后，经透镜转换为平行光入射到光栅 G 上，此时可使用光电倍增管或 CCD 等探测器来检测不同角度的光信号，最后按照角度和波长之间的关系，就可以计算出不同波长对应的光强度，即光谱数据。

若入射光为单色光，根据其各级主极大衍射角的不同就可计算出其波长。若入射光为复色光，由于不同波长的光同一级主极大（零级除外）对应的衍射角不同，所以可以将入射光按照波长分开，形成**光栅光谱**，如图 15-15 所示。但是需要注意的是，对应于较高级次的光栅衍射光谱中的波长，较长的部分可能会和下一级次的波长较短的部分产生重合。

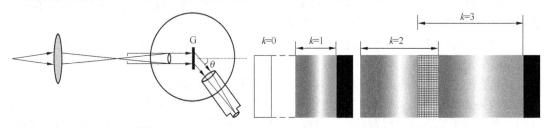

图 15-14　光谱仪结构　　　　　　　　　图 15-15　衍射光谱

光谱分析的应用较为广泛。比如，利用不同成分物体发出的光谱波长和强度特征，可以对物体中所含有的成分及其数量进行分析；或者通过光谱分析来确定物体的状态，如温度等。

【**例 15-2**】　在光栅衍射实验中，采用每厘米有 5 000 条缝的衍射光栅，光源采用波长为 590.3nm 的钠光灯，试回答下面的问题。

（1）若光线垂直入射，可以看到衍射条纹的第几级谱线？一共能看到几条条纹？

（2）若光线以 $i=30°$ 角入射，最多可看到第几级谱线，几条条纹？

（3）实际上钠光灯的光谱是由峰值波长为 $\lambda_1 = 589.0\text{nm}$ 和 $\lambda_2 = 589.6\text{nm}$ 的两条谱线组成

的，求正入射时最高级条纹中此双线分开的角距离及在屏上分开的线距离。设光栅后透镜的焦距为 2m。

解：（1）根据光栅方程

$$(a+b)\sin\theta = \pm k\lambda \qquad (k=0,1,2,3,\cdots)$$

得

$$k = \pm\frac{a+b}{\lambda}\sin\theta$$

按题意知，光栅常数为

$$a+b = \frac{1\times10^{-2}}{5\,000} = 2\times10^{-6}\,\text{m}$$

当衍射角大于 90° 时，将无法看到衍射条纹，所以 k 可能的最大值对应于 $\sin\theta=1$，代入数值得 $k=\dfrac{2\times10^{-6}}{589.3\times10^{-9}}=3.4$，因 k 只能取整数，故取 $k=3$，即垂直入射时能看到第 3 级条纹。

（2）如图 15-16 所示，平行光以 θ' 角入射时，光程差的计算公式应做适当的调整，如图 15-16 所示。在衍射角的方向上，光程差为

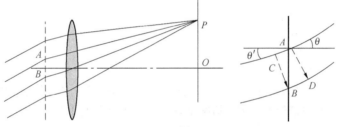

图 15-16　例 15-2

$$\delta = BD - AC = (a+b)\sin\theta - (a+b)\sin\theta' = (a+b)(\sin\theta - \sin\theta')$$

由此可得斜入射时的光栅方程为

$$(a+b)(\sin\theta - \sin\theta') = k\lambda \qquad (k=0,\pm1,\pm2,\cdots)$$

同理，k 可能的最大值对应于

$$\sin\theta = \pm1$$

在 O 点上方观察到的最大级次为 k_1，取 $\theta=90°$ 得

$$k_1 = \frac{(a+b)(\sin90° - \sin30°)}{\lambda} = \frac{2\times10^{-6}(1-0.5)}{589.3\times10^{-9}} = 1.70，\text{取}\ k_1=1；$$

而在 O 点下方观察到的最大级次为 k_2，取 $\theta=-90°$ 得

$$k_2 = \frac{(a+b)(\sin(-90°) - \sin30°)}{\lambda} = \frac{(a+b)(-1-0.5)}{589.3\times10^{-9}} = -5.09，\text{取}\ k_2=-5。$$

所以斜入射时，总共有 -5、-4、-3、-2、-1、0、+1 共 7 条明条纹。

（3）对光栅公式两边取微分

$$(a+b)\cos\theta_k \mathrm{d}\theta_k = k\mathrm{d}\lambda$$

波长为 λ 及 $\lambda+\mathrm{d}\lambda$ 第 k 级的两条纹分开的角距离为

$$\mathrm{d}\theta_k = \frac{k}{(a+b)\cos\theta_k}\mathrm{d}\lambda$$

如问题（1）所得，当光线正入射时，最大级次为第 3 级，相应的角位置 θ_3 为

$$\theta_3 = \sin^{-1}(\frac{k\lambda}{a+b}) = \sin^{-1}(\frac{3\times589.3\times10^{-9}}{2\times10^{-6}}) = 62°7'$$

对于波长 $\lambda_1 = 589.0\text{nm}$ 和 $\lambda_2 = 589.6\text{nm}$ 的两条谱线，有

$$\mathrm{d}\theta_3 = \frac{3}{2\times10^{-6}\times\cos62°7'}(589.6-589.0)\times10^{-9}\ \text{rad} = 1.93\times10^{-9}\ \text{rad}$$

钠双线分开的线距离 $f\mathrm{d}\theta_3 = 2\times1.93\times10^{-3}\ \text{m} = 3.86\ \text{mm}$。

15.5 习题

一、思考题

1. 衍射现象和干涉现象有什么不同？

2. 光波和无线电波同为电磁波，为什么无线电波能够绕过大山或建筑物，而光波则不能？

3. 在单缝夫琅禾费衍射中，下列情况将导致衍射条纹发生什么样的变化？

（1）单缝沿着垂直透镜光轴的方向上下移动。

（2）单缝沿着透镜光轴的方向前后移动。

（3）单缝的宽度变窄。

（4）入射光的波长变长。

4. 若将单缝夫琅禾费衍射的整个装置浸入水中，调整屏幕使其保持屏幕在焦平面上，则衍射条纹将发生怎样的变化？

5. 单缝衍射和光栅衍射有什么不同？为什么光栅衍射的强度更强一些？

6. 衍射光栅的刻痕为什么要非常密集？刻痕之间为什么需要具有相同的距离？

二、复习题

1. 根据惠更斯—菲涅尔原理，若已知光在某时刻的波阵面为 S，则 S 的前方某点 P 的光强度决定于波阵面 S 上所有面积元发出的子波各自传到 P 点的（　　）。

（A）振动振幅之和　　　　　　　（B）光强之和

（C）振动振幅之和的平方　　　　（D）振动的相干叠加

2. 波长为 λ 的单色平行光垂直入射到一狭缝上，若第一级暗纹的位置对应的衍射角为 $\theta = \pm\dfrac{\pi}{6}$，则缝宽的大小为（　　）。

（A）$\lambda/2$ 　　　　（B）λ 　　　　（C）2λ 　　　　（D）3λ

3. 对某一定波长的垂直入射光，衍射光栅的屏幕上只能出现零级和一级主极大，欲使屏幕上出现更高级次的主极大，应该（　　　）。

（A）换一个光栅常数较小的光栅　　　　（B）换一个光栅常数较大的光栅

（C）将光栅向靠近屏幕的方向移动　　　　（D）将光栅向远离屏幕的方向移动

4. 波长 $\lambda=550\text{nm}$（$1\text{nm}=10^{-9}\text{m}$）的单色光垂直入射于光栅常数 $d=2\times10^{-4}\text{cm}$ 的平面衍射光栅上，可能观察到的光谱线的最大级次为（　　　）。

（A）2 　　　　（B）3 　　　　（C）4 　　　　（D）5

5. 设光栅平面、透镜均与屏幕平行。则当入射的平行单色光从垂直于光栅平面入射变为斜入射时，能观察到的光谱线的最高级次 k（　　　）。

（A）变小 　　　　（B）变大 　　　　（C）不变 　　　　（D）改变无法确定

6. 一束波长为 $\lambda=500\text{nm}$ 的平行光垂直照射在一个单缝上。$a=0.5\text{mm}$，$f=1\text{m}$。如果在屏幕上离中央亮纹中心为 $x=3.5\text{mm}$ 处的 P 点为一亮纹，试求：

（1）P 点处亮纹的级数。

（2）从 P 点看，对该光波而言，狭缝处的波阵面可分割成几个半波带？

7. 毫米波雷达发出的波束比常用的雷达波束窄，这使得毫米波雷达不易受到反雷达导弹的袭击。

（1）有一毫米波雷达，其圆形天线直径为 55cm，发射频率为 220GHz 的毫米波，计算其波束的角宽度。

（2）将此结果与普通船用雷达发射的波束的角宽度进行比较，设船用雷达波长为 1.57cm。圆形天线直径为 2.33m。

8. 某一单色光源波长未知，但发现其单缝衍射的第 3 级明纹恰好与波长为 532nm 的激光的第 2 级明纹位置重合，求这一光波的波长。

9. 利用单缝衍射的原理可以进行位移等物理量的测量。把需要测量位移的对象和一标准直边相连，同另一固定的标准直边形成一单缝，这个单缝宽度变化能反映位移的大小，如果中央明纹两侧的正、负第 k 级暗（明）纹之间距离的变化为 $\mathrm{d}x_k$，证明：

$$\mathrm{d}x_k = -\frac{2k\lambda f}{a^2}\mathrm{d}a$$

式中，f 为透镜的焦距，$\mathrm{d}a$ 为单缝宽度的变化（$\mathrm{d}a \ll a$）。

10. 直径为 2mm 的氦氖激光束射向月球表面，其波长为 632.8nm。已知月球和地面的距离为 $3.84\times10^8\text{m}$。试求：

（1）在月球上得到的光斑的直径有多大？

（2）如果这激光束经扩束器扩展成直径为 2m，则在月球表面上得到的光斑直径将为多大？在激光测距仪中，通常采用激光扩束器，这是为什么？

11. 人眼在正常照度下的瞳孔直径约为 3mm，而在可见光中，人眼最敏感的波长为 550nm，问：

（1）人眼的最小分辨角有多大？

（2）若物体放在距人眼 25cm（明视距离）处，则两物点间距为多大时才能被分辨？

12. 一束平行光垂直入射到某个光栅上，该光束有两种波长 $\lambda_1=4\,400\text{Å}$，$\lambda_2=6\,600\text{Å}$。实验发现，两种波长的谱线（不计中央明纹）第二级明纹重合于衍射角 $\varphi=60^\circ$ 的方向上，求此光栅

的光栅常数 d。

13. 单色光垂直入射到每毫米刻有 600 条刻线的光栅上，如果衍射条纹第 1 级谱线对应的角度为 20°。试问该单色光的波长是多少？其衍射条纹的第 2 级谱线的位置？

14. 使用白光光源（波长范围 380 ~ 760nm）进行光栅衍射实验，选用的光栅每毫米刻有 400 条刻痕，问此光栅光可以产生多少个完整光谱？

第 16 章 光的偏振

根据光的电磁理论，光矢量（即电矢量）的振动方向与光的传播方向相互垂直。但是，与光的传播方向相垂直的是一个平面，在这个平面上，光矢量有着不同的振动特性。有些光的光矢量都沿着某一个特定方向振动，有一些则在各个方向上的振动是相同的，还有一些光的光矢量振动方向并没有明显的规律。在机械振动中这种现象称为偏振现象，是一种只有横波才具有的现象。光的偏振现象也是具有光的横波特性的现象。偏振光在很多方面得到应用和发展。

16.1 自然光 偏振光

光矢量只沿着垂直于其传播方向的某一个特定方向振动时，称为**线偏振光**。通常把振动方向和传播方向组成的平面称为振动平面。显然线偏振光的振动平面是一个固定的平面，所以有时也把线偏振光称为**平面偏振光**。

普通光源发出的光是由无数原子或分子发出的。虽然每一个原子或分子发出的某一个波列振动方向是固定的，相当于线偏振光。但是，原子发出的不同波列之间是相互独立的，其振动方向没有规律可寻，更不用说光源中其他原子或分子发出的波列。所以在宏观上观察，任何一个方向的振动都不会比其他方向有优势，即整个光矢量的振动在各个方向上的分布是均匀堆成的，每个方向上的振幅也可以看作相同，如图 16-1（a）所示。这种没有偏振特点的光称为**自然光**，也称自然偏振光。

如图 16-1（b）所示，为了更方便地表示自然光，通常任意取垂直于光传播方向且相互垂直的两个方向，沿这两个方向将光矢量分解开来，把自然光总的振动转化成相互垂直两个方向的振动。根据自然光的特点，这两个振动必然是沿着相互独立、等振幅、相互垂直的方向振动。于是，光束被分解成两束相互独立、等强度、光矢量振动方向相互垂直的线偏振光。两束线偏振光的强度均等于自然光强度的一半。在光的偏振性的研究中，通常用短线段表示平行于纸面的振动，用圆点表示垂直纸面的振动，用单位长度上短线段或圆点的多少表示各自振动的强度大小。因此，自然偏振光就可以表示为图 16-1（c）。

通过一些特殊的方法，可以将自然光两个分量中的一个消除，使自然光变为线偏振光。也可只消除自然光一个振动分量的一部分，此时光束两个振动方向上的分量强度不再相等，称为**部分偏振光**。线偏振光和部分偏振光的表示如图 16-2 所示。

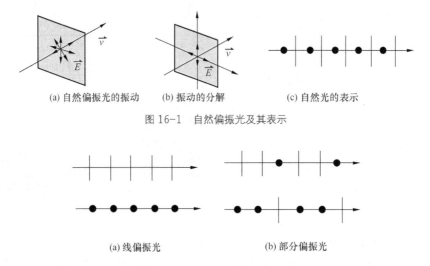

(a) 自然偏振光的振动　　(b) 振动的分解　　(c) 自然光的表示

图 16-1　自然偏振光及其表示

(a) 线偏振光　　　　　　　(b) 部分偏振光

图 16-2　线偏振光和部分偏振光的表示

16.2　偏振片　马吕斯定律

下面介绍一下如何由自然光获得偏振光。

16.2.1　偏振片

从自然光可以获得偏振光，这样的过程称为**起偏**。完成这样工作的光学器件称为**起偏器**。最常见的起偏器之一就是**偏振片**。偏振片用特殊物质（如硫酸金鸡钠碱）制成，使其能够对某一方向的光振动产生强烈的吸收，而让与之相垂直方向的振动最大限度地透过。通常把偏振片透光的方向称为偏振片的**偏振化方向**或**透振方向**。

自然光垂直入射到偏振片上，只有沿着偏振化方向的光分量能够通过，透射出来的光强度等于自然光的一半，如图16-3 所示。

偏振片也可用于检偏。在垂直于偏振光的传播方向上加入偏振片，如果线偏振光的振动方向与偏振片的偏振化方向相同，则偏振光能够最大限度地透过偏振片；若线偏振光的振动方向与偏振片的偏振化方向相垂直，则光线不能够透过

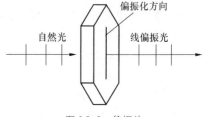

图 16-3　偏振片

偏振片；线偏振光的振动方向与偏振片的偏振化方向成一定角度时，只有部分偏振光透过偏振片。因此，根据一束光沿不同角度透过偏振片后的情况就可以判断该光是否为偏振光。

16.2.2　马吕斯定律

如图 16-4 所示，设自然光振幅为 A_0，光强为 I_0，经偏振片 P_1 后获得线偏振光，该线偏振光振幅为 A_1，光强为 I_1。根据上文分析，$I_0 = 2I_1$。线偏振光再经偏振片 P_2，其中偏振片 P_1 和 P_2 的偏振化方向夹角为 α，透射出 P_2 的光振幅为 A_2，光强为 I_2。

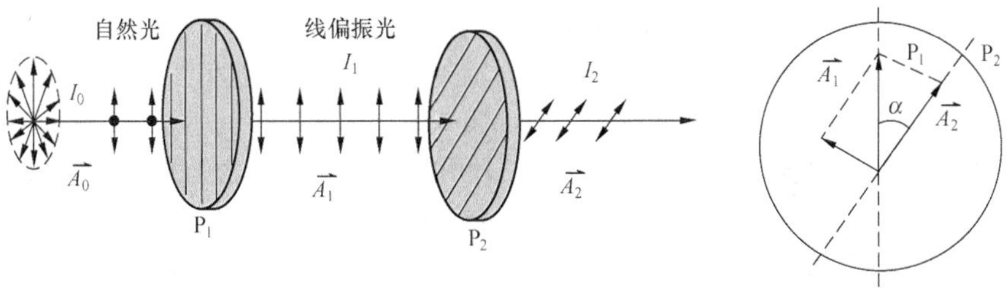

图 16-4 马吕斯定律

由于偏振片只允许平行于其偏振化方向的振动通过，所以有

$$A_2 = A_1 \cos \alpha$$

于是可以得出 I_0、I_1、I_2 之间的关系为

$$I_2 = I_1 \cos^2 \alpha = \frac{1}{2} I_0 \cos^2 \alpha \tag{16-1}$$

即当线偏振光从偏振片透射出去后，光强与线偏振光振动方向和偏振片偏振化方向之间夹角余弦值的平方成正比，这一关系由马吕斯 1808 年发现，所以又称为**马吕斯定律**。

所以，可以得出结论：当两偏振片的偏振化方向平行，即 $\alpha = 0$ 或 $\alpha = \pi$ 时，光强最大，等于入射光强；当两偏振片的偏振化方向相垂直时，即 $\alpha = \pi/2$ 或 $\alpha = 3\pi/2$ 时，光强最小，等于零。

【例 16-1】 使自然光通过两个偏振化方向成 $60°$ 角的偏振片，透射光强为 I。若在这两个偏振片之间再插入另一偏振片，其偏振化方向与前两个偏振片均成 $30°$ 角，则透射光强为多少？

解：设自然光光强为 I_0，通过第 1 片偏振片后光强为

$$I_1 = \frac{1}{2} I_0$$

通过第 2 片偏振片后光强为

$$I_2 = I_1 \cos^2 60° = \frac{1}{2} I_0 \cos^2 60° = \frac{1}{8} I_0 = I$$

若再插入一片偏振片，则通过第 3 片后光强为

$$I_3' = I_1 \cos^2 30° = \frac{1}{2} I_0 \cos^2 30° = \frac{3}{8} I_0$$

通过第 3 片的光再通过第 2 片之后光强为

$$I_2' = I_3' \cos^2 30° = \frac{9}{32} I_0$$

所以透射光强为 $I_2 = \frac{9}{4} I$。

16.3 反射光和折射光的偏振规律

实验表明，当自然光在折射率不同的两种介质上发生反射和折射的时候，反射光和折射光都是部分偏振光。下面来详细说明。

一束自然光以入射角 i 入射到两种物质的交界面上，两种物质的折射率分别为 n_1 和 n_2。光束的一部分会在交界面上发生反射，反射角也为 i，另一部分发生折射，设折射角为 γ。若把所有光束的振动都分解为平行于纸面和垂直于纸面两个方向的振动，其中平行于纸面的振动用短线段表示，垂直于纸面的振动用圆点表示，短线段和圆点的多少代表光强度的强弱。如图 16-5 所示，通过偏振片检验，可以发现反射光中垂直振动的部分比平行振动的部分强，折射光中的垂直振动的部分比平行振动的部分弱。也就是说，反射光和折射光都将成为部分偏振光。

实验还指出，如果使入射角 i 连续变化，反射光和折射光的偏振化程度都会随之变化。当入射角等于某一特定角度 i_0 时，反射光中只有垂直方向的振动，而平行方向的振动为零，这一规律称为**布儒斯特定律**，是由布儒斯特于 1815 年发现的。这一特殊的入射角 i_0 称为**起偏角**或**布儒斯特角**，如图 16-6 所示。此时有

$$\tan i_0 = \frac{n_2}{n_1}$$

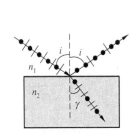

图 16-5　自然光的反射和折射

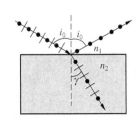

图 16-6　入射角为布儒斯特角

根据折射定律

$$\frac{\sin i_0}{\sin \gamma_0} = \frac{n_2}{n_1}$$

入射角为起偏角 i_0 时，有

$$\tan i_0 = \frac{n_2}{n_1}$$

所以

$$\sin \gamma_0 = \cos i_0$$

即

$$\gamma_0 + i_0 = \frac{\pi}{2} \tag{16-2}$$

也就是说，当入射角为起偏角 i_0 时，反射光和折射光相互垂直。根据光的可逆性，当入射光以 γ_0 角从折射率为 n_2 的介质入射于界面时，此 γ_0 角也为布儒斯特角。

因此，假设自然光从空气入射到折射率为 1.5 的玻璃上，布儒斯特角为 56.3°；若是从玻璃入射到空气中，布儒斯特角为 33.7°。若是从空气入射到折射率为 1.33 的水面上，布儒斯特角为 53.1°。

16.4　双折射

与在各向同性介质中传播不同，光在各向异性晶体中传播时会发生一种特殊现象——双折射。

16.4.1 双折射现象

通常，一束光照射到两种物质的交界面上发生折射时，只会观察到一束折射光，并遵循折射定律

$$n_1 \sin i = n_2 \sin \gamma$$

式中，i 为入射角，γ 为折射角，n_1、n_2 分别为两种物质的折射率。

但是，若光入射到一些特殊的物质（如方解石晶体）表面上时，可以观察到折射光沿着不同的角度分解成两束，如图 16-7 所示。这种现象是由晶体的各向异性造成的，称为**双折射**，能够产生双折射现象的晶体称为**双折射晶体**。

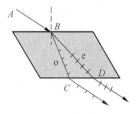

图 16-7 双折射现象

实验表明，当入射光沿着不同的方向入射时，其中一束折射光始终遵循折射定律，这部分光称为**寻常光（o 光）**；另一部分光则不遵循折射定律，其传播速度随着入射光方向的变化而变化，这部分光称为**非常光（e 光）**。实验证明，o 光和 e 光都是线偏振光。

16.4.2 光轴 主平面

光入射到双折射晶体表面并沿着某一个方向入射时，可以发现：晶体的内部总存在一个确定的方向，沿着这个方向传播时，寻常光和非寻常光并没有分开，即此时不发生双折射现象。这一方向称为晶体的**光轴**。

以方解石晶体为例，方解石晶体为 6 面棱体，有 8 个顶点，如图 16-8 所示。其中以 A、B 为顶点的各个角都是 102°，连接这两个顶点引出的直线就是光轴的方向。任何平行于该方向的直线都可以看作光轴。有的晶体只有一个光轴，称为**单轴晶体**；有的晶体有两个光轴，称为**双轴晶体**。在晶体中，把包含光轴和任一已知光线所组成的平面称为**主平面**。o 光的振动方向垂直于 o 光的主平面，e 光的振动方向则平行于 e 光的主平面。通常 o 光和 e 光的主平面成一定角度，但是夹角较小，所以，一般可以认为 o 光和 e 光的振动方向是相互垂直的。

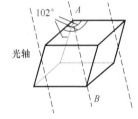

图 16-8 方解石晶体

16.4.3 双折射现象的解释

根据惠更斯原理，波阵面上任何一点可以看作子波波源。在各向同性的介质中，点光源沿各个方向传播的速率相同，所以子波的波阵面为球面波。在双折射晶体中，通常寻常光和非寻常光的传播速度不同。其中，寻常光在晶体中沿着各方向传播速度相同，所以其子波的波阵面为球面；而非寻常光在晶体中沿各方向传播速度都不相同，其中只有沿着光轴的方向传播时，非寻常光和寻常光的传播速度才是相同的，在垂直光轴的方向上，非寻常光和寻常光的传播速度差别最大。

对于有些晶体，o 光和 e 光沿垂直光轴的方向传播时，e 光的传播速度要小于 o 光的传播速度，即 $v_e < v_o$，这种晶体称为**正晶体**；也有一些晶体，o 光和 e 光沿垂直光轴的方向传播时，e 光的传播速度要大于 o 光的传播速度，即 $v_e > v_o$，这种晶体称为**负晶体**。无论是正晶体还是负

晶体，e 光的子波波阵面都是旋转椭球面，而 o 光子波波阵面为球面。而由于沿着光轴方向，o 光和 e 光的传播速度都相同，所以 o 光和 e 光相切于光轴，如图 16-9 所示。

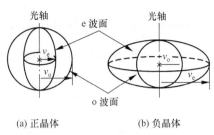

(a) 正晶体　　　(b) 负晶体

图 16-9　子波波阵面

根据折射率的定义，寻常光（o 光）的折射率 $n_o = \dfrac{c}{v_o}$，为由晶体材料决定的常数。而非寻常光（e 光）沿各向的传播速度不同，所以不存在一般意义上的折射率。为与寻常光对应起见，通常把光速与非寻常光沿垂直于光轴方向传播速率之比称为非常光的主折射率，即 $n_e = \dfrac{c}{v_e}$。如前所述，对于正晶体来说有 $n_e > n_o$，负晶体有 $n_e < n_o$。常见晶体的 n_e、n_o 如表 16-1 所示。

表 16-1　几种晶体中 o 光和 e 光主折射率

晶　　体	n_o	n_e	晶　　体	n_o	n_e
方解石	1.658	1.486	电气石	1.669	1.638
菱铁矿	1.875	1.635	白云石	1.681	1.500
石英	1.544	1.553	冰	1.309	1.313

下面利用惠更斯原理解释双折射现象。

可以将光入射分为 3 种情况。

（1）光轴平行晶体表面，自然光垂直入射。如图 16-10 所示，平行自然光垂直入射到晶体表面时，寻常光和非寻常光并不能分开，但是由于晶体内传播速度不同，两种光进入晶体之后，同一点处的相位并不同。

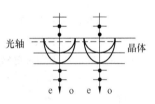

图 16-10　光轴平行晶体表面，平行自然光垂直入射

（2）光轴与晶体表面有一定夹角，平行自然光垂直入射。如图 16-11 所示，平行自然光垂直入射到晶体表面点并进入晶体继续传播。自 A 点和 B 点入射的光的波阵面如图 16-11 所示，作直线交寻常光波阵面，连接 A、B 两点和交点，得寻常光传播方向。同理，作直线交非寻常光波阵面，连接 A、B 两点和交点，得非寻常光传播方向。

（3）平行自然光斜入射。如图 16-12 所示，平行自然光以入射角 i 入射到晶体表面 A 点并进入晶体继续传播，进入晶体经历 Δt 时间后，两束光的子波波阵面如图所示。此时自然光中的另一束恰好入射到晶体表面 B 点，自该点引两直线分别相切于自然光和非自然光的波阵面，连接 A 点和两交点所得两条直线就是寻常光和非寻常光的传播方向。

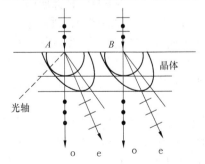

图 16-11　平行自然光垂直入射

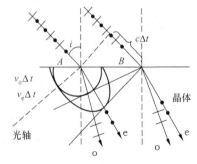

图 16-12　平行自然光斜入射

16.5 椭圆偏振光和圆偏振光

椭圆偏振光和圆偏振光是两种特殊的偏振光。

如图 16-13 所示，当一束单色自然光垂直透过偏振片 P_1 后，透射光将变成线偏振光，其偏振方向同偏振片 P_1 的偏振化方向一致。这时在光路中加入双折射晶片 C，使所得的线偏振光垂直入射，双折射晶片 C 的光轴方向平行于晶体表面且与线偏振光偏振方向成 α 角。

线偏振光进入双折射晶体中也会分为寻常光和非寻常光。根据惠更斯原理对双折射现象的解释，可以知道寻常光和非寻常光在垂直入射时不会分开，如图 16-10 所示。但是由于折射率不同，两种光射出双折射晶片 C 时，其相位会有所不同。假设寻常光和非寻常光的折射率分别为 n_o 和 n_e，双折射晶片 C 厚度为 d，则两束光透过晶片后的相位差为

$$\Delta\phi = \frac{2\pi}{\lambda}d(n_o - n_e)$$

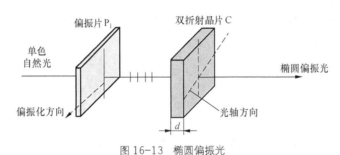

图 16-13 椭圆偏振光

如果晶片的厚度 d 恰好能使相位差 $\Delta\phi = k\pi$，则寻常光和非寻常光叠加之后仍为线偏振光。若 $\Delta\phi \neq k\pi$，则两束光叠加之后形成的振动轨迹为一个椭圆形，这样的光称为**椭圆偏振光**。

双折射晶片 C 的光轴方向决定了寻常光和非寻常光的振幅。两种光的振幅分别可以表示为

$$A_o = A\sin\alpha \qquad A_e = A\cos\alpha$$

因此如果两种光的振幅相同，即当 $\alpha = \pi/4$，且相位差 $\Delta\phi = \pi/2$ 或 $\Delta\phi = 3\pi/2$ 时，叠加后形成的振动轨迹为一个圆形，这样的光称为**圆偏振光**。

16.6 习题

一、思考题

1. 两个偏振片 P_1 和 P_2 平行放置，一束自然光垂直入射并依次通过两个偏振片。若分别以光线为轴旋转两个偏振片，观察出射光强的变化。问：

（1）当只旋转偏振片 P_1 时，光强变化是怎样的？请绘出其变化曲线。

（2）当只旋转偏振片 P_2 时，光强变化是怎样的？请绘出其变化曲线。

2. 3 个偏振片依次按 P_1、P_2 和 P_3 平行放置，其中，P_1 和 P_3 的偏振化方向互相垂直，一束自然光垂直入射，依次通过 3 个偏振片。问若是以光线为轴旋转偏振片 P_2，则从 P_3 出射的光强的变化是怎样的？请绘出其变化曲线。

3. 偏振特性不同的光自空气中分别沿起偏角 i_0 和非起偏角 i 入射到空气和水的界面，如图 16-14 所示，请绘出反射光线和折射光线的偏振方向？

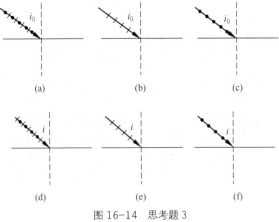

图 16-14　思考题 3

4. 若阳光入射到平静湖面上的反射光为完全偏振光，请问太阳与地平线的夹角是多大？其反射光的电矢量的振动方向是怎样的？

5. 现有 3 个光源分别能够发出自然光、线偏振光和部分偏振光，请问如何能够用实验来分辨这 3 种光源。

二、复习题

1. 在双缝干涉实验中，用单色自然光，在屏上形成干涉条纹。若在两缝后放一个偏振片，则（　　）。

（A）干涉条纹的间距不变，但明纹的亮度加强

（B）干涉条纹的间距不变，但明纹的亮度减弱

（C）干涉条纹的间距变窄，且明纹的亮度减弱

（D）无干涉条纹

2. 一束光是自然光和线偏振光的混合光，让它垂直通过一偏振片，若以此入射光束为轴旋转偏振片，测得透射光强度最大值是最小值的 5 倍，那么入射光束中自然光与线偏振光的光强比值为（　　）。

（A）1/2　　　　　（B）1/3　　　　　（C）1/4　　　　　（D）1/5

3. 一束光强为 I_0 的自然光，相继通过 3 个偏振片 P_1、P_2、P_3 后，出射光的光强为 $I = I_0/8$。已知 P_1 和 P_3 的偏振化方向相互垂直，若以入射光线为轴，旋转 P_2，要使出射光的光强为零，P_2 最少要转过的角度是（　　）。

（A）30°　　　　　　（B）45°

（C）60°　　　　　　（D）90°

4. 一束自然光自空气射向一块平板玻璃（如图 16-15 所示），设入射角等于布儒斯特角 i_0，则在界面 2 的反射光（　　）。

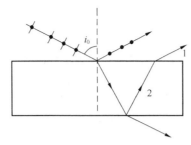

图 16-15 复习题 4

（A）是自然光

（B）是线偏振光且光矢量的振动方向垂直于入射面

（C）是线偏振光且光矢量的振动方向平行于入射面

（D）是部分偏振光

5. 自然光以 60° 的入射角照射到某两介质交界面时，反射光为完全线偏振光，则可知折射光为（   ）。

（A）完全偏振光，且折射角是 30°

（B）部分偏振光，且只是在该光由真空入射到折射率为 $\sqrt{3}$ 的介质时，折射角是 30°

（C）部分偏振光，但须知两种介质的折射率才能确定折射角

（D）部分偏振光，且折射角是 30°

6. 自然光通过两个平行放置且偏振化方向成 60° 角的偏振片，透射光强为 I_2。今在这两个偏振片之间再插入另一偏振片，它的偏振化方向与前两个偏振片均成 30° 角，则透射光强为多少？

7. 一束自然偏振光和线偏振光的混合光垂直入射到一片偏振片上时，发现透射光同偏振片的方向有关，沿光线为轴旋转偏振片，透射光强最强时为最弱时的 5 倍，求自然光光强是线偏振光的多少倍？

8. 通常使用起偏角测定不透明电介质的折射率。如测得珐琅表面釉质的起偏振角为 58°，试求它的折射率。

9. 如图 16-16 所示，一块折射率 $n=1.50$ 的平面玻璃浸在水中，已知一束光入射到水面上时反射光是完全偏振光，若要使玻璃表面的反射光也是完全偏振光，则玻璃表面与水平面的夹角 θ 应是多大？

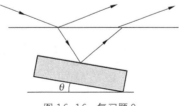

图 16-16 复习题 9

10. 使用方解石晶体制作适用钠光灯（波长 589.3nm）和汞灯（波长 456.1nm）光源的四分之一波片，求波片的最小厚度为多少？

11. 两平行放置的偏振片的偏振化方向一致，在两偏振片之间放置一个垂直于光轴的石英晶片（石英晶片对钠黄光的旋光率为 21.7°/mm），问钠光灯垂直入射时，晶片的厚度为多少时

光线不能通过?

12. 将方解石切割成一个 60° 的正三角形,光轴方向垂直于棱镜的正三角形截面。非偏振光的入射角为 i,而 e 光在棱镜内的折射线与镜底边平行,如图 16-17 所示,求入射角 i,并在图中画出 o 光的光路。已知 n_e=1.49,n_o=1.66。

13. 图 16-18 所示的沃拉斯顿棱镜是由两个 45° 的方解石棱镜组成的,光轴方向如图所示,以自然光入射,求两束出射光线间的夹角和振动方向。已知 n_e=1.49,n_o=1.66。

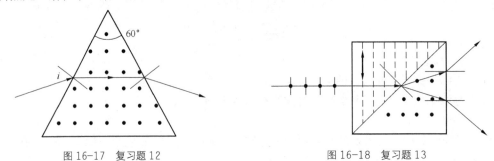

图 16-17　复习题 12　　　　　　　　　　图 16-18　复习题 13

模块 6

近 代 物 理

第 **17** 章 **量子物理**

本章将介绍近代物理。近代物理是在牛顿经典物理的基础上建立起来的，其最初目的是为了解释经典物理不能解释的问题。1900 年，普朗克为了解决经典物理在解释黑体辐射方面遇到的困难，引入能量子这一概念，标志着量子理论的诞生。此后，光量子的概念、光电效应、康普顿效应、玻尔的氢原子理论、德布罗意波、不确定度关系、薛定谔方程等概念陆续问世。值得一提的是，1926 年薛定谔在提出波动力学概念后，这一概念与海森堡、波恩的矩阵力学一起统一为量子力学。量子力学提出后，比较系统地解决了一系列在经典物理中被认为解释不了的问题。

由于系统地介绍量子物理要涉及较深的内容和烦琐的数学计算，按照本课程的要求以及篇幅的限制，我们只能沿着量子物理发展的历史，介绍量子物理一些基础性的知识和重要结论。

17.1 黑体辐射 普朗克的量子假设

量子物理的发展之初首先是从黑体辐射问题上得到突破的。量子物理之前，由于受到经典物理的影响，人们普遍认为能量是连续不可分割的。直到 1900 年，普朗克解决黑体辐射问题。下面，先介绍黑体和黑体辐射的概念。

17.1.1 黑体 黑体辐射

任何物体，在任何的时候都要向外以电磁波的形式辐射能量。这种现象叫做**热辐射**，辐射的能量叫做**辐射能**。热辐射的本质是物体中的原子、分子等受到热激发，因此，温度不同时，物体的辐射能的波长也不一样，图 17-1 所示为人体在某温度下辐射能量的情况。

我们把单位时间内温度为 T 的物体单位面积上发射的波长在 λ 到 $\lambda+\mathrm{d}\lambda$ 范围内的辐射能量 $\mathrm{d}M_\lambda(\lambda,T)$ 与波长间隔 $\mathrm{d}\lambda$ 的比值叫做**单色辐出度**，用 $M(\lambda,T)$ 表示。即

$$M(\lambda,T)=\frac{\mathrm{d}M_\lambda(\lambda,T)}{\mathrm{d}\lambda} \qquad (17\text{-}1)$$

单色辐出度是波长 λ 和温度 T 的函数，反映了不同温度物

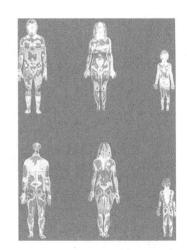

图 17-1 人体辐射

体辐射能按波长分布的情况。而单位时间内，从物体单位面积上所发射的各种波长的总辐射能，称为物体的**辐射出射度**，简称辐出度。即

$$M(T) = \int_0^\infty M(\lambda, T) \mathrm{d}\lambda \tag{17-2}$$

从式（17-2）可以看出，辐出度包含了全部波长，因此辐出度只是物体温度的函数。

在向外辐射能量的同时，物体还吸收其他物体辐射的能量。换言之，其他物体辐射的能量到达该物体时，除一部分要被界面反射掉外，其余部分的能量将被吸收。当辐射和吸收的能量恰好相等时称为热平衡。此时物体温度恒定不变。

实验表明，如果一个物体吸收其他物体辐射的本领强时，向其他物体辐射能量的本领也越强，反之亦然。即表明，好的辐射体也是好的吸收体。但是，在实际情况中，没有哪种物体能全部吸收外界辐射的能量。通常人们认为吸收性最好的煤烟也只能吸收外界辐射的百分之九十几。为了研究物体的辐射，我们假设存在一种理想物体，它能将外界辐射到其表面的能量完全吸收，这种假想的物体成为**绝对黑体**，简称黑体，如图 17-2 所示。当然，黑体只是一种理想情况，真实的黑体是不存在的。但是，我们可以让物体的性质尽可能和黑体靠近，比如用一些不透明的材料制成带小孔的形状不规则的空腔，小孔的孔径比整个空腔的线度要小得多，这样，从小孔进入空腔的来自外界的辐射能在空腔内可经过腔壁的多次反射，由于每次反射都伴随着吸收，所以多次反射后，经由小孔出去的辐射能已经很小，可以忽略不计。这种空腔可近似看作黑体。研究黑体辐射的规律是了解一般物体热辐射性质的基础。此时，在某个温度下，由小孔发射出来的辐射能就可以看作是黑体的辐射，即黑体在此温度下的辐出度。

图 17-2　黑体模型

17.1.2　黑体辐射的实验定律

在一定温度下，黑体的单色辐出度和波长有一定的关系，而单色辐出度的最大值随着温度的变化而发生变化。19 世纪末期，科学家们对黑体的这一性质进行了深入研究，得出了一系列的理论，其中以斯特藩—玻尔兹曼定律和维恩位移定律最有代表性。

1. 斯特藩（J.Stefan）——玻尔兹曼（L.Boltzmann）定律

1879 年，奥地利物理学家斯特藩通过实验得出了表征黑体的总辐出度和温度之间关系的曲线，并根据曲线总结出一条定律；1884 年玻尔兹曼也得出了同样的结论，所以叫做**斯特藩—玻尔兹曼定律**，其内容为：黑体的辐出度 $M(T)$ 和黑体的热力学温度 T 的四次方成正比，即

$$M(T) = \sigma T^4 \tag{17-3}$$

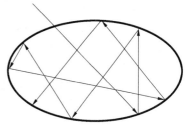

式中，$\sigma = 5.67 \times 10^{-8} \mathrm{W} \cdot \mathrm{m}^{-2} \cdot \mathrm{K}^{-4}$，叫做斯特藩—玻尔兹曼常数。本定律只适用于黑体。斯特藩得出了黑体的单色辐出度和波长之间的关系曲线，如图 17-3 所示，曲线下的面积即为黑体在此温度下的总辐出度。

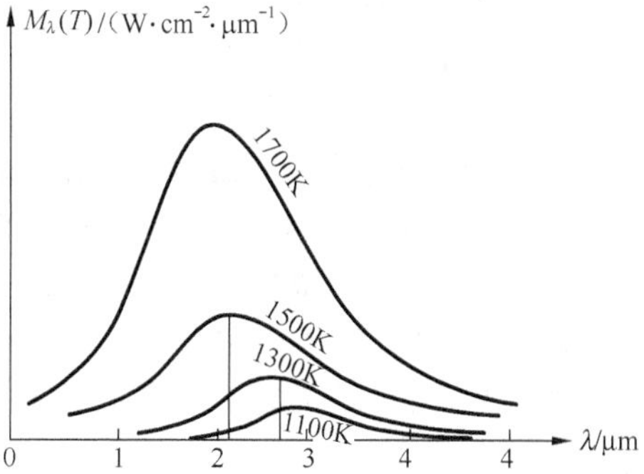

图 17-3　黑体的辐出度按波长分布曲线

2. 维恩位移定律

德国物理学家维恩（W.Wien）于 1893 年得出了反映热力学温度 T 和最大单色辐出度所对应的波长 λ_m 之间关系的定律，称为**维恩位移定律**，其内容为：**热辐射的峰值波长随着温度的增加而向着短波方向移动。**数学表达式为

$$T\lambda_m = b \tag{17-4}$$

式中，$b = 2.897 \times 10^{-3} \text{m} \cdot \text{K}$。

这两个定律反映了黑体辐射的一些性质。比如，温度不太高的物体的辐射能量的波长较长，而温度高的物体辐射能量的波长较短。这一结论被广泛应用在军事、宇航、工业等范围内。比较常见的如夜视仪。另外，见过冶铁过程的读者也能有感性的认识，当温度不太高的时候，火炉的光是接近红色的，当温度升高时，火炉的光则是蓝色的。

17.1.3 普朗克量子假设 普朗克黑体辐射公式

图 17-3 中的曲线是实验得到的结果，此后的很多科学家们试图从理论上找到与之相对应的函数表达式，他们尽管付出了相当大的努力，但是由于都是站在经典物理的角度上，所以最终都失败了。有一些甚至得出了与实验结果相去甚远的结论，其中以维恩公式和瑞利—金斯公式最具有代表性。下面我们分别来看一下。

1893 年，维恩得出的维恩公式为

$$M(T) = C_1 \lambda^{-5} e^{-\frac{C_2}{\lambda T}} \tag{17-5}$$

式中，C_1 和 C_2 为两个常数。维恩公式在短波处与实验曲线啮合得很好，但是在波长较长的地方却相差迥异。而此后的 1900 年 ~ 1905 年，瑞利（L.Rayleigh）和金斯（J.H.Jeans）经过努力，按照经典理论，也得出了一个理论公式，称为瑞利—金斯公式。其表达式为

$$M(T) = C_3 \lambda^{-4} T \tag{17-6}$$

式中，C_3 为常量。瑞利—金斯公式在波长较长的地方与实验曲线啮合的很好，但在短波区，按此公式，当波长趋近于零时，$M(T)$ 将趋近于无穷大。显然这一结果是荒谬的，史称"紫外灾难"。实验的结果显而易见，而却无法找到与之对应的理论支持，这不能不说是个很悲哀的结果。一时之间，消极的气氛弥漫着整个物理学界，物理学晴朗天空中"飘浮着两朵乌云"，其中之一指的是寻找以太失败的例子，另一朵指的就是这个事件。

图 17-4 普朗克

这时，天才的德国科学家普朗克（Max Planck）（如图 17-4 所示）出现了，在总结了前人失败的经验后，他认为对待此类问题不能用经典的理论进行假设，而必须从另外一个角度进行思考，于是普朗克提出了一个全新的假设：**辐射黑体中电子的振动可以看作谐振子，这些谐振子可以吸收和辐射能量，但是对于这些谐振子来说，它们的能量不再像经典物理学所允许的可具有任意值，而是分立的。相应的能量是某一最小能量 ε（称为能量子）的整数倍。**于是他引进了一个新的物理量，叫做普朗克常数，用 h 表示，对于振动频率为 ν 的谐振子来说，其最小能量为

$$\varepsilon = h\nu \tag{17-7}$$

其他谐振子的能量只能是 hv 的整数倍，即

$$\varepsilon = nhv \qquad (17-8)$$

式中，$h = 6.626\ 075\ 5 \times 10^{-34}\ \text{J} \cdot \text{s}$，$n$ 为正整数，称为量子数。可以看出，对于能量子来说，其频率 v 越大，能量越大。

在引进普朗克常数后，普朗克将维恩公式和瑞利—金斯公式衔接起来，得到了一个新的公式，称为普朗克公式，其表达式为

$$M_\lambda(T) = 2\pi hc^2 \lambda^{-5} \frac{1}{e^{\frac{hc}{\lambda kT}} - 1} \qquad (17-9a)$$

或者可以用频率表示

$$M_v(T) = \frac{2\pi hv^3}{c^2} \frac{1}{e^{hv/kT} - 1} \qquad (17-9b)$$

当波长很短或者较低温度时，普朗克公式可以转化为维恩公式，而在波长很长或者温度较高时，普朗克公式又可以转化为瑞利—金斯公式。并且还可以从普朗克公式推导斯特藩—玻尔兹曼定律及维恩位移定律。

通过图 17-5 可以看出，普朗克公式与实验结果符合得很好。

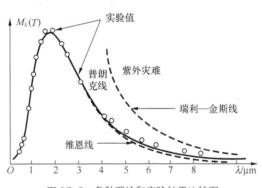

图 17-5　各种理论和实验结果比较图

17.2　光电效应 爱因斯坦光子理论

普朗克能量子理论的提出使得许多用经典物理理论解决不了的问题迎刃而解，爱因斯坦也是能量子理论的受益者。1905 年，爱因斯坦发展了普朗克能量子的理论，提出了光量子的概念，从而对光电效应进行了合理的解释。

17.2.1　光电效应的实验规律

光电效应是由德国科学家鲁道夫·赫兹于 1887 年首先发现的。图 17-6 所示为光电效应实验装置的示意图。

通过实验可以发现，若 K 接的是电源负极，而 A 接的是电源正极，当波长较短的可见光或紫外光照射到某些金属 K 表面上时，则会发现电路中有电流通过，即金属中的电子会从金属表

面逸出，并在两板之间的加速电势差作用下，从 K 到达 A，并在电路中形成电流 I，这种电流叫做**光电流**，这种现象叫做**光电效应**，逸出的电子叫做**光电子**。可以看出，致使光电子逸出的能量来自入射光中。

实验还表明，在一定强度的单色光照射下，光电流随加速电势差的增加而增大，但当加速电势差增加到一定量值时，光电流达饱和值 I_H，如果增加光的强度，相应的 I_H 也增大。I_H 叫做**饱和电流**。显然，单位时间内，受光照的金属板释放出来的电子数和入射光的强度成正比。

另外，当将 K 接电源正极，而 A 接电源负极时，此时，K 和 A 之间有反向的电势差，当反向电势差的绝对值为某个值 U_0 时，由金属板 K 表面释放出的具有最大速度（即具有最大动能）v_m 的电子也刚好不能到达阳极，此时光电流便降为零，这时，此外加反向电势差 U_0 称为**遏止电势差**。实验表明，遏止电势差与光强度无关。但是可以看出，遏止电势差 U_0 和 v_m 以及电子最大动能之间存在如下关系

$$E_{k\max} = \frac{1}{2}mv_m^2 = eU_0 \tag{17-10}$$

此外，对于某种金属，只有当入射光的频率大于某一数值时，才会有电子逸出，即有光电流存在，这一数值用 v_0 表示，叫做光电效应的**红限**，也叫**截止频率**。而当入射光的频率小于 v_0 时，不管照射光的强度多大，都不会产生光电效应。而当其频率大于 v_0 时，无论入射光的强度如何，都会有光电流产生。从入射光开始照射直到金属释放出电子的这段时间很短，不超过 10^{-9} s，这与入射光的强度没有关系，可以说，光电效应是"瞬时的"，几乎没有弛豫时间。而且，遏止电势差与入射光的频率存在线性关系。图 17-7 所示为铯和钠的遏制电势差与频率的关系。

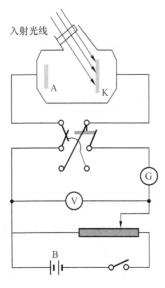

图 17-6 光电效应装置图

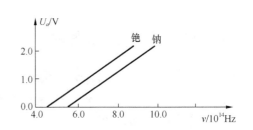

图 17-7 遏止电势差与频率的关系

17.2.2 爱因斯坦光子理论

光电效应被发现后，当时的科学家们试图用经典物理中光的波动说来解释它，但是都是失败而归。因为，按照光的波动说，光电子的初动能应决定于入射光的光强，即决定于光的振幅

而不决定于光的频率，只要光的强度足够大，就会有足够的光电子逸出金属表面；而实际情况是，如果入射光的频率小于红限时，无论其强度多大，都不会产生光电效应。另外，按照经典物理中波动光学的理论，电子需要积累足够的能量后才能从金属表面逸出，这就需要一个时间。但是实验表明，从光的入射到光电子的逸出，中间的时间间隔极短，几乎是同时发生的。这些问题横亘在大家面前，使之成为经典物理无法穿越的鸿沟。

此时，伟大的爱因斯坦在普朗克能量子理论的基础上赋予了光新的内容，提出了光量子的假设：**光在空间传播时，也具有粒子性。一束光是一束以光速 c 运动的粒子流，这些粒子称为光量子，简称为光子，每一光子的能量为**

$$\varepsilon = h\nu \tag{17-11}$$

式中，h 为普朗克常数。

爱因斯坦认为，光强决定于单位时间内通过单位面积的光子数 N。单色光的光强是 $Nh\nu$。当频率为 ν 的光照在金属表面时，光子的能量可以被电子吸收，电子只要吸收一个光子就会获得 $\varepsilon = h\nu$ 的能量，ν 足够大时，电子即可从金属表面逸出，所以无需时间的累积。设使电子从金属表面逸出所做的功为 W，叫做逸出功，此时电子具有最大初动能 $\dfrac{1}{2}mv^2$，对应的速度为最大初速度。按照能量守恒定律，则有

$$h\nu = \frac{1}{2}mv^2 + W \tag{17-12}$$

式（17-12）叫做爱因斯坦光电效应方程。

当光子的频率为 ν_0 时，电子的初动能为零，此时 ν_0 即为红限，$h\nu_0 = W$，因此可得：$\nu_0 = W/h$。从光电效应方程也可以看出，只有当 $h\nu > W$，即 $\nu > \nu_0$ 时才会产生光电效应。当 $\nu > \nu_0$ 时，随着光强增大，则光子数增加，金属在相同时间内所能吸收的光子数也增多，所以释放的光电子越多，光电流也越大。

爱因斯坦凭借光子假说成功地说明了光电效应的实验规律，获得了 1921 年诺贝尔物理学奖。

17.2.3 光的波—粒二象性

光子不仅具有能量，而且还具有质量和动量。其质量可由相对论的质能公式求得，即

$$m = \frac{\varepsilon}{c^2} = \frac{h\nu}{c^2} \tag{17-13}$$

光子的动量为

$$p = mc = \frac{h\nu}{c} = \frac{h}{\lambda} \tag{17-14}$$

结合光子的能量 $\varepsilon = h\nu$，可以看出，表征粒子性的物理量（能量和动量）与表征波动性的物理量（波长和频率）很好地结合起来，而连接它们的桥梁就是普朗克常数 h。可见，光在具有波动性的同时还具有粒子性，光的这种性质叫做光的波-粒二象性。光的衍射、干涉等为光的波动性的表征，而光电效应以及我们将要学到的康普顿效应所表征的则是光的粒子性。

【例 17-1】 波长 $\lambda = 4.0 \times 10^{-7}$m 的单色光照射到金属铯上，铯原子红限频率 $\nu_0 = 4.8 \times 10^{14}$Hz，求铯所释放的光电子最大初速度。

解：据爱因斯坦光电效应方程，有

$$hv = \frac{1}{2}mv^2 + W$$

利用关系 $v = c / \lambda, W = hv_0$ ，代入已知数据，得最大初速度 $v = 6.50 \times 10^5 \text{ m/s}$ 。

17.3 氢原子光谱 玻尔的氢原子理论

早期的原子发光光谱是从氢原子光谱开始的，因此，本节先介绍关于氢原子光谱的内容。

17.3.1 近代关于氢原子光谱的研究

1885 年，瑞士数学家巴尔默（J.J.Barlmer）首先将氢原子光谱的可见光范围内的波长规律作了总结

$$\lambda = B \frac{n^2}{n^2 - 2^2} \qquad (n = 3, 4, 5, 6, \cdots) \tag{17-15a}$$

式中， $B = 365.47\text{nm}$ ，为一常量。当 $n = 3,4,5,6,\cdots$ 时，上式的波长分别对应着氢原子光谱中在可见光范围内的 H_α 、 H_β 、 H_γ 、 H_δ 、 $\cdots$ 谱线的波长。

在光谱学中，除了可以用波长表示光谱外，频率或者波数也可以用来表示光谱。波数的意义是：单位长度内所包含的波的数目，一般用符号 $\tilde{v}$ 表示， $\tilde{v} = \frac{1}{\lambda}$ 。这样，上式也可写成

$$\tilde{v} = \frac{1}{\lambda} = \frac{4}{B} \left(\frac{1}{2^2} - \frac{1}{n^2} \right) \qquad (n = 3, 4, 5, 6, \cdots) \tag{17-15b}$$

上述两个公式称为**巴尔默公式**。

1890 年，瑞典物理学家里德伯格（J.R.Rydberg）将巴尔默公式进行了整理，他将巴尔默公式中的数字 2 用其他数字代替，得到

$$\tilde{v} = R(\frac{1}{k^2} - \frac{1}{n^2}) \quad (k = 1, 2, 3, \cdots; n = k+1, k+2, k+3, \cdots) \tag{17-16}$$

式中， $R = \frac{4}{B} = 1.096\ 776 \times 10^7 / \text{m}$ ，称为里德伯格常数。这样，氢原子光谱的其他谱线也可以用式（17-16）表示出来，不仅有可见光谱线，还有处于红外和紫外区域内的谱线，它们分属不同的谱线系，如表 17-1 所示。

表 17-1 氢原子的谱线系

k&n 取值	所属谱线系	发 现 年 代	谱线波段
k=1,n=2,3,…	莱曼系	1914 年	紫外区
k=2,n=3,4,…	巴尔默系	1885 年	可见光区
k=3,n=4,5,…	帕邢系	1908 年	红外区
k=4,n=5,6,…	布拉开系	1922 年	红外区
k=5,n=6,7,…	普丰德系	1924 年	红外区
k=6,n=7,8,…	哈夫莱系	1953 年	红外区

氢原子光谱系规律的发现揭示了原子内部结构存在着规律性，从而也为提示其他原子规律

打下了基础。这期间，科学家们又陆续发现了碱金属等其他元素原子的光谱也存在着类似的规律，微观世界向人们打开了大门。

17.3.2 玻尔的氢原子理论及其缺陷

在揭示了原子光谱的一系列规律后，人们开始对原子的具体结构开始了研究，曾经建立了不少的模型，其中英籍新西兰物理学家卢瑟福（E.Rutherford）（如图 17-8 所示）于 1911 年建立的模型得到了大多数人的认可。卢瑟福原子模型是这样的：原子中的全部正电荷和几乎全部质量都集中在原子中央一个很小的体积内，称为原子核，原子中的电子在核的周围绕核转动。但是问题随之产生了，电子在绕核转动的过程中应该向外发射电磁波，其频率应该和电子绕核转动的频率相等；由于能量辐射，系统的能量将逐渐减少，频率也应该不断地连续减小，按照这个理论，原子光谱应该是连续的；而且，由于能量的减小，电子将最终落到原子核上，最终整个原子结构将会垮塌。困难再一次横亘在科学家们面前。

为了解决上述困难，科学家们再一次想到了求助于量子理论。1913 年，丹麦物理学家玻尔（N.Bohr）（如图 17-9 所示）在卢瑟福原子模型的基础上，提出了 3 条假设。

图 17-8　卢瑟福

图 17-9　玻尔

1．定态假设

原子系统只能处在一系列不连续的能量状态，在这些状态中，电子虽然做加速运动，但并不辐射电磁波，这些状态称为原子的稳定状态（简称定态），并各自具有一定的能量。

2．频率条件

当原子从一个能量为 E_k 的定态跃迁到另一能量为 E_i 的定态时，就要发射或吸收一个频率为 v_{ik} 的光子。并且

$$hv_{ik} = |E_k - E_i| \qquad (17-17)$$

上式称为**玻尔频率公式**。

3．量子化条件

在电子绕核做圆周运动中，其稳定状态必须满足电子的角动量 $\vec{L}$ 的大小等于 $\dfrac{h}{2\pi}$ 的整数倍的条件，即

$$L = n\frac{h}{2\pi} \quad (n=1,2,3,\cdots) \qquad (17-18)$$

上式叫做**角动量量子化条件**，简称**量子化条件**，h 为普朗克常数，n 叫做主量子数。

按照上述假设，玻尔认为，当氢原子的电子围绕原子核做圆周运动时，其向心力为氢原子的原子核与核外电子之间的库仑力，根据电子绕核做圆周运动的模型及角动量量子化条件可以计算出氢原子处于各定态时的电子轨道半径。

因为

$$\frac{mv^2}{r} = \frac{e^2}{4\pi\varepsilon_0 r^2}$$

以及

$$L = mvr = n\frac{h}{2\pi} \qquad (n = 1, 2, 3, \cdots)$$

可得

$$r = n^2\left(\frac{\varepsilon_0 h^2}{\pi me^2}\right)$$

考虑到半径 r 是和各定态相对应，所以可以用 r_n 代替 r。设 r_n 为原子中第 n 个稳定状态轨道的半径，于是上式可以写成

$$r_n = n^2\left(\frac{\varepsilon_0 h^2}{\pi me^2}\right) \qquad (n = 1, 2, 3, \cdots) \tag{17-19}$$

当 $n = 1$ 时，即可得到氢原子核外电子的最小稳定轨道半径，$r_1 = 0.529 \times 10^{-10}$ m，叫做**玻尔半径**。从式（17-19）也可以看出，其他核外电子的轨道半径不能连续变化，只能取某些特定的数值。电子轨道半径与量子数的平方成正比。用此方法得到的数值与其他方法得到的是一致的，另外，核外电子绕核运动的轨道半径不是等间距的，内层轨道分布较密，外层轨道分布较疏。

当氢原子电子在核外轨道上运动时，原子核与电子组成的系统的能量为系统的静电能和电子动能之和。设无穷远处的静电势能为零，电子所在的轨道半径为 r_n，则可计算出氢原子系统的能量 E_n 为

$$E_n = \frac{1}{2}mv_n^2 + \left(-\frac{e^2}{4\pi\varepsilon_0 r_n}\right)$$

将轨道半径公式代入上式，得

$$E_n = -\frac{1}{n^2}\left(\frac{me^4}{8\varepsilon_0^2 h^2}\right) = -\frac{13.6}{n^2}\text{eV} \qquad (n = 1, 2, 3, \cdots) \tag{17-20}$$

可以看出，受 n 取值所限，原子系统的能量也是不连续的，即量子化的，这种量子化的能量称为**能级**。$n = 1$ 时，$E_1 = -13.6\text{eV}$，叫做氢原子的基态能级。$n > 1$ 时的各稳定态称为**激发态**。原子的能级间隔规律正好与轨道半径间隔规律相反：低能级间的间隔较疏，高能级间的间隔较密。当 $n \to \infty$ 时，$r_n \to \infty$，$E_n \to 0$，电子不受核的束缚而脱离原子核成为自由电子，能级趋于连续，此时原子处于电离状态。因此，各级轨道上的能量为负值，而各级轨道的电离能为正值。能级和半径一样，与用其他方法得出的值符合得也非常好。图 17-10 所示标出了氢原子的能级图。

人们早在了解原子内部结构之前就已经观察到了气体光谱，不过那时候无法解释为什么气体光谱只有几条互不相连的特定谱线，玻尔的氢原子理论正确地指出原子能级的存在，提出了

定态和角动量量子化的概念，并正确地解释了氢原子及类氢离子光谱规律。但是玻尔理论基础还是建立在经典物理的基础上的，是半经典半量子理论，既把微观粒子看成是遵守经典力学的质点，保留了经典的确定性轨道，同时，又赋予它们量子化的特征。布拉格曾经评价道：玻尔理论"好像在星期一、三、五引用经典理论，而在星期二、四、六应用量子理论"，理论的结构缺乏逻辑的统一性，这是玻尔理论局限性的根源。另外，玻尔理论无法解释比氢原子更复杂的原子，对谱线的强度、宽度、偏振等一系列问题无法处

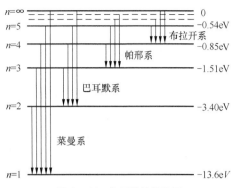

图 17-10 氢原子的能级图

理。要圆满地解释原子光谱的全部规律，必须完全摒弃经典理论，代之以一种新的理论，即量子力学。

17.4 德布罗意波

我们知道，光具有"波—粒二象性"，光的波动性包括光的干涉、衍射等，而光的粒子性由爱因斯坦提出后由光电效应、康普顿散射等所证实。1924 年，正在攻读博士学位的路易斯·德布罗意提出了自己的设想：和光一样，实物粒子也具有波—粒二象性。按照德布罗意的构思，一个质量为 m、速度为 v 的匀速运动的粒子，具有能量 E 和动量 $\overline{p}$（粒子性），同时也具有波长 λ 和频率 v（波动性），与光子性质一样，它们之间也靠普朗克常数连接起来。

$$E = hv, \quad p = mv = \frac{h}{\lambda} \tag{17-21}$$

于是，对粒子来说，若其静止质量为 m_0，速度为 v，则与该粒子相联系的单色波的波长和频率为

$$\lambda = \frac{h}{p} = \frac{h}{mv} = \frac{h}{m_0 v}\sqrt{1-\left(\frac{v}{c}\right)^2}, \quad v = \frac{E}{h} = \frac{mc^2}{h} = \frac{m_0 c^2}{h\sqrt{1-\left(\frac{v}{c}\right)^2}} \tag{17-22}$$

式（17-23）称为**德布罗意公式**，德布罗意把实物粒子具有的波称为"相波"。后人为了纪念他，也称其为"德布罗意波"；薛定谔则称之为"物质波"。若 $v \ll c$，则 $m = m_0$，德布罗意波的波长可以直接写作

$$\lambda = \frac{h}{p} = \frac{h}{m_0 v} \tag{17-23}$$

【例 17-2】 计算 $m=0.01\text{kg}$，$v=300\text{m/s}$ 的子弹的德布罗意波长。

解： 因为子弹飞行速度远小于光速，故有

$$\lambda = \frac{h}{p} = \frac{h}{mv} = \frac{6.63 \times 10^{-34}}{0.01 \times 300} = 2.21 \times 10^{-34} \text{ m}$$

可见，经过德布罗意公式计算出来的宏观物体的德布罗意波长很小，甚至小到实验难以测量的程度，因此宏观物体仅表现出粒子性。而微观物质，例如动能为 200eV 的电子，经过计算，其德布罗意波长 $\lambda = 8.67 \times 10^{-2} \text{nm}$，可以看出，此波长很短，数量级与 X 射线波长的数量级相

当。由于电子的线度本身也很小，因此其德布罗意波就不能忽略了。

17.5　不确定度关系

众所周知，对于一个宏观物体来说，可以用其坐标和速度来描述其运动状态，例如，一个被抛起的篮球，若知道了它某时刻的坐标以及速度，那么就可以确定它的轨迹，即任何时刻它的运动状态都是确定的。也可以用动量来代替速度，这对于描述物体运动状态是等价的。但是，这些描述宏观物体的物理量在描述微观粒子运动状态时遇到了困难。下面以电子的单缝衍射为例说明。

如图 17-11 所示，电子通过单缝衍射后在屏上形成明暗相间的条纹，中央为主极大明纹。

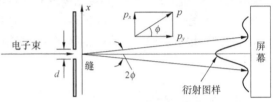

图 17-11　电子单缝衍射说明不确定度关系

问题随之而来，问题一：当单个电子通过单缝时，电子究竟是从宽度为 d 的单缝上的哪一点通过的呢？这个问题我们无法准确回答，我们只能说电子确实通过了单缝，但电子通过单缝时的准确坐标 x 是不能明确知道的。电子通过缝时，在缝上任意一点通过的可能性都有。如果用 Δx 表示电子通过缝时其坐标可能出现的范围，则有 $\Delta x = b$，称其坐标的不确定度范围为 b。

问题二：电子通过单缝时，动量是确定的吗？从衍射角 $-\phi$ 到 $+\phi$ 范围内都可能有电子的分布，即电子速度的方向将发生改变。电子的动量大小虽然没发生变化，但是方向却发生了变化，不再是确定的，而是限制在某衍射角的范围内，若只考虑一级衍射图样，则有 $b\sin\phi = \lambda$，电子的动量沿 x 方向分量的不确定度范围为

$$\Delta p_x = p\sin\phi = p\frac{\lambda}{b}$$

将德布罗意公式 $\lambda = \dfrac{h}{p}$ 代入上式，可得

$$\Delta p_x = \frac{h}{b}$$

即 $b\Delta p_x = h$，考虑到坐标的不确定度关系 $\Delta x = b$，则有

$$\Delta x \Delta p_x = h$$

考虑到电子除了一级衍射之外还有其他衍射级次，所以上式应该改写为

$$\Delta x \Delta p_x \geqslant h \tag{17-24}$$

上式就是动量和坐标的不确定度关系式。

提出不确定度关系的物理学家是德国人海森堡（W.Heisenberg）（如图 17-12 所示），时间是 1927 年。

不确定度关系式说明用经典物理学量——动量、坐标来描写微观粒子行为时将会受到一定的限制，因为微观粒子不可能同时具有确定的动量及位置坐标；不确定的根源是"波—粒二象性"，这是微观粒子的根本属性。对于宏观粒子，因 h 很小，$\Delta x \Delta p_x$ 乘积趋近于零，可视为位置和动量能同时准确测量。而对于微观粒子，h 不能忽略，Δx、Δp_x 不能同时具有确定值，此时，只

图 17-12　海森堡

有从概率统计角度去认识其运动规律，所以在量子力学中，将用波函数来描述微观粒子，不确定关系是量子力学的基础。

对于微观粒子，其能量及时间之间也有下面的不确定度关系。

$$\Delta E \Delta t \geqslant h$$

ΔE 表示粒子能量的不确定量，而 Δt 可表示粒子处于该能态的平均时间。

引申出去，若定义两个量的相乘积与 h 有相同量纲的物理量称为共轭量，则可以证明：凡是共轭的量都是满足不确定度关系的。

【例 17-3】 波长为 400nm 的平面光波朝 x 轴的正方向传播，若波长的相对不确定量为 $\Delta\lambda/\lambda = 10^{-6}$，求动量的不确定量和光子坐标的最小不确定量。

解： 由 $p = \dfrac{h}{\lambda}$，可得 $\Delta p = -\dfrac{h}{\lambda^2}\Delta\lambda$，根据题意，动量的不确定量为

$$|\Delta p| = \frac{h}{\lambda^2}\Delta\lambda = \frac{h}{\lambda}\frac{\Delta\lambda}{\lambda} = 1.66\times10^{-23}\ \mathrm{kg\cdot m\cdot s^{-1}}$$

由不确定度关系 $\Delta x\Delta p \geqslant h$，得光子坐标的最小不确定量 $\Delta x \geqslant h/\Delta p = 0.4\ \mathrm{m}$。

17.6 波函数 薛定谔方程

对于宏观物体来说，描述其运动状态只考虑其粒子性就足够了，但是对于微观粒子来说，由于具有波—粒二象性，所以仅仅考虑其粒子性是远远不够的，而必须考虑其波动性。本节将从描述其运动状态的波函数入手，介绍量子力学中的基本方程——**薛定谔方程**。

17.6.1 波函数

对于微观粒子，在表现粒子性的同时，也表现出波动性。在描述微观粒子的运动状态方面，牛顿方程已不再适用，因此必须研究微观粒子的波动性。下面从一维自由粒子的波函数入手来探讨一下。

设一列沿 x 轴正向传播的频率为 ν 的平面简谐波，由前面的知识可知，其波函数为

$$y = A\cos 2\pi(\nu t - \frac{x}{\lambda})$$

现将上式写成复数形式

$$y = A\mathrm{e}^{-\mathrm{i}2\pi(\nu t - \frac{x}{\lambda})}$$

把德布罗意公式 $\nu = E/h$，$\lambda = h/p$ 代入上式中，可得

$$y = A\mathrm{e}^{-\mathrm{i}\frac{2\pi}{h}(Et - px)}$$

对于动量为 $\bar{p}$、能量为 E 的一维自由微观粒子，根据德布罗意假设，其物质波的波函数相当于单色平面波，在这里，我们为了把描述自由粒子的平面物质波和一般的波动区别开，一般用 ψ 来代替 y，这样，上式便可写成

$$\psi(x,t) = \psi_0\mathrm{e}^{-\mathrm{i}\frac{2\pi}{h}(Et - px)} \qquad (17\text{-}25\mathrm{a})$$

或者

$$\psi(x,t) = \psi_0 e^{-i2\pi(vt-\frac{x}{\lambda})} \qquad (17\text{-}25b)$$

式（17-25）用来表述与微观粒子相联系的物质波，该函数表达式 ψ 称为物质波的**波函数**。物质波的物理意义可以通过与光波的对比来阐明。

我们知道，光强正比于振幅的平方，所以光发生衍射时，光的强度大，则代表光波振幅平方大，但是从粒子性的观点来看，光强大代表光子在该处出现的概率大；而对于物质波，以电子衍射为例，某时刻某处强度大，代表波函数振幅的平方大，也代表单个粒子在该处出现的概率大。在某一时刻，在空间某处，微观粒子出现的概率正比于该时刻、该地点波函数的平方。即：t 时刻粒子出现在空间某点 r 附近体积元 dV 中的概率，与波函数平方及 dV 成正比。由于波函数 ψ 为复数，而概率为正实数，所以，波函数的平方 ψ^2 和 dV 的乘积应该写作

$$|\psi|^2 dV = \psi\psi^* dV$$

这里 ψ^* 为 ψ 的共轭复数。$|\psi|^2$ 称为**概率密度**，表示在某一时刻在某点处单位体积内粒子出现的概率。与机械波、电磁波等不同，德布罗意波是一种概率波。讨论单个微观粒子的德布罗意波是没有意义的，德布罗意波反映出来的是一种统计意义。由于粒子要么出现在空间某个区域，要么出现在空间其他区域，所以某时刻粒子在整个空间中存在的几率为 1，即**满足归一化条件**

$$\iiint |\psi|^2 dV = 1 \qquad (17\text{-}26)$$

满足上式的波函数叫做归一化波函数。

【**例 17-4**】做一维运动的粒子被束缚在 $0 < x < a$ 的范围内，已知其波函数为 $\psi(x) = A\sin(\pi x/a)$。试求：

（1）常数 A。

（2）粒子在 $0 \sim a/2$ 区域出现的概率。

（3）粒子在何处出现的概率最大？

解：（1）由归一化条件得 $\int_0^a A^2 \sin^2(\pi x/a) dx = 1$，所以有 $A = \sqrt{\dfrac{a}{2}}$。

（2）粒子的概率密度为

$$|\psi|^2 = \frac{2}{a}\sin^2\frac{\pi x}{a}$$

则在 $0 < x < a/2$ 区域内，粒子出现的概率为

$$\int_0^{a/2} |\psi|^2 dV = \frac{2}{a}\int_0^{a/2}\sin^2\frac{\pi x}{a}dx = \frac{1}{2}$$

（3）概率最大的位置应满足

$$\frac{d|\psi(x)|^2}{dx} = 0$$

解之，得

$$\frac{2\pi x}{a} = k\pi \qquad (k = 0, \pm 1, \pm 2, \pm 3, \cdots)$$

因 $0 < x < a$，故得 $x = \dfrac{a}{2}$，即 $x = \dfrac{a}{2}$ 处粒子出现的概率最大。

17.6.2 薛定谔方程

下面介绍量子力学的基本方程——薛定谔方程。由奥地利物理学家薛定谔（Erwin Schrodinger）（如图 17-13 所示）建立的适用于低速情况的、描述微观粒子在外力场中运动的微分方程，称为薛定谔方程。如同牛顿方程在经典力学中一样，薛定谔方程也不能由其他原理公式推导，只能依靠实践来证明。因此，在这里介绍的是建立薛定谔方程的思路。

图 17-13 薛定谔

在吸收了德布罗意的思想后，薛定谔决定把物质波的概念应用到原子体系的描述中去，最后，薛定谔从经典力学的哈密顿—雅可比方程出发，利用变分法和德布罗意公式，求出了一个非相对论的波动方程，这个方程就是薛定谔方程。

下面，我们沿着伟人的足迹，看一下薛定谔方程的产生。

设有一自由粒子，其质量为 m，动量为 p，能量为 $E = E_k = \dfrac{1}{2}mv_x^2 = \dfrac{1}{2m}p^2$，沿着 x 轴运动。则其波函数为

$$\psi(x,t) = \psi_0 e^{-i\frac{2\pi}{h}(Et-px)}$$

将上式对 x 取二阶偏导，对 t 取一阶偏导后，得到

$$\frac{\partial^2 \psi}{\partial x^2} = -\frac{4\pi^2 p^2}{h^2}\psi$$

和

$$\frac{\partial \psi}{\partial t} = -\frac{i2\pi}{h}E\psi$$

整合上两式可得

$$-\frac{h^2}{8\pi^2 m}\frac{\partial^2 \psi}{\partial x^2} = i\frac{h}{2\pi}\frac{\partial \psi}{\partial t} \tag{17-27}$$

式（17-27）叫做一维运动自由粒子含时的薛定谔方程。

若粒子不是自由的，而是限制在势场中，则粒子除了上面具有的动能外还具有势能 E_p（$E_p = E_p(x,t)$），即

$$E = \frac{1}{2m}p^2 + E_p$$

将上式代入到 $\dfrac{\partial^2 \psi}{\partial x^2} = -\dfrac{4\pi^2 p^2}{h^2}\psi$ 及 $\dfrac{\partial \psi}{\partial t} = -\dfrac{i2\pi}{h}E\psi$ 中，则可得

$$-\frac{h^2}{8\pi^2 m}\frac{\partial^2 \psi}{\partial x^2} + E_p\psi = i\frac{h}{2\pi}\frac{\partial \psi}{\partial t} \tag{17-28}$$

式（17-28）叫做**一维运动粒子含时的薛定谔方程**。若 $E_p = 0$，则上式可转化为式（17-27），因此，式（17-27）只是式（17-28）表述的一种特殊情况。

还有一种情况存在：若势能只是坐标的函数，而与时间无关，即 $E_p = E_p(x)$，则可将

$\psi(x,t) = \psi_0 e^{-i\frac{2\pi}{h}(Et-px)}$ 分解为坐标函数和时间函数的乘积

$$\psi(x,t) = \psi_0 e^{-i\frac{2\pi}{h}(Et-px)} == \psi_0 e^{i2\pi px/h} e^{-i2\pi Et/h} == \psi(x)\phi(t) \qquad (17\text{-}29)$$

其中

$$\psi(x) = \psi_0 e^{i2\pi px/h}$$

将式（17-29）代入到式（17-28）中，可得在势场中一维运动粒子定态的薛定谔方程

$$\frac{d^2\psi}{dx^2} + \frac{8\pi^2 m}{h^2}(E - E_P)\psi(x) = 0 \qquad (17\text{-}30)$$

之所以称为定态，是因为函数 ψ 只是坐标的函数，而与时间无关，另外粒子在势场中的势能和总的能量也只是坐标的函数，不随时间的变化而变化。

上面所述的是一维的情况，若粒子是在三维空间中运动，此时 $\psi = \psi(x,y,z)$，势能为 $E_P = E_P(x,y,z)$，则可将式（17-31）推广，得

$$\frac{\partial^2\psi}{\partial x^2} + \frac{\partial^2\psi}{\partial y^2} + \frac{\partial^2\psi}{\partial z^2} + \frac{8\pi^2 m}{h^2}(E - E_P)\psi = 0$$

这里，我们引进拉普拉斯算子 $\nabla^2 = \dfrac{\partial^2}{\partial x^2} + \dfrac{\partial^2}{\partial y^2} + \dfrac{\partial^2}{\partial z^2}$，则上式可以写为

$$\nabla^2\psi + \frac{8\pi^2 m}{h^2}(E - E_P)\psi = 0 \qquad (17\text{-}31)$$

式（17-31）为一般形式的薛定谔方程。

薛定谔的方程一经得出，便得到了全世界物理学家的好评。普朗克称之为"划时代的工作"爱因斯坦评价道："……您的想法源自于真正的天才。""您的量子方程已经迈出了决定性的一步。"……薛定谔从德布罗意那里得到灵感而建立的方程通俗形象，简明易懂，也标志着量子力学的诞生。

17.7 量子力学中的氢原子问题

前面介绍了玻尔的氢原子理论是有局限性的，一方面它使用了量子化的标准，另一方面它和经典理论有着千丝万缕的联系。下面将介绍量子力学是如何处理玻尔理论曾经处理过的氢原子问题的。

17.7.1 氢原子的薛定谔方程

氢原子中，电子的势能函数为

$$E_P = -\frac{e^2}{4\pi\varepsilon_0 r}$$

式中，r 为电子离原子核的距离。由于电子与原子核相比要小很多，因此可以假设原子核是静止的（类似太阳和地球的关系）。

代入定态薛定谔方程式（17-31）中，得

$$\nabla^2\psi + \frac{8\pi^2 m}{h^2}(E + \frac{e^2}{4\pi\varepsilon_0 r})\psi = 0 \qquad (17\text{-}32)$$

考虑到势能是 r 的函数，方便起见，可利用球坐标求解，即用球坐标 (r,θ,φ) 代替直角坐标 (x,y,z)，如图 17-14 所示，因为

$$x = r\sin\theta\cos\varphi$$
$$y = r\sin\theta\sin\varphi$$
$$z = r\cos\theta$$

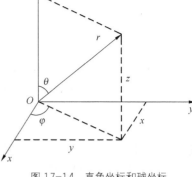

图 17-14　直角坐标和球坐标

将之代入到式（17-32）中，可得

$$\frac{1}{r}\frac{\partial}{\partial r}\left(r^2\frac{\partial\psi}{\partial r}\right) + \frac{1}{r^2\sin\theta}\frac{\partial}{\partial\theta}\left(\sin\theta\frac{\partial\psi}{\partial\theta}\right) + \frac{1}{r^2\sin^2\theta}\frac{\partial^2\psi}{\partial\psi^2} +$$
$$\frac{8\pi^2 m}{h^2}\left(E + \frac{e^2}{4\pi\varepsilon_0 r}\right)\psi = 0 \qquad (17\text{-}33)$$

对式（17-33）用分离变量法求解，设

$$\psi(r,\theta,\varphi) = R(r)\Theta(\theta)\Phi(\varphi)$$

式中，$R(r)$、$\Theta(\theta)$、$\Phi(\varphi)$ 分别只是 r、θ、φ 的单值函数。

经过一系列数学运算后，可得

$$\frac{\mathrm{d}^2\Phi}{\mathrm{d}\varphi^2} + m_l^2\Phi = 0 \qquad (17\text{-}34)$$

$$\frac{m_l^2}{\sin^2\theta} - \frac{1}{\Theta\sin\theta}\frac{\mathrm{d}}{\mathrm{d}\theta}(\sin\theta\frac{\mathrm{d}\Theta}{\mathrm{d}\theta}) = l(l+1) \qquad (17\text{-}35)$$

$$\frac{1}{R}\frac{\mathrm{d}}{\mathrm{d}r}(r^2\frac{\mathrm{d}R}{\mathrm{d}r}) + \frac{8\pi^2 mr^2}{h^2}(E + \frac{e^2}{4\pi\varepsilon_0 r}) = l(l+1) \qquad (17\text{-}36)$$

上面 3 个式子中出现的 m_l 和 l 为新引进的常数。接下来将对上述 3 个方程的解进行分析（因为求解过程十分复杂，所以将其省略，只看与其解有关的一些结果）。

17.7.2　量子化和量子数

求解式（17-34）、式（17-35）和式（17-36），就能得到一些量子化的特性。

在求解式（17-36）时，可求得

$$E = -\frac{1}{n^2}\left(\frac{me^4}{8\varepsilon_0^2 h^2}\right)$$

可以看出，能量也是量子化的，因此上式可写作

$$E_n = -\frac{1}{n^2}\left(\frac{me^4}{8\varepsilon_0^2 h^2}\right) \qquad (n=1,2,3,\cdots) \tag{17-37}$$

式中，n 称为**主量子数**。按照此方法得出的氢原子的能量与玻尔理论得到的结果是一致的。

在解方程式（17-35）和式（17-36）时，可得氢原子中电子的角动量

$$L = \sqrt{l(l+1)}\frac{h}{2\pi} \tag{17-38}$$

式中，$l = 0,1,2,3,\cdots,(n-1)$，l 叫做**角量子数**。可见，氢原子中电子的角动量也是量子化的。

此外，当氢原子置于外磁场中，角动量 L 在空间取向只能取一些特定的方向，L 在外磁场方向的投影必须满足量子化条件

$$L_z = m_l\frac{h}{2\pi} \tag{17-39}$$

式中，$m_l = 0,\pm1,\pm2,\cdots,\pm l$，称为**磁量子数**。对于一定的**角量子数** l，磁量子数 m_l 可取 $(2l+1)$ 个值。即电子的**角动量**在空间的取向只有 $(2l+1)$ 个可能性。

17.8 激光及其医学应用

激光是"用辐射的受激发射产生光的放大（light amplification by stimulated emission of radiation）"的简称，是 20 世纪 60 年代发展起来的一种新型光源。

17.8.1 激光产生原理

1. 受激辐射

原子从较高能级 E_2 向较低能级 E_1 跃迁时要释放出能量 E_2-E_1。释放能量的形式有两种，一种是把能量 E_2-E_1 转变为原子的热运动能而不产生任何辐射，此过程称为无辐射跃迁；另一种是以发射电磁波的形式释放能量，称为辐射跃迁，所辐射电磁波的频率为

$$\nu = \frac{E_2 - E_1}{h} \tag{17-40}$$

处于能级为 E_1 的原子，当受到频率符合式 11—300 的光子作用后，该原子就能吸收该光子的全部能量而从 E_1 激发到 E_2，此过程称为受激吸收或共振吸收。处于激发态 E_2 的原子跃迁到较低能级 E_1 而产生辐射时通常有两种跃迁方式，一种是原子自发地从激发态向较低能级跃迁，同时放出一个光子，此过程称为**自发辐射**。各原子自发辐射的波之间无固定的相位关系，是非相干的。普通光源所发出的光主要是由自发辐射产生的。另一种是处于激发态的受到外来光子的诱导而产生的向低能级的跃迁称为受激跃迁，受激跃迁所产生的辐射称为**受激辐射**。受激辐射产生的光子与外来光子具有相同的频率、相同的相位、相同的传播方向和相同的偏振方向。于是，受激辐射过程使原来的一个光子变成性质完全相同的两个光子。如果这两个光子在传播过程中分别诱导两个原来处于高能级的原子，又能引起受激辐射，如此进行下去，发射的光子

数越来越多，造成了光放大作用。这种由于受激辐射而得到加强的光就是激光。**受激辐射是产生激光的基础。**

2. 粒子数反转

受激辐射过程是与受激吸收过程同时存在的。前者一个光子变成两个光子，从而实现了光放大；后者则吸收光子使光变弱。激光器正常工作的首要条件是使受激辐射过程占主导地位。受激辐射和受激吸收究竟哪一过程占主导地位，取决于工作介质中处于高能态的原子数 N_2 多，还是处于低能态的原子数 N_1 多。只有当 $N_2 > N_1$ 时，受激辐射才占主导地位而实现光放大。但是，在正常情况下，物质中绝大多数原子都处于基态，这是因为基态原子能量最低，最为稳定。这种分布称为原子数目按能级的正常分布。显然，这种分布是不利于受激辐射的。为了使受激辐射占主导地位，必须使处于高能级的原子数多于处于低能级的原子数，称为**粒子数反转**。**粒子数反转是产生激光的先决条件。**

能否实现粒子数反转与工作介质的物质结构及其性质密切相关。原子停留在高能级的平均时间称为该能级的**平均寿命**。由于原子内部结构的特殊性，各能级的平均寿命是不同的。能级的平均寿命一般都很短，数量级为 10^{-8} 秒，但也有一些能级的平均寿命很长，可达几毫秒。这些平均寿命较长的能级称为亚稳态能级。如图 17-15 所示，设 E_2 是亚稳态，利用外来能量抽运的结果，使原子激发到高能级 E_3 上，如果能级 E_3 的寿命很短，就会很快跃迁到 E_1 或 E_2 的能级上，只要源源不断地提供用于抽运的外来能量，处于 E_2 能级的原子数目就会越来越多，最后超过处于 E_1 能级的原子数，出现了粒子数反转。这时若受到频率 $\nu = (E_2 - E_1)/h$ 的光子作用，在 E_2 和 E_1 能级之间就能产生以受激辐射为主的辐射。**原子存在亚稳态能级是实现粒子数反转的先决条件。**实现粒子数反转的另一条件是必须有激励能源，在正常情况下，绝大多数原子（或分子、离子）处于基态。为使原子产生辐射跃迁，首先要有外来能量使原子处于激发态。将原子从基态激发到激发态的激励过程称为**抽运**。通常是用其他粒子的碰撞、光照、加热或化学变化等办法来完成抽运工作的。

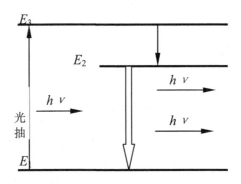

图 17-15　利用亚稳态实现粒子数反转

3. 光学谐振腔

引起受激辐射的最初光子来自自发辐射，自发辐射产生的光子无论是发射方向还是相位都是无规则的。这些传播方向和相位杂乱无章的光子引起受激辐射后，所产生的放大了的光波仍然是向各个方向传播的，而且各有各的相位。为了能产生激光，必须选择传播方向和频率一定的光信号作最优先的放大，而把其他方向和频率的光信号加以抑制，为达到此目的，可在工作介质的两头放置两块互相平行并与工作介质的轴线垂直的反射镜，这两块反射镜与工作介质一起构成了所谓的光学谐振腔。凡是不沿谐振腔轴线方向运动的光子均很快逸出腔外，与工作介质中的原子不再有什么接触。但沿轴线方向运动的光子可在腔内继续前进并经两反射镜的反射不断地往返运行。它们在腔内运行时不断碰到受激原子而产生受激辐射。于是，沿着轴线方向运动的光子不断增殖，在谐振腔内形成了传播方向均沿轴线、相位完全一致的强光束，这就是激光。为把激光引出腔外，一般将一个反射镜做成部分反射部分透射。透射部分成为可利用的激光，反射部分留在腔内继续增殖光子。

工作介质单位体积内处于高能级的原子数与处于低能级的原子数之差称为**反转密度**。反转密度越大，光放大的增益也越高。在光子增殖的同时，还存在使光子减少的相反过程，称为损耗。损耗出自多方面的原因，如反射镜的透射和吸收，介质不均匀所引起的散射等。显然，只有当光在谐振腔来回一次所得到的增益大于同一过程中的损耗时，才能维持振荡。外界提供的能量越大，反转密度也越大。因而外界所提供的能量大小存在一个维持振荡的阈值，称为能量阈值。只有外界提供的能量超过阈值时，才能维持振荡从而输出激光。谐振腔的作用是维持光振荡，实现光放大。**谐振腔是产生激光的必要条件。**

与一般光源相比，激光具有下列特点。

（1）方向性好。因为在光学谐振腔的作用下，只有沿轴向传播的光才能不断地得到放大，形成一束平行传播的激光输出。

（2）强度高。由于方向性好，可以获得能量集中、强度很高的激光束。经聚焦后，在焦点附近可产生几万摄氏度的高温，能熔化各种金属和非金属材料。

（3）单色性好。所有单色光源发射的光，其波长并不是单一的，而是有一个范围，用谱线宽度表示。谱线宽度越窄，光的单色性越纯。在激光出现之前，氪灯的单色性最纯，谱线宽度约为 10^{-4}nm。氦氖激光器发射激光的谱线宽度为 10^{-8}nm，为氪灯的万分之一。

（4）相干性好。由于激光是一束同频率、同相位和同振动方向的光，因而是相干光，一般光源发出的光都是非相干光。

17.8.2 激光器

自 1960 年第一台红宝石激光器诞生以来，到目前为止已发现了数万种材料可以用来制造激光器。按工作介质的材料不同，激光器可分为气体激光器、固体激光器、半导体激光器和染料激光器四大类。这些不同种类的激光器所发射的波长已达数千种，最短的波长为 21nm，属远紫外光区；最长波长为 0.7mm，在微波波段边缘。在医学上常用的是红宝石激光器和氦氖激光器，前者属于固体激光器，后者属于气体激光器。下面主要介绍红宝石激光器。

红宝石激光器是以红宝石棒为工作介质的，红宝石是掺有 0.05%铬离子的三氧化二铝。棒的两个端面精密磨光，平行度极高，一端镀银成为全反射面，另一端镀薄银层，透射率为 1% ~ 10%，构成光学谐振腔。Cr^{3+} 在红宝石中的能级如图 17-16 所示，E_1 是基态能级，E_2 是亚稳态能级。红宝石激光器是用氙放电管发出的闪光进行抽运的。每次闪光持续时间为数毫秒。在脉冲型的强光照射下，红宝石中处于基态 E_1 的大量铬离子激发到激发态 E_3。E_3 的平均寿命仅为 5×10^{-8}s。因此，这些铬离子很快就落入亚稳态 E_2，E_2 的平均寿命为 3ms，是激发态 E_3 的 6 万倍，所以处于亚稳态 E_2 的铬离子数目大大超过处于基态的粒子数，形成了粒子数反转。在谐振腔的作用下，轴向传播的光束来回振荡，不断得到放大，形成了激光输出，它是波长为 694.3nm 的红色可见光。

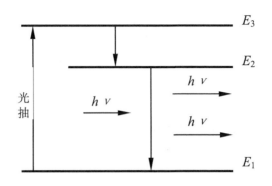

图 17-16 Cr³⁺ 的能级简图

17.8.3 激光在医学上的应用

激光在医学上的应用很多，主要是利用它的方向性和高强度两大特点。激光首先被应用于眼科，由于激光的方向性好、光束细、便于定位，在可见光范围内的激光可投射到眼底，聚焦于视网膜上，利用它的热效应使组织凝固可用来封闭视网膜裂孔或接焊剥离的视网膜。此外，虹膜切除和打孔等手术都已获得成功。这些手术仅需几毫秒的时间就能生效，可不受患者眼球移动的影响。在外科方面，用大功率激光作为手术刀称为激光刀。激光能量集中，照射到人体组织可使局部温度升高，细胞中的水分迅速汽化，产生很大的压强，引起细胞和组织的破裂。与普通的手术刀相比，激光刀有它独特的优点。

（1）由于激光的热凝固作用，在手术中能封闭中、小血管，减少病人的出血，对于血管丰富的肝、肾等器官的手术特别有利。在切割肿瘤时，由于血管和淋巴管的封闭，堵塞了肿瘤细胞的外转移通道，减少了转移的可能性。

（2）激光束可聚焦成点状，定位准确，对正常组织的损害极少。由于手术时仅用激光照射，与组织没有机械接触，减少了术后感染。手术时间短，减轻了病人的痛苦。

（3）利用光学纤维，将激光导入体内，可进行各种腔内手术。

小功率的激光有抗炎和促进上皮生长的作用，可应用于照射治疗，对某些炎症和皮肤病有一定的疗效。高度聚焦的激光对穴位照射的效果类似针灸，故有激光针之称。它的优点是无菌、无痛、无损伤，易为病人所接受。激光还有镇痛作用，用激光照射某些穴位能起麻醉效果。

用于医学基础研究的激光技术有：激光微光束技术、激光拉曼光谱技术、激光多普勒技术、激光全息显微技术、激光荧光显微技术等。

随着激光技术的不断完善，激光的医学应用也在急剧发展中。在使用激光的地方，工作人员和患者都必须戴防护眼镜。由于激光的强度很大，而且方向性好，反射光也是有害的，因此，在使用激光器时必须严格执行各种安全规则。

17.9 习题

一、思考题

1. 为什么夏天的时候人们喜欢穿浅颜色的衣服，而冬天则喜欢穿深颜色的衣服？

2. 为什么从远处看建筑物的窗户总是黑色的？

3. 若一物体的绝对温度减为原来的一半，它的总辐射能减少多少？

4. 用可见光能观测到康普顿效应吗？为什么？

5. 什么是光的波—粒二象性？

6. 玻尔的氢原子理论中，势能为负值，但是其绝对值比动能大？其意义是什么？

二、复习题

1. 所谓"黑体"指的是这样的一种物体，即（   ）。

（A）不能反射任何可见光的物体

（B）不能发射任何电磁辐射的物体

（C）能够全部吸收外来的任何电磁辐射的物体

（D）完全不透明的物体

2. 光电效应和康普顿效应都包含有电子与光子的相互作用过程。对此，在以下几种理解中，正确的是（   ）。

（A）两种效应中电子与光子两者组成的系统都服从动量守恒定律和能量守恒定律

（B）两种效应都相当于电子与光子的弹性碰撞过程

（C）两种效应都属于电子吸收光子的过程

（D）光电效应是吸收光子的过程，而康普顿效应则相当于光子和电子的弹性碰撞过程

（E）康普顿效应是吸收光子的过程，而光电效应则相当于光子和电子的弹性碰撞过程

3. 将星球看成黑体，测量它的辐射峰值波长 λ_m，利用维恩位移定律估计其表面温度是估测星球表面温度的方法之一，如果测得某两星的 λ_m 分别为 $0.35\mu m$ 和 $0.29\mu m$，试计算它们的表面温度。

4. 在黑体加热过程中，其单色辐出度的峰值波长由 $0.75\mu m$ 变化到 $0.40\mu m$，求总辐出度改变为原来的多少倍？

5. 黑体的温度 $T_1 = 6\,000K$，问 $\lambda_1 = 0.35\mu m$ 和 $\lambda_2 = 0.70\mu m$ 的单色辐出度之比等于多少？当温度上升到 $T_2 = 7\,000K$ 时，λ_1 的单色辐出度增加到原来的多少倍？

6. 钾的光电效应红限波长为 $\lambda_0 = 0.62\mu m$，求：

（1）钾的逸出功。

（2）在波长 $\lambda = 330nm$ 的紫外光照射下，钾的遏止电势差。

7. 光子能量为 0.5MeV 的 X 射线，入射到某种物质上而发生康普顿散射，若反冲电子的能量为 0.1MeV，则散射光波长的改变量 $\Delta\lambda$ 与入射光波长 λ_0 之比值为多少？

8. 波长 $\lambda_0 = 0.070\,8nm$ 的 X 射线在某种物质上受到康普顿散射，在 $\dfrac{\pi}{2}$ 和 π 方向上所散射的 X 射线的波长以及反冲电子所获得的能量各是多少？

9. 如图 17-17 所示，一束动量为 p 的电子，通过缝宽为 a 的狭缝。在距离狭缝为 R 处放置一荧光屏，屏上衍射图样中央最大的宽度 d 等于多少？

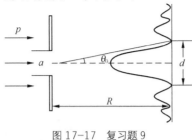

图 17-17 复习题 9

10. 已知氢光谱的某一线系的极限波长为 3 647Å，其中有一谱线波长为 6 565Å。试由玻尔氢原子理论，求与该波长相应的始态与终态能级的能量（ $R=1.097\times10^7\,\mathrm{m}$ ）。

11. 一束带电粒子经 206V 电压加速后，测得其德布罗意波长为 $2.0\times10^{-3}\mathrm{nm}$，若该粒子所带的电荷量与电子电荷量相等，求这粒子的质量。

12. 由实验可知，在一定条件下，人眼视网膜上接收 5 个蓝绿色光子（ $\lambda=500\mathrm{nm}$ ）时就能产生光的感觉，此时视网膜上接收的能量有多少？如果每秒都接收 5 个这种光子，问投射到视网膜上的光功率是多少？

原子核物理学是研究原子核结构、特性及相互转变的科学。从 1896 年贝可勒发现铀原子核的放射性和 1911 年卢瑟福提出原子核结构以后，经过长期探索，原子核物理学在医学上广泛地应用，形成了一门新的边缘科学——**核医学**。

本章主要在介绍原子核的性质、衰变类型、衰变规律的基础上，讨论与射线相关的一些问题以及医学应用。

18.1　原子核的基本性质

本节从原子核的结构出发，主要讨论原子核的形成、性质和稳定性等内容。

18.1.1　原子核的组成

原子核是由质子和中子组成的。质子和中子统称为核子。质子带一个单位正电荷（以电子的电荷 e 为单位，即 1.602×10^{-19} 库仑）；中子不带电。质子和中子的质量都极小，常采用原子质量单位来度量，以 u 表示。以同位素 $^{12}_{6}C$ 原子质量的 $\frac{1}{12}$ 定义为一个原子质量单位，$1u = 1.660566 \times 10^{-27} kg$。质子的质量为 $1.007277u$，中子质量为 $1.008665u$。在正常情况下，核外电子数与核内质子数相等，整个原子呈中性。

一种元素的原子核含有一定数目的质子和中子，用符号 $^{A}_{Z}X$ 表示。X 是该元素的化学符号，Z 表示原子核内的质子数，即原子序数。A 为原子核内的核子数，也就是相应原子的质量数。A-Z 为原子核内的中子数。由于 Z 和 X 的一致性，Z 可以略去，写成 ^{A}X。自然界中最轻的原子核是 $^{1}_{1}H$（氢 1），只有一个质子，没有中子；最重的原子核是 $^{238}_{92}U$（铀 238），由 92 个质子和 146 个中子组成。

质子数和中子数相同且能量状态也相同的一类原子核或原子的集合称为核素。核素可分为两大类。一类是稳定性核素，它能够稳定存在，不会自发地变化，如 $^{2}_{1}H$、$^{1}_{1}H$、$^{4}_{2}He$、$^{12}_{6}C$ 等。另一类是不稳定核素，也称为放射性核素，它能自发地放射出射线而转变为另一种核素，如 $^{3}_{1}H$、$^{4}_{2}He$、$^{10}_{6}C$ 等。放射性核素又分为天然放射性核素和人工放射性核素（由核反应堆、加速器和放射性核素发生器等生产制成）。至今为止，人们发现了 109 种元素，可以得到的核素已有 2600 多种，其中稳定核素约有 280 多种，其余均为放射性核素。天然放射性核素只有 50 种左右，如 ^{238}U、^{226}Ra 等。医学上常用的放射性核素如 ^{32}P、^{99}Tc、^{131}I、^{60}Co 等几乎都是人工放射性核素。

质子数相同，而中子数不同的核素称为同位素。在元素周期表中，同位素处于同一位量，属于同一种元素，如 ^{16}O、^{17}O、^{18}O 是氧的 3 种同位素。质子数和中子数相同，但处于不同能量状态的核素称为同质异能素。^{A}X 核的同质异能素记为 ^{Am}X，如 $^{99m}_{43}Tc$ 就是 ^{99}Tc 的同质异能素，前者处于较高的亚稳态，后者处于基态。质量数相同而质子数不同的核素称为同量异位素，如 $^{3}_{1}H$ 和 $^{3}_{2}He$；$^{14}_{6}C$、$^{14}_{7}N$ 和 $^{14}_{8}O$ 互为同量异位素。

18.1.2 原子核的性质

原子核是由质子和中子组成的，质子之间存在着库仑斥力。因而必然存在一种引力将所有核子结合在一起，这种引力称为核力。核子之间由于核力的作用而紧密结合在一起，核力作用距离为 10^{-15} m 范围内，核力是短程力，它是一种强相互作用力，是比万有引力和电磁力大得多。

原子核除了带电荷、有质量外，还有自旋角动量和磁距。

原子核处在不同的能量状态称为原子核的能级，原子核可以发生能级之间的跃迁。

18.1.3 原子核的稳定性

1. 原子核的质量

原子核的体积很小，但几乎集中了原子的全部质量。通常通过测定原子的质量来推得原子核的质量，原子的质量等于原子核的质量加上核外电子的质量，再减去相当电子全部结合能的数量。如果忽略与核外全部电子结合能相联系的质量，则原子核的质量 M_x 近似地等于原子质量 M 与核外电子质量 Zm_e 之差。

$$M_x = M - Zm_e \tag{18-1}$$

2. 原子核的结合能

原子核既然是由质子和中子组成的，它的质量应等于全部核子质量之和，但实际测量结果表明，原子核的质量小于组成它的核子质量之和。这个差值称为原子核的**质量亏损**，用 Δm 表示。根据相对论的质能关系定律：当物体的质量发生 Δm 的变化时，相应的能量也发生了 ΔE 的变化，其变化规律为

$$\Delta E = \Delta m \cdot c^2 \tag{18-2}$$

与质量亏损相联系的能量表示核子在组成原子核的过程中所释放出的能量，称为原子核的**结合能**。如氘的结合能为 2.23 MeV。

原子核的结合能非常大，因此一般原子核是非常稳定的，但不同的核素稳定程度不一样。原子核的结合能大致与核子数 A 成正比，通常用每个核子的平均结合能 ε 来表示原子核的稳定程度，其值等于原子核的结合能 ΔE 与核子数 A 的比值，即

$$\varepsilon = \frac{\Delta E}{A} \qquad\qquad (18\text{-}3)$$

核子的平均结合能愈大，原子核分解为核子所需的能量愈大，原子核就愈稳定。表 18-1 列出了一些原子核的结合能及核子的平均结合能。

表 18-1 一些原子核的结合能及核子的平均结合能

原子核	$\Delta E(\text{MeV})$	$\varepsilon(\text{MeV})$	原子核	$\Delta E(\text{MeV})$	$\varepsilon(\text{MeV})$
^2H	2.23	1.11	^{56}F	492.20	8.79
^3H	8.47	2.83	^{107}Ag	915.20	8.55
^4He	28.28	7.07	^{120}Sn	1020.00	8.50
^6Li	31.98	5.33	^{129}Xe	1078.60	8.43
^9Be	58.00	6.45	^{208}Pb	1636.40	7.87
^{12}C	92.20	7.68	^{235}U	1783.80	7.59
^{17}F	128.22	7.54	^{238}U	1801.60	7.57

原子核是否稳定取决于核内中子数与质子数的比例。在原子序数较小的核素中，中子数接近于质子数或略多一点，比较稳定。任何含有过多中子数或质子数的核素都是不稳定的。

18.2 原子核的衰变类型

放射性核素自发地发出某种射线而转变为另一种核素的现象，称为**原子核的衰变**。原子核的衰变过程严格遵守质量和能量守恒、动量守恒、电荷守恒和核子数守恒定律。本节主要讨论原子核几种主要的衰变方式。

18.2.1 α 衰变

原子核在衰变过程中，放出一个 α 粒子而变为另一种原子核的过程称为 α **衰变**。α 粒子就是高速运动的氦原子核，它由两个质子和两个中子组成，用符号 ^4_2He 表示。通常把衰变前的原子核称为**母核**，用 X 表示，衰变后的原子核称为**子核**，用 Y 表示。发生 α 衰变后形成的子核较母核的原子数减少 2，质量数较母核数减少 4。则衰变方程式为

$$^A_Z\text{X} \rightarrow {}^{A-4}_{Z-2}\text{Y} + {}^4_2\text{He} + Q \qquad\qquad (18\text{-}4)$$

式中，Q 是母核衰变成子核时所放出的能量，称为**衰变能**（decay energy）。衰变能 Q 表现为子核和 α 粒子的动能。计算表明，衰变能 Q 主要被 α 粒子带走，因此，α 粒子的能量较高，约为数百万 eV。处于基态的母核发生 α 衰变时，可以直接衰变到子核的基态；也可以先衰变到子核的激发态，放出能量较低的 α 粒子，然后再放出 γ 射线跃迁到基态。图 18-1 所示为 $^{226}_{88}\text{Ra}$ 、$^{210}_{84}\text{Po}$ 的 α 衰变图。

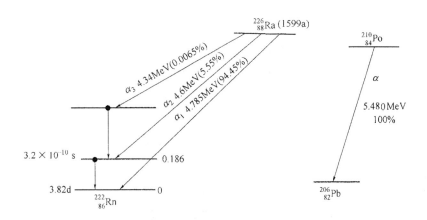

图 18-1　α 衰变

18.2.2　β 衰变

β 衰变包括 β^- 衰变和 β^+ 衰变以及电子俘获 3 种类型。

1.　β^- 衰变

原子核放出一个 β^- 粒子和一个反中微子 $\bar{\nu}$ 而转变成另一种原子核的过程，称为 β^- 衰变。β^- 粒子就是电子（$_{-1}^{0}e$），反中微子不带电，其质量比电子质量小得多，可视为零。根据核子数守恒和电荷守恒，β^- 衰变方程式为

$$_{Z}^{A}X \rightarrow {}_{Z+1}^{A}Y + {}_{-1}^{0}e + \bar{\nu} + Q \qquad (18\text{-}5)$$

上式中子核与母核的质量数相同，但原子序数增加 1，即在元素周期表移后了一个位置，这就是 β^- 衰变的位移定则。

β^- 衰变的子核可能处于激发态，当它回到基态时，伴有 γ 射线的发射。图 18-2 所示为 ^{60}Co 的衰变图。^{60}Co 在 β^- 衰变中同时发射出两种能量的 γ 光子。β^- 衰变的原因是母核中的中子数过多，通过 β^- 衰变使母核中的一个中子转变为一个质子，同时放出一个电子和一个反中微子，衰变方程为

$$_{0}^{1}n \rightarrow {}_{1}^{1}p + {}_{-1}^{0}e + \bar{\nu} + Q$$

β^- 放射性在医学上有重要的应用价值。一般所说的 β 放射性核素就是指 β^- 放射性核素，医学上常用的有 ^{32}P、^{3}H 和 ^{14}C 等。

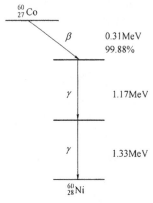

图 18-2　β^- 衰变

2.　β^+ 衰变

原子核放出一个 β^+ 粒子和一个中微子而转变为另一种原子核的过程为 β^+ 衰变。β^+ 粒子就是正电子，正电子是电子的反粒子，是一种质量和电子质量相等、带有一个单位正电荷的粒子，用 $_{1}^{0}e$ 表示。能够发生这种衰变类型的核素都是人工放射性核素。β^+ 衰变的方程式为

$$_{Z}^{A}X \rightarrow {}_{Z-1}^{A}Y + {}_{1}^{0}e + \nu + Q \qquad （18\text{-}6）$$

上式中的中微子 ν 和反中微子 $\bar{\nu}$ 一样均不带电，其静止质量近似为零，它们与物质的相互作用很弱，因此不易探测。

在 β^+ 衰变过程中，子核与母核的质量数相同，而原子序数减少 1，即在元素周期表中移前了一位，这就是 β^+ 衰变的位移定则。同理，β^+ 衰变后的子核可能处于激发态，当它回到基态时，伴有 γ 射线的发射，如图 18-3 所示。β^+ 衰变是由于母核中的一个质子转变为一个中子，同时发出一个正电子和一个中微子，衰变方程为

$$_1^1p \rightarrow {}_0^1n + {}_1^0e + \nu + Q$$

通常中子数过少的原子核就会发生这种衰变。

β 衰变（包括 β^-、β^+ 衰变）中，由于子核的质量比 β 粒子和中微子大得多，所以衰变能量主要为 β 粒子和中微子共有，能量在这两种粒子之间的分配可以是任意的。因此，同种原子核发出 β 射线的能谱是连续的，一般衰变图中所标示的 β 射线能量均指它的最大能量。

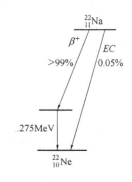

图 18-3 β^+ 衰变

正电子只能存在极短时间，当它被物质阻挡而失去动能时，将和物质中的电子结合而转化为一对 γ 光子，这一过程称为**正负电子对湮没**。正负电子对湮没可以转化为 1 个、2 个或 3 个光子，但转化为 2 个光子的几率最大。

β^+ 衰变只能在少数人工放射性核素中发现，天然放射性核素中尚未发现，医学上常用的有 ^{11}C、^{13}N、^{15}O、^{18}F、^{52}Fe 等。

3.电子俘获

原子核俘获一个核外电子，使核内的一个质子转变为中子，同时放出一个中微子的过程称为**电子俘获**，用 EC 表示。该过程方程为

$$_Z^AX + {}_{-1}^0e \rightarrow {}_{Z-1}^AY + \nu + Q \tag{18-7}$$

上式中子核的质量数与母核相同，原子序数减少 1，即在元素周期表中移前了一个位置，这就是电子俘获的位移定则。电子俘获也可用衰变图表示，如图 18-4 所示，$_{19}^{40}K$ 的衰变就有两种不同的电子俘获过程。电子俘获发生在中子数过少的核素中。

原子核从原子的内层（即 K 层）俘获电子的概率要比其他壳层大，因此称为 **K 俘获**。当然也有少数 L 俘获和 M 俘获。当一个内 K 层一个电子被俘获后，就留下了一个空位，外层电子跃迁填补该空位时，多余的能量将以标示 X 射线的形式放出来。如果多余的能量不是以 X 射线的形式放出来，而是传递给同一能级的外层电子，使之成为自由电子，这种自由电子称为**俄歇电子**。

β 衰变时，由于核内的核子数并没有变化，因此都是发生在同量异位素之间的衰变。

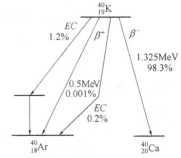

图 18-4 电子俘获

18.2.3 γ 衰变和内转换

1. γ 衰变

原子核由高能级跃迁到低能级时，发出 γ 光子的过程称为 γ **衰变**。在大多数情况下，原子核处于激发态的时间极短，约为 $10^{-13} \sim 10^{-11}$ s。因此，γ 衰变通常是伴随 α 衰变和 β 衰变而产生的。但也有些核衰变中，原子核在激发态的时间较长，可以单独放出 γ 光子。在 γ 衰变过程中，原子核的质量数和原子序数都不改变，只是原子核的能量状态发生了变化，这种过程称为**同质异能跃迁**。衰变方程为

$$^{Am}_{Z}X \rightarrow {}^{A}_{Z}X + \nu + Q \tag{18-8}$$

衰变能几乎全部被 γ 光子携带，即 $Q = h\upsilon$。它的大小差不多等于母核与子核两个能级之差。

2. 内转换

原子核从高能级向低能级跃迁时，不一定放出 γ 光子，而是将能量直接传递给核外的内层电子，使其脱离原子核的束缚成为自由电子，这一过程称为**内转换**。发射出的电子称为**内转换电子**。内转换电子主要来自 K 层电子，也有 L 层或其他壳层电子。因为原子核的能级是一定的，所以内转换电子的能量也是单色的，这与 β 射线的连续能谱有很大区别。内转换的结果是，在原子核外内层电子壳层上出现了空位，较外层的电子将填补这一空位，从而产生标识 X 射线或俄歇电子发射。

原子核的衰变除了 α、β、γ 衰变 3 种以外，还有发射质子和发射中子原子核衰变。

18.3 放射性核素的衰变规律

放射性核素中的所有原子核都可能发生衰变，但衰变有先有后。对某个原子核来说，发生衰变是随机的，但对大量原子核组成的放射性物质而言，则遵循具有统计意义的衰变规律。本节主要讨论这种衰变的统计规律。

18.3.1 衰变规律

设 $t = 0$ 时刻原子核的数目为 N_0，t 时刻时数目为 N，经过 dt 时间后，其中有 dN 个核衰变了。理论和实验表明，放射性核素的衰变率与现有的原子核的个数 N 成正比，即

$$-\frac{dN}{dt} = \lambda N \tag{18-9}$$

上式中负号表示原子核数随时间的增加而减少。比例系数 λ 称为**衰变常数**，物理意义是放射性原子核在单位时间内发生衰变的概率，它与原子核的种类及发生衰变的类型有关，而与原子核的数量无关。将式 18-9 积分得

$$N = N_0 e^{-\lambda t} \tag{18-10}$$

上式即为放射性核素的衰变规律，它表明放射性核素是按时间的指数函数衰减的。

如果某种核素的物质同时进行多种类型的衰变，则原子核的衰变常数则是各种衰变类型的衰变常数之和。即

$$\lambda = \lambda_1 + \lambda_2 + \cdots + \lambda_n = \sum_{i=1}^{n} \lambda_i \qquad (18\text{-}11)$$

18.3.2 半衰期和平均寿命

半衰期和平均寿命也常用来表示放射性核素衰变的快慢。

1. 半衰期

（1）物理半衰期。放射性核素的原子核数目衰变掉一半所需要的时间称为核素的**半衰期**。原子核按自身衰变规律所具有的半衰期称为**物理半衰期**，简称半衰期，用符号 T 表示。根据定义，当 $t=T$ 时，$N=N_0/2$，代入式（18-10），得

$$T = \frac{\ln 2}{\lambda} = \frac{0.693}{\lambda} \qquad (18\text{-}12)$$

上式表明，T 与 λ 成正比，核素的衰变常数越大，其半衰期越短。各种放射性核素的半衰期长短不一，最短的仅有 $10^{-10}\,\text{s}$，最长的可达 10^{10} 年，如图 18-5 所示。将式（18-12）代入式（18-10），得

$$N = N_0 \left(\frac{1}{2}\right)^{\frac{t}{T}} \qquad (18\text{-}13)$$

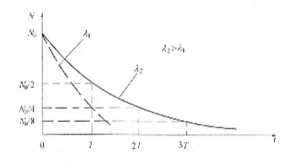

图 18-5　放射性核素的衰变规律

表 18-2 列出了一些常见的放射性核素的半衰期。

表 18-2   一些常见的放射性核素的半衰期

核素	衰变类型	半衰期	核素	衰变类型	半衰期
$^{11}_{6}C$	β^+ (99.76%) EC (0.24%)	20.4 min	$^{131}_{53}I$	β^-, γ	80.4 d
$^{11}_{6}C$	β^-	730 a	$^{203}_{80}Hg$	EC, γ	46.8 d
$^{18}_{9}F$	β^+ (96.9%) EC (3.1%)	15 h	$^{210}_{83}Bi$	β^-, γ	5 d
$^{24}_{11}Na$	β^-, γ	15 h	$^{212}_{84}Po$	α, γ	3×10^{-7} s
$^{32}_{15}P$	β^-	14.3 d	$^{212}_{86}Rn$	α, γ	3.8 d
$^{60}_{27}Co$	β^-, γ	5.27 a	$^{226}_{88}Ra$	α, γ	1600 a
$^{125}_{53}I$	EC, γ	60 d	$^{238}_{92}U$	α, γ	4.5×10^9 a

（2）生物半衰期。当放射性核素引入生物体内时，还会由于生物体的代谢和排泄而使核数量减少。生物体内的放射性核素的原子核数量因代谢而减少一半所经历的时间称为**生物半衰期**，用符号 T_b 表示，相应的衰变常数称为**生物衰变常数**，用符号 λ_b 表示。与物理半衰期类似可得出

$$T_b = \frac{\ln 2}{\lambda_b} = \frac{0.693}{\lambda_b} \tag{18-14}$$

（3）有效半衰期。生物体内放射性核素由于同时存在物理和生物的衰变，因此放射性核素的实际衰变率为

$$\frac{dN}{dt} = -\lambda N - \lambda_b N = -(\lambda + \lambda_b)N$$

令 $\lambda_e = \lambda + \lambda_b$ 称为有效衰变常数，相应的半衰期称为**有效半衰期**，符号 T_e 表示。T_e 与 λ_e 关系为 $T_e = 0.693/\lambda_e$，有效半衰期与物理半衰期、生物半衰期的关系为

$$\frac{1}{T_e} = \frac{1}{T} + \frac{1}{T_b} \tag{18-15}$$

2. 平均寿命

放射性核素的原子核在衰变前平均生存的时间称为放射性核素的**平均寿命**，用符号 τ 表示。可以证明，平均寿命和衰变常数互为倒数。因此，衰变常数、半衰期和平均寿命三者关系

为

$$\lambda = \frac{\ln 2}{T} = \frac{1}{\tau} \qquad (18\text{-}16)$$

λ、T 和 τ 都是表示原子核衰变快慢的物理量，它们是原子核的重要特征参数。

18.3.3　放射性活度

放射源在单位时间内衰变的原子核数称为放射源的**放射性活度**，简称**活度**。用符号 A 表示。

$$A = -\frac{\mathrm{d}N}{\mathrm{d}t} = \lambda N = \lambda N_0 e^{-\lambda t} = A_0 e^{-\lambda t} \qquad (18\text{-}17)$$

上式中，$A_0 = \lambda N_0$ 是放射性物质 $t = 0$ 时的活度。如果用半衰期表示，则

$$A = A_0 \left(\frac{1}{2}\right)^{\frac{t}{T}} \qquad (18\text{-}18)$$

说明放射性活度也是随时间的增加按指数规律衰减的。

在国际单位中放射性活度的单位为**克勒尔**（Becquerel），简称**贝可**，用符号 Bq 表示，定义为：1 Bq=1 个核衰变 s^{-1}。

另一种常用的国际单位是居里（curie），用符号 Ci 表示，与贝可的关系是 1 Ci=3.7×10^{10} Bq。

由 $A = \lambda N = N/\tau$ 可知：当 N 一定时，寿命短的核素放射性活度大；当 A 一定时，寿命短的核素所对应的原子核数少。这在核医学中非常重要，临床上一方面要保证要有一定的活度以达到诊断和治疗目的，另一方面在此活度下，为减少辐射对人体的伤害要求尽可能减少放射性核素的原子核在人体内的数目（残留量）。因此，临床上一般都使用寿命短的核素。

【例 18-1】　给患者服用 ^{59}Fe 标记的化合物（放射性药物），以检查血液的病理状况。已知 ^{59}Fe 的物理半衰期为 46.3d，生物半衰期为 65d。求服用 18d 后残留在体内的放射性活度的相对量是多少？

解： 由式（18-15）　　$\frac{1}{T_e} = \frac{1}{T} + \frac{1}{T_b} = \frac{1}{46.3} + \frac{1}{65} = 0.037$

解得有效半衰期为　　　$T_e \approx 27\text{d}$

又由　　$A = A_0 \left(\frac{1}{2}\right)^{\frac{t}{T_e}}$ 得　$\frac{A}{A_0} = \left(\frac{1}{2}\right)^{\frac{18}{27}} = 63\%$

即经过 18d 后，体内 ^{59}Fe 的放射性活度为原来的 63%。

18.4　辐射剂量与辐射防护

放射性射线（带电粒子、中子和光子）通过物质时都能直接或间接产生电离作用，称为**电离辐射**。电离辐射将使生物体发生相应的生物效应。生物效应的强弱与照射量和生物体吸收的剂量多少有关。本节介绍反映各种电离辐射大小的物理量以及引起生物效应所面临的防护问题。

18.4.1　辐射剂量

1. 照射量

照射量只适用于 X 射线和 γ 射线，表示它们对空气的电离能力，用 E 表示，即

$$E = \frac{\mathrm{d}Q}{\mathrm{d}m} \tag{18-19}$$

上式中，$\mathrm{d}Q$ 是质量为 $\mathrm{d}m$ 的干燥空气中，在 X 射线或 γ 射线的照射下直接或间接电离产生的正（或负）离子的总电量。式（18-19）中的 X 射线或 γ 射线的能量适用范围为 10KeV~3MeV。在国际单位中，照射量的单位是库仑/千克（C/kg），暂时并用的旧单位是琴（R），它们之间的换算关系是：$1R = 2.58 \times 10^{-4}$ C/kg。

2. 吸收剂量

吸收剂量可以应用于任何类型的电离辐射，它是指单位质量的受照物质所吸收电离辐射的能量，用 D 表示，即

$$D = \frac{\mathrm{d}\overline{\varepsilon}}{\mathrm{d}m} \tag{18-20}$$

上式中，$\mathrm{d}m$ 是受照物质的质量元，$\mathrm{d}\overline{\varepsilon}$ 是 $\mathrm{d}m$ 所吸收电离辐射的平均能量。

在国际单位中，吸收剂量单位是焦耳/千克（J/kg），称为戈瑞（Gray），用符号 Gy 表示。1Gy=1J/kg。暂时并用的旧单位是拉德（rad），两者关系是 $1\mathrm{rad} = 10^{-2}\,\mathrm{Gy}$。

【例 18-2】　设 γ 射线在某处的照射量为 1R，问该处空气的吸收剂量是多少？
已知电子在空气中每产生一对离子平均要消耗能量为 33.85eV。

解：1R 照射量使 1kg 空气产生的离子对数目为

$$\frac{2.58 \times 10^{-4}}{1.6 \times 10^{-19}} = 1.61 \times 10^{15} \text{ 个 kg}^{-1}$$

消耗射线的能量，就是空气的吸收剂量。

$$D = 1.61 \times 10^{15} \times 33.85 \times 1.60 \times 10^{-19} \times 1 = 87.30 \times 10^{-4} \text{ J/kg} = 8.73 \times 10^{-3} \text{ Gy}$$

3. 品质因数与剂量当量

吸收剂量是用来说明生物体受照射而产生的生物效应重要的物理量。除此之外，辐射类型也能影响生物效应。对不同类型的辐射，即使具有相同的吸收剂量，产生的生物效应也不同，即辐射对生物体的伤害程度与辐射能量的分布及电离程度有关。例如能量在 20MeV 以下的 1mGy 快中子射线对人体组织造成的伤害是 1mGy 的 γ（或 β）射线的 10 倍，1mGy 的 α 射线对人体组织造成的伤害是 1mGy 的 γ 射线的 20 倍。因此，引入描述不同辐射类型所引起的同类生物效应强弱的物理量，称为**品质因数**（quality factor），用符号 QF 表示，这是一个没有量纲的修正因子。用它可以表示在吸收剂量相同的情况下，各种射线对生物体相对伤害程度。QF 愈大，表示该种射线被生物体吸收的单位辐射能量所产生的生物效应强，伤害亦愈大。表 18-3 列出了一些放射性射线的品质因数。

表 18-3　放射性射线品质因数

辐射种类	QF 近似值	建议值*	辐射种类	QF 近似值	建议值*
X 和 γ 射线	1	1	快中子	10	20
β^- 和 β^+ 射线	1	1	快质子	10	20
慢中子	3	5	α 粒子	20	20

*建议值是 1986 年美国国家辐射防止委员会（NCRP）建议提示的 QF 值。

在辐射防护中，用生物组织受伤害的程度来修正单纯的吸收剂量，这样就得到了剂量当量，用符号 H 表示，其值为吸收剂量与放射性射线的品质因数的乘积，即

$$H = D \times QF \tag{18-21}$$

H 的单位是焦耳/千克（J/kg），国际单位为希沃特（Sievert），符号为 Sv，暂时并用的旧单位是雷姆（rem），$1\text{rem} = 10^{-2}\,\text{Sv}$。

18.4.2　辐射防护

1. 辐射的防护标准

辐射防护标准的制度不考虑自然辐射和医疗辐射。规定：经过一次或长期积累后，对机体无伤害又不发生遗传伤害的最大剂量称为**最大允许剂量**（maximum permissible dose）。不同器官和部位的最大允许剂量是不同的，各国规定的最大允许剂量也不尽相同。我国现行规定最大允许剂量如表 18-4 所示。

表 18-4　我国现行最大允许剂量

受照射部位	放射性工作者（Sv）	放射性工作场所附近工作人员和居民（Sv）	一般居民（Sv）
全身、性腺、红骨髓、眼晶体	0.05	0.005	0.0005
皮肤、骨、甲状腺	0.30	0.03	0.01
手、前臂、足踝	0.75	0.075	0.025
其他器官	0.15	0.015	0.005

2. 外照射的防护

放射源放在体外对人体进行照射称为**外照射**。外照射防护有距离防护、时间防护和屏蔽防护 3 个基本原则。在不影响工作的前提下，工作人员工作时尽可能使用长柄夹、机械手等远距离操作工具，同时熟练技术，尽快完成操作，尽量减小在放射源旁停留时间。放射源与工作人员之间加入适当材料和厚度的屏蔽层，减小射线的强度。

对于不同的射线，采用的防护方法也不同。γ 和 X 射线因穿透能力强，主要采用密度大、原子序数高的物质如铅、混凝土等作屏蔽材料。对 β 射线穿透本领较强，采用双层屏蔽：内层采用中等原子序数的物质（如铝和有机玻璃）作屏蔽材料，外层采用高原子序数的物质来吸收由轫致辐射所产生的 X 射线。对于 α 射线，由于其射程短，穿透本领弱，因此很容易防护，工

作时只需戴上手套即可。对于中子的屏蔽原则是先使中子减速，再让慢化的中子参与中子被俘获得核反应而将中子吸收。由于中子与质量和它相近的原子核碰撞时能量损失最多，容易被含氢量多的物质所吸收。因此，用水、石蜡等低原子序数的物质是很好的减速剂和吸收剂。

3. 内照射防护

放射性核素进入体内对人体的照射称为**内照射**。多数放射性核素都具有较长的半衰期，进入体后会对人体进行长期辐射造成伤害。因此，除了治疗和诊断的需要必须将放射性核素放入人体外，要尽量防止放射性物质由呼吸道、食道及外伤部位进入人体。工作时不要吸烟、饮食等。要遵守各项防护制度，工作细心认真，对含有放射性的"三废"按规定处理等，这样内照射伤害是可以避免的。

18.5 放射性核素在医学上的应用

放射性核素在医学上有测量、诊断和治疗方面的应用。

1.示踪原子的应用

因为放射性核素与其稳定的同位素具有相同的化学性质，它们在肌体内的分布、吸收、代谢和转移过程是一样的。如果要了解某种元素在体内的分布情况，只要在这种元素中掺入少量该元素的放射性同位素，并将其引入体内，借助它们放出的射线，可以在体外探测到它的踪迹，这种方法称为**示踪原子法**。被引入的放射性同位素称为示踪原子或标记原子。在核医学中，示踪原子的作用按测量方法一般可分为两类。

（1）直接测量。在体外用探测仪直接测量示踪原子由体内放出的射线。例如应用 ^{131}I 标记的马尿酸作为示踪剂，静脉注射后通过肾图仪描计出肾区的放射性活度随时间的变化情况，可以反应肾动脉血流、肾小管分泌功能和尿路的排泄情况；将胶体 ^{198}Au 注射到体内后，通过血运在肝内聚集，但不能进入肝肿瘤中，通过从体外测量 ^{198}Au 发出的 γ 射线可以了解胶体 ^{198}Au 在肝脏内的分布情况，为肝肿瘤的诊断提供有效的手段。

（2）体外标本测量。它是将放射性药物放入体内，然后取其血、尿、粪或活体组织等样品，测量其放射性活度。例如口服维生素 B_{12} 示踪剂后，通过测量尿液排出的放射性活度，可以间接侧得胃肠道吸收维生素 B_{12} 的情况。

2. 诊断

用示踪原子法可以诊断某些疾病。人的甲状腺功能是在中枢神经系统和体液调节下摄取食物中的碘来制造甲状腺素，因此碘的吸收代谢与甲状腺的功能有密切的联系。正常人的甲状腺吸收 ^{131}I 的数量是一定的（约20%，其余随尿排出），如果甲状腺有疾病变，吸收 ^{131}I 的数量会有很大改变。甲状腺功能衰退，吸收 ^{131}I 显著减少；甲状腺功能抗进，吸收 ^{131}I 明显增加（高达60%）。让病人服少量 ^{131}I 制剂，在不同时间测量甲状腺部位 ^{131}I 的放射性活度，可以算出甲状腺对碘的吸收率，诊断出甲状腺的病变。比如用 ^{131}I 标记的二碘荧光素，可用于脑肿瘤的定位。因为脑肿瘤组织对碘的吸收要比正常组织高许多倍，用探测仪可以测定脑肿瘤的部位。

3.治疗

在治疗方面主要是利用放射线的生物效应，即它对组织细胞的电离作用，从而抑制细胞的生长，使细胞变质、坏死达到治疗目的。治疗方法一般可分为 3 类。

（1）钴-60 治疗。利用 ^{60}Co 产生的 γ 射线进行体外照射，主要用于治疗深部肿瘤，如颅脑内及鼻咽部的肿瘤，这肿治疗机俗称钴炮。^{60}Co 放出的能量分别为 1.17MeV 和 1.33MeV 两种 γ 射线。

（2）碘-131 治疗。将 ^{131}I 放射源放入体内，通过血液循环 ^{131}I 很快聚集在甲状腺中，它放出的 β 射线将杀伤部分甲状腺组织，放出的 γ 射线基本逸出体外。因此，^{131}I 可以用来治疗甲状腺功能亢进和部分甲状腺肿瘤等。

（3）γ 刀。用高能量的 γ 射线"代替"传统意义上的手术刀，简称 γ 刀，主要是利用高精度的立体定向装置对病灶进行三维定位，用高能量的 γ 射线一次多方向地聚焦于病灶，使组织发生坏死，病灶外的组织因放射线剂量迅速减少而不受损伤，其效果类似于外科手术。

18.6　习题

一、思考题

1. 原子核的半衰期与生物半衰期以及有效半衰期的物理意义，它们之间有何关系？
2. 对 β 射线与 λ 射线的防护又何不同？

二、复习题

1. 计算经过多少个半衰期，某种放射性核素可以减少到原来的 1% 和 0.1%。
2. $^{32}_{15}$P 的半衰期为 14.3d，求（1）它的衰变常数和平均寿命。（2）1.0 μ g $^{32}_{15}$P 的活度是多少 Ci？（3）它在 7.15d 中放出多少个 β 粒子？
3. 活度为 200 μCi 的放射性 $^{32}_{15}$P 制剂，经 15d 后活度是多少？
4. $^{238}_{92}$U 的原子质量为 238.0486u，计算其质量亏损、结合能和平均结合能。
5. 某放射性核素在 5min 内衰变了原有的 90%，求它的衰变常数、半衰期和平均寿命。
6. 某医院有一台 ^{60}Co 治疗机，装有活度为 1200Ci 的 ^{60}Co 源。预定在活度衰减到 300Ci 时更换 ^{60}Co 源，问这个 ^{60}Co 源可使用多少年？^{60}Co 的半衰期为 5.27a。
7. 在 10 日上午 8 时测得一个含 ^{131}I 样品的活度为 10 μCi，到同月 22 日上午 8 时使用时，样品的活度是多少？^{131}I 的半衰期是 8d。
8. 给患者内服 100 μCi ^{131}I 后，收集病人在 24h 内的小便，测得小便活度为 52.1 μCi。假设 ^{131}I 值只从小便排出，问此患者体内还留下多少 μCi 的 ^{131}I？
9. 一种用于器官扫描的放射性核素的物理半衰期为 8d，生物半衰期为 3d。求：（1）有效半衰期；（2）设测试的放射性活度为 0.1Ci，计算 24h 后残留在体内的放射性活度。
10. 甲、乙两人肝区做放射性内照射，甲为 α 射线照射，吸收剂量为 1.5mGy，乙为 γ 射线照射，吸收剂量为 15 mGy，问哪一位所受的辐射伤害大？大几倍？

第 **19** 章 X 射线

X 射线是科技史上的重要发现，开启了物理学和放射医学的新时代。本章主要讨论 X 射线的产生、性质和在医学影像上的应用。

19.1 X 射线

自伦琴发现 X 射线后，X 射线在医学界、物理学界得到迅速的认同与积极的反响。不少医生马上将其应用于骨折诊断与体内异物探寻。1896 年 1 月 26 日，纽约太阳报头版报导说："在科学发展史上从来没有哪一种伟大发现会得到人们如此快速的认同并被马上付诸实用。在伦琴教授公布其 X 射线照片后三星期内，欧洲的一些外科医生已成功地将这一发现用于确定人的手、臂、腿内子弹等异物和诊断人体各部位的骨骼疾病。"X 射线的发现是具有划时代意义的，因此1901 年伦琴获得第一届诺贝尔物理学奖。

1912 年，劳厄通过 X 射线晶体衍射实验，证实了 X 射线是一种波长较短的电磁波。继劳厄之后，布拉格父子找到了一种测定 X 射线波谱的精确方法。后来瑞典科学家 K.塞格巴恩应用布拉格的方法确定了各种元素的 X 线谱，彻底解开了 X 射线之谜。他获得 1924 年度诺贝尔物理奖。1920 年，美国物理学家康普顿发现了康普顿效应，并用量子力学的观点发表了"X 射线受轻元素散射的量子理论"。1927 年康普顿获诺贝尔物理奖。

如此，在众多科学家的不懈努力下，终于清楚 X 射线的产生机制及性质——X 射线是由高速电子轰击靶材料时突然受阻与靶内原子相互作用而产生的；X 射线是电磁波，其波长范围大约在 0.0006 ~ 50nm，是能量很大的光子流。目前用于医学成像的 X 射线波长范围大约在 0.008 ~ 0.031nm 之间。X 射线具有反射、折射、干涉、衍射、偏振与量子化等特性，但由于波长短、光子能量大，因此 X 射线还具有一些可见光所没有的性质。

19.1.1 X 射线的产生装置

一般 X 射线是由高速电子轰击靶材料时突然受阻与靶内原子相互作用而产生的。同时产生 X 射线还有其他方法，如同步辐射、X 射线激光或者激光等离子体，由于装置比较复杂就不再介绍，这里详细介绍第一种 X 射线产生装置。

X 射线产生装置由以下 3 个主要部分组成——X 射线管、高压电源、低压电源。

图 19-1 所示为 X 射线发生装置示意图，X 射线管为高真空（10^{-6}~10^{-4}Pa）硬质玻璃管，内有阳极和阴极，阳极为靶子，通常由铜制成圆柱体，在柱体前端加一斜面，斜面上嵌有钨板。阴极由螺旋状钨丝构成，由低压电源（大约 10V）供电，发射电子。在阳极和阴极之间加以高压电源（1×10^9V），产生几十万伏高压电场（管电压），获得高速电子流（管电流），使电子高速轰击阳极钨靶。当这些高速电子被钨靶阻挡后，大约 1% 的能量向四周辐射形成 X 射线，99% 的能量都转变为热能。

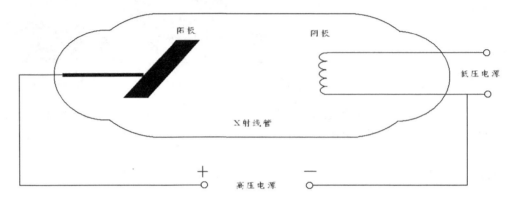

图 19-1 X 射线产生示意图

19.1.2 X 射线谱

X 射线谱是将 X 射线管中发出的各种波长（大致介于 $700 \sim 0.1 \times 10^{-10}$m 之间）的 X 射线利用 X 射线摄谱仪记录下来的图谱。从钨丝在不同的管电压下可以看出，如图 19-2 所示，X 射线谱由连续谱和标识谱组成。连续谱记录了不同波长的 X 射线的强度，而在连续谱上有尖峰突起的谱线，称为标识谱线，连续谱与靶物质无关，但是标识谱线却取决于靶物质，不同的靶物质会有不同的标志谱线。

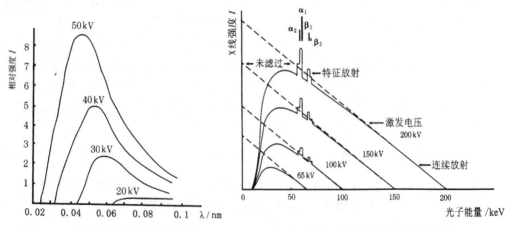

图 19-2 钨在较低管电压下的 X 射线谱   图 19-3 钨在较高管电压下的 X 射

连续谱是由于高速电子受靶极阻挡而产生轫致辐射。当高速电子流撞击靶上时，受到原子核电场的作用，速度、能量急剧下降，在这过程中，这些电子的动能转化为 X 射线光子，向外辐射电磁波。由于各个电子距离原子核的远近不一致，速度变化也不一样，动能损失也不一样，因此形成连续的 X 射线谱。连续谱的短波极限也就由管电压 V 决定。

除此之外，如图 19-4 所示，连续 X 射线谱也受到靶原子序数、管电流的影响。管电压、管电流相同的情况下，原子序数越高，则 X 射线辐射的强度越大，这是因为原子序数越高的原子核对电子的作用强度越大，则电子损失的能量越多，X 射线光子的能量也就越强；管电压和靶原子序数一致的情况下，管电流越大，X 射线的强度也有所增加，这是因为电子数的增加导致 X 射线光子数增加，所以 X 射线的强度也就越大。

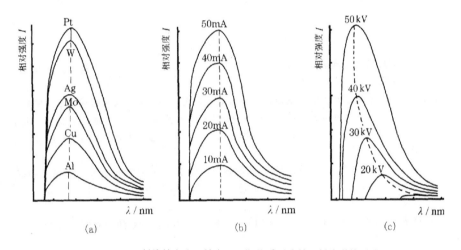

图 19-4　X 射线管电流、管电压、靶物质对连续 X 射线谱的影响

从图 19-3 钨靶的 X 射线谱中可以看出，当管电压大于一定值时，连续谱上就出现了一组光子能量不变、强度较大的谱线，而这个谱线与管电压的增加无关。这种谱线称为标识谱线或者特征谱线。标识谱线是由于靶物质较高能级电子向内壳层空位发生跃迁而产生的，能级相差大，光子频率高，波长短。如图 19-5 所示，当高速电子撞击靶时，与原子内层电子发生相互作用，内层电子获得能量，挣脱原子核束缚逸出，使得原子内电子层出现空位。外层电子从高能级跃迁至低能级，发出光子，光子能量等于两能级之差。

由于每种元素原子内部的能级结构不一样，因此每种元素各有一套特定的标识谱线。所以标识谱线由靶材料的性质决定，而与其他因素无关。

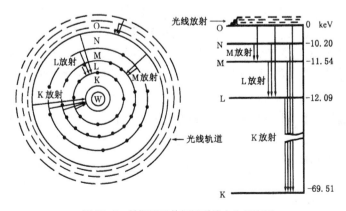

图 19-5　钨靶原子的标识谱线产生示意图

19.1.3　X 射线的特性

1. 贯穿本领

X 射线波长短，光子能量大，穿透能力强，对各种介质都具有一定程度的穿透作用。X 射线的穿透能力不但和射线的波长有关，还与介质的原子序数、密度相关。实验表明，X 射线波长越短，介质对它的吸收越小，它的贯穿本领就越大；而原子序数越高、物质密度越大，介质吸收、散射光子也就越多，X 射线的贯穿本领就越弱。医学上利用 X 射线的这种特性，来进行 X 射线透视和摄影。

X 射线对不同人体组织的穿透作用大致有 3 类，见表 19-1。

表 19-1　X 射线对不同人体组织的穿透作用

组织分类	相应人体组织	组织特点
可透性组织	气体、脂肪组织、一些脏器等	气体分子基本上是由氢、氧、氮等原子组成的，但是排列更加稀疏、密度较小；脂肪组织的原子与肌肉相似，但是排列稀疏；脏器，如肺、胃肠道等部位含有气体，同样使得密度减小。这一类组织对 X 射线的吸收最小
中等可透性组织	肌肉、血液、体液、结缔组织、软骨等	软组织、体液等基本上是由氢、氧、碳、氮等原子组成的，原子序数较低，摄影吸收射线较少
不易透过性组织	骨骼、盐类等	骨骼含有大量钙质，钙的原子序数相对较高，所以吸收射线比较多

2. 电离作用

由于 X 射线光子能量较大，当物质受到 X 射线照射时，电子会脱离原子核的束缚，离开原子，形成正、负两个带电粒子。在固体和液体中，被电离后的正、负离子很快复合，但是在气体中，电离后的离子不易复合，离子数的多少可以确定 X 射线照射的计量。因此可以利用气体电离的这个特性来制作测量辐射量的仪器。

3. 荧光作用

X 射线照射到物质上，可以使得物质发生电离，若电子吸收 X 射线光子能量小于其结合能，则可以发生电子跃迁，使原子处于激发态，当原子从激发态回到基态的过程中，由于能级跃迁而产生荧光。荧光的强弱取决于 X 射线的强弱，荧光的频率取决于荧光物质电子跃迁的能级差。医疗上的 X 射线透视，就是利用 X 射线对荧光屏上的物质有荧光作用而形成医学影像。

4. 光化学作用

X 射线和可见光一样，能使照相胶片上的溴化银发生化学反应，感光，从而形成胶片影像。医学上利用这一特性来进行 X 摄影。同时 X 射线也能使一些物质使其结晶体脱水从而发生颜色改变，这现象为着色作用。

5. 生物效应

生物细胞受到 X 射线的照射后发生电离作用，使生物细胞损伤、生长受到抑制甚至坏死。医学上利用 X 射线的这一特性对人体进行放射治疗，利用射线的生物效应来摧毁发生病变的细胞，从而可以治疗某些癌症。由于 X 射线光子能量较大，因此可以深入人体内部的脏器。目前最为常见的放射治疗包括 X 射线刀、γ 射线刀。但同时 X 射线对正常生物体组织也是有损伤作用的，因此放射医务工作者必须注意防护安全工作。

19.2 X 射线的衰减

当 X 射线穿过物质时，X 射线就与物质发生相互作用，而在作用的过程中，X 射线光子的能量减小，动量减小，动量的方向也发生了变化，因此在原有方向上 X 射线的强度就减小了，我们把这种现象称为物质对 X 射线的吸收，或者说物质对 X 射线的衰减。

19.2.1 X 射线衰减的微观机制

X 射线衰减的过程即是 X 射线与物质发生相互作用的过程，其机制主要有干涉、衍射、光电效应、康普顿散射、汤普森散射、瑞利散射、电子对效应等。干涉、衍射在 X 射线波长较短时对成像影响不大，普森散射也由于 X 射线的光子能量比较大，其发生的概率比较小，对于 X 射线成像影响不大，电子对效应在医学成像领域不会出现，所以这里不做讨论。下面主要讨论光电效应、康普顿散射。

1. 光电效应

光电效应的现象是当高于一定频率的电磁波照射到金属表面，金属表面有电子逸出的现象，如图 19-6 所示。

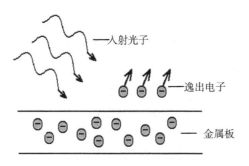

图 19-6　光电效应示意图

1905 年，爱因斯坦在普朗克能量量子化假设的基础上，提出光子假设。按照他的光子假设，光电效应可以解释为：一个电子一次吸收一个光子，电子获得光子全部能量，若获得光子能量大于电子的逸出功，则电子逸出金属表面，并具有初动能。初动能的大小为光子能量和电子逸出功的差值。但是如果逸出电子来自于较低能级，则在电子逸出的同时由于低能级出现空位，高能级电子发出跃迁，会辐射出一个标识光子。

人体骨骼中钙的 K 层电子结合能为 4keV，发生光电效应后，标识光子由于能量不大，很快就被周围组织吸收。其他软组织的大多数原子结合能仅为 0.5keV 左右，辐射出的光子能量更小，更易被周围组织所吸收，所以对 X 射线的成像影响不大。

实验表明，由于光电效应而引起的线性衰减系数与介质的密度、原子序数三次方成正比，与光子能量三次方成反比。所以长波 X 射线通过介质比短波 X 射线通过介质发生光电效应的几率要大，而原子序数越高的原子如碘、钡等，发生光电效应的几率也就越高。

X 射线检查中常用钡剂或者碘剂来作为造影剂，而钡和碘的原子序数都比较大，发生光电效应的几率高，线性衰减系数大，所以可以产生高对比度的造影图像。但同时其最低能级 K 层的结合能都比较高，发生光电效应后，辐射出的光子能量大，它们能透过人体组织在原有的胶片底片上造成灰雾干扰。

2. 康普顿散射

在较高能量 X 射线成像过程中，康普顿散射起主要作用。1923 年，康普顿发现 X 射线通过介质散射后波长变长、光子方向发生偏离的现象。他将这一现象解释为光子与散射体原子中外层电子发生弹性碰撞的结果。X 射线光子与自由电子发生弹性碰撞，碰撞遵循能量守恒和动量守恒，光子的部分能量传递给自由电子，所以光子的能量减小即波长变长，由于光子撞击电子部位不一致，所以光子的出射方向也不一样，如图 19-7 所示。根据计算结果，得到散射光子波长的改变量只取决于散射角度 ϕ，而与入射光子的能量无关。

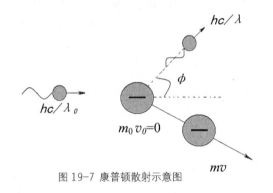

图 19-7 康普顿散射示意图

实验表明，由康普顿散射引起的线性衰减系数与介质中电子密度成正比，与入射光子能量有密切关系，与介质的原子序数基本无关。这就意味着对于较高能量的 X 射线而言，康普顿散射对不同组织在图像中的差别不大，不能提高图像对比度，同时散射线的发散要求医务人员做好防护工作。

综上所述，在光子能量较低时，光电效应起主导作用；光子能量较高时，是康普顿散射的优势区间。图 19-8 所示为光电效应和康普顿散射的作用范围。而光电效应和康普顿散射是相对独立的，所以总的衰减系数是这两项衰减系数之和。

既然影响成像质量的关键在于散射，那么就有一些措施对其加以抑制。常用方法有：一是在人体与检测器之间增加间距，增加空气间距意味着散射影响减小，于是图像对比度得以改善；二则限制 X 射线照射范围尺寸，在 X 射线源出口处装准直器或锥形遮线筒，以限制入射束的总面积；第三，加滤线栅；第四，选择合理的入射 X 射线频谱，尽可能减小散射；第五，采用倒置结构 X 射线摄影，也可以减

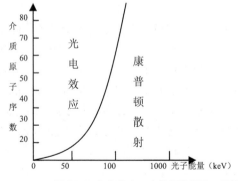

图 19-8 光电效应、康普顿散射作用区间

小散射影响。

19.2.2　单色 X 射线在介质中的衰减规律

单色 X 射线通过一定厚度的均匀靶介质后，沿入射方向出射 X 射线强度必然小于入射 X 射线强度，他们之间服从指数衰减规律。

$$I = I_0 e^{-\mu x} \tag{19-1}$$

式（19-1）称之为朗伯—比耳定律，其中，I 为穿过厚度为 x 的均匀介质的出射 X 射线强度，I_0 为入射 X 射线强度，μ 为线性衰减系数。线性衰减系数定义为：与单位厚度的物质发生相互作用的光子数与 X 射线入射总光子数之比。线性衰减系数与介质属性和一定能量的射线相关，介质不同、射线能量不同，则线性衰减系数也不同。对于同一种介质而言，线性衰减系数与密度成正比，因为介质的密度越大，介质单位体积中可能和 X 射线光子发生相互作用的原子也就越多，光子在单位路程中被吸收或散射的概率也就越大。若将线性衰减系数与密度的比值作为一个物理量，则可以反映比较各种物质对 X 射线的吸收本领，这个比值称为质量衰减系数。

对于非均质物体，如人体器官或组织，是由多种物质成分和不同密度构成的，假如认为某一非均质物体在 X 线束穿过的方向是由若干个厚度为 d 的容积元组成的，则每一个容积元可近似看作是一个均质物体，具有线衰减系数 μ。分析 X 线穿过该物体的强度与入射射线强度之间的关系，如图 19-9 所示。

$$I = I_0 e^{-(\mu_1 + \mu_2 + \cdots + \mu_n)x} \tag{19-2}$$

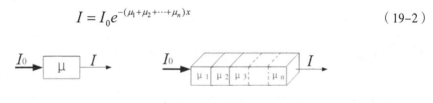

图 19-9　物质对 X 线的吸收

当 X 射线入射介质，介质的厚度越厚，出射 X 射线强度减小越厉害。当介质厚度为某一个值时，出射强度为入射强度的一半，这个厚度称为物质的半价层。如果已知某种介质材料相对某一频率 X 射线的半价层，则当 X 射线穿越 n 个半价层厚度的同种均匀介质材料后，则出射 X 射线的强度为原来的 $1/2^n$。不同物质的半价层厚度是针对确定 X 射线的光子能量而言的，或者说是和 X 射线的波长相关联的。

19.2.3　连续谱 X 射线在介质中的衰减规律

实际的 X 射线是由能量连续分布的光子组成的。将能量连续分布的光子组成的 X 射线称为连续谱 X 射线。当连续谱 X 射线穿过一定厚度的介质时，各波长 X 射线强度衰减的情况是不一样的，因为线性衰减系数和介质原子序数、介质密度及光子能量相关。不同的介质，如骨骼、软组织、空气等的线性衰减系数是不一样的。总体来说，出射 X 射线的光子总数相比入射 X 射线光子数减少，而平均能量会增加，即 X 射线强度减小，硬度提高。以水模为例，对于连续谱射线和单色射线的衰减规律，从图上可以看出，连续谱 X 射线透射的光子数比单色 X 射线要少，这表明，介质对连续谱 X 射线有更大的衰减，如图 19-10 所示。

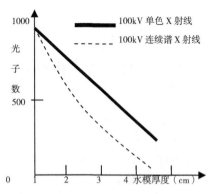

图 19-10 单色 X 射线和连续谱 X 射线的衰减

在 X 射线经过的路径上可以通过多方向投影建立多个衰减公式计算出所有的 μ 值,这是 CT 图像重建的基本方法之一。

19.2.4　X 射线在人体组织中的衰减

人体组织结构是由不同元素组成的,按各种组织单位体积内各元素总和大小的不同而有不同的密度。人体组织结构按密度来分可以归纳为 3 类——属于高密度的有骨组织和钙化灶等,中等密度的有软骨、肌肉、神经、器官、结缔组织以及血液、体液等,低密度的有脂肪组织以及存在于呼吸道、胃肠道、鼻窦和乳突内的气体等。骨骼和肌肉、脂肪、气体等在密度、原子序数、电子数密度上差异比较大,因此所形成的影像对比度比较高,肌肉和脂肪在上述指标上差异不是很大,因此 X 射线成像上所产生的影像对比度不够,不足以区分肌肉、脂肪等软组织,气体由于质量密度很小,所以也能区别于骨骼、肌肉等软组织。

图 19-11 所示为以手部摄影为例,各种组织在不同管电压下的线性衰减系数的变化。可以看出手部骨骼和肌肉的线性衰减系数存在很大的衰减差别,在影像上将呈现高对比度的图像,而肌肉和脂肪的线性衰减系数曲线几乎重合,在影像上呈现的图像基本上看不出差别。从图上还可以看出,当管电压增大时,3 种组织的线性衰减系数趋于一致,原因在于较高的管电压产生较大能量的光子,而较高能量的光子撞击介质发生的基本上以康普顿散射为主,所以能量衰减比较多。可见在进行 X 射线成像时需要注意选择一定的管电压范围。

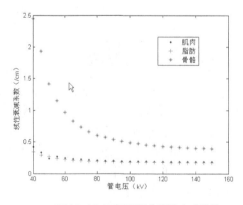

图 19-11　不同组织的线性衰减系数

19.3　X 射线在医学影像上的应用

传统的 X 射线成像有两种方法，即透视和摄影。X 射线透视是指 X 射线透过人体组织器官，在荧光屏上显现图像，医生可以根据荧光屏上的动态图像来分析组织器官的形态和功能。X 射线摄影和 X 射线透视不同的是用胶片代替荧光屏，将透过人体后的 X 射线投射到胶片上，经过显影、定影处理后再将影像固定在胶片上，医生根据胶片上的医学影像来判定被拍部位是否发生病变。由于两者图像信息采集方式的不一样，系统中部分结构不一样，下面先对 X 射线透视进行介绍。

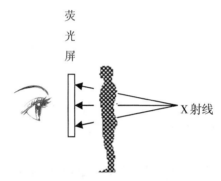

图 19-12　立位 X 射线透视示意图

1. X 射线透视

图 19-12 所示为传统的立位 X 射线透视示意图。X 射线管发出的 X 射线穿过人体投射到荧光屏上，荧光屏上的荧光物质在射线的激发下发出可见光。荧光屏发出的荧光形成一幅与人体组织密度相关联的影像。医生除了用它来观察组织器官之外，还可以观察一些脏器的运动。X 射线透视由于可以快速成像而且操作简单、费用低廉，所以在临床上应用还是比较多。

但是通过荧光屏观察到的影像相比 X 射线胶片上的影像，其图像信息量还是少很多，且亮度较低，画面较暗，分辨率也不够高。放射科医生在进行透视前，往往要在黑暗的环境中待 15 分钟左右才能使眼睛适合黑暗的环境，才能观察图像。如果要提高图像的亮度，就得加大 X 射线的剂量，则被透视者和医生都得冒着接收更多 X 射线辐射的风险。

因此为了提高图像的亮度，降低 X 射线剂量成为 X 射线透视技术发展的主要目标。现代的 X 射线成像系统都引用了影像增强器，影像增强器的引入是放射成像系统的一项重大改进。

X 射线透视的影像增强器和电视系统为隔室控制、会诊、图像存储、图像传输等提供了条件。而且其透视 X 射线剂量也只有普通荧光屏透视剂量的十分之一，便可获得足够清晰的 X 射线透视影像，使被透视者和仪器操作者的受辐射风险降低很多。

传统 X 射线成像技术运用 X 线的穿透性、荧光作用及感光效应，通过 X 线胶片感光成像，照片上点与点之间的灰度值是连续变化的，中间没有间隔，产生模拟图像。这种模式经历了近百年的临床应用与实践，逐渐暴露了以下缺点。①X 射线能量的利用率不高；②密度分辨力低，不能区分软组织的细节；③图像动态范围小；④影像重叠；⑤胶片存储，检索困难，图像不能进行后处理。因此，X 射线成像技术数字化成为必然。

X 射线数字透视（digital fluoroscopy，DF）也称为数字荧光摄影（digital fluoroscopy，DF）。

图 19-13 所示为 X 射线数字透视系统，其主要部件为影像增强器、电视摄影机、AD 转换器和计算机。X 射线通过影像增强器变为可见光，电视摄影机捕捉可见光将其转换成电信号，再通过 AD 转换器将模拟信号转换成数字信号，最后输送至计算机进行图像处理而显现出图像。X 射线数字透视的摄影速度快，对比度好，不仅能做静脉造影也适用于动脉造影。但是这种技术是 X 射线成像数字化进程中应用较早的技术。

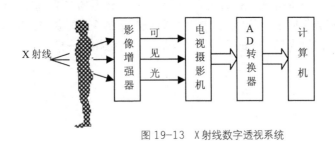

图 19-13　X 射线数字透视系统

数字化透视的缺点在于影像增强管要损失 5%的对比度，还由于光在输入与输出屏上的扩散而引入模糊，故人们一直致力于寻求替代的手段。成像板是一种很好的解决方案，后面 CR 系统中将会详细介绍。目前由于平板检测器的技术发展迅速，因此影像增强器逐渐被 FPD 所取代。

2．X 射线造影

一般的 X 射线摄影对于不同组织、密度差异较大的组织成像效果较好，但是人体中有许多重要组织或器官是由软组织组成的，周围也为软组织围绕，它们之间的物质密度大约相同，或仅有细微的差别，因此它们的 X 射线影像空间分辨率不够，难以形成明显的对比。临床上，常采用造影剂来提高图像的对比度。造影剂被输入目标器官或组织后，能使其与周围背景形成较大的密度差，从而改变器官或组织的密度，使它们能在影像上反映出来，造影剂主要应用于血管、肾、胆囊、心脏、胃等的显示。

空气也可以作为造影剂注入某些特殊部位，如脊柱的蛛网膜下腔，由于空气密度低，对于 X 射线来说几乎没有阻挡，因此也可以提高腔内结构及其周围组织成像的对比度。

3．X 射线数字摄影

目前 X 射线数字摄影有两种数字化成像系统在临床上应用广泛，分别是 CR 和 DR。下面详细介绍 CR 和 DR 系统。

（1）计算机放射成像（computed radiopraphy，CR）

CR 是一种 X 射线间接转换技术，故又称为间接式数字摄影装置，CR 最基本的组成部分是成像板(俗称 IP 板)、读出/擦除器(又称激光扫描器)及控制工作站。控制工作站配有病人登记工作站、诊断工作站、备份工作站、光盘刻录机、图像管理工作站、激光像机等，形成一个小型网络。

图 19-14 所示为 CR 系统成像基本原理，分成 3 个子系统——信息采集、信息转换和信息处理与记录。①信息采集部分，X 射线束经过人体投射在成像板上，激发荧光物产生潜影。②信息转换部分，用激光扫描成像板。③信息处理与记录。CR 系统以光盘、硬盘为存储介质，通过激光打印胶、热敏打印胶片及热敏打印纸提供诊断用影像。

CR 系统成像板上存储的信息可以用强光来进行擦除。

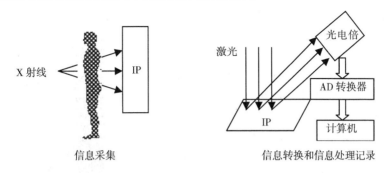

图 19-14　CR 系统成像基本原理

相比传统的 X 射线摄影：①CR 系统所需的线剂量明显降低，灵敏度高；②配合原有的传统 X 射线机使用，包括普通摄影、体层摄影、特检造影及床旁摄影等，节约成本；③动态范围宽；④影像更加清晰；⑤可以实现网络传输。

但是 CR 的时间分辨率差，不能进行动态摄影。

（2）数字放射成像（digital radiopraphy，DR）

20 世纪 90 年代初，人们提出是否可以直接接受透过人体投射过来的 X 射线直接数字化的问题，从而开始了直接摄影技术的研究。现在习惯上，将应用 FPD 来实现 X 射线数字化摄影技术的称为数字摄影（digital radiography，DR）。

图 19-15 所示为 DR 的成像系统，采用 FPD 将透过人体投射过来的 X 射线衰减信号直接转换为数字电信号，或者先转换成可见光信号，再通过半导体探测器转换成数字电信号，最后输入计算机进行处理、显示、存储、传输。

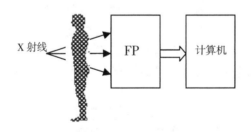

图 19-15　DR 的成像系统

相比 CR 系统，DR 系统具有以下的优点。①成像环节减少，提高了系统的响应速度，成像速度快；②改善图像质量，具有较高的密度分辨率（灰度分辨率）；③降低了被检者的放射剂量，保护了被检者和放射医务工作者；④图像后处理功能强大，通过数字图像处理技术及窗口技术可以对所获得的图像进行各种有效的处理，以改善图像质量。

目前，随着 X 射线数字摄影技术的发展，还出现了很多专用设备，如数字化钼靶乳房专用 X 线机、数字胃肠 X 线机，数字减影血管造影机等，为 X 射线数字化摄影的应用开拓新的领域。

4．X射线计算机体层成像技术（X-CT）

X-CT 是 X 射线计算机体层成像的简称，是 X 射线、计算机和现代科技应用于医学的产物。它为诊断疑难疾病提供了一种全新的检查手段，在放射医学领域引起了一场深刻的技术革命。

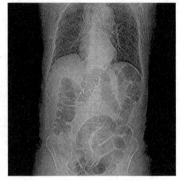

图 19-16　X-CT 躯干片

X-CT 原理的发现最早可以追溯到 1917 年，奥地利数学家 J.Radon 从数学上证明依据对受检物体的投影数据，能够重建平面(二维)或立体(三维)图象。其中，投影数据是指放射源发出的射线经过受检体衰减后的数据，显然值的大小就表示在相应路径上射线被受检体吸收的程度。1963 年，美国数学家科马克（Cormack）首先提出图像重建的数学方法，并用于 X 射线投影数据模型。世界上第一台用于临床的 X 射线 CT 扫描机在 70 年代由英国工程师豪斯菲尔德（G.N.Hounsfield）研制成功，1972 年，利用这台 X 射线 CT 首次为一名妇女诊断出脑部的囊肿，并取得了世界上第一张 CT 照片。1974 年，美国 George-town 大学医学中心研制成第一台全身 CT 扫描机。

由于 CT 对病变能够毫无干扰地以立体的、高分辨率的形式显示出来，并能对病变作定性定量的分析，同时还可以看到病变和有关器官的详细情况；另外，CT 的扫描方式、成像原理、信息传递和处理、以及诊断技术都与传统的 X 射线机有很大差别，因此，它一诞生就得到医学界的广泛重视和推广，成为临床上诊断的重要医学影像设备。X-CT 躯干片如图 19-16 所示。

X-CT 运用一定的 X 射线扫描方式和技术，得到某一确定断层的不同投射位置的多组透射强度数据，采用一定的图像重建算法，求解衰减系数在被照射者该断层上的二维分布矩阵，再将此转变为二维的图像灰度矩阵，从而实现人体某断层图像。

X 射线 CT 系统可分为 3 个主要组成部分扫描机架及扫描床、X 线发生系统、数据采集系统，计算机和图像重建系统，图像显示、记录和存储系统等部分。

自第一台 X 射线 CT 扫描机问世以来，为提取重建断层图像所需数据，X-CT 机采用过多种不断改进的射线扫描方式，同时 X-CT 装置获得极大发展。根据 CT 发展的时序和结构特点，大致分成五代，而发展到螺旋扫描方式的 CT 机后，则不再以"代"称呼。各种各代 CT 扫描机的主要特点见表 19-2。

螺旋 CT 出现后，人们提出了"CT 绿色革命"的概念，要求 CT 向更低的辐射剂量、更快的采集和重建速度、更便捷和多样的重建处理、更短的病人等候时间及更人性化的设计方面发展。2001 年 11 月，"癌症定位与治疗一体化装置"问世，该装置将 X 线 CT 和直线加速器有机地连成一体，并配上特有的定位装置，使放射治疗时病人的体位与治疗前成像时的体位完全一致。这样可以使肿瘤的划分、治疗计划的拟定、病人的定位、治疗情况的验证等一系列措施得到更好的协调，这些工作流程在一种更加连续、更加理想化的环境中完成。

表 19-2　X-CT 扫描的主要方式及特点

X-CT	第一代	第二代	第三代	第四代	第五代	螺旋 CT	多层螺旋 CT
扫描方式	单细束平移–旋转	窄扇束平移–旋转	宽扇束旋转–旋转	宽扇束旋转–静止	电子束静止–静止	螺旋扫描	多层螺旋扫描
X 射线束形状	单路笔形束	多路笔形束或扇形束	脉冲扇形束	连续脉冲扇形束	扇形束	扇形束	锥形束

续表

X-CT	第一代	第二代	第三代	第四代	第五代	螺旋 CT	多层螺旋 CT
X 射线束角度	–	$3^0 \sim 26^0$	$21^0 \sim 45^0$	$48^0 \sim 120^0$		360^0	360^0
探测器数/层	1	$3 \sim 52$	$300 \sim 800$	$600 \sim 1500$	多层	1 层	多层
扫描层数	$1 \sim 2$	$1 \sim 2$	1	1	多	连续多层	连续多层
扫描时间(s)	$240 \sim 300$	$20 \sim 120$	$1 \sim 5$	$1 \sim 5$	$0.03 \sim 0.1$		
应用范围	头颅	头颅	全身	全身	动态器官	全身	全身

19.4 习题

一、思考题

1. 产生 X 射线的条件，通过什么发生装置来产生 X 射线？
2. X 射线的衰减由什么原因造成，分别有什么规律？
3. X 射线的 5 个基本性质，如何应用？
4. X 射线的轫致谱线和标识谱线是如何产生的？
5. X 射线与物质相互作用的方式有哪 3 种？
6. X 射线透视和摄影以及 CT 分别适用于人体哪些部位的成像？
7. CT 成像与 X 射线透视、摄影有什么不同？

二、复习题

1. X 射线机的管电压为 80kV，则光电子的最短波长为（　　　）。
（A）0.0155nm　　　　（B）0.155nm　　　　（C）1.55mm　　　　（D）0.00155nm
2. 波长为 0.005nm 的 X 射线中光子的能量为（　　　）。
（A）4×10^{-15}J　　　（B）250eV　　　（C）2.5×10^5eV　　　（D）无法确定
3. 标志 X 射线与光学光谱相比（　　　）。
（A）标识 X 射线的波长较短，而光学光谱的波长较长
（B）标识 X 射线的波长较长，而光学光谱的波长较短
（C）两者的波长相等
（D）两者无法比较
4. 标志 X 射线是由于（　　　）而产生的。
（A）原子外层电子跃迁
（B）原子内层电子跃迁
（C）较高各能级电子跃迁到内壳层的空位
（D）原子外层电子跃迁
5. X 射线的硬度是指 X 射线的贯穿本领，它决定于（　　　）。
（A）X 射线的波长　　　　　　　　　　　　（B）光子数目

（C）靶的表面积大小 　　　　　　　　　　　（D）照射时间的长短

6．医用 X 射线管发出的主要是（　　　）。

（A）标志 X 射线 　　　　　　　　　　　（B）连续 X 射线

（C）标志谱 　　　　　　　　　　　　　（D）机械波

7．连续 X 射线谱的强度不受到下列哪些因素的影响（　　　）。

（A）靶原子序数 　　　　　　　　　　　（B）管电流

（C）照射时间长短 　　　　　　　　　　（D）管电压

8．常规透视和摄影的基本原理是，由于体内不同组织或脏器对 X 射线的（　　　），因此强度均匀的 X 射线透过人体不同部位后的强度（　　　）。

（A）吸收本领不同；不同 　　　　　　　（B）反射本领不同；相同

（C）吸收本领不同；相同 　　　　　　　（D）反射本领不同；不同

9．以下四项哪项不是 X 射线医学影像诊断中应用最普遍的检查手段。（　　　）

（A）X 射线常规透视 　　　　　　　　　（B）X-CT

（C）数字减影血管造影技术 　　　　　　（D）核磁共振

10．对波长为 0.154nm 的 X 射线，铝的衰减系数为 132/cm，铅的衰减系数为 2610/cm，要和 1mm 厚的铅层得到相同的防护效果，铝板的厚度应为多大？

参 考 文 献

[1] 马文蔚. 物理学（第五版）［M］. 北京：高等教育出版社，2006.

[2] 张三慧. 大学物理（第二版）［M］. 北京：清华大学出版社，2001.

[3] 程守洙，江之永. 普通物理学（第五版）［M］. 北京：高等教育出版社，1998.

[4] 陈治，陈祖刚，刘志刚. 大学物理（上、下）［M］. 北京：清华大学出版社，2007.

[5] 刘钟毅，宋志怀，倪忠强. 大学物理学活页作业［M］. 北京：高等教育出版社，2007.

[6] 朱峰. 大学物理（第2版）［M］. 北京：清华大学出版社，2008.

[7] 张铁强，温亚芹，杨秀娟，刘毅. 大学物理［M］. 沈阳：辽宁大学出版社，2009.

[8] 余国健. 医用物理学［M］. 北京：中国中医药出版社，2005.